高职高专"十二五"规划教材

土建专业系列

建筑工程计量与计价

主　编　胡　洋　孙旭琴　李清奇

副主编　肖毓珍　蔡立勤　李琦玮

　　　　尹海文　钟明耀　左丽萍

　　　　史　芬　周　颖

主　审　龚桂林

南京大学出版社

内容提要

本书结合建筑工程计量与计价的教学实践,融入了作者在该领域的精品课程研究成果,全书共十一个项目:建筑工程计量与计价基本知识、建筑工程计量与计价依据、建筑安装工程费用、建筑工程预算、建筑工程装饰装修工程预算、建筑工程工程量清单计价、建筑装饰装修工程量清单计价、建筑工程结算、建筑工程计量与计价软件、建筑及装饰工程施工图预算编制实训、建筑及装饰工程量清单编制及工程量清单计价实训。

本书及时采用新规范,突出实用性和提高学生岗位职业能力。本书为高职高专建筑工程技术、工程造价及工程监理专业教材,也可供相关从业人员参考。

图书在版编目(CIP)数据

建筑工程计量与计价 / 胡洋,孙旭琴,李清奇主编. -- 南京:南京大学出版社,2012.8 (2014.8 重印)

高职高专"十二五"规划教材·土建专业系列

ISBN 978 - 7 - 305 - 10369 - 8

Ⅰ. ①建… Ⅱ. ①胡… ②孙… ③李… Ⅲ. ①建筑工程—计量—高等职业教育—教材②建筑造价—高等职业教育—教材 Ⅳ. ①TU723.3

中国版本图书馆 CIP 数据核字(2012)第 176470 号

出版发行　南京大学出版社
社　　址　南京市汉口路 22 号　　邮　　编　210093
网　　址　http://www.NjupCo.com
出版人　左　健
丛 书 名　高职高专"十二五"规划教材·土建专业系列
书　　名　建筑工程计量与计价
主　　编　胡　洋　孙旭琴　李清奇
责任编辑　裴维维　蔡文彬　　　　编辑热线　025 - 83596997
照　　排　南京南琳图文制作有限公司
印　　刷　南京大众新科技印刷有限公司
开　　本　787×1092　1/16　印张 26.25　字数 651 千
版　　次　2012 年 8 月第 1 版　2014 年 8 月第 4 次印刷
ISBN 978 - 7 - 305 - 10369 - 8
定　　价　55.00 元

发行热线　025 - 83594756　83686452
电子邮箱　Press@NjupCo.com
　　　　　Sales@NjupCo.com(市场部)

前　言

本书依据国家颁布的建筑工程新标准、新规范[《国家建筑标准设计图集》(11G101—1)]，按照国家二级建造师、施工员、造价员、监理员等岗位标准的要求，以学生职业技能培养和职业素养形成为重点，以实际工程项目为载体，坚持"教，学，做"相结合的教学理念，突出把建筑工程计量与计价工作过程、工作岗位内容、实训规律作为教学主线，按照工作项目、学习情境、技能训练等方面组织编写。教材内容划分为多项学习情境、多项行动领域和综合案例等 11 个项目。教材追求工程真实情境，强化实训，螺旋上升，全面提升学生就业上岗的竞争能力，以充分展现高职高专"建筑工程计量与计价"精品课程教学实践特色。

本书内容翔实，理论体系完整，实践性强，体现了工学结合的特色，符合教学及自学的特点和需要，不仅适用于高职高专建筑工程技术、工程造价、工程监理等专业学生学习，也适用于建筑施工一线工作人员使用。

本书采用的国家规范和定额标准主要有：GB/T 50353—2005《建筑工程建筑面积计算规范》；GB 50500—2008《建筑工程工程量清单计价规范》；《国家建筑标准设计图集》11G101—1《砼结构施工图平面整体表示方法制图规则和构造详图》(现浇砼框架、剪力墙、梁、板)等规范；2004 年《江西省建筑工程及装饰装修工程消耗量定额及统一基价表》和《江西省建筑安装工程费用定额》等标准。

本书由江西建设职业技术学院胡洋(高级工程师、副教授、国家注册造价工程师、监理工程师)、孙旭琴(高级工程师、国家注册造价工程师、一级建造师)、娄底职业技术学院李清奇(国家注册造价工程师、国家一级建造师)任主编，江西省建设工程造价管理局调研员龚桂林(高级工程师、国家注册造价工程师、监理工程师)担任主审，江西建设职业技术学院肖毓珍(高级工程师、国家注册造价工程师、一级建造师)、江西省建筑设计研究总院蔡立勤(硕士研究生)、江西环境工程职业学院李琦玮、萍乡高等专科学校尹海文、江西应用工程职业学院钟明耀、江西理工大学左丽萍、江西工业贸易职业技术学院史芬、江西工业工程职业技术学院周颖任副主编。江西建设职业技术学院徐瑛、吴水珍、陈春华、肖倩、熊磊、余珊珊，江西化工设计院蔡琳、南昌市建筑技术咨询监理有限公司邝雄洲、江西省第一建筑有限公司邬静参与了编写。最后由胡洋统稿。

编者在编写本书时参考了书后所附参考文献的部分资料，在此向所有参考文献的作者表示衷心的感谢。

由于编写时间较紧，教材中难免存在不妥和疏漏之处，恳请读者批评、指正。

编者

2012 年 6 月于南昌

目　录

绪　论

建筑产品就是指建筑业经过勘察设计、建筑施工以及设备安装等一系列劳动而最终形成的,具有一定功能,可供人类使用的最终产品。它包括生产性固定资产和非生产性固定资产。在我国通常把建筑工程分为工业建筑、民用建筑(包括居住建筑、公用建筑、特殊建筑、车库、冷库等)、其他建筑、构筑物(水塔、烟囱、水池等)。

建筑产品的生产过程同其他物质的生产过程一样,存在产品质量、数量和资源消耗的质量、数量的关系问题。而资源的消耗必然体现着产品的价值或投资费用问题,任何一个建筑产品或一项工程的建设,不论是国家投资还是私人投资,对于投资者来说,在满足使用功能的基础上,更多关注的是工程项目的投资费用;对于项目承包者来说,在履行项目合同规定的质量要求、进度的条件下,更多关注的是工程项目的生产费用或项目成本。究竟工程项目的费用如何确定,或者说建筑产品的价格如何计量就显得非常重要。

1.“建筑工程计量与计价”课程的性质与作用

建筑工程计量与计价是土建类专业的主要职业技术课程之一,是培养土建类专业核心专业技能的课程。通过本课程的教学训练,学生基本能够具备建筑工程技术专业、工程造价专业、工程监理等专业的知识,锻炼毕业生施工员、造价员、审计员、监理员岗位工作所需的各项专业能力,形成比较全面可靠的职业能力。

本课程是前修课程建筑制图与识图、建筑 CAD、建筑构造、建筑材料、建筑施工技术、建筑施工组织、地基与基础、建筑结构等课程的综合应用课程。培养学生的施工图纸及进行图纸会审的能力;编制施工图预算、编著工程量清单、编制招标控制价和投标报价的能力;形成施工员、造价员等岗位基本职业能力,为其后续课程建筑工程计价实务课程、工程造价软件等课程教学奠定基础。

本课程在课程体系中起承前启后的作用,是前修课程的综合提升,对后续课程则起服务和支撑的作用。

2.“建筑工程计量与计价”课程的研究对象与任务

“建筑工程计量与计价”课程的研究对象:建筑企业的劳动产物——建筑产物的价格,即研究建筑产品生产成果与施工生产消耗之间的“量价”关系,以求达到减少资源消耗,降低工程成本,降低投资费用,提高企业经济效益和社会效益等目的。

“建筑工程计量与计价”课程任务:建筑工程计量与计价在土建类专业毕业生的职业能力培养中起着重要的作用。通过本课程的学习,使学生认识建筑产品的价格内涵,把握建筑产品价格实质,掌握建筑工程计量计价程序、计价过程,依据建筑工程计价规范、标准,合理确定建筑产品的价格。

具体的任务:了解基本建设计价的分类及基本建设程序与计价之间的关系;熟悉消耗量定额、企业定额的编制原理;熟悉建设项目工程造价原理与方法;掌握定额计价,工程清单的编制及工程量清单的计价方法;能熟练编制各类建筑工程的计价文件(利用手工计算和工程造价软件进行编制)。

3."建筑工程计量与计价"课程的学习重点、难点

"建筑工程计量与计价"是一门技术性、专业性、综合性、实践性很强的课程。课程的学习重点一部分从统一的定额工程计算规则的应用和定额基价的套用与换算转变为施工企业定额的编制,工程造价的确定和影响要素分析以及投标决策为主,即要求学生针对给定的工程条件,依据2008版《建筑工程工程量清单计价规范》,在具备对施工方案评价、优化能力的基础上,考虑风险因素,综合投标策略,确定最为合理的工程造价。

本课程作为重要专业基础课,努力在教学内容上完整体现建筑工程计量与计价的科学体系,以及建设行业发展的最新理念,使学生对建筑工程计量与计价有全面了解的基础上突出重点内容,并给学生讲述最新的工程造价理论研究和实践成果,重视课堂实训,注意理论的实践一体化,采用项目教学法,深化基于工作过程的教学手段和教学方法。

课程重点有:工程计量计价基本原理、工程计价依据,2008版《建筑工程工程量清单计价规范》、《建筑面积计算规范》、土建工程计量与计价、装饰工程计量与计价、措施项目计量与计价等内容。

定额计价法与清单计价法的区别,特别是如何结合工程实际情况准确开列工程项目、工程计量和报价,是学生学习的难点。

具体难点主要有:

(1) 课程内容听得懂,看得懂,但是不容易理解和掌握;

(2) 学生建筑空间形象思维基础较薄弱,建筑识图能力较弱;

(3) 本课程涉及众多相关课程知识,不容易建立相关课程和教学内容之间的联系;学生缺乏实际工程经验。因此要加强学生应用所学知识分析和解决实际工程问题,并进行准确报价。

针对课程难点,要重视课堂和校内外实训,指导学生注意相关课程的学习与复习。否则看不懂建筑结构施工图,就不能正确进行建筑及装饰工程计量。此外不仅要多参观,参与已建成或正在施工的工程,以求了解工程施工工艺和熟悉施工环境,还要亲自进行工程实训,参与施工现场计量计价的编制工作,通过实践发现问题,解决问题,正确理解消耗量定额、工程量清单计价规范,掌握计算规则,掌握工程造价软件的应用,为毕业后走向工作岗位打下坚实的基础。

项目一　建筑工程计量与计价基本知识

【学习目标】
　　(1) 了解基本建设的概念。
　　(2) 熟悉建设项目的概念及组成。
　　(3) 掌握建筑工程计量与计价的概念。
　　(4) 掌握建设项目工程造价的原理与方法。
【能力要求】
　　(1) 理解建设项目的基本内容。
　　(2) 理解建筑工程计量与计价的基本内容与计价方式。

学习情境　基本建设与建筑工程计量与计价

行动领域 1　基本建设概述

一、基本建设

(一) 基本建设的概念

　　人们使用各种施工机具对各种建筑材料、机械设备进行建造和安装,使之成为固定资产的过程,叫做基本建设。

(二) 基本建设的目的

　　基本建设的目的是为国民经济部门提供新的固定资产和生产能力,或改进技术装备,以不断提高劳动生产率,发展社会生产,增强社会物质、技术、经济基础,满足人民日益增长的物质和文化生活的需要。

(三) 基本建设的内容

　　基本建设是通过勘察、设计和施工等一系列经济活动来实现的,具体包括资源开发、规划,确定基本建设规模、投资结构、建设布局、技术结构、环境保护措施、项目决策,进行项目的勘察、设计,设备生产,建筑安装施工,竣工验收联合试运转等。

二、基本建设的项目划分

　　为了便于计划、统计,定额,管理,计算和确定工程造价,需要对建设工程进行科学统一的项目划分。

　　基本建设工程项目,从大到小,划分为建设项目、单项工程、单位工程、分部工程、分项工程五个项目层次。

（一）建设项目

建设项目一般是指在一个总体设计或初步设计范围内，建一个或几个单项工程，经济上实行独立核算，行政上实行统一管理的建设单位，如：一座工厂、一所学院、一所医院、一座商场等，均为一个建设项目。

（二）单项工程

单项工程又称工程项目，是建设项目的组成部分。一般是指有独立的设计文件，建成后能够独立发挥生产能力和使用效益的工程，如一所学院的教学楼、办公楼、图书馆、学生食堂、宿舍、实训大楼等。

（三）单位工程

单位工程是单项工程的组成部分，是指具有单独设计，可以独立组织施工，但建成后一般不能独立发挥生产能力和使用效益的工程。如：学院教学楼是一个单项工程，而该教学楼的土建工程、电气照明工程、给排水工程等，则属于单位工程。

（四）分部工程

分部工程是单位工程的组成部分，是指在一个单位工程中，按工程部位及使用的材料和工种进一步划分的工程。如一般土建单位工程的土石方工程、桩与地基基础工程、砌筑工程、混凝土及钢筋混凝土工程、厂库房大门及木结构工程、金属结构工程、屋面及防水工程、混凝土及钢筋混凝土模板工程等均属于分部工程。

（五）分项工程

分项工程是分部工程的组成部分，是指在一个分部工程中，按不同的施工方法，不同的材料和工种、规格分解为若干个分项工程。如：砌筑工程（分部工程）可划分为砖基础、砖砌体、砖构筑物、砌块砌体、石砌体、砖明沟等多个分项工程。

分项工程是可用适当的计量单位计算和估价的建筑或安装工程产品，它是便于测量或计算的工程基本构造要求，是工程划分的基本单元，因此，工程款均按分项工程计算。

三、基本建设程序

基本建设程序是指建设项目从策划、评估、决策、设计、施工安装到竣工验收，交付使用的全过程中，各项工作必须遵循的先后次序和科学规律。时间证明，基本建设只有实实在在地按照基本建设程序执行，才能做到速度快、质量好、工期短、造价低、投资效益高。

按照我国现行规定，一般大中型项目的建设程序可分为以下几个阶段：

项目建议书——→可行性研究——→初步设计——→施工图设计——→工程招投标——→施工安装——→竣工验收——→交付使用。

行动领域2　建筑工程计量与计价概述

一、建筑工程计量与计价的概念

建筑工程计量，是指根据工程建设定额及国家工程量清单计价规范中项目划分和规定的工程量计算规则，各计算分项工程实物数量。工程实物量是计价的基础。

建筑工程计价,是指按照规定的计算程序和方法,用货币的数量表示建设项目(包括拟建、在建和已建的项目)的价值。

建筑工程计量与计价是基本建设文件的重要组成部分,它是根据不同建设阶段的具体内容、建筑工程定额、指标、国家清单计价规范和各项费用取费标准、价差等计算和确定建设工程项目,从筹建至竣工验收全过程所需投资额的经济文件。

二、建筑工程造价的分类

建筑工程造价按照建设阶段可分为投资估算、设计概算、施工图预算、工程量清单及投标报价、合同价、工程结算、竣工决算等。

(一)投资估算

投资估算是指在项目建议书和可行性研究阶段,由建设单位或其委托的咨询机构估计计算,用以确定建设项目投资控制额的工程建设的计价文件。投资估算是项目决策、筹资和控制造价的主要依据。

(二)设计概算

设计概算是在投资估算的控制下,设计单位根据初步设计图纸及设计说明,概算定额、取费标准及设备、材料的价格,建设地点的自然、技术经济条件等资料,用科学的方法计算、编制和确定建设项目从筹建到交付使用所需的全部费用文件,是设计文件的重要组成部分。设计概算是根据设计要求对工程造价进行概略计算。

(三)施工图预算

施工图预算是在施工图设计完成并经过图纸会审之后,工程开工之前,根据施工图纸,图纸会审记录,预算定额,计价规范,费用定额,工程所在地的设备、人工、材料、机械台班等预算价格编制和确定单位工程全部建设费用的建安工程造价文件。施工图预算确定的工程造价更接近工程实际造价。

(四)工程量清单、工程量清单计价

工程量清单是指建设工程的分部分项工程项目、措施项目、其他项目、规费项目和税金项目的名称和相应数量等的明细清单。

工程量清单是工程量清单计价的基础,应作为编制招标控制价、投标报价、计算工程量、支付工程款、调整合同价款、办理竣工结算以及工程索赔等的依据之一。

分部分项工程量清单应采用综合单价计价。采用工程量清单计价,建设工程造价由分部分项工程费、措施项目费、其他项目费、规费和税金组成。

(五)工程估算

工程估算是指施工单位在工程实施过程中,依据承包合同中有关付款条件的规定和已经完成的工程量,并按照规定的程序向建设单位收取工程价款的一项经济活动。

(六)工程结算

工程结算是指工程的实际价格,是支付工程价款的依据。

工程结算分为中间结算、年终结算和竣工决算。

(七)竣工决算

竣工决算是指在工程竣工验收交付使用后,由建设单位编制的建设项目从筹建到竣工验收,交付使用全过程中实际支付的全部建设费用。

竣工决算时整个建设项目的最终价格,是作为建设单位财务部门汇总固定资产的主要依据。

行动领域3 建设项目工程造价计价原理与方法

一、工程造价计价基本原理

(一) 工程造价计价基本原理

工程造价计价的基本原理就在于项目的分解与组合。建设项目具有单位性与多样性组成的特点,每一个建设项目的建设都需要按业主的特定需要进行单独设计、单独施工,因而不能批量生产和按整个项目确定价格,只能采用特殊的计价程序和计价方法,即整个项目进行分解,划分为可以按有关技术经济参数测算价格的基本构造要素(分项工程),这样就很容易地计算出基本构造要素的费用。一般来说,分解结构层次越多,基本子项也越细,计算也更精确。

目前我国同时存在两种工程造价计价方法,分别为定额计价法和工程量清单计价法,称为双轨制。简单来说,在我国工程造价计价的主要思路也是将建设项目细分至最基本的构成单位(如分项工程)(见图1-3-1),用其工程量与相应单价相乘后汇总,即为整个建设工程造价(见图1-3-2)。

图 1-3-1 建设项目的层次划分

图 1-3-2 工程造价计价顺序

工程造价计价的基本原理是：

建筑安装工程造价 $= \sum[\text{单位工程基本构造要素工程量（分项工程）} \times \text{相应单价}]$

式中：单位工程基本构造要素即为分项工程。定额计价时，是按工程建设定额划分的分项工程；清单计价时是指清单项目。

（二）工程量

工程量是指根据工程建设定额的项目划分和工程量计算规则计算分项工程实物量。工程实物量是计价的基础。

目前，工程量计算规则包括两大类：

（1）国家标准 2008 版《建筑工程工程量清单计价规范》各附录中规定的计算规则（清单计价工程量）；

（2）各类工程建设定额规定的计算规则（定额计价工程量）。

（三）相应单价

相应单价是指与分项工程相对应的单价。定额计价时是指定额基价，即包括人工、材料、机械台班费用；清单计价时是指综合单价，除包括人工、材料、机械台班费以外，还包括企业管理费、利润和风险因素。

（四）定额分项工程单价

定额分项工程单价是定额消耗量与其相应单价的乘积。用公式表示：

$$\text{定额分项工程单价} = \sum(\text{定额消耗量} \times \text{相应单价})$$

（1）定额消耗量：包括人工消耗量、各种材料消耗量、各种机械台班消耗量。消耗量的大小决定定额水平。定额水平的高低，只有在两种以上的定额相比较的情况下，才能区别。对于消耗相同生产要素的同一分项工程，消耗量越大，定额水平越低，反之则越高。但是，有些工程项目（单位工程或分项工程），因为在编制定额时采用的施工方法、技术装备不同，而使不同定额分析出来的消耗量之间没有可比性，则以同一水平的生产要素单价分别乘以不同定额的消耗量，经比较确定。

（2）生产要素单价：是指某一时期内的人、材、机单价。同一时期内的人、材、机单价的高低，反映出不同的管理水平。在同一时期内，人、材、机单价越高，则表明该企业的管理技术水平越低；人、材、机单价越低，则表明该企业的管理技术水平越高。

二、定额计价法与清单计价法的区别

（一）采用单价不同

定额计价采用的单价是定额人、材、机（定额单价）；而清单计价采用的单价是综合单价。清单计价的综合单价，从工程内容角度来看，不仅包括组成清单项目主体工程项目，还包括与主体项目有关的辅助项目。也就是说，一个清单项目可能包括多个分项工程。例如，砖基础这个清单项目，砖基础就是主体项目，而垫层、防潮层等就是辅助项目。从费用内容的角度看，清单计价下的综合单价不仅包括人工费、材料费、机械使用费，还包括管理费、利润和风险费用。

（二）编制工程量的主体不同

在定额计价方法中，建设工程的工程量分别由招标人和投标人分别按图计算。而在清单计价方法中,工程量由招标人统一计算或委托有关工程造价咨询单位统一计算,各投标人根据招标人提供的工程量清单,根据自身的技术装备、施工经验、企业成本、企业定额、管理水平自主填写单价和合价。

(三) 采用的定额不同

定额计价的建设工程(含定额计价的招标投标工程)一律采用具有社会平均水平的预算定额(或消耗量定额)计价,计算的工程造价不反映企业的实际水平;清单计价的建设工程,编制标底时,采用具有社会平均水平的消耗量定额计价,投标报价时,采用或参照消耗量定额计价,也可以采用企业定额自主报价。投标人计算的工程造价反映出企业的实际水平。

(四) 采用的生产要素价格不同

定额计价的建设工程(含定额计价的招标投标工程),人、材、机价格一律采用取定价,对于材料的动态调整,其调整的依据也是取定的、平均的市场信息价格,不同的施工承包商,均采用同一标准调价,生产要素价格不反映企业的管理技术能力。清单计价的建设工程,编制标底时,生产要素价格采用定额取定价,动态调整时,采用同一标准的、平均取定的市场信息价调价;投标报价时,可以采用或参照定额取定价,也可采用企业自己的人、材、机价格报价。生产要素价格应反映企业实际的管理水平。

可以看出,这两种计价理念是完全不一样的,两者并存的局面是我国社会主义计划经济向社会主义市场经济转变下的产物,随着我国社会主义市场化的深入进行,工程量清单计价方法由于能真实反映市场经济活动规律越来越受到重视。尽管定额计价法带有浓重的计划经济色彩,但由于我国长期采用,对人们的思维和习惯产生了深远影响,因此在现阶段出现两者并存的局面。

【**案例分析 1-3-1**】　某工程综合楼底层平面图如图 1-3-3 所示。已知建筑物外墙外边线的尺寸为 38.24 m× 8.24 m,试计算:(1) 该工程平整场地定额计价工程量;(2) 平整场地清单计价工程量及清单综合单价。

图 1-3-3

【**解**】　(1) 依据《江西省建筑工程消耗量定额及统一基价表》的工程量计算规则

平整场地定额计价工程量为:$S=(38.24+4)\times(8.24+4)=517.02(\text{m}^2)$

查《预算定额》得知,A1—1 平整场地的定额基价为 238.53 元/100 m^2,

直接工程费=工程量×定额基价=5.170 2×238.53=1 233.25(元)

表 1-3-1　建筑工程预算表

工程名称:综合楼

序号	定额编号	项目名称	单位	工程量	定额基价(元)	合价(元)
1	A1-1	平整场地	100 m²	5.170 2	238.53	1 233.25

已知:本工程按建筑三类工程取费,查《费用定额》得知,企业管理费 5.45%,利润 4%,求清单计价平整场地工程量及工程量清单综合单价。

依据国家标准 2008 版《建筑工程工程量清单计价规范》各附录中规定的计算规则

招标人计算:平整场地清单计价工程量: $S = 38.24 \times 8.24 = 315.10 (\mathrm{m}^2)$

投标人计算:直接工程费 $= 5.171\,0 \times 238.53 = 1\,233.25 (元)$

企业管理费 $=$ 直接工程费 $\times$ 管理费率 $= 1\,233.25 \times 5.45\% = 67.21 (元)$

利润 $=$ (直接工程费 $+$ 企业管理费) $\times$ 利润率 $= (1\,233.25 + 67.21) \times 4\% = 52.02 (元)$

合计:直接费 $+$ 管理费 $+$ 利润 $= 1\,233.35 + 67.21 + 52.02 = 1\,352.48 (元)$

工程量清单综合单价 $=$ (直接费 $+$ 管理费 $+$ 利润) $\div$ 清单工程量 $= 1\,352.48 \div 315.02 = 4.293\,3 (元/\mathrm{m}^2)$

表 1-3-2　分部分项工程量清单与计价表

工程名称:综合楼

序号	项目编码	项目名称	项目特征描述	计量单位	工程量	金额(元) 综合单价(元)	合价(元)
1	010101001001	平整场地	三类土壤	m²	315.10	4.293 3	1 352.48

实训课题

模拟情境,结合专业知识,完成以下工作任务:

某工程建筑物基础平面图及剖面图如图 1-1 所示,自然地坪标高 -0.3 m,根据国家 2008 版《建筑工程工程量清单计价规范》,作为招标人编制(J4,J5)土方工程工程量清单,并列出分部分项工程量清单计价表。

图 1-1(a)

图 1-1(b)

表 1-1(c)　基础配筋表

基础编号	短边 B(mm)	长边 A(mm)	板受力筋	板受力筋 b	h_1	h_2
J-4	2 000	2 000	Φ12@100	Φ12@100	300	200
J-5	2 300	2 300	Φ14@150	Φ14@150	300	300

复习思考题

1. 基本建设的概念及内容是什么?
2. 基本建设的项目如何划分? 试举例说明。
3. 简述建筑工程计量与计价的概念及建筑工程造价的分类。
4. 简述施工图预算的概念,并举例说明。
5. 简述工程量清单、工程量清单计价的概念,并举例说明。

项目二　建筑工程计量与计价依据

【学习目标】

　　(1) 了解建筑工程定额的分类及编制原则,编制方法。

　　(2) 了解施工定额、企业定额及概算定额。

　　(3) 熟悉建筑工程定额的概念、作用。

　　(4) 掌握建筑工程预算定额的使用方法。

　　(5) 掌握工程量清单计价规范及应用。

【能力要求】

　　(1) 会使用建筑及装饰工程预算定额进行算量、套价。

　　(2) 会使用《建设工程工程量清单与计价规范》进行工程量清单与计价。

学习情境1　建筑工程定额

行动领域1　建筑工程定额概述及分类

一、定额的概念

　　所谓定,即规定;额,即额度或数额。定额就是规定的数额或额度,是社会物质生产部门在生产经营活动中,根据一定时期的生产水平和产品的质量要求,为完成一定数量的合格产品所需消耗的人力、物力和财力的数量标准。由于不同的质量要求和安全规范要求,因此定额不单纯是一种数量标准,而是数量、质量和安全要求的统一体。

二、建筑工程定额的概念

　　建筑工程定额是指在正常施工生产条件下,完成单位合格建筑安装产品所必需消耗的人工、材料、机械台班以及费用的数量标准。

　　例如,砌 10 m^3 砖基础消耗:人工 12.48 工日;砖 5 236 块;M5 水泥砂浆 2.36 m^3;水 1.05 m^3;200 L 灰浆搅拌机 0.39 台班。

　　例如,浇筑 10 m^3 现浇混凝土单梁,连续梁消耗量:人工 16.67 工日;现浇混凝土 C20/40/32.5 10.15 m^3;草袋 5.95 m^2;水 10.19 m^3;400 L 混凝土搅拌机 0.63 台班;混凝土振捣器 1.25 台班。

　　建筑工程定额是建筑工程中各类定额的总称,可按不同的标准进行分类。

三、建筑工程定额的水平

建筑工程定额的定额水平,反映了当时的生产力发展水平。一般把定额所反映的资源(人工、材料、机械、资金等)消耗量的大小称为定额水平,它是衡量定额消耗量高低的指标。定额水平受一定时期的生产力发展水平的制约。一般来说,生产力发展水平高,则生产效率高,生产过程中的消耗量就少,定额所规定的资源消耗量就相应降低,称为定额水平高;反之,生产力发展水平低,则生产效率低,生产过程中的消耗就多,定额所规定的资源消耗量就相应提高,称为定额水平低。

目前定额水平有平均先进水平和社会平均水平两类。采用先进水平编制的定额是不常见的,它更多用于企业内部管理。

四、建筑工程定额的作用

(1)定额是进行工程计量与计价的重要依据;

(2)定额是节约社会劳动,提高劳动生产率的重要手段;

(3)定额是国家宏观调控的依据;

(4)定额是衡量工人的劳动成果及其所创造的经济效益的尺度;

(5)定额是编制计划的基础,可行性研究的依据;

(6)定额是加强企业科学管理,进行经济核算的依据。

五、建筑工程定额的分类

建筑工程定额的种类很多,可以按照不同的原则和方法对它进行科学分类。

图 2-1-1

行动领域2　施工定额与企业定额

一、施工定额的概念

施工定额是施工企业为了组织生产和加强管理,在企业内部使用的一种定额,是施工企业编制施工组织设计的依据。施工定额是指建安工人或班组，在正常施工条件下生产单位合格产品所需要消耗的人工、材料和机械台班的数量标准。施工定额由劳动定额、材料定额和机械台班定额三个相对独立的部分组成。其定额水平是平均先进水平。

施工定额的主要作用是用于施工管理，是施工企业编制施工组织设计、施工计划、施工预算的依据。

二、企业定额

企业定额是指建筑安装企业根据本企业的技术装备和管理水平，编制完成单位合格产品所必需的人工、材料和机械台班的消耗量以及其他经营要素消耗的数量标准。

企业定额反映建筑安装企业的施工生产与生产消费之间的数量关系，是建筑安装企业的生产力水平的体现，每个企业都应该编制反映自身能力的企业定额。

三、企业定额的编制原则

（一）平均先进原则

企业应以平均先进水平基准编制企业定额，在正常的施工条件下使多数职工经过努力能够达到或超过这个水平，以保持定额的先进性和可靠性。

（二）简明适用原则

企业定额是指企业加强内部管理的重要依据，必须具备可操作性，因此在编制企业定额时，应贯彻简明适应原则，即做到定额项目设置完整，项目划分粗细适当，步距比例合理。

（三）以专家为主编制原则

企业定额的编制应以经验丰富、技术与管理知识全面，有一定政策水平的专家队伍为主，同时也要注意搜集群众的意见及有关工程造价管理的规章制度办法等。

（四）独立自主编制原则

企业应自主确定定额水平，自主划分定额项目，根据需要自主确定新增定额项目，同时也要注意对国家、地区及有关部门编制的定额的继承性。

（五）动态管理原则

企业定额毕竟是一定时期企业生产水平的反映，在一段时间内可以表现出比较稳定的状态，但这种稳定是有时效性的，当其不再适合市场竞争时，就应该进行重新修订，实行动态管理。

（六）保密原则

企业根据自己的工程资料并结合自身的技术管理水平编制的企业定额，是施工企业进行施工管理和投标报价的基础和依据，是企业核心竞争力的表现，是施工企业的技术成果，具有一定的保密性。企业应对其负有保密责任。

四、企业定额的作用

企业定额的作用有以下几点：

（1）企业定额是企业计划管理的依据；

（2）企业定额是编制施工组织设计的依据；

（3）企业定额是企业激励工人的条件；

（4）企业定额是计算劳动报酬、实行按劳分配的依据；

（5）企业定额是编制施工预算、加强企业成本管理的基础；

（6）企业定额有利于推广先进技术；

（7）企业定额是编制预算定额和补充单位估价表的基础；

（8）企业定额是施工企业进行工程投标、编制工程投标报价的依据。

五、企业定额的编制方法

企业定额编制过程是一个系统而复杂的过程，主要包括以下编制步骤：

（一）制定企业定额编制计划书

（1）企业定额的编制目的。企业定额的编制目的决定了企业定额的适用性，同时也决定了企业定额的表现形式。例如，企业定额的编制目的是为了控制工耗和计算工人劳动报酬，应采取劳动定额的形式；如果是为了企业进行工程成本核算，则应采取施工定额或定额估价的形式。

（2）定额水平的确定原则。企业定额水平的确定是实现编制目的的关键。如果定额水平过高，背离企业现有水平，企业内部多数施工队、班组和工人通过努力仍达不到定额水平，则会挫伤管理者和劳动者双方的积极性，不利于定额在企业内部的推行；定额水平过低，则起不到鼓励先进推动后进的作用，对项目的成本核算和企业的竞争不利。因此，编制计划书时，必须对定额水平进行确定。

（3）确定编制方法的定额形式。定额的编制方法有多种，不同形式有不同的编制方法，究竟采用哪种方法应根据具体情况而定。企业定额通常采用定额测算法和方案测算法来进行编制。

（4）成立企业定额编制机构。企业定额的编制是一项系统工程，需要一批高素质的专业人才，在高效率的组织机构的统一指挥下协调工作。因此在编制企业定额时，必须设置一个专门机构，配置一批专业人员。

（5）明确应收集的数据和资料。定额的编制需要收集大量的基础数据和各种法律、法规、标准、规程等作为编制的依据，尤其要注意收集一些适合本企业使用的基础性数据资料。在编制计划书时，应编制一份资料分类明细表。

（6）确定编制期限及进度。定额是有时效性的，为了能尽快地投入使用，为企业服务，在编制时就应确定一个合理的期限及进度安排表，以利于编制工程的开展，保证编制工作的效率。

（二）收集资料，进行调查、分析、测算和研究

收集资料包括：

（1）现行定额，包括基础定额和预算定额。

（2）国家现行法律、法规、经济政策、劳动制度等与工程建设有关的各种文件。

（3）有关建筑安装工程的设计规范、施工及验收规范、工程质量检验评定标准和安全操作规程。

（4）现行的全国通用建筑标准设计图集、安装工程标准安装图集、定型设计图纸、具有代表性的设计图纸、地方建筑配件通用图集和地方结构构件通用图集，并根据上述资料计算工程量，作为编制定额的依据。

（5）有关建筑安装工程的科学实验、技术测定和经济分析数据。

（6）高新技术、新型结构、新研制的建筑材料和新的施工方法等。

（7）现行人工工资标准和地方材料预算价格。

（8）现行机械效率、寿命周期和价格，机械台班租赁价格行情。

（9）本企业近几年各工程项目的财务报表、公司财务总报表，以及历年收集的各类经济数据。

（10）本企业近几年各工程项目的施工组织设计、施工方案以及工程结算资料。

（11）本企业近几年发布的合理化建议和技术成果。

（12）本企业目前拥有的机械设备状况和材料库存状况。

（13）本企业目前工人技术素质、构成比例、家庭状况和收入水平。

收集完资料后，要进行分类整理、分析、对比、研究和综合测算，提取可供使用的各种技术资料数据。内容包括：企业整体水平和定额水平的差异；现行法律、法规以及规程规范对定额的影响；新材料、新技术对定额水平的影响等。

（三）拟定编制企业定额的工作方案与计划

工作方案与计划包括以下内容：

（1）根据编制目的，确定企业定额的内容与专业划分。

（2）确定企业定额的册、章、节的划分和内容的框架。

（3）确定企业定额的结构形式及步距划分原则。

（4）具体参编人员的工作内容、职责、要求。

（四）企业定额初稿的编制

（1）确定企业定额的定额项目及其内容。根据定额的编制目的及企业自身的特点，本着内容简明适用、形式结构合理、步距划分合理的原则，将一个单位工程，按工程性质划分为若干个分部工程，然后将分部工程划分为若干个分项工程，最后，确定分项工程的步距，并根据步距对分项工程进一步地详细划分为具体项目。步距参数的设定一定要合理，不应过粗或过细，如可根据土质和挖掘深度作为步距参数，对人工挖土方进行划分。同时应对分项工程的工作内容做简要的说明。

（2）确定定额计量单位。分项工程的计量单位一定要合理。设置时应根据分项工程的特点，遵循准确、贴切、方便计量的原则进行。

（3）确定企业定额指标。确定企业定额指标是企业定额编制的重点和难点。企业定额指标的编制，应根据企业采用的施工方法、新材料的替代以及机械设备的装备和管理模式，结合搜集整理的各类基础资料进行确定。企业定额指标的确定包括人工消耗指标、材料消耗指标和机械台班消耗指标的确定。

（4）编制企业定额项目表。企业定额项目表是企业定额的主体部分，它是由表头、人工栏、材料栏和机械栏组成。表头部分具以表述各分项工程的结构形式、材料做法和规格档次等；人工栏是以工种表示的消耗工日数及合计；材料栏是按消耗的主要材料和消耗性材料依主次顺序分列出的消耗量；机械栏是按机械种类和规格型号分列出的机械台班使用量。

（5）企业定额的项目编排。企业定额项目表中大部分是以分部工程为章，把单位工程中性质相近且材料大致相同的施工对象编排在一起。每章中再以工程内容施工方法和使用的材料类别的不同，分成若干节，即分项工程；在每节中又可以根据施工要求、材料类别和机械设备型号的不同,再细分为不同的子目。

(6)企业定额相关项目的编制。企业定额相关项目的说明包括前言、总说明、目录、分部说明、建筑面积计算规则、工程量计算规则、分部分项工作内容等。

(7)企业定额估价表的编制。企业根据投标报价的需要,可以编制企业定额估价表。其中的人工单价、材料单价、机械台班单价是通过市场调差,结合国家有关法律文件及有关规定,按照企业自身的特点来确定。

(五)评审、修改及组织实施企业定额

通过对比分析、专家论证等方法,对定额水平、使用范围、结构及内容的合理性,以及存在的缺陷进行综合评估,并根据评审结果对定额进行修正。经过评审和修改,企业定额即可组织实施。

行动领域3　预算定额(消耗量定额及统一基价表)

一、预算定额的概念

预算定额是指确定完成一定计量单位的合格的分项工程或结构构件的人工、材料和机械台班消耗量的数量标准,是计算建筑安装产品价格的基础。

预算定额一般是将施工定额中的劳动定额材料消耗量定额,机械台班消耗定额,经合理计算并考虑其他一些合理因素而综合编制的。

预算定额的主要作用是编制施工图预算,确定建筑产品价格。既然是产品价格,所以预算定额水平是社会平均水平。另外预算定额是编制概算定额和概算指标的基础。

(二)预算定额作用

预算定额的作用有以下几方面:

(1)预算定额是编制施工图预算,确定和控制建筑安装工程造价的基础。施工图预算是施工图设计文件之一,是控制和确定建筑安装工程造价的必要手段。

(2)预算定额是对设计方案进行技术经济比较、分析的依据。设计方案在设计工作中居于中心地位,通过预算定额对不同方案所需的人工、材料和机械台班消耗量、材料重量、材料资源进行比较,就可以判断不同方案对工程造价的影响;材料重量对荷载及基础工程量和材料运输量的影响,从而产生对工程造价的影响。对于新结构、新材料的应用和推广,也需要借助预算定额进行技术经济分析和比较,从技术与经济的结合上考虑普遍采用的可能性和效益。

(3)预算定额是施工企业进行经济活动分析的依据。企业可根据预算定额,对施工中的劳动、材料、机械的消耗情况进行具体分析,以便找出低工效、高消耗的薄弱环节及其原因。为实现经济效益的增长由粗放型向集约型转变,提供对比数据,促进企业提高在市场上竞争的能力。

(4)预算定额是编制标底、投标报价的基础。这是由其本身的科学性和权威性所决定的。

(5)预算定额是编制概算定额、概算指标的基础。

三、预算定额的编制方法

(一) 预算定额的编制步骤

预算定额的编制,大概可分为五个阶段:

1. 第一阶段:准备工作阶段

(1) 拟定编制方案。

(2) 根据专业需要划分编制小组。

2. 第二阶段:收集资料阶段

(1) 普遍收集资料。在确定的编制范围内,采取表格化方式收集定额编制基础资料,注明所需要的资料内容、填表要求和时间范围。

(2) 专题座谈会。邀请建设单位、设计单位、施工单位及管理单位的专业人员开座谈会,从不同角度对定额存在的问题谈各自意见和建议,以便在编制新定额时改进。

(3) 收集现行规定、规范和政策法规资料。

(4) 收集定额管理部门积累的资料。

(5) 专项查定及试验。

3. 第三阶段:定额编制阶段

(1) 确定编制细则。

(2) 确定定额的项目划分和工程量计算规则。

4. 第四阶段:定额审核阶段

(1) 审核定稿。审稿主要内容如下:

① 文字表达确切通顺,简明易懂。

② 定额数字准确无误。

③ 章节、项目之间无矛盾。

(2) 预算定额水平测算。测算方法如下:

① 按工程类别比重测算。在定额执行范围内,选择有代表性的各类工程,分别以新旧定额对比测算,并按测算的年限以工程所占比例加权,以考察宏观影响程度。

② 单项工程比较测算法。以典型工程分别用新旧定额进行对比测算,以考察定额水平的升降及其原因。

5. 第五阶段:定稿报批,整理资料阶段

(1) 征求意见。

(2) 修改整理报批。

(3) 撰写整理报批。

(4) 立档、成卷。

(二) 预算定额的编制方法

1. 确定预算定额的计量单位

预算定额的计量单位,主要根据分部分项工程的形体和结构构件特征及其变化来确定。一般来说,结构的三个度量都经常发生变化时,以"立方米"为计量单位,如混凝土工程、砌筑工程、土方工程;如果结构的三个度量中有两个度量经常发生变化,选用"平方米"为计量单位,如楼地面工程、墙面工程、天棚工程;当物体截面形状基本固定或者是没有规律性变化时，采用"延长米"、"千米"为计量单位，如管道、线路安装工程、楼梯栏杆等；如果工程量主要取决于设备或材料额重量时，还可以以"吨"、"千克"为计量单位，如钢筋工程。

预算定额的计量单位按物理或自然计量单位确定，所选择的计量单位要根据工程量计算规则规定并确切反映定额项目所包含的内容，具有综合的性质。

预算定额中的各项人工、机械、材料的计量单位选择，相对比较固定。人工和机械按"工日"或"台班"计量；各种材料按自然计算单位确定。

预算定额中计量单位小数位数的确定，取决于定额的计量单位和精确要求。

2. 按典型设计图纸和资料计算工程数量

通过计算典型设计图纸所包含的施工过程的工程量，就有可能利用施工定额或劳动定额中的人工、材料和机械台班的消耗量指标来确定预算定额所包含的各工序的消耗量。

3. 人工工日消耗量的确定

预算定额中人工工日消耗量是指为完成该定额单位分项工程所需的用工数量，确定方法有以劳动定额中的人工消耗量指标来确定和用计时观察法两种方法。

(1) 以劳动定额中的人工消耗量指标来确定。

预算定额中的人工消耗量内容分两部分：

1) 基本用工。基本用工指完成某一项合格分项工程所必须消耗的技术工种用工。按技术工种相应劳动定额工时计算，以不同工种列出定额工日，即

$$基本用工 = \sum (综合取定的工程量 \times 劳动定额)$$

2) 其他用工：

① 辅助用工。指技术工种劳动定额内不包括而在预算定额内又必须考虑的用工，如机械土方工程配合用工、材料加工用工(如筛浆)、电焊点火用工等。

② 超运距用工。指预算定额的平均运距超过劳动定额规定水平运距部分，即

$$超运距 = 预算定额取定运距 - 劳动定额已经包括的运距$$

$$超运距用工 = \sum (超运距材料数量 \times 劳动定额)$$

③ 人工幅度差。指在劳动定额中未包括而在预算定额中又必须考虑的用工。人工幅度差是在正常施工情况下不可避免但又很难准确计量的用工和各种工时损失。如土建各工种之间的工序搭接及土建与水、暖、电之间的交叉作业相互配合或影响所发生的停歇；施工机械在单位工程之间转移及临时水电线路移动所造成的停工；工程质量检查和隐蔽工程验收工作；场内班组操作地点转移影响工人的操作时间；工序交接时对前一工序不可避免的修整用工等。人工幅度差和人工消耗量可表示为

$$人工幅度差 = (基本用工 + 辅助用工 + 超运距用工) \times 人工幅度差系数$$

$$人工消耗量 = 基本用工 + 辅助用工 + 超运距用工 + 人工幅度差$$

$$= (基本用工 + 辅助用工 + 超运距用工) \times (1 + 人工幅度差系数)$$

(2) 用计时观察法来确定人工消耗量。

计时观察法是研究工作时间消耗的一种技术测定方法，以研究工作时间消耗为对象，以观察测时为手段，确定人工消耗量的方法。一般遇到劳动定额缺项时，采用此法。

4. 材料消耗的确定

预算定额中的材料消耗量是指在正常施工条件下，生产单位合格产品所需消耗的材料、

成品、半成品、构配件及周转性材料的数量标准。

建筑材料是企业完成建筑产品的物质条件。建筑材料品种繁多,耗用量大,按材料消耗方式可分两类:一类是实体性材料,它是一次性的,构成工程实体的材料。如砌筑用的标准砖,浇筑构件用的混凝土。另一类是同转性材料,它是周转传用,其价值是分批分次转移而一般不构成工程完体的耗用材料,它是为了有助于工程实体形成(如横板及支撑材料),或辅助作业(如脚手架材料)而使用并发生消耗的材料。

(1) 预算定额的实体性材料消耗量,是由材料的净用量和损耗量所构成,即

$$材料消耗量=材料净用量+损耗量$$
$$=材料净用量×(1+损耗率)$$

$$材料损耗率=消耗量/净用量×100\%$$

$$材料损耗量=材料净用量×损耗率$$

材料损耗量包括由工地仓库、现场堆放地点或施工现场加工地点到施工地点的运输消耗、施工操作地点的堆放消耗、施工操作时的损耗等,包括二次搬运的消耗,规格改装的加工消耗,场外运输消耗包括在材料预算价格内。

预算定额中的实体性材料消耗量的确定方法与施工定额中实体性材料消耗量的确定方法一样,但是预算定额中材料的损耗率与施工定额中的损耗率不同,预算定额中材料损耗率的损耗范围比施工定额中材料损耗范围更广,必须考虑整个施工现场范围内材料堆放、运输、制备及施工过程中的损耗。

(2) 预算定额中的周转性材料消耗量是指周转性材料在每一次使用中的摊销数量。

$$摊销量=(一次使用量+损耗量)/周转次数$$

5. 机械台班消耗量的确定

预算定额中的机械台班消耗量是指在正常施工条件下,生产单位合格产品必须消耗的某种型号施工机械的台班数量。预算定额中的机械台班消耗量指标,一般是按施工定额中的机械台班产量,并考虑一定的机械幅度差进行计算的,即

$$预算定额机械台班消耗量=施工定额机械台班消耗量×(1+机械幅度差系数)$$

预算定额中的机械幅度差包括:施工技术原因引起的中断及合理停置时间;因供电供水故障及水电线路移动检修而发生的运转中断及合理停置时间;因气候原因或机械本身故障引起的中断时间;各工种之间的工序搭接及交叉作业相互配合或影响所发生的机械停歇时间;施工机械在单位工程之间转移所造成的机械中断时间;因质量检查和隐藏工程验收工作的影响而引起的机械中断时间;施工中不可避免的其他零星的机械中断时间等。

6. 预算定额基价的确定

预算定额基价由人工费、材料费、机械费组成,计算公式如下:

$$分项工程定额基价=分项工程人工费+分项工程材料费+分项工程机械费$$

式中:分项工程人工费$=\sum(分项工程定额用工量×工日单价)$;

分项工程材料费$=\sum(分项工程定额材料用量×相应的材料单价)$;

$$分项工程机械费 = \sum（分项工程定额机械台班用量 \times 相应机械台班单价）。$$

四、附录

附录主要包括：人工工资单价，施工机械台班预算价格，混凝土、砂浆、保温材料配合比表，建筑材料名称、规格、质量及预算价格，定额材料损耗率等。附录是提供定额换算和工料分析用的，是使用定额的重要补充资料。

预算定额手册的使用主要包括预算定额的套用、预算定额的换算和预算定额的补充三方面的工作内容。

(一) 预算定额的套用

预算定额的套用包括直接使用定额项目中的各种人工、材料、机械台班用量及基价、人工费、材料费、机械费。

当施工图设计要求与定额的项目内容完全一致时，可以直接套用预算定额，大多数的分项工程基本上可以直接套用预算定额。当施工图的设计要求与定额项目规定的内容不一致时，如定额规定不允许换算和调整的，也应直接套用定额。

套用预算定额时应注意以下几点：

(1) 根据施工图、设计说明、标准图做法说明，选择预算定额项目。

(2) 对每个项目分项工程的内容、技术特征、施工方法进行仔细核对，确定与之相对应的预算定额项目。

(3) 每个分项工程的名称、工作内容、计量单位应与预算定额项目一致。

(二) 预算定额的换算

当分项工程的设计内容与定额项目的内容不完全一致时，不能直接套用定额，而定额规定又允许换算的，则可以采用定额规定的范围、内容和方法进行换算，从而使定额子目与分项工程内容保持一致。经过换算的定额项目，应在其定额编号后加注"换"字，以表示区别。

定额换算包括乘系数换算、强度换算、配合比换算和其他换算。

1. 乘系数换算

此类换算是根据定额的分部说明或附注规定，对定额基价或其中的人工费、材料费、机械费乘以规定的换算系数，从而得出新的定额基价。

$$换算后的定额基价 = 定额基价 \times 调整系数$$

$$= 定额基价 + \sum 调整部分金额 \times （调整系数 - 1）$$

2. 强度换算

当预算定额中混凝土或砂浆的强度等级与施工图设计要求不同时，定额规定可以进行强度换算。

换算步骤如下：

(1) 查找两种不同强度等级的混凝土或砂浆的预算单价。

(2) 计算两种不同强度等级材料的单价差。

(3) 查找定额中该分项工程的定额基价及定额消耗量。

(4) 进行调整，计算该分项工程换算后的定额基价。

其换算公式为：

换算后的定额基价＝换算前的定额基价＋(换入单价－换出单价)×定额材料消耗量

3. 砂浆配合比换算

砂浆配合比不同时的换算与混凝土强度等级不同时的换算计算方法基本相同。

4. 其他换算

除了以上三种外,还有由于材料的品种、规格发生变化而引起的定额换算,由于砌筑、浇筑或抹灰等厚度发生变化而引起的定额换算等,都可以参照以上方法执行。

五、《江西省建筑工程消耗量定额及统一基价表》(摘录)

(一) 人工土方

1. 平整场地、人工挖土方、淤泥、泥沙

表 2-3-1　　　　　　　　　　　　　　　　　　　　　单位:100 m³

定额编号				A1-1	A1-2	A1-3	A1-4
项目				平整场地 100 m²	人工挖土方一、二类土深度		
					2 m内	4 m内	6 m内
基价(元)				238.53	617.82	994.29	1 262.19
其中	人工费(元)			238.53	617.82	994.29	1 262.19
	材料费(元)						
	机械费(元)						
名称		单位	单价(元)	数量			
人工	综合人工	工日	23.50	10.15	26.29	42.31	53.71

(续表)　　　　　　　　　　　　　　　　　　　　　单位:100 m³

定额编号				A1-5	A1-6	A1-7	A1-8	A1-9	A1-10
项目				人工挖土方三类土深度			人工挖土方三类土深度		
				2 m内	4 m内	6 m内	2 m内	4 m内	8 m内
基价(元)				1 025.07	1 401.54	1 669.44	1 555.23	1 931.70	2 199.60
其中	人工费(元)			1 025.07	1 401.54	1 669.44	1 555.23	1 931.70	2 199.60
	材料费(元)			—	—	—	—	—	—
	机械费(元)			—	—	—	—	—	—
名称		单位	单价(元)	数量					
人工	综合人工	工日	23.50	43.62	59.64	71.04	66.18	82.20	93.60

2. 人工挖沟槽

表 2-3-2　　　　　　　　　　　　　　　　　单位:100 m³

定额编号			A1-15	A1-16	A1-17
项目			一、二类土深度		
			2 m内	4 m内	6 m内
基价(元)			835.19	1 157.38	1 429.51
其中	人工费(元)		835.19	1 157.38	1 429.51
	材料费(元)		—	—	—
	机械费(元)		—	—	—
名称	单位	单价(元)	数量		
人工　综合人工	工日	23.50	35.54	49.25	60.83

(续表)　　　　　　　　　　　　　　　　　单位:100 m³

定额编号			A1-18	A1-19	A1-20	A1-21	A1-22	A1-23
项目			三类土深度			四类土深度		
			2 m内	4 m内	6 m内	2 m内	4 m内	6 m内
基价(元)			1 469.22	1 723.49	1 987.87	2 236.03	2 381.02	2 624.48
其中	人工费(元)		1 469.22	1 723.49	1 987.87	2 236.03	2 381.02	2 624.48
	材料费(元)		—	—	—	—	—	—
	机械费(元)		—	—	—	—	—	—
名称	单位	单价(元)	数量					
人工　综合人工	工日	23.50	62.52	73.34	84.59	95.15	101.32	111.68

3. 人工挖基坑

表 2-3-3　　　　　　　　　　　　　　　　　单位:100 m³

定额编号			A1-24	A1-25	A1-26
项目			一、二类土深度		
			2 m内	4 m内	6 m内
基价(元)			924.49	1 258.66	1 529.38
其中	人工费(元)		924.49	1 258.66	1 529.38
	材料费(元)		—	—	—
	机械费(元)		—	—	—
名称	单位	单价(元)	数量		
人工　综合人工	工日	23.50	39.34	53.56	65.08

(续表) 单位：100 m³

定额编号			A1-27	A1-28	A1-29	A1-30	A1-31	A1-32
项目			三类土深度			四类土深度		
			2 m 内	4 m 内	6 m 内	2 m 内	4 m 内	6 m 内
基价（元）			1 647.12	1 923.48	2 188.09	2 519.91	2 708.14	2 959.36
其中	人工费（元）		1 647.12	1 923.48	2 188.09	2 519.91	2 708.14	2 959.36
	材料费（元）		—	—	—	—	—	—
	机械费（元）		—	—	—	—	—	—
名称	单位	单价（元）	数量					
人工 综合人工	工日	23.50	70.09	81.85	93.11	207.23	115.24	125.93

4. 土石方回填

表 2-3-4 单位：100 m³

定额编号			A1-180	A1-181	A1-182
项目			回填土		原土打夯
			松填	夯填	
			100 m³		100 m²
基价（元）			250.98	832.96	63.86
其中	人工费（元）		250.98	642.96	50.53
	材料费（元）		—	—	—
	机械费（元）		—	190.00	13.33
名称	单位	单价（元）	数量		
人工	综合人工 工日	23.50	10.68	27.36	2.15
机械	电动打夯机 台班	23.81	—	7.98	0.56

5. 土石方运输

表 2-3-5 单位：100 m³

定额编号		A1-191	A1-192	A1-193	A1-194
项目		人工运土方		人工运淤泥	
		运距 20 m 内	200 m 内 每增加 20 m	运距 20 m 内	20 m 内 每增加 20 m
基价（元）		518.88	115.62	1 034.00	155.10
其中	人工费（元）	518.88	115.62	1 034.00	155.10
	材料费（元）	—	—	—	—
	机械费（元）	—	—	—	—

(续表)

定额编号			A1－191	A1－192	A1－193	A1－194
名称	单位	单价(元)		数量		
人工	综合人工	工日　23.50	22.08	4.92	44.00	6.60

(续表)　　　　　　　　　　　　　　　　　　　　　　　　　　　单位:100 m³

定额编号			A1－195	A1－196
项目			单(双)轮车运土方	
			运距50 m内	500 m内每增加50 m
基价(元)			428.64	70.50
其中	人工费(元)		428.64	70.50
	材料费(元)		—	—
	机械费(元)		—	—
名称	单位	单价(元)	数量	
人工	综合人工	工日　23.50	18.24	3.00

(二) 砖基础

表 2-3-6　　　　　　　　　　　　　　　　　　　　单位:10 m³

定额编号			A3－1
项目			砖基础
基价(元)			1 729.71
其中	人工费(元)		301.74
	材料费(元)		1 409.82
	机械费(元)		18.15
名称		单位	单价(元)	数量
人工	综合人工	工日	23.50	12.84
材料	水泥砂浆 M5	m³	90.64	2.36
	普通黏土砖	千块	228.00	5.236
	水	m³	2.00	1.05
机械	灰浆机搅拌机 200 L	台班	46.55	0.39

（续表）　　　　　　　　　　　　　　　　　　　　　　　　　　　　　　单位:10 m³

定额编号			A3-7	A3-8	A3-9	A3-10	A3-11	A3-12
项目			混水砖墙					
			1/4 砖	1/2 砖	3/4 砖	1 砖	1 砖半	2 砖及 2 砖以上
基价(元)			2 191.24	1 946.51	1 926.58	1 823.52	1 812.95	1 803.50
其中	人工费(元)		688.55	499.14	486.69	398.56	387.28	383.05
	材料费(元)		1 493.38	1 432.01	1 423.60	1 407.27	1 407.05	1 401.36
	机械费(元)		9.31	15.36	16.29	17.69	18.62	19.09
名称	单位	单价(元)	数量					
人工	综合人工	工日	23.50	293.30	21.24	20.71	16.96	16.48	16.30
材料	主体砂浆 (M2.5 混合砂浆)	m³	73.64	1.18	1.95	2.04	2.16	2.30	2.35
	普通黏土砖	千块	228.00	6.158	5.641	5.51	5.40	5.35	5.309
	附加砂浆 (M5 混合砂浆)	m³	84.79	—	—	0.09	0.09	0.10	0.10
	松木模版	m³	642.00	—	—	0.01	0.01	0.01	0.01
	铁钉	kg	3.80	—	—	0.22	0.22	0.22	0.22
	水	m³	2.00	1.23	1.13	1.10	1.06	1.07	1.06
机械	灰浆搅拌机 200 L	台班	46.55	0.20	0.33	0.35	0.38	0.40	0.41

（三）现浇混凝土基础

表 2-3-7　　　　　　　　　　　　　　　　　　　　　　　　　　　　　　单位:10 m³

定额编号			A4-15	A4-16	A4-17	A4-18	A4-19
项目			带形基础		独立基础		杯形基础
			毛石混凝土	混凝土	毛石混凝土	混凝土	
基价(元)			1 865.23	1 979.89	1 872.62	2 006.81	199.20
其中	工费(元)		211.27	241.35	218.62	267.20	250.98
	材料费(元)		1 558.77	1 626.15	1 559.11	1 627.22	1 627.83
	机械费(元)		95.19	112.39	95.19	112.39	112.39
名称	单位	单价(元)	数量				
人工	综合人工	工日	23.50	8.99	10.27	9.29	11.37	10.68

（续表）

	定额编号			A4－15	A4－16	A4－17	A4－18	A4－19
材料	现浇混凝土 C20/40/32.5	m³	158.12	8.63	10.15	8.63	10.15	10.15
	毛石	m³	64.60	2.72	—	2.72	—	—
	草袋	m²	1.13	2.39	2.52	3.17	3.26	3.67
	水	m³	2.00	7.89	9.19	7.62	9.31	9.38
机械	机动翻斗车1 t	台班	90.81	0.66	0.78	0.66	0.78	0.78
	混凝土搅拌机 400 L	台班	84.46	0.33	0.39	0.33	0.39	0.39
	混凝土振捣器（插入式）	台班	11.19	0.66	0.77	0.66	0.77	0.77

（四）柱

表 2-3-8　　　　　　　　　　　　　　　　　　　　　　单位：10 m³

	定额编号			A4－29	A4－30	A4－31
	项目			矩形柱	圆形、异形柱	构造柱
	基价（元）			2 255.99	2 275.44	2 356.19
其中	人工费（元）			546.38	566.35	646.96
	材料费（元）			1 641.50	1 640.98	1 641.12
	机械费（元）			68.11	68.11	68.11
	名称	单位	单价（元）		数量	
人工	综合人工	工日	23.50	23.25	24.10	27.53
材料	现浇混凝土 C20/40/32.5	m³	158.12	9.86	9.86	9.86
	1∶2 水泥砂浆	m³	203.66	0.31	0.31	0.31
	草袋	m²	1.13	1.00	0.86	0.84
	水	m³	2.00	9.09	8.91	8.99
机械	灰浆搅拌机 200 L	台班	46.55	0.04	0.04	0.04
	混凝土搅拌机 400 L	台班	84.46	0.62	0.62	0.62
	混凝土振捣器（插入式）	台班	11.19	1.24	1.24	1.24

（五）板

表 2-3-9   单位：10 m³

定额编号			A4－43	A4－44	A4－45	A4－46	A4－47
项目			有梁板	无梁板	平板	拱板	双层拱形屋面板
基价（元）			2 137.93	2 117.07	2 156.64	2 293.24	2 308.62
其中	人工费（元）		329.94	308.32	341.22	494.44	501.49
	材料费（元）		1 739.32	1 740.08	1 756.75	1 730.13	1 738.46
	机械费（元）		68.67	68.67	68.67	68.67	68.67
	名称	单位	单价（元）		数量		
人工	综合人工	工日	23.50	14.04	13.12	14.52	21.04	21.34
材料	现浇混凝土 C20/40/32.5	m³	167.97	10.15	10.15	10.15	10.15	10.15
	草袋	m²	1.13	9.95	10.51	14.22	4.50	6.36
	水	m³	2.00	11.59	11.65	12.89	10.07	11.49
机械	混凝土振捣器（平板式）	台班	13.35	0.63	0.63	0.63	0.63	0.63
	混凝土搅拌机 400 L	台班	84.46	0.63	0.63	0.63	0.63	0.63
	混凝土振捣器（插入式）	台班	11.19	0.63	0.63	0.63	0.63	0.63

（六）其他

表 2-3-10   单位：10 m²

定额编号			A4－48	A4－49	A4－50	A4－51
项目			楼梯		雨篷	阳台
			直形	弧形		
基价（元）			592.38	429.96	255.51	356.22
其中	人工费（元）		145.23	123.14	62.51	87.66
	材料费（元）		419.37	288.54	185.64	257.87
	机械费（元）		27.78	18.28	7.36	10.69
	名称	单位	单价（元）		数量	
人工	综合人工	工日	23.50	6.18	5.24	2.66	3.73
材料	现浇混凝土 C20/20/32.5	m³	167.97	—	—	1.07	1.50
	现浇混凝土 C20/40/32.5	m³	158.12	2.60	1.78	—	—
	草袋	m²	1.13	2.18	2.31	2.29	2.29
	水	m³	2.00	2.90	2.24	1 66	1.66

(续表)

	定额编号			A4－48	A4－49	A4－50	A4－51
机械	混凝土搅拌机 400 L	台班	84.46	0.26	0.17	0.07	0.10
	混凝土振捣器(插入式)	台班	11.19	0.52	0.35	0.13	0.20

(七) 卷材屋面

表 2-3-11 单位:100 m²

定额编号				A7－22	A7－23	A7－24	A7－25	A7－26
项目				石油沥青玛蹄脂卷材屋面				
				一毡二油	三毡四油	三毡四油一砂	每增减一毡二油	干铺油毡一层
基价(元)				1 524.51	2 850.89	3 068.85	666.50	352.79
其中	人工费(元)			82.02	179.78	208.68	48.88	31.96
	材料费(元)			1 442.49	2 671.11	2 860.17	617.62	320.83
	机械费(元)			—	—	—	—	—
名称		单位	单价(元)	数量				
人工	综合人工	工日	23.50	3.49	7.65	8.88	2.08	1.36
材料	钢筋Φ10 以内	kg	3.01	5.22	5.22	5.22	—	—
	木柴	kg	0.27	205.70	309.64	365.42	64.24	—
	粒砂	m³	48.00			0.52		
	石油沥青玛蹄脂	m³	1 863.00	0.46	0.76	0.84	0.15	
	石油沥青油毡 350♯	m²	2.82	124.17	351.71	351.71	113.77	113.77
	冷底子油 30∶70	kg	3.33	48.96	48.96	48.96		
	铁钉	kg	3.80	0.28	0.28	0.28		

注:附加层用量为 10.3 m²。附加层石油沥青玛蹄脂用量 0.001 48 m³/m² 卷材。

(八) 模板工程

表 2-3-12 单位:100 m²

定额编号	A10－13	A10－14	A10－15	A10－16	A10－17	A10－18
项目	独立基础					
	毛石混凝土			钢筋混凝土		
	组合钢模版	九夹钢模版	木模板	组合钢模版	九夹钢模版	木模板
	木支撑					
基价(元)	1 880.91	1 866.73	1 594.53	1 940.11	1 856.80	1 582.76

(续表)

定额编号			A10-13	A10-14	A10-15	A10-16	A10-17	A10-18
其中	人工费(元)		646.02	571.99	649.54	647.90	573.64	651.19
	材料费(元)		1 120.43	1 247.60	892.91	1 174.36	1 232.64	876.11
	机械费(元)		114.46	47.14	52.08	117.85	50.52	55.46
名称	单位	单价(元)	数量					
人工	综合人工	工日	23.50	27.49	24.34	27.64	27.57	24.41	27.71
材料	水泥砂浆1:2	m³	203.66	0.012	0.012	0.012	0.012	0.012	0.012
	松木模板	m³	642.00	0.697	0.697	0.762	1.118	0.74	1.139
	九夹板模板	m³	30.00	—	21.75	—	—	21.72	—
	镀锌铁丝12#	kg	3.21	23.74	—	9.80	25.42	—	—
	镀锌铁丝22#	kg	4.72	0.18	0.18	0.18	0.18	0.18	0.18
	零星卡具	kg	3.21	24.16	—	—	25.89	—	—
	嵌缝料	kg	1.73	—	—	10.00	—	—	—
	隔离剂	kg	5.74	10.00	10.00	10.00	10.00	10.00	10.00
	铁钉	kg	3.80	11.88	17.98	17.29	12.72	17.49	17.60

(九) 脚手架工程

表 2-3-13   单位:100 m²

定额编号			A11-1	A11-2	A11-3
项目			7 m内单排	15 m内双排	24 m内双排
基价(元)			218.75	476.47	629.23
其中	人工费(元)		97.29	159.80	199.52
	材料费(元)		103.95	288.22	399.08
	机械费(元)		17.51	28.45	30.63
名称	单位	单价(元)	数量		
人工	综合工日	工日	23.50	4.14	6.80	8.49
材料	镀锌铁丝8#	kg	2.96	—	0.66	0.85
	松木板方材	m³	642.00	—	0.004	0.007
	竹脚手杆75	根	7.96	3.185	8.974	13.559
	竹脚手杆90	根	7.96	3.50	10.234	18.018
	竹篾	百根	3.88	6.46	13.95	12.82

(续表)

定额编号				A11-1	A11-2	A11-3
材料	竹脚手板(平编)	m²	4.87	4.921	11.641	14.532
	竹脚手板(侧编)	m²	17.18	—	0.77	0.798
	铁钉	kg	3.80	0.45	1.78	1.71
机械	载重汽车6 t	台班	312.60	0.056	0.091	0.098

（十）找平层

表 2-3-14　　　　　　　　　　　　　　　　　　　　　　单位:100 m²

定额编号				B1-1	B1-2	B1-3
项目				水泥砂浆		
				混凝土或硬基层上	填充材料上	每增减5 mm
				厚 20 mm		
基价(元)				665.18	706.49	135.00
其中	人工费(元)			280.73	287.77	50.59
	材料费(元)			368.62	399.17	80.22
	机械费(元)			15.83	19.55	4.19
	名称	单位	单价(元)		数量	
人工	综合工日	工日	157.30	8.38	8.59	1.51
材料	1:3水泥砂浆	m³	157.30	2.02	2.53	0.51
	素水泥浆	m³	496.66	0.10	—	—
	水	m³	2.00	0.60	0.60	—
机械	灰浆搅拌机 200 L	台班	46.55	0.34	0.42	0.09

（十一）整体面层

表 2-3-15　水泥砂浆　　　　　　　　　　　　　　　　单位:100 m²

定额编号		B1-6	B1-7	B1-8
项目		水泥砂浆		
		楼地面	楼梯	台阶
		厚 20 mm		
基价(元)		839.21	2 049.82	1 706.76
其中	人工费(元)	369.51	1 426.10	1 010.70
	材料费(元)	453.87	602.77	672.78
	机械费(元)	15.83	20.95	23.28

（续表）

定额编号				B1－6	B1－7	B1－8
名称		单位	单价(元)	数量		
人工	综合工日	工日	33.50	11.03	42.57	30.17
材料	1：2.5 水泥砂浆	m³	184.03	2.02	2.69	2.99
	素水泥浆	m³	496.66	0.10	0.13	0.15
	草袋	m²	1.13	22.00	29.26	32.56
	水	m³	2.00	3.80	5.05	5.62
机械	灰浆搅拌机 200 L	台班	46.55	0.34	0.45	0.50

注：水泥砂浆楼地面面层厚度每增减 5 mm，按水泥砂浆找平每增减 5 mm 项目执行。

（续表） 单位：见表

定额编号				B1－9	B1－10
项目				水泥砂浆	
				加浆抹光随捣随抹厚 5 mm	踢脚线底 12 mm 面 8 mm
				100 m²	100 m
基价(元)				443.00	233.76
其中	人工费(元)			271.02	179.90
	材料费(元)			167.79	51.53
	机械费(元)			4.19	2.33
名称		单位	单价(元)	数量	
人工	综合工日	工日	33.50	8.09	5.37
材料	1：1 水泥砂浆	m³	265.35	0.51	—
	1：2.5 水泥砂浆	m³	184.03	—	0.12
	1：3 水泥砂浆	m³	157.30	—	0.18
	草袋	m²	1.13	22.00	—
	水	m³	2.00	3.80	0.57
机械	灰浆搅拌机 200 L	台班	46.55	0.09	0.05

（十二）铝合金门窗

表 2-3-16(a)　铝合金门制作安装 单位：100 m²

定额编号	B4－221	B4－222	B4－223	B4－224
项目	单扇地弹门		双扇地弹门	
	无上亮	带上亮	无上亮 无侧亮	无上亮 带侧亮
基价(元)	21 027.82	20 601.15	18 615.92	17 588.38

(续表)

定额编号				B4-221	B4-222	B4-223	B4-224
其中	人工费(元)			2 694.07	2 701.78	2 757.39	2783.52
	材料费(元)			18 029.85	17 595.47	15 549.04	14 491.64
	机械费(元)			303.90	303.90	309.49	313.22
名称		单位	单价(元)	数量			
人工	综合工日	工日	33.50	80.42	80.65	82.31	83.09
材料	铝合金型材 1.2 mm	kg	19.30	596.79	574.54	545.54	500.55
	浮法玻璃 5 mm	m²	18.64	100.00	100.00	100.00	100.00
	密封毛条	m	0.06	193.81	152.59	161.10	107.41
	密封油膏	kg	14.43	55.06	42.17	28.25	21.66
	玻璃胶 350 g/支	支	13.00	36.23	43.19	39.79	50.64
	软填料	kg	3.00	44.07	52.71	35.30	27.06
	拉杆螺栓	kg	7.50	13.06	13.09	13.36	13.49
	自攻螺钉	百个	2.50	3.801	10.361	4.237	9.887
	膨胀螺栓	套	1.00	240.00	260.00	94.00	06.00
	地脚	个	3.00	620.00	630.00	397.00	353.00
	其他材料	元	1.00	31.00	31.50	19.85	17.65
机械	机械费	元	1.00	303.90	303.90	309.49	313.22

表 2-3-16(b)　铝合金窗制作安装　　　　　　　　　　单位:100 m²

定额编号				B4-234	B4-235	B4-236
项目				双扇平开窗		
				无上亮	带上亮	带顶窗
基价(元)				18 887.29	16 310.72	17 844.50
其中	人工费(元)			2 067.29	2 097.44	2 097.44
	材料费(元)			16 523.56	13 913.11	15 446.89
	机械费(元)			296.44	300.17	300.17
名称		单位	单价(元)	数量		
人工	综合工日	工日	33.50	61.71	62.61	62.61
材料	铝合金型材 1.2 mm	kg	19.30	443.59	365.83	443.35
	浮法玻璃 5 mm	m²	18.64	100.00	100.00	100.00
	密封毛条	m	0.06	941.67	627.78	944.40
	密封油膏	kg	14.43	59.33	49.44	49.44

(续表)

定额编号				B4－234	B4－235	B4－236
材料	玻璃胶 350 g/支	支	13.00	62.50	63.89	63.90
	软填料	kg	3.00	27.72	23.10	23.10
	自攻螺钉	百个	2.50	33.33	24.07	31.48
	膨胀螺栓	套	1.00	1 666.00	1 298.00	1 298.00
	地脚	个	3.00	833.00	649.00	649.00
	其他材料费	元	1.00	296.44	300.17	300.17
机械	机械费	元	1.00	296.44	300.17	300.17

(十三) 喷(刷)刮涂料

表 2-3-17　　　　　　　　　　　　　　　　　　　单位:100 m²

定额编号				B5－308	B5－309	B5－310	B5－311
项目				外墙 JH801 涂料		仿瓷涂料	
				清水墙	抹灰面	二遍	每增一遍
基价(元)				533.83	611.65	357.03	109.00
其中	人工费(元)			220.43	220.43	234.50	67.00
	材料费(元)			269.27	347.09	122.53	42.00
	机械费(元)			44.13	44.13	—	—
名称		单位	单价(元)	数量			
人工	综合工日	工日	33.50	6.58	6.58	7.00	2.00
材料	涂料 JH801	kg	2.64	100.00	100.00	—	—
	117 胶	kg	1.00	—	—	80.00	28.00
	水	m³	2.00	0.70	0.14	—	—
	色粉	kg	12.18	—	3.40	—	—
	双(白)灰粉	kg	0.20	—	—	200.00	70.00
	107 胶	kg	1.06	—	34.60	—	—
	其他材料费	元	1.00	3.87	4.72	2.53	
机械	电动空气压缩机 1 m³/min	台班	80.24	0.55	0.55	—	—

（十四）陶瓷地砖（彩釉砖）

表 2-3-18　　　　　　　　　　　　　　　　　　　　　　　　单位：100 m²

定额编号			B1－84	B1－85	B1－86	B1－87
项目			楼地面			
			周长在（　）以内（mm）			
			800	1 200	1 600	2 000
基价（元）			3 911.19	1 200	1 600	2 000
其中	人工费（元）		1 002.66	1 006.34	1 048.89	1 107.18
	材料费（元）		2 843.32	3 470.32	3 982.82	5 007.82
	机械费（元）		65.21	65.21	65.21	65.21
名称		单位	单价（元）	数量		
人工	综合工日	工日	33.50	29.93	30.04	31.31	33.05
材料	陶瓷地面砖 200×200	m²	24.00	102.00	—	—	—
	陶瓷地面砖 300×300	m²	30.00	—	102.50	—	—
	陶瓷地面砖 400×400	m²	35.00	—	—	102.50	—
	陶瓷地面砖 500×500	m²	45.00	—	—	—	102.50
	水泥砂浆 1∶3(20 mm)	m³	157.30	2.02	2.02	2.02	2.02
	素水泥浆	m³	496.66	0.10	0.10	0.10	0.10
	石料切割锯片	片	30.00	0.32	0.32	0.32	0.32
	白水泥	kg	0.51	10.30	10.30	10.30	10.30
	棉纱头	kg	4.05	1.00	1.00	1.00	1.00
	锯木屑	m³	6.33	0.60	0.60	0.60	0.60
	水	m³	2.00	2.60	2.60	2.60	2.60
机械	灰浆搅拌机 200 L	台班	46.55	0.35	0.35	0.35	0.35
	石料切割机	台班	32.40	1.51	1.51	1.51	1.51

表 2-3-19　混凝土、砂浆等配合比表　　　　　　　　　　单位：m³

定额编号			026	027	028	029
项目			现浇卵石混凝土，粒径 40 mm			
			C10	C15	C20	
			水泥 32.5			水泥 42.5
基价（元）			132.49	145.00	158.12	160.26
名称		单位	单价（元）	数量		
材料	水泥 32.5	kg	0.33	216.00	252.00	269.00	—
	卵石 40	m³	60.00	0.82	0.85	0.83	0.85

(续表)

	定　额　编　号			026	027	028	029
材料	水	m³	2.00	0.16	0.16	0.16	0.16
	中(粗)砂	m³	19.48	0.60	0.54	0.53	0.54
	水泥 42.5	kg	0.38	—	—	—	259.00

(续表)　　　　　　　　　　　　　　　　　　　　　　　　　　　　　　单位:m³

	定　额　编　号			030	031	032	033
	项　目			现浇卵石混凝土,粒径 40 mm			
				C25		C30	
				水泥 32.5	水泥 42.5	水泥 32.5	水泥 42.5
	基价(元)			170.04	169.50	183.01	182.49
	名称	单位	单价(元)	数量			
材料	水泥 32.5	kg	0.33	332.00	—	370.00	—
	卵石 40	m³	60.00	0.85	0.83	0.88	0.86
	水	m³	2.00	0.16	0.16	0.16	0.16
	中(粗)砂	m³	19.48	0.47	0.53	0.40	0.48
	水泥 42.5	kg	0.38	—	287.00	—	319.00

表 2-3-20　抹灰砂浆　　　　　　　　　　　　　　　　　　单位:m³

	定　额　编　号			259	260	261	262	263	264
	项　目			水泥砂浆		白水泥砂浆	水泥砂浆		
				1:1	1:1.5	1:2	1:2.5	1:3	
	基价(元)			265.35	229.45	344.29	203.66	184.03	157.30
	名称	单位	单价(元)	数量					
材料	水泥 32.5	kg	0.33	758.00	638	—	551.00	485.00	404.00
	粗砂	m³	19.48	0.75	0.94	0.94	1.09	1.20	1.20
	水	m²	2.00	0.30	0.30	0.30	0.30	0.30	0.30
	白水泥	kg	0.51	—	—	638.00	—	—	—

(续表)　　　　　　　　　　　　　　　　　　　　　　　　　　　　　　单位:m³

定　额　编　号	265	266	267
项　目	石灰砂浆		石膏砂浆
	1:2.5	1:3	
基价(元)	62.98	57.22	337.39

(续表)

	定 额 编 号			265	266	267
	名称	单位	单价(元)	数量		
材料	中砂	m²	19.48	1.20	1.20	1.20
	水	m³	2.00	0.6	0.6	0.3
	生石灰	kg	0.16	240.00	204.00	—
	石膏粉	kg	0.93	—	—	337.00

六、案例分析

(一) 构件混凝土换算

【案例分析 2-3-1】 某工厂现浇 C10/40/32.5 混凝土地面垫层;工程量为 28 m³,试求:(1) 混凝土地面垫层直接工程费为多少?(2) 试求 28 m³ 混凝土垫层所需的人工费、材料费、机械费各为多少?(3) 浇注混凝土垫层 28 m³ 所需的人工、材料、机械台班各为多少?(分析工、料、机)

【解】 (1) 查《江西省建筑工程消耗量定额及统一基价表》第四章 A4-13 子目,得知:混凝土 C 10/40/32.5 定额基价为 1 754.06 元/10 m³.

分析:设计要求与定额的项目内容一致,所以可直接套用。

计算:A4-13:C 10/40/32.5 混凝土地面垫层的直接工程费

直接工程费 = 28 m³ × 175.406 元/m³ = 4 911.37 元

(2) 人工费 = 28 m³ × 30.926 元/m³ = 865.928 元

材料费 = 28 m³ × 134.815 元/m³ = 3 774.82 元

机械费 = 28 m³ × 9.665 元/m³ = 270.62 元

(3) 分析工料机:

人工工日分析:28 m³ × 1.316 工日/m³ = 36.85 工日

材料分析 C 10/40/32.5 混凝土:28 m³ × 1.01 m³/m³ = 28.28 m³

查定额水泥 32.5 级:28.28 m³ × 216 kg/m³ = 6 108.48 kg

卵石:28.28 m³ × 0.82 m³/m³ = 23.19 m³

砂:28.28 m³ × 0.6 m³/m³ = 16.97 m³

机械台班分析:

混凝土搅拌机:28 m³ × 1.101 台班/m³ = 2.83 台班

混凝土振捣器:28 m³ × 0.085 台班/m³ = 2.38 台班

【案例分析 2-3-2】 某工程综合楼现浇 C 15/40/32.5 基础混凝土垫层工程量 120 m³,试计算:(1)基础垫层直接工程费;(2)分析 C 15/40/32.5 的工、料、机。

【解】 (1)分析:查预算定额第四章说明得知

A4-13 子目(C 10/40/32.5)混凝土垫层用于浇注基础垫层时,人工乘以 1.2 系数。

第一步:先计算混凝土垫层 C 10/40/32.5 的换算后的基础垫层基价

A4-13 换:定额基价 = 309.26 × 1.2 + 1 348.15 + 96.65 = 1 815.912(元/10 m³)

第二步:根据混凝土换算公式计算 C 15/40/32.5 基础垫层(C 15 混凝土:145 元/ m³, C 10 混凝土 132.49 元/ m³)

换算后定额基价＝原定额基价＋定额混凝土×(换入混凝土基价－换出混凝土基价)＝ 1 815.912 元/10 m³＋10.1 m³/ m³×(145 元/ m³－132.49)

C 15/40/32.5 基础垫层＝1 942.263 元/10 m³

浇注 120 m³ 混凝土 C 15/40/32.5 基础垫层所需直接工程费＝120 m³× 194.226 3 元/ m³＝233.071 6 元

(2) 分析 C 15/40/32.5 基础混凝土垫层 120 m³ 的工料机

人工工日＝120 m³×1.316 工日/ m³×1.2 系数＝189.5 工日

材料分析:C 15/40/32.5 混凝土:120 m³×1.01＝121.2 m³

32.5 级水泥:121.2 m³×252kg/ m³＝30 542.4 kg

卵石:121.1 m³×0.85 m³/ m³＝103.02 m³

砂:121.1 m³×0.54 m³/ m³＝65.45 m³

机械台班分析:

搅拌机:120 m³×0.101＝12.12 台班

振捣器:120 m³×0.083＝10.2 台班

【案例分析 2-3-3】　试计算现浇 C 25/40/32.5 混凝土矩形梁的定额基价。

【解】　查建筑工程定额(下)附录一第 334 页混凝土 C 25/40/32.5 的单价为 170.04 元/ m³

换算后定额基价＝原定额基价＋定额混凝土用量×(换入混凝土基价－换出混凝土基价)

A4-33 换:2 090.97＋10.15×(170.04－158.12)

　　　　　＝2 090.97＋10.15×11.92

　　　　　＝2 213.9 元/10(m³)

(二)砌筑砂浆换算

【案例分析 2-3-4】　工程用 M15 水泥砂浆砌筑砖基础

【解】　查建筑工程定额(下)附录(第 416 页)M15 水泥砂浆的单价 122.98 元/ m³,M5 水泥砂浆的单价为 90.64 元/ m³。

A3-1 换:原定额砂浆用量×(换入砂浆基价－换出砂浆基价)

　　　　　＝1 729.71＋2.36×(122.98－90.64)

　　　　　＝1 729＋2.36×32.34

　　　　　＝1 806.603(元/10 m³)

(三)抹灰砂浆换算

第一种情况:当抹灰厚度不变只换配合比时,只调整材料单价。

【案例分析 2-3-5】　工程用 1:2.5 水泥砂浆底厚 14 厚,1:2 水泥砂浆 6 厚抹砖墙。

【解】　1:2.5 水泥砂浆的单价为 184.03 元/ m³,1:3 水泥砂浆的单价 157.30 元/ m³

B2-22 换:926.17＋0.69×(203.66－184.03)＋1.62×(184.03－157.3)

　　　　　＝926.17＋0.69×19.63＋1.62×26.73

　　　　　＝983.02(元/100 m²)

第二种情况:当抹灰厚度,配合比变化时,砂浆用量按比例换算,人工费,机械费不调整。

【案例分析 2-3-6】　工程用 1∶2.5 水泥砂浆底 16 厚,1∶2 水泥砂浆面层 8 厚抹砖墙。

【解】　B2-22 换:926.17+0.69×8/6×203.66-0.69×184.03+1.62×16/14×184.03-1.62×157.30

$$=926.17+187.38-126.9+340.22-254.83$$

$$=1\ 072.54(元/100\ m^2)$$

【案例分析 2-3-7】　根据图 2-3-1 所示尺寸和条件计算现浇独立基础垫层工程量,并套用定额基价计算其直接工程费。已知:独立基础 J-1∶4 个,J-2∶12 个,J-3∶5 个,J-4∶2 个。

(a) J-1平面图　　(b) 平面图　　(c) 剖面图

图 2-3-1　独立基础示意图

表 2-3-21　基础配筋表

基础编号	短边 B(mm)	长边 A(mm)	板受力筋	板受力筋	h_1	h_2
J-1	2 000	2 000	±12@150	±12@150	300	200
J-2	2 300	2 300	±12@150	±12@150	300	300
J-3	2 800	2 800	±14@150	±14@150	400	300
J-4	1 900	1 900	±12@150	±12@150	300	200

(d) 基础尺寸及配筋表

【解】　独立基础 C15 砼垫层

(1) 计算工程量。

J-1:　$2.2×2.2×0.1×4$ 个=1.94 (m³)

J-2:　$2.5×2.5×0.1×12$ 个=7.5 (m³)

J-3:　$3×3×0.1×5$ 个=4.5 (m³)

J-4:　$2.1×2.1\ 0.1×2$ 个=0.88 (m³)

∴ $\sum V_{独基垫层}=V_1+V_2+V_3+V_4=14.82$ (m³)

(2) 列项、套定额基价并换算,计算直接工程费。

A4-13 换　独立基础垫层(C15/40/32.5)直接工程费=14.82×194.226 3=2 878.43(元)

【案例分析 2-3-8】 已知独立基础钢筋工程量：Φ12：1 022.818 kg，Φ14：620.381 kg，试计算该工程钢筋材料差价

【解】 钢筋工程量为 1 022.818＋620.381＝1 643.199（kg）＝1.643 199（t）

按 Φ20 以内：信息价为 5 115 元/t，定额单价为 3 025.69 元/t

差价＝1.643 199×1.02×（5 115－3 025.69）＝3 501.815（元）

【案例分析 2-3-9】 计算现浇独立基础混凝土（工程量为 56.94 m³）

C25/40/32.5 的人工材料及机械用量。

【解】 $V_{独}$＝56.94（m³）

（1）人工用量：人工工日＝1.137 工日/m³×56.94 m³＝64.74 工日

（2）机械用量：

机动翻斗车 1 t：0.078 台班/m³×56.94 m³＝4.44 台班

混凝土搅拌机 400 L：0.039 台班/m³×56.94 m³＝2.22 台班

混凝土振捣器：0.077 台班/m³×56.94 m³＝4.38 台班

（3）材料用量：

现浇混凝土 C25/40/32.5：1.015 m³/ m³×56.94 m³＝57.79 m³

水泥 32.5：332 kg/m³×56.94 m³＝18 904.08 kg＝18.904 08 t

石：0.85 m³/m³×56.94 m³＝48.40 m³

砂：0.47 m³/m³×56.94 m³＝26.76 m³

水：0.16 m³/m³×56.94 m³＝9.11 m³

草袋：0.326 m²/m³×56.94 m³＝18.56 m²

水：0.931 m³/m³×56.94 m³＝53.01 m³

合计水：53.01 m³＋9.11 m³＝62.12 m³

行动领域 4 概算定额、概算指标与投资估算指标

一、概算定额

（一）概算定额的概念

概算定额，是在预算定额基础上确定完成合格的单位扩大分项工程或单位扩大结构构件所需消耗的人工、材料和机械台班的数量标准，所以概算定额又称作扩大结构定额。

概算定额是预算定额的合并与扩大。它将预算定额中有联系的若干个分项工程项目综合为一个概算定额项目。如砖基础概算定额项目，就是以砖基础为主，综合了平整场地、挖地槽、铺设垫层、砌砖基础、铺设防潮层、回填土及运土等预算定额中分项工程项目。

概算定额与预算定额的相同之处在于，它们都是以建（构）筑物各个结构部分和分部分项工程为单位表示的，内容也包括人工、材料和机械台班使用量定额三个基本部分，并列有基准价。概算定额表达的主要内容、表达的主要方式及基本使用方法都与预算定额相近。

概算定额与预算定额的不同之处在于项目划分和综合扩大程度上的差异，同时，概算定额主要用于设计概算的编制。由于概算定额综合了若干分项工程的预算定额，因此使概算工程量计算和概算表的编制，都比编制施工图预算简化一些。

（二）概算定额的作用

从 1957 年开始我国在全国试行统一的《建筑工程扩大结构定额》之后，各省、市、自治区根据本地区的特点，相继编制了本地区的概算定额。为了适应建筑业的改革，原国家计委、建设银行总行在计标[1985] 352 号文件中指出，概算定额和概算指标由省、市、自治区在预算定额基础上组织编写，分别由主管部门审批，报国家计划委员会备案。概算定额主要作用如下：

（1）是初步设计阶段编制概算、扩大初步设计阶段编制修正概算的主要依据；

（2）是对设计项目进行技术经济分析比较的基础资料之一；

（3）是建设工程主要材料计划编制的依据；

（4）是编制概算指标的依据。

（三）概算定额的编制原则和编制依据

1. 概算定额编制原则

概算定额应该贯彻社会平均水平和简明适用的原则。由于概算定额和预算定额都是工程计价的依据，所以应符合价值规律和反映现阶段大多数企业的设计、生产及施工管理水平，但在概预算定额水平之间应保留必要的幅度差。概算定额的内容和深度是以预算定额为基础的综合和扩大。在合并中不得遗漏或增加项目，以保证其严密性和正确性。概算定额务必达到简化、准确和适用。

2. 概算定额的编制依据

由于概算定额的使用范围不同，其编制依据也略有不同。其编制依据一般有以下几种：

（1）现行的设计规范和建筑工程预算定额；

（2）具有代表性的标准设计图纸和其他设计资料；

（3）现行的人工工资标准、材料价格、机械台班单价及其他的价格资料。

（四）概算定额的编制步骤

概算定额的编制一般分三阶段进行，即准备阶段、编制初稿阶段和审查定稿阶段。

1. 准备阶段

该阶段主要是确定编制机构和人员组成，进行调查研究，了解现行概算定额执行情况和存在问题，明确编制的目的，制定概算定额的编制方案和确定概算定额的项目。

2. 编制初稿阶段

该阶段是根据已经确定的编制方案和概算定额项目，收集和整理各种编制依据，对各种资料进行深入细致的测算和分析，确定人工、材料和机械台班的消耗量指标，最后编制概算定额初稿。

3. 审查定稿阶段

该阶段的主要工作是测算概算定额水平，即测算新编制概算定额与原概算定额及现行预算定额之间的水平。测算的方法既要分项进行测算，又要通过编制单位工程概算以单位工程为对象进行综合测算。概算定额水平与预算定额水平之间应有一定的幅度差，幅度差一般在 5% 以内。

概算定额经测算比较后，可报送国家授权机关审批。

（五）概算定额手册的内容

按专业特点和地区特点编制的概算定额手册，内容基本上是由文字说明、定额项目表和附录三个部分组成。

1. 概算定额的内容与形式

（1）文字说明部分。文字说明部分有总说明和分部工程说明。在总说明中，主要阐述概算定额的编制依据、使用范围、包括的内容及作用、应遵守的规则及建筑面积计算规则等。分部工程说明主要阐述本分部工程包括的综合工作内容及分部分项工程的工程量计算规则等。

（2）定额项目表。主要包括以下内容：

① 定额项目的划分。概算定额项目一般按以下两种方法划分：一是按工程结构划分，一般是按土石方、基础、墙、梁板柱、门窗、楼地面、屋面、装饰、构筑物等工程结构划分；二是按工程部位（分部）划分，一般是按基础、墙体、梁柱、楼地面、屋盖、其他工程部位等划分，如基础工程中包括了砖、石、混凝土基础等项目。

② 定额项目表。定额项目表是概算定额手册的主要内容，由若干分节定额组成。各节定额由工程内容、定额表及附注说明组成。定额表中列有定额编号、计量单位、概算价格、人工、材料、机械台班消耗量指标，综合了预算定额的若干项目数量。以建筑工程概算定额为例说明，见表 2-4-1。

表 2-4-1　现浇钢筋混凝土柱概算定额表

工程内容：模板制作、安装、拆除、钢筋制作、安装、混凝土浇捣、抹灰、刷浆

10 m³

概算定额编号			4-3		4-4	
项目	单位	单价（元）	矩形柱			
			周长 1.8 m 以内		周长 1.8 m 以外	
			数量	合价	数量	合价
基准价	元		13 428.76		12 947.26	
其中　人工费	元	2 116.40	1 728.76			
材料费	元	10 272.03	10 361.83			
机械费	元	1 040.33	856.67			
合计工	工日	22.00	96.20	2 116.40	78.58	1 728.76
材料　中（粗）砂（天然）	t			339.98		315.74
碎石 5～20 mm	t	35.81	9.494	441.65	8.817	441.65
石灰膏	m³	36.18	12.207	20.75	12.207	14.55
普通木成材	m³	98.89	0.221	302.00	0.155	187.00
圆钢（钢筋）	t	1 000.00	0.302	6 564.00	0.187	7 221.0
组合钢模板	kg	3 000.00	2.188	257.66	2.407	159.39
钢支撑（钢管）	kg	4.00	64.416	165.70	39.848	102.50
零星卡具	kg	4.85	34.165	135.82	21.134	84.02
铁钉	kg	4.00	33.954	18.42	21.004	11.40

(续表)

概算定额编号				4-3		4-4	
材料	镀锌铁丝 22#	kg	5.96	3.091	67.53	1.912	74.29
	电焊条	kg	8.07	8.368	122.65	9.206	134.94
	803 涂料	kg	7.84	15.644	33.21	17.212	23.26
	水	m³	1.45	22.901	12.57	16.038	12.21
	水泥 42.5 级	kg	0.99	12.7000	166.11	12.300	129.28
	水泥 52.5 级	kg	0.25	664.459	1 242.36	517.117	1 242.36
	脚手架	元	0.30	4 141.200	196.00	4 141.200	90.60
	其他材料费	元			185.62		117.64
机械	垂直运输费	元			628.00		510.00
	其他机械费	元			412.33		346.67

2. 概算定额应用规则

(1)符合概算定额规定的应用范围。

(2)工程内容、计量单位及综合程度应与概算定额一致。

(3)必要的调整和换算应严格按定额的文字说明和附录进行。

(4)避免重复计算和漏项。

(5)参考预算定额的应用规则。

二、概算指标

(一)概算指标的概念及其作用

建筑安装工程概算指标通常是以整个建筑物和构筑物为对象,以建筑面积、体积或成套设备装置的台或组为计量单位而规定的人工、材料、机械台班的消耗量标准和造价指标。

从上述概念中可以看出,建筑安装工程概算定额与概算指标的主要区别如下:

1. 确定各种消耗量指标的对象不同

概算定额是以单位扩大分项工程或单位扩大结构构件为对象,而概算指标则是以整个建筑物(如 100 m² 或 1 000 m² 建筑物)和构筑物为对象。因此概算指标比概算定额更加综合与扩大。

2. 确定各种消耗量指标的依据不同

概算定额以现行预算定额为基础,通过计算之后才综合确定出各种消耗量指标,而概算指标中各种消耗量指标的确定,则主要来自各种预算或结算资料。

概算指标和概算定额、预算定额一样,都是与各个设计阶段相适应的多次性计价的产物,它主要用于投资估价、初步设计阶段,其作用主要有:① 概算指标可以作为编制投资估算的参考;② 概算指标中的主要材料指标可以作为匡算主要材料用量的依据;③ 概算指标是设计单位进行设计方案比较,建设单位选址的一种依据;④ 概算指标是编制固定资产投资计划,确定投资额和主要材料计划的主要依据。

(二) 概算指标的分类和表现形式

1. 概算指标的分类

概算指标可分为两大类(见图2-4-1),一类是建筑工程概算指标,另一类是设备安装工程概算指标。

图 2-4-1 概算指标分类图

2. 概算指标的组成内容及表现形式

(1) 概算指标的组成内容一般分为文字说明和列表形式两部分,以及必要的附录。

① 总说明和分册说明。其内容一般包括:概算指标的编制范围、编制依据、分册情况、指标包括的内容、指标未包括的内容、指标的使用方法、指标允许调整的范围及调整方法等。

② 列表形式。建筑工程列表形式。房屋建筑、构筑物的一般是以建筑面积、建筑体积、"座"、"个"等为计算单位,附以必要的示意图,示意图画出建筑物的轮廓示意或单线平面图,列出综合指标:元/m² 或元/m³,自然条件(如地耐力、地震烈度等),建筑物的类型、结构形式及各部位中结构主要特点,主要工程量。安装工程的列表形式。设备以"t"或"台"为计算单位,也有以设备购置费或设备原价的百分比(%)表示;工艺管道一般以"t"为计算单位;通讯电话站安装以"站"为计算单位。列出指标编号、项目名称、规格、综合指标(元/计算单位)之后一般还要列出其中的人工费,必要时还要列出主要材料费、辅材费。

总体来讲,建筑工程列表形式分为以下几个部分:

① 示意图。表明工程的结构、工业项目,还表示出吊车及起重能力等。

② 工程特征。对采暖工程特征应列出采暖热媒及采暖形式;对电气照明工程特征可列出建筑层数、结构类型、配线方式、灯具名称等;对房屋建筑工程特征主要对工程的结构形式、层高、层数和建筑面积进行说明,如表2-4-2所示。

表 2-4-2 内浇外砌住宅结构特征

结构类型	层数	层高	檐高	建筑面积
内浇外砌	六层	2.8 m	17.7 m	4 206 m²

③ 经济指标。如表2-4-3所示。说明该项目每100 m²的造价指标及其中土建、水暖和电照等单位工程的相应造价。

表 2-4-3 内浇外砌住宅经济指标 100 m² 建筑面积

项目		合计（元）	其 中			
			直接费（元）	间接费（元）	利润（元）	税金（元）
单方造价		30 422	21 860	5 576	1 893	1 093
其中	土建	26 133	18 778	4 790	1 626	939
	水暖	2 565	1 843	470	160	92
	电照	1 724	1 239	316	107	62

④ 构造内容及工程量指标。说明该工程项目的构造内容和相应计算单位的工程量指标及人工、材料消耗指标。如表 2-4-4、表 2-4-5 所示。

表 2-4-4 内浇外砌住宅构造及工程量指标 100 m² 建筑面积

序号	构造特征		工程量	
			单位	数量
一、土建				
1	基础	灌注桩	m³	14.64
2	外墙	二砖墙、清水墙勾缝、内墙抹灰刷白	m³	24.32
3	内墙	混凝土墙、一砖墙、抹灰刷白	m³	22.70
4	柱	混凝土柱	m³	0.70
5	地面	碎砖垫层、水泥砂浆面层	m³	13
6	楼面	120 mm 预制空心板、水泥砂浆面层	m²	65
7	门窗	木门窗	m²	62
8	屋面	预制空心板、水泥珍珠岩保温、三毡四油卷材防水	m²	21.7
9	脚手架	综合脚手架	m²	100
二、水暖				
1	采暖方式	集中采暖		
2	给水性质	生活给水明设		
3	排水性质	生活排水		
4	通风方式	自然通风		
三、电照				
1	配电方式			
2	灯具种类	塑料管暗配电线		
3	用电量	日光灯		

表 2-4-5 内浇外砌住宅人工及主要材料消耗指标　　100 m² 建筑面积

序号	名称及规格	单位	数量
一、土建			
1	人工	工日	506
2	钢筋	t	3.25
3	型钢	t	0.13
4	水泥	t	18.10
5	白灰	t	2.10
6	沥青	t	0.29
7	红砖	千块	15.10
8	木材	m³	4.10
9	砂	m³	41
10	砾石	m³	30.5
11	玻璃	m²	29.2
12	卷材	m²	80.8
二、水暖			
1	人工	工日	39
2	钢管	t	0.18
3	暖气片	m²	20
4	卫生器具	套	2.35
5	水表	个	1.84
三、电照			
1	人工	工日	20
2	电线	t	283
3	钢管	套	0.04
4	电表	个	8.43
5	配电箱	套	1.84
6	工日	6.1	6.1
四、机械使用费		%	7.5
五、其他材料费		%	19.57

（2）概算指标在具体内容的表示方法上，分综合指标和单项指标两种形式。

① 综合概算指标。综合概算指标是按照工业或民用建筑及其结构类型而制定的概算指标。综合概算指标的概括性较大，其准确性、针对性不如单项概算指标。

② 单项概算指标。单项概算指标是指为某种建筑物或构筑物而编制的概算指标。单

项概算指标的针对性较强,故指标中对工程结构形式要作介绍。只要工程项目的结构形式及工程内容与单项指标中的工程概况相吻合,编制出的设计概算就比较准确。

(三) 概算指标的编制和应用

1. 概算指标的编制依据

(1) 标准设计图纸和各类工程典型设计。

(2) 国家颁发的建筑标准、设计规范、施工规范等。

(3) 各类工程造价资料。

(4) 现行的概算定额和预算定额及补充定额。

(5) 人工工资标准、材料预算价格、机械台班预算价格及其他价格资料。

2. 概算指标的编制步骤

以房屋建筑工程为例,概算指标可按以下步骤进行编制:

(1) 首先成立编制小组,拟定工作方案,明确编制原则和方法,确定指标的内容及表现形式,确定基价所依据的人工工资单价、材料预算价格、机械台班单价。

(2) 收集整理编制指标所必需的标准设计、典型设计以及有代表性的工程设计图纸,设计预算等资料,充分利用有使用价值的已经积累的工程造价资料。

(3) 按指标内容及表现形式的要求进行具体的计算分析,工程量尽可能利用经过审定的工程竣工结算的工程量,以及可以利用的可靠的工程量数据。按基价所依据的价格要求计算综合指标,并计算必要的主要材料消耗指标,用于调整价差的万元工、料、机消耗指标,一般可按不同类型工程划分项目进行计算。

(4) 最后经过核对审核、平衡分析、水平测算、审查定稿。随着有使用价值的工程造价资料积累制度和数据库的建立以及电子计算机、网络的充分发展利用,概算指标的编制工作将得到根本改观。

(四) 概算指标的应用

概算指标的应用比概算定额具有更大的灵活性。由于它是一种综合性很强的指标,不可能与拟建工程的建筑特征、结构特征、自然条件、施工条件完全一致。因此在选用概算指标时要十分慎重,选用的指标与设计对象在各个方面应尽量一致或接近,不一致的地方要进行换算,以提高准确性。

概算指标的应用一般有两种情况:

(1) 如果设计对象的结构特征与概算指标一致时,可以直接套用。

(2) 如果设计对象的结构特征与概算指标的规定局部不同时,要对指标的局部内容进行调整后再套用。

用概算指标编制工程概算,工程量的计算工作量很小,也节省了大量的定额套用和工料分析工作,因此比用概算定额编制工程概算的速度要快,但是准确性差一些。

三、估算指标

(一) 投资估算指标的作用和编制原则

1. 投资估算指标及其作用

工程建设投资估算指标是编制建设项目建议书、可行性研究报告等前期工作阶段投资估算的依据,也可以作为编制固定资产长远规划投资额的参考。投资估算指标为完成项目建设的投资估算提供依据和手段,它在固定资产的形成过程中起着投资预测、投资控制、投资效益分析的作用,是合理确定项目投资的基础。投资估算指标中的主要材料消耗量也是一种扩大的材料消耗量指标,可以作为计算建设项目主要材料消耗量的基础。估算指标的正确制定对于提高投资估算的准确度,对建设项目的合理评估、正确决策具有重要意义。

2. 投资估算指标的编制原则

由于投资估算指标属于项目建设前期进行估算投资的技术经济指标,它不但要反映实施阶段的静态投资,还必须反映项目建设前期和交付使用期内发生的动态投资,以投资估算指标为依据编制的投资估算,包含项目建设的全部投资额。这就要求投资估算指标比其他各种计价定额具有更大的综合性和概括性。因此投资估算指标的编制工作,除了应遵循一般定额的编制原则外,还必须坚持下述原则:

(1) 投资估算指标项目的确定,应考虑以后几年编制建设项目建议书和可行性研究报告投资估算的需要。

(2) 投资估算指标的分类、项目划分、项目内容、表现形式等要结合各专业的特点,并且要与项目建议书、可行性研究报告的编制深度相适应。

(3) 投资估算指标的编制内容,典型工程的选择,必须遵循国家的有关建设方针政策,符合国家技术发展方向,贯彻国家高科技政策和发展方向原则,使指标的编制既能反映现实的高科技成果,反映正常建设条件下的造价水平,也能适应今后若干年的科技发展水平。坚持技术上先进、可行和经济上的合理,力争以较少的投入求得最大的投资效益。

(4) 投资估算指标的编制要反映不同行业、不同项目和不同工程的特点。投资估算指标要适应项目前期工作深度的需要,而且具有更大的综合性。投资估算指标要密切结合行业特点,项目建设的特定条件,在内容上既要贯彻指导性、准确性和可调性原则,又要有一定的深度和广度。

(5) 投资估算指标的编制要体现国家对固定资产投资实施间接调控作用的特点。要贯彻能分能合、有粗有细、细算粗编的原则,使投资估算指标能满足项目建议书和可行性研究各阶段的要求,既能有反映一个建设项目的全部投资及其构成,又要有组成建设项目投资的各个单项工程投资,做到既能综合使用,又能个别分解使用。占投资比重大的建筑工程工艺设备,要做到有量、有价,根据不同结构形式的建筑物列出每百平方米的主要工程量和主要材料量,主要设备也要列有规格、型号、数量。同时,要以编制年度为基期计价,有必要的调整、换算办法等,便于由于设计方案、选厂条件、建设实施阶段的变化而对投资产生影响作相应的调整,也便于对现有企业实行技术改造和改、扩建项目投资估算的需要,扩大投资估算指标的覆盖面,使投资估算能够根据建设项目的具体情况合理准确地编制。

(6) 投资估算指标的编制要贯彻静态和动态相结合的原则。要充分考虑到在市场经济条件下,由于建设条件、实施时间、建设期限等因素的不同,考虑到建设期的动态因素,即价格、建设期利息、固定资产投资方向调节税及涉外工程的汇率等因素的变动,导致指标的量差、价差、利息差、费用差等"动态"因素对投资估算的影响,对上述动态因素给予必要的调整办法和调整参数,尽可能减少这些动态因素对投资估算准确度的影响,使指标具有较强的实用性和可操作性。

(二) 投资估算指标的内容

投资估算指标是确定和控制建设项目全过程各项投资支出的技术经济指标,其范围涉及建设前期、建设实施期和竣工验收交付使用期等各个阶段的费用支出，内容因行业不同而各异，一般可分为建设项目综合指标、单项工程指标和单位工程指标三个层次。

1. 建设项目综合指标

指按规定应列入建设项目总投资的从立项筹建开始至竣工验收交付使用的全部投资额，包括单项工程投资、工程建设其他费用和预备费等。

建设项目综合指标一般以项目的综合生产能力单位投资表示，如元/t、元/kW，或以使用功能表示，如医院床位：元/床。

2. 单项工程指标

指按规定应列入能独立发挥生产能力或使用效益的单项工程内的全部投资额，包括建筑工程费，安装工程费，设备、工器具及生产家具购置费和其他费用。一般，单项工程划分原则如下：

（1）主要生产设施。指直接参加生产产品的工程项目，包括生产车间或生产装置。

（2）辅助生产设施。指为主要生产车间服务的工程项目。包括集中控制室、中央实验室、机修、电修、仪器仪表修理及木工（模）等车间，原材料、半成品、成品及危险品等仓库。

（3）公用工程。包括给排水系统（给排水泵房、水塔、水池及全厂给排水管网）、供热系统（锅炉房及水处理设施、全厂热力管网）、供电及通信系统（变配电所、开关所及全厂输电、电信线路）以及热电站、热力站、煤气站、空压站、冷冻站、冷却塔和全厂管网等。

（4）环境保护工程。包括废气、废渣、废水等处理和综合利用设施及全厂性绿化。

（5）总图运输工程。包括厂区防洪、围墙大门、传达及收发室、汽车库、消防车库、厂区道路、桥涵、厂区码头及厂区大型土石方工程。

（6）厂区服务设施。包括厂部办公室、厂区食堂、医务室、浴室、哺乳室、自行车棚等。

（7）生活福利设施。包括职工医院、住宅、生活区食堂、职工医院、俱乐部、托儿所、幼儿园、子弟学校、商业服务点以及与之配套的设施。

（8）厂外工程。如水源工程、厂外输电、输水、排水、通信、输油等管线以及公路、铁路专用线等。

单项工程指标一般以单项工程生产能力单位投资，如"元/t"或其他单位表示。如变配电站："元/(kV·A)"；锅炉房："元/蒸汽吨"；供水站："元/m³"；办公室、仓库、宿舍、住宅等房屋则区别不同结构形式以"元/m²"表示。

3. 单位工程指标

单位工程指标按规定应列入能独立设计、施工的工程项目的费用，即建筑安装工程费用。

单位工程指标一般以如下方式表示：如，房屋区别于不同结构形式以"元/m²"表示；道路区别不同结构层、面层以"元/m²"表示；水塔区别不同结构层，容积以"元/座"表示；管道区别不同材质、管径以"元/m"表示。

（三）投资估算指标的编制方法

投资估算指标的编制工作，涉及建设项目的产品规模、产品方案、工艺流程、设备选型、工程设计和技术经济等各个方面，既要考虑到现阶段技术状况，又要展望近期技术发展趋势和设计动向，从而可以指导以后建设项目的实践。投资估算指标的编制应当成立专业齐全的编制小组，编制人员应具备较高的专业素质。投资估算指标的编制应当制定一个从编制原则、编制内容、指标的层次相互衔接、项目划分、表现形式、计量单位、计算、复核、审查程序到相互应有的责任制等内容的编制方案或编制细则,以便编制工作有章可循。投资估算指标的编制一般分为三个阶段进行。

1. 收集整理资料阶段

收集整理已建成或正在建设的,符合现行技术政策和技术发展方向,有可能重复采用的、有代表性的工程设计施工图、标准设计以及相应的竣工决算或施工图预算资料等,这些资料是编制工作的基础,资料收集得越广泛,反映出的问题越多,编制工作考虑得越全面,就越有利于提高投资估算指标的实用性和覆盖面。同时,对调查收集到的资料要选择占投资比重大,相互关联多的项目进行认证地分析整理,由于已建成或正在建设的工程的设计意图、建设时间和地点、资料的基础等不同,相互之间的差异很大,需要去粗取精、去异存同地加以整理,才能重复利用。将整理后的数据资料按项目划分栏目加以归类,按照编制年度的现行定额、费用标准和价格,调整成编制年度的造价水平及相互比例。

2. 平衡调整阶段

由于调查收集的资料来源不同,虽然经过一定的分析整理,但难免会由于设计方案、建设条件和建设时间上的差异带来的某些影响,使数据失准或漏项等,必须对有关资料进行综合平衡调整。

3. 测算审查阶段

测算是将新编的指标和选定工程的概预算,在同一价格条件下进行比较,检验其"量差"的偏离程度是否在允许偏差的范围之内,如偏差过大,则要查找原因,进行修正,以保证指标的确切、实用。测算同时也是对指标编制质量进行的一次系统检查,应由专人进行,以保持测算口径的统一,在此基础上组织有关专业人员予以全面审查定稿。

由于投资估算指标的计算工作量非常大,在现阶段计算机已经广泛普及的条件下,应尽可能应用电子计算机进行投资估算指标的编制工作。

学习情境2 《建设工程工程量清单计价规范》及应用

行动领域5 《建设工程工程量清单计价规范》

一、设工程工程量清单计价概述

(一) 工程量清单的概念

工程量清单是表现拟建工程的分部分项工程项目、措施项目、其他项目、规费项目、税金项目名称和相应数量的明细清单,是由招标人按照国家标准《建设工程工程量清单计价规范》(GB 50500—2008,以下简称《清单计价规范》)附录中统一的项目编码、项目名称、项目特征、计量单位和工程量计算规则进行编制,包括分部分项工程量清单、措施项目清单、其他项目清单、规费项目清单、税金项目清单。

工程量清单是招标文件的组成部分,是由招标人发出的一套注有拟建工程各实物工程名称、性质、特征、单位、数量及开办项目、税费等相关表格组成的文件。

(二)《建设工程工程量清单计价规范》

1. 规范制定的目的和法律依据

《建设工程工程量清单计价规范》是为规范工程造价计价行为,统一建设工程工程量清单的编制和计价方法,根据《中华人民共和国建筑法》、《中华人民共和国合同法》、《中华人民共和国招标投标法》等法律法规而制定的计价规范,适用于建设工程工程量清单计价活动。

2. 规范的适用范围

全部使用国有资金投资或国有资金投资为主(以下简称"国有资金投资")的工程建设项目,必须采用工程量清单计价。非国有资金投资的工程建设项目,可采用工程量清单计价。

国有投资的资金包括国家融资资金。国有资金投资的工程建设项目包括:① 使用各级财政预算资金的项目;② 使用纳入财政管理的各种政府性专项建设资金的项目;③ 使用国有企事业单位自有资金,并且国有资产投资者实际拥有控制权的项目。

国有融资资金投资的工程建设项目包括:① 使用国家发行债券所筹资金的项目;② 使用国家对外借款或者担保所筹资金的项目;③ 使用国家政策性贷款的项目;④ 国家授权投资主体融资的项目;⑤ 国家特许的融资项目。

国有资金为主的工程建设项目是指国有资金占投资总额50%以上,或虽不足50%但国有投资者实质上拥有控股权的工程建设项目。

3. 对编制人员的要求及编制原则

工程量清单、招标控制价、投标报价、工程价款结算等工程造价文件的编制与核对应由具有资格的工程造价专业人员承担。建设工程工程量清单计价活动应遵循客观、公正、公平的原则,建设工程工程量清单计价活动,除应遵守本规范外,还应符合国家现行有关标准的规定。

4. 规范的附录

《建设工程工程量清单计价规范》包括附录 A、附录 B、附录 C、附录 D、附录 E、附录 F,应作为编制工程量清单的依据。其中,附录 A 为建筑工程工程量清单项目及计算规则,适用于工业与民用建筑物和构筑物工程;附录 B 为装饰装修工程工程量清单项目及计算规则,适用于工业与民用建筑物和构筑物的装饰装修工程;附录 C 为安装工程工程量清单项目及计算规则,适用于工业与民用安装工程;附录 D 为市政工程工程量清单项目及计算规则,适用于城市市政建设工程;附录 E 为园林绿化工程工程量清单项目及计算规则,适用于园林绿化工程;附录 F 为矿山工程工程量清单项目及计算规则,适用于矿山工程。

二、工程量清单编制

(一) 一般规定

(1) 工程量清单应由具有编制能力的招标人编制,或受其委托,由具有相应资质的工程造价咨询人编制。

(2) 采用工程量清单方式招标,工程量清单必须是招标文件的组成部分,其准确性和完整性由招标人负责。

(3) 工程量清单是工程量清单计价的基础,应作为编制招标控制价、投标报价、计算工程量、支付工程款、调整合同价款、办理竣工结算及工程索赔等的依据之一。

(4) 工程量清单应由分部分项工程量清单、措施项目清单、其他项目清单、规费项目清单、税金项目清单组成。

(5) 编制工程量清单应有以下主要依据：

①《建设工程工程量清单计价规范》；② 国家或省级、行业建设主管部门颁发的计价依据和办法；③ 建设工程设计文件；④ 与建设工程项目有关的标准、规范、技术资料；⑤ 招标文件及其补充通知、答疑纪要；⑥ 施工现场情况、工程特点及常规施工方案；⑦ 其他相关资料。

（二）分部分项工程量清单

(1) 分部分项工程量清单应包括项目编码、项目名称、项目特征、计量单位和工程量五项内容。工程量清单投标报价中，投标方无权改动这五项内容，这就是清单计价中的"五统一"。

(2) 分部分项工程量清单应根据《建设工程工程量清单计价规范》附录规定的项目编码、项目名称、项目特征、计量单位和工程量计算规则进行编制。

(3) 分部分项工程量清单的项目编码应采用十二位阿拉伯数字表示。其中，一、二位为工程分类顺序码，三、四位为专业工程顺序码，五、六位为分部工程顺序码，七、八、九位为分项工程项目名称顺序码，十至十二位为清单项目名称顺序码。项目编码结构如图 2-5-1 所示。

图 2-5-1 工程量清单项目编码结构

当同一标段（或合同段）的一份工程量清单中含有多个单位工程且工程量清单是以单位工程为编制对象时，在编制工程量清单时应特别注意项目编码十至十二位的设置不得有重码的规定。例如一个标段（或合同段）的工程量清单中含有三个单位工程，每一个单位工程中都有项目特征相同的实心砖墙砌体，在工程量清单中又须反映三个不同单位工程的实心砖墙砌体工程量时，则第一个单位工程的实心砖墙的项目编码应为 010302001001，第二个单位工程的实心砖墙的项目编码应为 010302001002，第三个单位工程的实心砖墙的项目编码应为 010302001003，并分别列出各单位工程实心砖墙的工程量。

(4) 分部分项工程量清单的项目名称应按《建设工程工程量清单计价规范》附录的项目名称结合拟建工程的实际确定。

（5）分部分项工程量清单中所列工程量应按《建设工程工程量清单计价规范》附录中规定的工程量计算规则计算。

（6）分部分项工程量清单的计量单位应按《建设工程工程量清单计价规范》附录中规定的计量单位确定。附录中有两个或两个以上计量单位的，应结合拟建工程项目的实际选择其中一个确定。

① 以"t"为单位，应保留三位小数，第四位小数四舍五入；

② 以"m^3"、"m^2"、"m"、"kg"为单位，应保留两位小数，第三位小数四舍五入；

③ 以"个"、"项"等为单位，应取整数。

（7）工程量清单的项目特征是确定一个清单项目综合单价不可缺少的重要依据，在编制工程量清单时，必须对项目特征进行准确和全面地描述，但有些项目特征用文字往往又难以准确和全面地描述清楚。因此，为达到规范、简捷、准确、全面描述项目特征的要求，在描述工程量清单项目特征时应按以下原则进行。

① 项目特征描述的内容应按附录中的规定，结合拟建工程的实际，能满足确定综合单价的需要。

② 若采用标准图集或施工图纸能够全部或部分满足项目特征描述的要求，项目特征描述可直接采用详见××图集或××图号的方式。对不能满足项目特征描述要求的部分，仍应用文字描述。

（8）随着工程建设中新材料、新技术、新工艺等的不断涌现，本规范附录所列的工程量清单项目不可能包含所有项目。在编制工程量清单时，当出现本规范附录中未包括的清单项目时，编制人应作补充。在编制补充项目时应注意以下三个方面。

① 补充项目的编码应按本规范的规定确定。

② 在工程量清单中应附有补充项目的项目名称、项目特征、计量单位、工程量计算规则和工作内容。

③ 将编制的补充项目报省级或行业工程造价管理机构备案。

补充项目的编码由《建设工程工程量清单计价规范》附录的顺序码与 B 和三位阿拉伯数字组成，并应从×B001 起顺序编制，同一招标工程的项目不得重码。工程量清单中需附有补充项目的名称、项目特征、计量单位、工程量计算规则和工程内容。

（三）措施项目清单

（1）为完成工程项目施工，发生于该工程施工准备和施工过程中的技术、生活、安全、环境保护等方面的非工程实体项目。措施项目清单应根据拟建工程的实际情况列项，通用措施项目见《2008 建设工程工程量清单计价规范》中表 3－13，专业工程的措施项目见《2008 建设工程工程量清单计价规范》中表 3－14。若出现本规范未列的项目，可根据工程实际情况补充。

（2）措施项目中可以计算工程量的项目清单宜采用分部分项工程量清单的方式编制，列出项目编码、项目名称、项目特征、计量单位和工程量计算规则。不能计算工程量的项目清单，以"项"为计量单位。

（四）其他项目清单

（1）其他项目清单宜按照下列内容列项。

① 暂列金额。暂列金额是指招标人在工程量清单中暂定并包括在合同价款中的一笔

款项。用于施工合同签订时尚未确定或者不可预见的所需材料、设备、服务的采购，施工中可能发生的工程变更，合同约定调整因素出现时的工程价款调整及发生的索赔、现场签证确认等的费用。

② 暂估价。暂估价是指招标人在工程量清单中提供的用于支付必然发生但暂时不能确定价格的材料的单价及专业工程的金额，包括材料暂估单价、专业工程暂估价。

暂估单价是指为方便合同管理，需要纳入分部分项工程量清单项目综合单价中的材料费，主要是方便投标人组价。

专业工程暂估价一般应是综合暂估价，应当包括除规费和税金以外的管理费、利润等取费。总承包招标时，专业工程设计深度往往是不够的，一般需要交由专业设计人设计。国际上，出于提高可建造性考虑，一般由专业承包人负责设计，以发挥其专业技能和专业施工经验的优势。这类专业工程交由专业分包人完成是国际工程的良好实践，目前在我国工程建设领域已经比较普遍得以应用。公开透明地合理确定这类暂估价的实际开支金额的最佳途径，就是通过施工总承包人与工程建设项目招标人共同组织的招标。

③ 计日工。计日工是指在施工过程中，完成发包人提出的施工图纸以外的零星项目或工作，按合同中约定的综合单价计价。国际上常见的标准合同条款中，大多数都设立了计日工(daywork)计价机制。计日工对完成零星工作所消耗的人工工时、材料数量、施工机械台班进行计量，并按照计日工表中填报的适用项目的单价进行计价支付。计日工适用的所谓零星工作一般是指合同约定之外的或者因变更而产生的、工程量清单中没有相应项目的额外工作，尤其是那些时间不允许事先商定价格的额外工作。

④ 总承包服务费。总承包服务费是指总承包人为配合、协调发包人进行工程分包而自行采购的设备、材料等进行管理、服务，以及施工现场管理、竣工资料汇总整理等服务所需的费用。换言之，总承包服务费就是在工程建设的施工阶段实行施工总承包时，当招标人在法律、法规允许的范围内对工程进行分包和自行采购供应部分设备、材料时，要求总承包人提供相关服务（如分包人使用总承包人的脚手架、水电接剥等）和施工现场管理等所需的费用。

（2）出现其他项目清单中未列的项目，可根据工程实际情况进行补充。

（五）规费项目清单

（1）规费项目清单应按照下列内容列项：① 工程排污费；② 社会保障费，包括养老保险费、失业保险费、医疗保险费；③ 住房公积金；④ 危险作业意外伤害保险。

（2）出现规费项目清单未列的项目，应根据省级政府或省级有关权力部门的规定列项。

（六）税金项目清单

（1）税金项目清单应包括下列内容：① 营业税；② 城市维护建设税；③ 教育费附加。

（2）出现税金项目清单未列的项目，应根据税务部门的规定列项。

（七）工程量清单编制表格

工程量清单编制表格包括封面、总说明、分部分项工程量清单表、措施项目清单表、其他项目清单表、规费、税金项目清单表。其中，其他项目清单表包括其他项目清单汇总表、暂列金额明细表、材料暂估单价表、专业工程暂估价表、计日工表、总承包服务费计价表。

工程量清单编制表格详见《清单计价规范》。

三、建设工程工程量清单计价

(一) 一般规定

（1）采用工程量清单计价，建设工程造价由分部分项工程费、措施项目费、其他项目费、规费和税金组成。

（2）分部分项工程量清单应采用综合单价计价。综合单价是完成一个规定计量单位的分部分项工程量清单项目或措施清单项目所需的人工费、材料费、施工机械使用费、企业管理费与利润，以及一定范围内的风险费用。

（3）招标文件中的工程量清单标明的工程量是投标人投标报价的共同基础，竣工结算的工程量按发、承包双方在合同中约定应予计量且实际完成的工程量确定。

（4）措施项目清单计价应根据拟建工程的施工组织设计，可以计算工程量的措施项目，应按分部分项工程量清单的方式采用综合单价计价，其余的措施项目以"项"为单位的方式计价，应包括除规费、税金外的全部费用。

（5）措施项目清单中的安全文明施工费应按照国家或省级、行业建设主管部门的规定计价，不得作为竞争性费用。招标人不得要求投标人对该项费用进行优惠，投标人也不得将该项费用参与市场竞争。

措施项目清单中的安全文明施工费包括《建筑安装工程费用项目组成》（建标[2003]206号）中措施费的文明施工费、环境保护费、临时设施费、安全施工费。

（6）其他项目清单应根据工程特点和《清单计价规范》的规定计价。

（7）招标人在工程量清单中提供的暂估价的材料和专业工程，属于依法必须招标的，由承包人和招标人共同通过招标确定材料单价和专业工程分包价。若材料不属于依法必须招标的，经发、承包双方协商确认单价后计价；若专业工程不属于依法必须招标的，由发包人、总承包人与分包人按有关计价依据进行计价。

（8）规费和税金应按国家或省级、行业建设主管部门的规定计算，不得作为竞争性费用。

（9）采用工程量清单计价的工程，应在招标文件或合同中明确风险内容及其范围（幅度），不得采用无限风险、所有风险或类似语句规定风险内容及其范围（幅度）。

风险是一种客观存在的、会带来损失的、不确定的状态，它具有客观性、损失性、不确定性的特点，并且风险始终是与损失相联系的。工程施工发包是一种期货交易行为，工程建设本身又具有单件性和建设周期长的特点。在工程施工过程中影响工程施工及工程造价的风险因素很多，但并非所有的风险都是承包人能预测、能控制和能承担损失的。基于市场交易的公平性和工程施工过程中发、承包双方权、责的对等性要求，发、承包双方应合理分摊风险，所以要求招标人在招标文件中或在合同中禁止采用无限风险、所有风险或类似语句规定投标人应承担的风险内容及其风险范围或风险幅度。

根据我国工程建设的特点，投标人应完全承担的风险是技术风险和管理风险，如管理费和利润；应有限度承担的是市场风险，如材料价格、施工机械使用费等的风险；应完全不承担的是法律、法规、规章和政策变化的风险。

本规范定义的风险是综合单价包含的内容。根据我国目前工程建设的实际情况，各省、自治区、直辖市建设行政主管部门，均根据当地劳动行政主管部门的有关规定发布人工成本信息,对此关系职工切身利益的人工费不宜纳入风险,材料价格的风险宜控制在 5% 以内,施工机械使用费的风险可控制在 10% 以内,超过部分予以调整,管理费和利润的风险由投标人全部承担。

(二) 招标控制价

(1) 国有资金投资的工程建设项目应实行工程量清单招标,并应编制招标控制价。招标控制价超过批准的概算时,招标人应将其报原概算审批部门审核。投标人的投标报价高于招标控制价的,其投标应予以拒绝。

国有资金投资的工程进行招标,根据《中华人民共和国招标投标法》的规定,招标人可以设标底。当招标人不设标底时,为有利于客观、合理地评审投标报价和避免哄抬标价,造成国有资金流失,招标人应编制招标控制价。

(2) 招标控制价应由具有编制能力的招标人或受其委托具有相应资质工程造价咨询人编制。工程造价咨询人不得同时接受招标人和投标人对同一工程的招标控制价和投标报价的编制。

(3) 招标控制价应根据下列依据编制:①《建设工程工程量清单计价规范》(GB 50500—2008);② 国家或省级、行业建设主管部门颁发的计价定额和计价办法;③ 建设工程设计文件及相关资料;④ 招标文件中的工程量清单及有关要求;⑤ 与建设项目相关的标准、规范、技术资料;⑥ 工程造价管理机构发布的工程造价信息,没有发布工程造价信息的参照市场价;⑦ 其他的相关资料。

(4) 分部分项工程费应根据招标文件中的分部分项工程量清单项目的特征描述及有关要求,按《清单计价规范》的规定确定综合单价。综合单价中应包括招标文件中要求投标人承担的风险费用。招标文件提供了暂估单价的材料,按暂估的单价计入综合单价。为使招标控制价与投标报价所包含的内容一致,综合单价中应包括招标文件中要求投标人所承担的风险内容及其范围(幅度)产生的风险费用。

(5) 措施项目费应根据招标文件中的措施项目清单按《清单计价规范》的规定计价。

(6) 其他项目费应按下列规定计价。

① 暂列金额应根据工程特点,按有关计价规定估算。一般可以分部分项工程量清单费的 10%～15% 为参考。

② 暂估价中的材料单价应根据工程造价信息或参照市场价格估算;暂估价中的专业工程金额应分不同专业,按有关计价规定估算。

③ 计日工应根据工程特点按照列出的计日工项目和有关计价依据计算。

④ 总承包服务费。招标人应根据招标文件中列出的内容和向总承包人提出的要求,参照下列标准计算:招标人仅要求对分包的专业工程进行总承包管理和协调时,按分包的专业工程估算造价的 1.5% 计算;招标人要求对分包的专业工程进行总承包管理和协调,并同时要求提供配合服务时,根据招标文件中列出的配合服务内容和提出的要求,按分包的专业工程估算造价的 3%～5% 计算;招标人自行供应材料的,按招标人供应材料价值的 1% 计算。

(7) 规费和税金应按国家或省级、行业建设主管部门的规定计算。

(8) 招标控制价应在招标时公布,不应上调或下浮,招标人应将招标控制价及有关资料报送工程所在地工程造价管理机构备查。

(9) 投标人经复核认为招标人公布的招标控制价未按照本规范的规定进行编制的,应在开标前5天向招投标监督机构或(和)工程造价管理机构投诉。招投标监督机构应会同工程造价管理机构对投诉进行处理,发现确有错误的,应责成招标人修改。

(三)投标价

(1)除计价规范强制性规定外,投标价由投标人自主确定,但不得低于成本。投标价应由投标人或受其委托具有相应资质的工程造价咨询人编制。

(2)投标人应按招标人提供的工程量清单填报价格。填写的项目编码、项目名称、项目特征、计量单位、工程量必须与招标人提供的一致,这就是工程量清单计价中的"五统一"。

(3)投标报价应根据下列依据编制:①《建设工程工程量清单计价规范》(GB 50500—2008);② 国家或省级、行业建设主管部门颁发的计价办法;③ 企业定额,国家或省级、行业建设主管部门颁发的计价定额;④ 招标文件、工程量清单及其补充通知、答疑纪要;⑤ 建设工程设计文件及相关资料;⑥ 施工现场情况、工程特点及拟定的投标施工组织设计或施工方案;⑦ 与建设项目相关的标准、规范等技术资料;⑧ 市场价格信息或工程造价管理机构发布的工程造价信息;⑨ 其他的相关资料。

(4)分部分项工程费应依据《清单计价规范》综合单价的组成内容,按招标文件中分部分项工程量清单项目的特征描述确定综合单价。综合单价中应考虑招标文件中要求投标人承担的风险内容及其范围(幅度)产生的风险费用。在施工过程中,当出现的风险内容及其范围(幅度)在合同约定的范围内时,工程价款不做调整。招标文件中提供了暂估单价的材料,按暂估的单价计入综合单价。

(5)投标人可根据工程实际情况,结合施工组织设计,对招标人所列的措施项目进行增补。措施项目费应根据招标文件中的措施项目清单及投标时拟定的施工组织设计或施工方案按《清单计价规范》的规定自主确定,其中安全文明施工费应按照《清单计价规范》的规定确定。

(6)其他项目费应按下列规定报价:

① 暂列金额应按招标人在其他项目清单中列出的金额填写。

② 材料暂估价应按招标人在其他项目清单中列出的单价计入综合单价;专业工程暂估价应按招标人在其他项目清单中列出的金额填写。

③ 计日工按招标人在其他项目清单中列出的项目和数量,自主确定综合单价并计算计日工费用。

④ 总承包服务费根据招标文件中列出的内容和提出的要求自主确定。

(7)投标人在投标报价时,应按照国家或省级、行业建设主管部门的有关规定计算规费和税金。

(8)投标总价应当与分部分项工程费、措施项目费、其他项目费和规费、税金的合计金额一致。即投标人在投标报价时,不能进行投标总价优惠(或降价、让利),投标人对招标人的任何优惠(或降价、让利)均应反映在相应清单项目的综合单价中。

(四)工程合同价款的约定

(1)实行招标的工程合同价款应在中标通知书发出之日起30天内,由发、承包双方依据招标文件和中标人的投标文件在书面合同中约定。不实行招标的工程合同价款,在发、承包双方认可的工程价款基础上,由发、承包双方在合同中约定。

(2)实行招标的工程,合同约定不得违背招、投标文件中关于工期、造价、质量等方面的实质性内容。招标文件与中标人投标文件不一致的地方,应以投标文件为准。

（3）实行工程量清单计价的工程，宜采用单价合同，即合同约定的工程价款中所包含的工程量清单项目综合单价在约定条件内是固定的，不予调整，但工程量允许调整。工程量清单项目综合单价在约定的条件外允许调整，调整方式、方法应在合同中约定。

（4）发、承包双方应在合同条款中对下列事项进行约定：① 预付工程款的数额、支付时间及抵扣方式；② 工程计量与支付工程进度款的方式、数额及时间；③ 工程价款的调整因素、方法、程序、支付及时间；④ 索赔与现场签证的程序、金额确认与支付时间；⑤ 发生工程价款争议的解决方法及时间；⑥ 承担风险的内容、范围及超出约定内容、范围的调整办法；⑦ 工程竣工价款结算编制与核对、支付及时间；⑧ 工程质量保证（保修）金的数额、预扣方式及时间；⑨ 与履行合同、支付价款有关的其他事项等。

合同中没有约定或约定不明的，由双方协商确定；协商不能达成一致的，按计价规范执行。

（五）工程计量与价款支付

（1）发包人应按照合同约定支付工程预付款。支付的工程预付款，按照合同约定在工程进度款中抵扣。当合同对工程预付款的支付没有约定时，按以下规定办理。① 工程预付款的额度，原则上预付款比例不低于合同金额（扣除暂列金额）的 10%，不高于合同金额（扣除暂列金额）的 30%，对重大工程项目，按年度工程计划逐年预付。实行工程量清单计价的工程，实体性消耗和非实体性消耗部分宜在合同中分别约定预付款比例（或金额）。② 工程预付款的支付时间，在具备施工条件的前提下，发包人应在双方签订合同后的一个月内或约定的开工日期前的 7 天内预付工程款。③ 若发包人未按合同约定预付工程款，承包人应在预付时间到期后 10 天内向发包人发出要求预付的通知，发包人收到通知后仍不按要求预付，承包人可在发出通知 14 天后停止施工，发包人应从约定应付之日起按同期银行贷款利率计算向承包人支付预付款的利息，并承担违约责任。④ 凡是没有签订合同或不具备施工条件的工程，发包人不得预付工程款，不得以预付款为名转移资金。

（2）发包人支付工程进度款，应按照合同约定计量和支付，支付周期同计量周期。当采用分段结算方式时，应在合同中约定具体的工程分段划分，付款周期应与计量周期一致。

（3）工程计量时，若发现工程量清单中出现漏项、工程量计算偏差，以及工程变更引起工程量的增减，应按承包人在履行合同义务过程中实际完成的工程量计算。

（4）承包人应按照合同约定，向发包人递交已完工程量报告，发包人在接到报告后应按合同约定进行核对。当发、承包双方在合同中未对工程量的计量时间、程序、方法和要求作约定时，按以下规定办理。① 承包人应在每个月末或合同约定的工程段末向发包人递交上月或工程段已完工程量报告。② 发包人应在接到报告后 7 天内按施工图纸（含设计变更）核对已完工程量，并应在计量前 24 小时通知承包人，承包人应按时参加。③ 计量结果处理：如发、承包双方均同意计量结果，则双方应签字确认；如承包人未按通知参加计量，则发包人批准的计量应认为是对工程量的正确计量；如发包人未在规定的核对时间内进行计量，视为承包人提交的计量报告已经被认可；如发包人未在规定的核对时间内通知承包人，致使承包人未能参加计量，则视发包人所作的计量结果无效；对于承包人超出施工图纸范围或因承包人原因造成返工的工程量，发包人不予计量；如承包人不同意发包人的计量结果，承包人应在收到上述结果后 7 天内向发包人提出申明，申明承包人认为不正确的详细情况，发包人收到后，应在 2 天内重新检查对有关工程量的计量，或予以确认，或将其修改。发、承包双方认可的核对后的计量结果应作为支付工程进度款的依据。

（5）承包人应在每个付款周期末，向发包人递交进度款支付申请，并附相应的证明文件。除合同另有约定外，进度款支付申请应包括下列内容：① 本周期已完成工程的价款；② 累计已完成的工程价款；③ 累计已支付的工程价款；④ 本周期已完成计日工金额；⑤ 应增加和扣减的变更金额；⑥ 应增加和扣减的索赔金额；⑦ 应抵扣的工程预付款；⑧ 应扣减的质量保证金；⑨ 根据合同应增加和扣减的其他金额；⑩ 本付款周期实际应支付的工程价款。

（6）发包人在收到承包人递交的工程进度款支付申请及相应的证明文件后，发包人应在合同约定时间内核对和支付工程进度款。发包人应扣回的工程预付款，与工程进度款同期结算抵扣。当发、承包双方在合同中未对工程进度款支付申请的核对时间及工程进度款支付时间、支付比例作约定时，按以下规定办理：① 发包人应在收到承包人的工程进度款支付申请后 14 天内核对完毕，否则，从第 15 天起承包人递交的工程进度款支付申请视为被批准。② 发包人应在批准工程进度款支付申请的 14 天内，向承包人按不低于计量工程价款的 60%，不高于计量工程价款的 90%向承包人支付工程进度款。

（7）发包人未在合同约定时间内支付工程进度款，承包人应及时向发包人发出要求付款的通知，发包人收到承包人通知后仍不按要求付款时，可与承包人协商签订延期付款协议，经承包人同意后延期支付。协议应明确延期支付的时间和从付款申请生效后按同期银行贷款利率计算应付款的利息。

（8）发包人不按合同约定支付工程进度款，双方又未达成延期付款协议，导致施工无法进行时，承包人可停止施工，由发包人承担违约责任。

（六）索赔与现场签证

（1）合同一方向另一方提出索赔时，应有正当的索赔理由和有效证据，并应符合合同的相关约定。建设工程施工中的索赔是发、承包双方行使正当权利的行为，承包人可向发包人索赔，发包人也可向承包人索赔。

（2）若承包人认为非承包人原因发生的事件造成了承包人的经济损失，承包人应在确认该事件发生后，按合同约定向发包人发出索赔通知。发包人收到最终索赔报告后在合同约定时间内未向承包人作出答复，视为已经认可该项索赔。

（3）承包人索赔按下列程序处理：① 承包人在合同约定的时间内向发包人递交费用索赔意向通知书；② 发包人指定专人收集与索赔有关的资料；③ 承包人在合同约定的时间内向发包人递交费用索赔申请表；④ 发包人指定专人初步审查费用索赔申请表，符合《清单计价规范》规定的条件时予以受理；⑤ 发包人指定专人进行费用索赔核对，经造价工程师复核索赔金额后，与承包人协商确定并由发包人批准；⑥ 发包人应指定专人在合同约定的时间内签署费用索赔审批表，或发出通知，要求承包人提交有关索赔的进一步详细资料，待收到承包人提交的详细资料后，按《清单计价规范》的程序进行。

（4）若承包人的费用索赔与工程延期索赔要求相关联时，发包人在做出费用索赔的批准决定时，应结合工程延期的批准，综合做出费用索赔和工程延期的决定。

（5）若发包人认为由于承包人的原因造成额外损失，发包人应在确认引起索赔的事件后，按合同约定向承包人发出索赔通知。承包人在收到发包人索赔通知后并在合同约定时间内未向发包人作出答复，视为该项索赔已经被认可。当合同对此未作具体约定时，按以下规定办理。① 发包人应在确认引起索赔的事件发生后 28 天内向承包人发出索赔通知，否则,免除承包人该索赔的全部责任。② 承包人在收到发包人索赔报告后的 28 天内,应作出回应,表示同意或不同意并附具体意见,如在收到索赔报告后的 28 天内,未向发包人作出答复,视为该项索赔报告已经被认可。

(6) 承包人应发包人要求完成合同以外的零星工作或非承包人责任事件发生时,承包人应按合同约定及时向发包人提出现场签证。当合同对此未作具体约定时,承包人应在发包人提出要求后 7 天内向发包人提出签证,发包人签证后施工。若没有相应的计日工单价,签证中还应包括用工数量和单价、机械台班数量和单价、使用材料数量和单价等。若发包人未签证同意,承包人施工后发生争议的,责任由承包人自负。发包人应在收到承包人的签证报告 48 小时内给予确认或提出修改意见,否则,视为该签证报告已经被认可。

(7) 发、承包双方确认的索赔与现场签证费用应和工程进度款同期支付。

(七) 工程价款调整

(1) 招标工程以投标截止日前 28 天为基准日,非招标工程以合同签订前 28 天为基准日,其后国家的法律、法规、规章和政策发生变化影响工程造价的,应按省级或行业建设主管部门或其授权的工程造价管理机构发布的规定调整合同价款。

(2) 若施工中出现施工图纸(含设计变更)与工程量清单项目特征描述不符时,发、承包双方应按新的项目特征确定相应工程量清单项目的综合单价。

(3) 因分部分项工程量清单漏项或非承包人原因的工程变更,造成增加新的工程量清单项目,其对应的综合单价按下列方法确定:① 合同中已有适用的综合单价,按合同中已有的综合单价确定;② 合同中有类似的综合单价,参照类似的综合单价确定;③ 合同中没有适用或类似的综合单价,由承包人提出综合单价,经发包人确认后执行。

(4) 因分部分项工程量清单漏项或非承包人原因的工程变更,引起措施项目发生变化,造成施工组织设计或施工方案变更,原措施费中已有的措施项目,按原措施费的组价方法调整;原措施费中没有的措施项目,由承包人根据措施项目变更情况,提出适当的措施费变更,经发包人确认后调整。

(5) 因非承包人原因引起的工程量增减,该项工程量变化在合同约定幅度以内的,应执行原有的综合单价;该项工程量变化在合同约定幅度以外的,其综合单价及措施项目费应予以调整。

在合同履行过程中,因非承包人原因引起的工程量增减与招标文件中提供的工程量可能有偏差,该偏差对工程量清单项目的综合单价将产生影响,是否调整综合单价及如何调整应在合同中约定。若合同未作约定,应按以下原则办理。① 当工程量清单项目工程量的变化幅度在 10% 以内时,其综合单价不做调整,执行原有综合单价。② 当工程量清单项目工程量的变化幅度在 10% 以外,且其影响分部分项工程费超过 0.1% 时,其综合单价及对应的措施费均应作调整。调整的方法是由承包人对增加的工程量或减少后剩余的工程量提出新的综合单价和措施项目费,经发包人确认后调整。

(6) 若施工期内市场价格波动超出一定幅度时,应按合同约定调整工程价款,合同没有约定或约定不明确的,应按省级或行业建设主管部门或其授权的工程造价管理机构的以下规定调整。① 人工单价发生变化时,发、承包双方应按省级或行业建设主管部门或其授权的工程造价管理机构发布的人工成本文件调整工程价款。② 材料价格变化超过省级和行业建设主管部门或其授权的工程造价管理机构规定的幅度时应当调整,承包人应在采购材料前将采购数量和新的材料单价报发包人核对,确认用于本合同工程时,发包人应确认采购材料的数量和单价。发包人在收到承包人报送的调整资料后 3 个工作日不予答复的视为已经认可,作为调整工程价款的依据。如果承包人未报经发包人核对即自行采购材料,再报发包人确认调整工程价款的,如发包人不同意,则不做调整。

(7) 因不可抗力事件导致的费用,发、承包双方应按以下原则分别承担并调整工程价款:① 工程本身的损害、因工程损害导致第三方人员伤亡和财产损失及运至施工场地用于施工的材料和待安装的设备的损害,由发包人承担;② 发包人、承包人人员伤亡由其所在单位负责,并承担相应费用;③ 承包人的施工机械设备损坏及停工损失,由承包人承担;④ 停工期间,承包人应发包人要求留在施工场地的必要的管理人员及保卫人员的费用,由发包人承担;⑤ 工程所需清理、修复费用,由发包人承担。

(8) 工程价款调整报告应由受益方在合同约定时间内向合同的另一方提出,经对方确认后调整合同价款。受益方未在合同约定时间内提出工程价款调整报告的,视为不涉及合同价款的调整。收到工程价款调整报告的一方应在合同约定时间内确认或提出协商意见,否则,视为工程价款调整报告已经得到确认。

当合同未作约定或本规范的有关条款未作规定时,按下列规定办理。① 调整因素确定后 14 天内,由受益方向对方递交调整工程价款报告。受益方在 14 天内未递交调整工程价款报告的,视为不调整工程价款。② 收到调整工程价款报告的一方,应在收到之日起 14 天内予以确认或提出协商意见,如在 14 天内未作确认也未提出协商意见时,视为调整工程价款报告已被确认。

(9) 经发、承包双方确定调整的工程价款,作为追加(减)合同价款与工程进度款同期支付。

(八) 竣工结算

(1) 工程完工后,发、承包双方应在合同约定时间内办理工程竣工结算。

(2) 工程竣工结算由承包人或受其委托具有相应资质的工程造价咨询人编制,由发包人或受其委托具有相应资质的工程造价咨询人核对。

(3) 工程竣工结算应依据:①《建设工程工程量清单计价规范》(GB 50500—2008);② 施工合同;③ 工程竣工图纸及资料;④ 双方确认的工程量;⑤ 双方确认追加(减)的工程价款;⑥ 双方确认的索赔、现场签证事项及价款;⑦ 投标文件;⑧ 招标文件;⑨ 其他依据。

(4) 分部分项工程费应依据双方确认的工程量、合同约定的综合单价计算,如发生调整的,以发、承包双方确认调整的综合单价计算。

(5) 措施项目费应依据合同约定的项目和金额计算,如发生调整的,以发、承包双方确认调整的金额计算,其中安全文明施工费应按《清单计价规范》的规定计算。

(6) 其他项目费用应按下列规定计算:① 计日工应按发包人实际签证确认的事项计算;② 暂估价中的材料单价应按发、承包双方最终确认价在综合单价中调整,专业工程暂估价应按中标价或发包人、承包人与分包人最终确认价计算;③ 总承包服务费应依据合同约定金额计算,如发生调整的,以发、承包双方确认调整的金额计算;④ 索赔费用应依据发、承包双方确认的索赔事项和金额计算;⑤ 现场签证费用应依据发、承包双方签证资料确认的金额计算;⑥ 暂列金额应减去工程价款调整与索赔、现场签证金额计算,如有余额归发包人。

(7) 竣工结算中,规费和税金应按照国家或省级、行业建设主管部门对规费和税金的计取标准计算的规定计算。

（8）承包人应在合同约定时间内编制完成竣工结算书，并在提交竣工验收报告的同时递交给发包人。承包人未在合同约定时间内递交竣工结算书，经发包人催促后仍未提供或没有明确答复的，发包人可以根据已有资料办理结算。

（9）发包人在收到承包人递交的竣工结算书后，应按合同约定时间核对。同一工程竣工结算核对完成，发、承包双方签字确认后，禁止发包人又要求承包人与另一个或多个工程造价咨询人重复核对竣工结算。

（10）发包人或受其委托的工程造价咨询人收到承包人递交的竣工结算书后，在合同约定时间内，不核对竣工结算或未提出核对意见的，视为承包人递交的竣工结算书已经被认可，发包人应向承包人支付工程结算价款。承包人在接到发包人提出的核对意见后，在合同约定时间内，不确认也未提出异议的，视为发包人提出的核对意见已经得到认可，竣工结算办理完毕。

（11）发包人应对承包人递交的竣工结算书签收，拒不签收的，承包人可以不交付竣工工程。承包人未在合同约定时间内递交竣工结算书的，发包人要求交付竣工工程，承包人应当交付。

（12）竣工结算办理完毕，发包人应将竣工结算书报送工程所在地工程造价管理机构备案。竣工结算书作为工程竣工验收备案、交付使用的必备文件。

（13）竣工结算办理完毕，发包人应根据确认的竣工结算书在合同约定时间内向承包人支付工程竣工结算价款。若合同中没有约定或约定不明的，发包人应在竣工结算书确认后15天内向承包人支付工程结算价款。

（14）发包人未在合同约定时间内向承包人支付工程结算价款的，承包人可催告发包人支付结算价款。如达成延期支付协议的，发包人应按同期银行同类贷款利率支付拖欠工程价款的利息。如未达成延期支付协议，承包人可以与发包人协商将该工程折价，或申请人民法院将该工程依法拍卖，承包人就该工程折价或者拍卖的价款优先受偿。

（九）工程计价争议处理

（1）在工程计价中，对工程造价计价依据、办法及相关政策规定发生争议的，由工程造价管理机构负责解释。

（2）发包人对工程质量有异议，拒绝办理工程竣工结算的，已竣工验收或已竣工未验收但实际投入使用的工程，其质量争议按该工程保修合同执行，竣工结算按合同约定办理；已竣工未验收且未实际投入使用的工程及停工、停建工程的质量争议，双方应就有争议的部分委托有资质的检测鉴定机构进行检测，根据检测结果确定解决方案，或按工程质量监督机构的处理决定执行后办理竣工结算，无争议部分的竣工结算按合同约定办理。

（3）发、承包双方发生工程造价合同纠纷时，应通过下列办法解决：① 双方协商；② 提请工程造价管理机构调解工程造价问题；③ 按合同约定向仲裁机构申请仲裁或向人民法院起诉。

（4）在合同纠纷案件处理中，需作工程造价鉴定的，应委托具有相应资质的工程造价咨询人进行。

（十）工程量清单计价表格

1. 招标控制价/投标报价编制表格

招标控制价/投标报价编制表格包括封面、总说明、工程项目招标控制价/投标报价汇总表、单项工程招标控制价/投标报价汇总表、单位工程招标控制价/投标报价汇总表、分部分项工程量清单与计价表、工程量清单综合单价分析表、措施项目清单与计价表(一)、措施项目清单与计价表(二)、其他项目清单与计价表、规费和税金项目清单与计价表。其他项目清单与计价表包括其他项目清单与计价汇总表、暂列金额明细表、材料暂估单价表、专业工程暂估价表、计日工表、总承包服务费计价表。

招标控制价/投标报价编制表格详见《建设工程工程量清单计价规范》(GB 50500—2008)。

2. 竣工结算编制表格

竣工结算编制表格包括封面、总说明、工程项目竣工结算汇总表、单项工程竣工结算汇总表、单位工程竣工结算汇总表、分部分项工程量清单与计价表、工程量清单综合单价分析表、措施项目清单与计价表、其他项目清单与计价表、规费和税金项目清单与计价表、工程款支付申请(核准)表。其他项目清单与计价表包括其他项目清单与计价汇总表、暂列金额明细表、材料暂估单价表、专业工程暂估价表、计日工表、总承包服务费计价表、索赔与现场签证计价汇总表、费用索赔申请(核准)表、现场签证表。

竣工结算编制表格详见《建设工程工程量清单计价规范》(GB 50500—2008)。

【案例分析 2-5-1】 根据图 2-5-2 所示和条件计算现浇独立基础分部分项工程量清单。已知 J-1:4 个,J-2:12 个,J-3:5 个,J-4:2 个。

(a) J-1 平面图　　(b) 平面图　　(c) 剖面图

图 2-5-2　独立基础示意图

【解】 (1) 独立基础清单工程量(招标人根据图纸计算)

公式:独立基础体积 $V = ABh_1 + \dfrac{1}{6}h \times 2[AB + a_1 b_1 + (A + a_1)(B + b_1)]$

由图中得知,J-1:$A = B = 2$(m)　$h_1 = 0.3$(m)　$h_2 = 0.2$(m)

$b_1 = 0.4 + 0.050 \times 2 = 0.5$(m)

$a_1 = 0.5 + 0.050 \times 2 = 0.6$(m)

故 $V_{J-1} = \left\{ 2 \times 2 \times 0.3 + \dfrac{1}{6} \times 0.2 \times [2 \times 2 + 0.5 \times 0.6 + (2 + 0.5)(2 + 0.6)] \right\} \times 4 = 6.24$(m³)

J-2:$A = B = 2.3$(m)　$h_1 = h_2 = 0.3$(m)　$a_1 = 0.6$(m)　$b_1 = 0.5$(m)

$V_{J-2} =$

$$\left\{2.3 \times 2.3 \times 0.3 + \frac{1}{6} \times 0.3 \times [2.3 \times 2.3 + 0.5 \times 0.6 + (2.3+0.5)(2.3+0.6)]\right\} \times 12 = 27.24 \ (\text{m}^3)$$

J - 3: $A = B = 2.8$ (m)　$h_1 = 0.4$ (m)　$h_2 = 0.3$ (m)　$a_1 = b_1 = 0.6$ (m)

$$V_{J-3} = \left\{2.8 \times 2.8 \times 0.4 + \frac{1}{6} \times 0.3[2.8 \times 2.8 + 0.6 \times 0.6 + (2.8+0.6)^2]\right\} \times 5 = 20.62 \ (\text{m}^3)$$

J - 4: $A = B = 1.9$ (m)　$h_1 = 0.3$ (m)　$h_2 = 0.2$ (m)　$a_1 = b_1 = 0.5$ (m)

$$V_{J-4} = \left\{1.9 \times 1.9 \times 0.3 + \frac{1}{6} \times 0.2[1.9 \times 1.9 + 0.5 \times 0.5 + (1.9+0.5)^2]\right\} \times 2 = 2.8 \ (\text{m}^3)$$

$$\therefore \sum V_{\text{独基}} = V_1 + V_2 + V_3 + V_4 = 56.94 \ (\text{m}^3)$$

表 2-5-1　分部分项工程量清单与计价表

工程名称：公用工程楼

序号	项目编码	项目名称	项目特征描述	计量单位	工程量	综合单价	合价	其中：暂估价
1	010401002001	独立基础	强度等级：砼 C25/40/32.5	m³	56.94			
			分部小计					
		本页小计						
		合　计						

表 2-5-2　基础配筋表

基础编号	短边 B(mm)	长边 A(mm)	板受力筋 a	板受力筋 b	h_1	h_2
J - 1	2 000	2 000	Φ12@150	Φ12@150	300	200
J - 2	2 300	2 300	Φ12@150	Φ12@150	300	300
J - 3	2 800	2 800	Φ14@150	Φ14@150	400	300
J - 4	1 900	1 900	Φ12@150	Φ12@150	300	200

行动领域6　建筑工程工程量清单计价表格及应用

一、计价表格组成

（一）封面

（1）工程量清单：封-1

（2）招标控制价：封-2

（3）投标总价：封-3

（4）竣工结算总价：封-4

（二）总说明

表 2-6-1

（三）汇总表

（1）工程项目招标控制价/投标报价汇总表：表 2-6-2

（2）单项工程招标控制价/投标报价汇总表：表 2-6-3

（3）单位工程招标控制价/投标报价汇总表：表 2-6-4

（4）工程项目竣工结算汇总表：表 2-6-5

（5）单位工程项目竣工结算汇总表：表 2-6-6

（6）单位工程项目竣工结算汇总表：表 2-6-7

（四）分部分项工程量清单表

（1）分部分项工程量清单与计价表：表 2-6-8

（2）工程量清单综合单价分析表：表 2-6-9

（五）措施项目清单表

（1）措施项目清单与计价表（一）：表 2-6-10

（2）措施项目清单与计价表（二）：表 2-6-11

（六）其他项目清单表

（1）其他项目清单与计价汇总表：表 2-6-12

（2）暂列金额明细表：表 2-6-12-1

（3）材料暂估单价表：表 2-6-12-2

（4）专业工程暂估单价表：表 2-6-12-3

（5）计日工表：表 2-6-12-4

（6）总承包服务费计价表：表 2-6-12-5

（7）索赔与现场签证计价汇总表：表 2-6-12-6

（8）费用索赔申请（核准）表：表 2-6-12-7

（9）现场签证表：表 2-6-12-8

×× 学 校 教 师 住 宅 工 程

工 程 量 清 单

工 程 造 价

招 标 人：××学校单位公章　　　　咨 询 人：＿＿＿＿＿＿＿

　　　　（单位盖章）　　　　　　　　　（单位资质专用章）

法 定 代 表 人　　　　　　　　　法 定 代 表 人

或 其 授 权 人：××学校法定代表人　或 其 授 权 人：＿＿＿＿＿＿

　　　（签字或盖章）　　　　　　　　（签字或盖章）

编 制 人 ：＿＿＿＿＿＿　　　　复 核 人：＿＿＿＿＿＿

　　　（造价人员签字盖专用章）　　　（造价工程师签字盖专用章）

编 制 时 间：　　年　月　日　　　复 核 时 间：　　年　月　日

注：此为招标人自行编制工程量清单的封面.

× × 学 校 教 师 住 宅 工 程

招 标 控 制 价

招 标 控 制 价(小 写):＿＿＿＿＿＿＿＿＿＿＿＿＿＿＿＿＿＿＿＿＿

      (大 写):＿＿＿＿＿＿＿＿＿＿＿＿＿＿＿＿＿＿＿＿＿

工 程 造 价

招 标 人:＿＿＿＿＿＿＿＿＿＿＿   咨 询 人:＿＿＿＿＿＿＿＿＿＿＿

      (单位盖章)   (单位资质专用章)

法定代表人   法定代表人

或其授权人:＿＿＿＿＿＿＿＿   或其授权人:＿＿＿＿＿＿＿

      (签字或盖章)   (签字或盖章)

编 制 人:＿＿＿＿＿＿＿＿＿＿＿   复 核 人:＿＿＿＿＿＿＿＿＿＿

    (造价人员签字盖专用章)   (造价工程师签字盖专用章)

编 制 时 间: 年   月   日   复 核 时 间: 年   月   日

投 标 总 价

招 标 人:＿＿＿＿＿＿＿＿＿＿＿＿＿＿＿＿＿＿＿＿

工 程 名 称:＿＿＿＿＿＿＿＿＿＿＿＿＿＿＿＿＿＿

投标总价(小 写):＿＿＿＿＿＿＿＿＿＿＿＿＿＿＿＿

      (大 写):＿＿＿＿＿＿＿＿＿＿＿＿＿＿＿＿

投 标 人:＿＿＿＿＿＿＿＿＿＿＿＿＿＿＿＿＿＿＿＿

                      (单位盖章)

法定代表人

或其授权人:＿＿＿＿＿＿＿＿＿＿＿＿＿＿＿＿＿＿＿

                   (签字或盖章)

编 制 人:＿＿＿＿＿＿＿＿＿＿＿＿＿＿＿＿＿＿＿

               (造价人员签字盖专用章)

编 制 时 间: 年   月   日

××学校教师住宅工程

竣工结算总价

中标价(小写):_____ (大写):_____

结算价(小写):_____ (大写):_____

工 程 造 价

发 包 人:_____ 承 包 人:_____ 咨 询 人:_____

    (单位盖章)   (单位盖章)   (单位资质专用章)

法定代表人   法定代表人   法定代表人

或其授权人:_____ 或其授权人:_____ 或其授权人:_____

    (签字或盖章)   (签字或盖章)   (签字或盖章)

编 制 人:_____ 核 对 人:_____

    (造价人员签字盖专用章)   (造价工程师签字盖专用章)

编 制 时 间: 年 月 日   核 对 时 间: 年 月 日

表 2-6-1 总说明

工程名称: 第 页 共 页

| |
| |
| |

表-01

表 2-6-2 工程项目招标控制价/投标报价汇总表

工程名称： 第 页 共 页

序号	单项工程名称	金额（元）	其　中		
			暂估价（元）	安全文明施工费(元)	规费（元）
	合价				

表 2-6-3 单项工程招标控制价/投标报价汇总表

工程名称： 第 页 共 页

序号	单项工程名称	金额（元）	其中		
			暂估价（元）	安全文明施工费(元)	规费（元）
	合计				

表 2-6-4 单位工程招标控制价/投标报价汇总表

工程名称： 标段： 第 页 共 页

序号	汇总内容	金额（元）	其中:暂估价（元）
1	分部分项工程		
1.1			
1.2			
1.3			

(续表)

序号	汇总内容	金额(元)	其中:暂估价(元)
1.4			
1.5			
2	措施项目		
2.1	安全文明施工费		
3	其他项目		
3.1	暂列金额		
3.2	专业工程暂估价		
3.3	计日工		
3.4	总承包服务费		
4	规费		
5	税金		
招标控制价合计＝1＋2＋3＋4＋5			

表 2-6-5　工程项目竣工结算汇总表

工程名称：　　　　　　　　　　　　　　　　　　　　　　第　页　共　页

序号	单项工程名称	金额(元)	其中	
			安全文明施工费(元)	规费
合计				

表 2-6-6　单项工程竣工结算汇总表

工程名称：　　　　　　　　　　　　　　　　　　　　　　第　页　共　页

序号	单项工程名称	金额(元)	其中	
			安全文明施工费(元)	规费
	合计			

表 2-6-7　单位工程竣工结算汇总表

工程名称：　　　　　标段：　　　　　　　　　　　第　页　共　页

序号	汇总内容	金额(元)
1	分部分项工程	1.1
1.1		
1.2		
1.3		
1.4		
1.5		
2	措施项目	
2.1	安全文明施工费	
3	其他项目	
3.1	专业工程结算价	
3.2	计日工	
3.3	总承包服务费	
3.4	索赔与现场签证	
4	规费	
5	税金	
竣工结算总价合计＝1＋2＋3＋4＋5		

表 2-6-8　分部分项工程量清单与计价表

工程名称：　　　　　　　　　标段：　　　　　　　　　　第　页　共　页

序号	项目编码	项目名称	项目特征描述	计量单位	工程量	金额(元)		
						综合单价	合价	其中：暂估价

本页小计：		
合计：		

表 2-6-9　工程量清单综合单价分析表

工程名称：　　　　　　　　　标段：　　　　　　　　　　第　页　共　页

项目编码		项目名称		计量单位	

清单综合单价组成明细

定额编号	定额名称	定额单位	数量	单价				合计			
				人工费	材料费	机械费	管理费和利润	人工费	材料费	机械费	管理费和利润

人工单价	小计				
元/工日	未计价材料费				
	清单项目综合单价				

材料费明细	主要材料名称、规格、型号	单位	数量	单价(元)	合价(元)	暂估单价(元)	暂估合价(元)
	其他材料费			—		—	
	材料费小计			—		—	

表 2-6-10 措施项目清单与计价表(一)

工程名称：　　　　　　　　　标段：　　　　　　　　　第　页 共　页

序号	项目名称	计算基础	费率(%)	金额(元)
1	安全文明施工费			
2	夜间施工费			
3	二次搬运费			
4	冬雨季施工			
5	大型机械设备进出场及按拆费			
6	施工排水			
7	施工降水			
8	地上地下设施建筑物的临时保护设施			
9	已完工程设备保护			
10	各专业工程的措施项目			
	合计			

表 2-6-11 措施项目清单与计价表(二)

工程名称：　　　　　　　　　标段：　　　　　　　　　第　页 共　页

序号	项目编码	项目名称	项目特征描述	计量单位	工程量	金额(元)	
						综合单价	合价
		本页小计					
		合计					

表 2-6-12 其他项目清单与计价汇总表

工程名称：　　　　　　　　　标段：　　　　　　　　　第　页 共　页

序号	项目名称	计量单位	金额(元)	备注
1	暂列金额			明细详见表-12-1
2	暂估价			明细详见表-12-2
2.1	材料暂估价			明细详见表-12-3
3	计日工			明细详见表-12-4
4	总承包服务费			明细详见表-12-5
	合价			

表 2-6-12-1 暂列金额明细表

工程名称： 标段： 第 页 共 页

序号	项目名称	计量单位	暂定金额(元)	备注
1				
2				
合价				—

表 2-6-12-2 材料暂估单价表

工程名称： 标段： 第 页 共 页

序号	材料名称、规格,型号	计量单位	单价(元)	备注

表 2-6-12-3 专业工程暂估单价表

工程名称： 标段： 第 页 共 页

序号	工程名称	工程内容	金额(元)	备注
合计				

表 2-6-12-4 计日工表

工程名称： 标段： 第 页 共 页

编号	项目名称	单位	暂定数量	综合单价	合价
一	人工				
1					
2					
人工小计					
二	材料				
1					
2					
材料小计					
三	施工机械				
1					
2					
施工机械小计					
总　计					

表 2-6-12-5 总承包服务费计价表

工程名称：＿＿＿＿＿＿＿　　　标段：＿＿＿＿＿＿＿　　　　　第　页　共　页

序号	项目名称	项目价值(元)	服务内容	费率(%)	金额(元)
1	发包人发包专业工程				
2	发包人供应材料				
	合计				

表 2-6-12-6 索赔与现场签证计价汇总表

工程名称：＿＿＿＿＿＿＿　　　标段：＿＿＿＿＿＿＿　　　　　第　页　共　页

序号	签证及索赔项目名称	计量单位	数量	单价(元)	合价(元)	索赔及签证依据
	本页小计					—
	合计			—	—	

表 2-6-12-7 费用索赔申请(核准)表

工程名称：＿＿＿＿＿＿＿　　　标段：＿＿＿＿＿＿＿　　　　　第　页　共　页

致：＿＿＿＿＿＿＿＿＿＿＿＿＿＿＿＿＿＿＿（发包人全称）
根据施工合同条款第＿＿＿＿＿条的约定，由于＿＿＿＿＿＿原因，我方要求索赔金额(大写)＿＿＿＿＿＿＿＿
元，(小写)＿＿＿＿＿＿＿＿＿＿＿＿，请予核准.
附：1. 费用索赔的详细理由和依据：
　　2. 索赔金额的计算：
　　3. 证明材料：

　　　　　　　　　　　　　　　　　　　　　　　　　　　　承包人(章)
　　　　　　　　　　　　　　　　　　　　　　　　　　　　承包人代表＿＿＿＿＿
　　　　　　　　　　　　　　　　　　　　　　　　　　　　日　　期＿＿＿＿＿

复核意见： 　　根据施工合同条款第＿＿＿＿＿条的约定，你方提出的费用索赔申请经复核： 　　□ 不同意此项索赔，具体意见见附件. 　　□ 同意见此项索赔，索赔金额的计算，由造价工程师复核. 　　　　　　　　　　监理工程师＿＿＿＿＿＿ 　　　　　　　　　　日　　期＿＿＿＿＿＿	复核意见： 　　根据施工合同条款第＿＿＿＿＿条的约定，你方提出的费用索赔申请经复核，索赔金额为(大写)＿＿＿＿＿元，小写＿＿＿＿＿元. 　　　　　　　　　　造价工程师＿＿＿＿＿＿ 　　　　　　　　　　日　　期＿＿＿＿＿＿

审核意见：
　　□ 不同意此项索赔.
　　□ 同意此项索赔，与本期进度款同期支付.

　　　　　　　　　　　　　　　　　　　　　　　　　　　　发包人(章)
　　　　　　　　　　　　　　　　　　　　　　　　　　　　发包人代表＿＿＿＿＿＿
　　　　　　　　　　　　　　　　　　　　　　　　　　　　日　　期＿＿＿＿＿＿

表2-6-12-8　现场签证表

工程名称：　　　　　　　　　标段：　　　　　　　　　　　　第　页　共　页

施工单位		日期	

致：＿＿＿＿＿＿＿＿＿＿＿＿＿＿＿＿＿＿＿＿（发包人全称）

根据＿＿＿＿＿（指令人姓名）　年　月　日的口头指令或你方＿＿＿＿＿（或监理人）

　年　月　日的书面通知,我方要求完成此项工作支付价款金额为(大写)＿＿＿＿＿元,(小写)

＿＿＿＿＿,请予核准.

附:1. 签证事由及原因:

　　2. 附图及计算式:

承包人(章)

承包人代表＿＿＿＿＿

日　期＿＿＿＿＿

复核意见: 　你方提出的此项签证申请经复核: □ 不同意此项索赔,具体意见见附件. □ 同意见此项索赔,索赔金额的计算,由造价工程师复核. <div align="center">监理工程师＿＿＿＿＿ 日　期＿＿＿＿＿</div>	复核意见: 　　□ 此项签证按承包人中标的计日工单价计算,金额为(大写)＿＿＿＿＿元,小写＿＿＿＿＿元. 　　□ 此项签证因无计日工单价,金额为(大写)＿＿＿＿＿元,小写＿＿＿＿＿元. <div align="center">造价工程师＿＿＿＿＿ 日　期＿＿＿＿＿</div>

审核意见:

□ 不同意此项签证.

□ 同意此项签证,价款与本期进度款同期支付.

发包人(章)

发包人代表＿＿＿＿＿

日　期＿＿＿＿＿

表2-6-13　规费、税金项目清单与计价表

工程名称：　　　　　　　　　标段：　　　　　　　　　　　第　页　共　页

序号	项目名称	计算基础	费率(%)	金额(元)
1	规费			
1.1	工程排污费			
1.2	社会保障费			
(1)	养老保险费			
(2)	失业保险费			
(3)	医疗保险费			

（续表）

序号	项目名称	计算基础	费率(%)	金额(元)
1.3	住房公积金			
1.4	危险作业意外伤害保险			
1.5	工程定额定费			
2	税金	分部分项工程费＋措施项目费＋其他项目费＋规费		
合计				

表 2-6-14 工程款支付申请(核准)表

工程名称：　　　　　　　标段：　　　　　　　　第　页共　页

致：＿＿＿＿＿＿＿＿＿＿＿＿＿＿（发包人全称）
我方于＿＿＿至＿＿＿期间已完成＿＿＿工作,根据施工合同的约定,现申请支付本期的工程款额(大写)＿＿＿元,(小写)＿＿＿,请予核准.

序号	名称	金额(元)	备注
1	累计已完成的工程价款		
2	累计已实际支付的工程价款		
3	本周期已完成的工程价款		
4	本周期完成计日工金额		
5	本周期应增加和扣减的变更金额		
6	本周期应增加和扣减的索赔金额		
7	本周期应抵扣的预付款		
8	本周期应扣减的质保金		
9	本周期应增加和扣减的其他金额		
10	本周期实际应支付的工程价款		

承包人(章)
承包人代表＿＿＿
日　期＿＿＿

(续表)

复核意见： 　□ 与实际施工情况不相符,修改意见见附件. 　□ 与实际施工情况相符,具体金额由工程造价师复核.	复核意见： 　你方提出的支付申请经复核,本期间已完成工程款额为(大写)＿＿＿＿元,小写＿＿＿＿元,本期间应支付金额为(大写)＿＿＿＿元,小写＿＿＿＿元.
监理工程师＿＿＿＿ 　　　　　　日　　期＿＿＿＿	造价工程师＿＿＿＿ 　　　　　　日　　期＿＿＿＿

审核意见：

　□ 不同意.

　□ 同意,支付时间为本表签发后 15 天.

　　　　　　　　　　　　　　　　　　　　发包人(章)

　　　　　　　　　　　　　　　　　　　　发包人代表＿＿＿＿

　　　　　　　　　　　　　　　　　　　　日　　期＿＿＿＿

二、工程量清单编制案例

【案例分析 2-6-1 】　根据图所示尺寸编制人工挖基坑分部分项工程量清单。

【解】　招标人计算清单工程量：

$$V_{基坑}＝A×B×H$$

$$V_1＝2.2^2×1.9×4＝36.78（m^3）$$

$$V_2＝2.5^2×1.9×12＝142.5（m^3）$$

$$V_3＝3^2×1.9×5＝85.5（m^3）$$

$$V_4＝2.1^2×1.9×2＝16.76（m^3）$$

$$\sum V_{基坑}＝281.54（m^3）$$

独立基础大样　　　　　　　　　　　　　　A-A

图 2-6-1

表 2-6-15　基础配筋表

基础编号	短边 B(mm)	长边 A(mm)	板受力筋	板受力筋	h_1	h_2
J－1	2 000	2 000	Φ12@150	Φ12@150	300	200
J－2	2 300	2 300	Φ12@150	Φ12@150	300	300
J－3	2 800	2 800	Φ14@150	Φ14@150	400	300
J－4	1 900	1 900	Φ12@150	Φ12@150	300	200

表 2-6-16　分部分项工程量清单计价

工程名称:公用工程楼

序号	项目编码	项目名称	项目特征描述	计量单位	工程量	金额(元) 综合单价	合价	其中:暂估价
1	010101003001	挖基础土方	1. 土壤类别(三类土): 2. 基础类型:独立基础 3. 挖土深度:1.9 m; 4. 弃土运距 20 m 内内	m³	281.54			
		分部小计						
			本页小计					
			合　计					

【案例分析 2-6-2】　根据图 2-6-2 编制砼散水、砼斜坡分部分项工程量清单(散水 600 mm 宽,斜坡 1 800 mm 宽)。

图 2-6-2

【解】 （1）招标人根据图纸计算

S 斜坡 $=10.175 \times 1.8 + 4 \times 1.8 = 25.52$（$m^2$）

S 散水 $=[(16.24+0.6 \times 2) \times 2 - 10.175] \times 0.6 + (6.24 \times 2 - 4) \times 0.6 = 19.910$（$m^2$）

砼散水、坡道合计 $\sum S = 25.52 + 19.91 = 45.43$（$m^2$）

（2）分部分项工程清单项目表，如表 2-6-17 所示

表 2-6-17　分部分项工程量清单计价表

工程名称：某工程楼

序号	项目编码	项目名称	项目特征	单位	工程量	综合单价
1	010407002001	散水，斜坡	1. 地基夯实 2. 铺设砼 C10 垫层，厚 80 mm 3. 现浇 C20 砼面层 4. 变形缝填塞	m^2	45.43	

三、综合单价确定

综合单价是指完成一个规定计量单位的分部分项工程量清单项目式措施清单项目所需的人工费、材料费、施工机械使用费、企业管理费和利润，以及一定范围内的风险费用。

（一）计算公式

综合单价＝人工费＋材料费＋施工机械使用费＋企业管理费＋利润＋一定风险费

（二）综合单价确定方法

1. 直接套用定额组价

第一步，直接套用定额的消耗量。

第二步，计算工料费用，包括人工费、材料费和机械费。

工料费用（直接工程费＝ $\sum$（工料机消耗量×工料机单价）

第三步，计算企业管理费及利润。

建筑工程企业管理费＝直接工程费×管理费率

装饰企业管理费＝人工费×管理费率

建筑工程利润＝（直接工程费＋企业管理费）×利润率

装饰工程利润＝人工费×利率

第四步，根据招标文件规定的风险计算风险费用。

第五步，汇总形成综合单价。

综合单价＝直接工程费＋企业管理费＋利润＋风险

2. 复合组价方法

第一步，重新计算工程量，根据原使用定额中的工程量计算规则计算出多个子项工程量。

第二步，根据直接套用的方法，计算出多个子项工程的直接工程费用、企业管理费、利润及风险费用。

第三步，汇总形成综合单价。

综合单价＝ $\sum$（直接工程费＋企业管理费＋利润＋风险费用)÷清单工程量

【案例分析 2-6-3】 根据《建设工程工程量清单计价规范》(GB50500－2008)编制公用公程楼平整场地工程量清单及工程量清单投标报价。

(1) 招标人根据清单规范施工图纸计算平整场地清单工程量。

$$S_{清单}=a×b=36.24×16.24=588.54(m^2)$$

(2) 投标人根据图纸及江西省定额报价。

平整场地定额计价工程量：

$$S_{定额}=(a+4)(b+4)=814.46(m^2)$$

三类工程,企业管理费 5.45％,利润 4％

定额基价 A1－1:2.385 3 元/m²,2012 年:47 元/工日,2004 年:23.5 元/工日

(3) 综合单价计算

A1－1 直接工程费=2.385 3 元/m²×814.46 m²=1 942.73 元

企业管理费=5.45％×1 942.73 元=105.87 元

利润=(直+企)×4％=81.944(元)

人工价差=(47－23.5)×814.46 m²×0.101 5 工日/m³=1 942.7(元)

合计:4 073.24 元

平整场地清单综合单价=4 073.24 元÷588.54 m²=6.92 元/m²

【案例分析 2-6-4】 某工程胶合板门,设计为无纱无亮单扇门,经业主根据施工图计算共 20 樘,洞口尺寸为 2 100 mm×900 mm,面刷调和漆二遍,安装一般五金。

【解】 投标人报价计算如下:

查《指引》第三章得知:胶合板门项目编码为 020401004 子目,根据《装饰定额》计算规则计算工程量为 2.1×0.9×20=37.8(m²),根据可能组合的消耗量定额项目名称、消耗量定额子目计算如下(按装饰四类工程取费):

(1) 胶合板门框制作应套 B4－57 子目

① 人工费:2.85 元/m²×37.8 m²=107.73 元

② 材料费:16.37 元/m²×37.8 m²=618.79 元

③ 机械费:0.64 元/m²×37.8 m²=24.19 元

④ 管理费:107.37 元×13.33％=14.31 元

⑤ 利润:107.37 元×12.72％=13.66 元

小计:778.68 元

(2) 胶合板门窗安装应套 B4－58 子目

① 人工费:6.09 元/m²×37.8 m²=230.20 元

② 材料费:4.97 元/m²×37.8 m²=187.87 元

③ 机械费:0.02 元/m²×37.8 m²=0.76 元

④ 管理费:230.20 元×13.33％=30.69 元

⑤ 利润:230.20 元×12.72％=29.28 元

小计:478.7 元

(3) 胶合板门窗制作应套 B4－59 子目

① 人工费:9.37 元/m²×37.8 m²=354.19 元

② 材料费:26.62 元/m²×37.8 m²=1 006.24 元

③ 机械费:3.33 元/m²×37.8 m²=125.87 元

④ 管理费:354.19 元×13.33%=47.21 元

⑤ 利润:354.19 元×12.72%=45.05 元

小计:1 578.56 元

(4) 胶合板门窗安装应套 B4-50 子目

① 人工费:3.43 元/m²×37.8 m²=129.65 元

② 管理费:129.65 元×13.33%=17.28 元

③ 利润:129.65 元×12.72%=16.49 元

小计:163.42 元

(5) 刷调和漆两遍应套 B5-1 子目

① 人工费:6.23 元/m²×37.8 m²=235.49 元

② 材料费:4.63 元/m²×37.8 m²=175.01 元

③ 管理费:235.49 元×13.33%=31.39 元

④ 利润:235.49 元×12.72%=29.95 元

小计:471.84 元

(6) 五金应套 B4-339 子目

材料费:5.48 元/樘×20 樘=109.60 元

(7) 综合单价:(778.68+478.80+1 578.56+163.42+471.84+109.60)元÷20 樘=179.05 元/樘

四、紫阳区综合楼工程量清单计价表格编制应用案例

表 2-6-18　分部分项工程量清单计价表

工程名称:紫阳区综合楼(清单)

序号	项目编码	项目名称及项目特征描述	计量单位	工程数量	金额(元)	
					综合单价	合价
1	010101001001	人工平整场地:三类土壤	m²	315.098		
2	010101003001	挖基础土方土壤类别:三类土;基础类型:条形;挖土深度:2M内,弃土运距50米	m³	66.676		
3	010101003002	挖基础土方 土壤类别:三类土;基础类型:人工挖孔桩,弃土运距50米	m³	189.596		
4	010103001001	土(石)方回填夯填	m³	45.207		
5	010201003001	混凝土灌注桩人工挖孔桩 桩芯 混凝土强度等级:C25 单根设计桩长7.1 m,桩径800 mm,桩总根数22根 桩扩大头直径1 600 mm,高1 200 mm 砼护壁100厚,长7.8 m	m	156.2		

（续表）

序号	项目编码	项目名称及项目特征描述	计量单位	工程数量	金额（元）	
					综合单价	合价
6	010301001001	砖基础砖品种、规格、强度等级:黏土砖 砂浆强度等级:水泥砂浆 M5.0	m³	14.087		
7	010302001001	1B实心砖墙砖品种、规格、强度等级:黏土砖 墙体厚度:240 砂浆强度等级、配合比:混合砂浆 M5.0	m³	369.772		
8	010302001002	1/2B实心砖墙砖品种、规格、强度等级:黏土砖 墙体厚度:115 mm 砂浆强度等级、配合比:混合砂浆 M5.0	m³	3.734		
9	010302006001	零星砌砖零星砌砖名称、部位:蹲台 砂浆强度等级、配合比:混合砂浆 M5.0	m³	2.592		
10	010302006002	零星砌体钢筋加固	t	0.637		
11	010402001001	现浇矩形柱混凝土强度等级:C25	m³	71.1		
12	010402001002	现浇矩形柱构造柱 混凝土强度等级:C25	m³	8.263		
13	010403001001	现浇基础梁 垫层:6.426 m³;混凝土强度:C10 混凝土强度等级:C25	m³	19.077		
14	010403002001	现浇矩形梁混凝土强度等级:C25	m³	37.904		
15	010403004001	现浇圈梁卫生间挡水 混凝土强度等级:C25	m³	3.23		
16	010403005001	现浇过梁混凝土强度等级:C25	m³	5.261		
17	010405001001	现浇有梁板混凝土强度等级:C25	m³	179.699		
18	010405001002	现浇有梁板屋面斜板 混凝土强度等级:C25	m³	49.933		
19	010406001001	现浇直形楼梯混凝土强度等级:C25	m²	98.372		
20	010405008001	现浇雨篷混凝土强度等级:C25	m²	13.284		
21	010405007001	现浇天沟、挑檐板混凝土强度等级:C25	m³	5.927		
22	010407002001	现浇散水面层 1:1 水泥砂浆,砼 C15/40/32.5	m²	61.024		
23	010407002002	现浇坡道1:2 水泥砂浆面层	m²	19.4		
24	010416001001	现浇混凝土钢筋⏀10 内	t	22.321		
25	010416001002	现浇混凝土钢筋⏀20 内	t	21.121		
26	010416001003	现浇混凝土钢筋⏀20 外	t	19.19		

（续表）

| 序号 | 项目编码 | 项目名称及项目特征描述 | 计量单位 | 工程数量 | 金额（元） | |
					综合单价	合价
27	010416004001	钢筋笼（人工挖孔桩）	t	4.815		
28	010702001001	卷材防水 SBS 卷材 1 层	m²	483.37		
29	010703003001	防水砂浆（潮）墙基	m²	26.899		
30	010703001001	卷材防水（卫生间）聚乙烯丙纶复合卷材	m²	184.608		
31	010702004001	屋面排水管 PVC 管，落水口 6 只	m	92.7		
32	010703004001	变形缝屋面检查孔	块	1		
33	010803001001	保温隔热屋面水泥珍珠岩	m³	1.835		
34	020101001001	水泥砂浆找平层厚度 15 mm	m²	1328.472		
35	020101001001	水泥砂浆找平层厚度 15 mm	m²	277.638		
36	020101001002	水泥砂浆找平层，填充材料上水泥砂浆找平层厚度 15 mm	m²	47.05		
37	020101003001	细石混凝土找平	m²	29.148		
38	020106003001	水泥砂浆楼梯面	m²	98.372		
39	020102002001	块料楼地面	m²	59.44		
40	020107001001	金属扶手带栏杆、栏板楼梯不锈钢扶手	m	61.114		
41	020107001002	金属扶手带栏杆、栏板屋面 DN80 不锈钢管	m	64.4		
42	020201001001	墙面一般抹灰抹水泥砂浆，塑料分隔条	m²	1 519.03		
43	020203001001	零星项目一般抹灰抹水泥砂浆	m²	101.97		
44	020201002001	墙面装饰抹灰水泥砂浆 装饰线条	m	510.974		
45	020201001002	墙面一般抹灰混合砂浆	m²	2 790.25		
46	020208001001	梁面装饰抹混合砂浆	m²	348.921		
47	020204003001	块料墙面瓷板 200 mm×300 mm	m²	184.608		
48	020301001001	天棚抹灰混合砂浆	m²	1 725.793		
49	020402002001	金属推拉门 3.4×3　　2 樘 2.1×3　　2 樘 2.1×2.1　　1 樘 门制作安装	樘	5		
50	020401004001	胶合板门 0.8×2.1　　8 樘 1.0×2.1 39 樘 门制作，安装 门五金 门油漆	樘	47		

(续表)

序号	项目编码	项目名称及项目特征描述	计量单位	工程数量	金额(元)	
					综合单价	合价
51	020402002002	金属推拉门 3.4×2.7 4樘 2.1×2.1×50樘 1.2×2.1×16樘 1.2×1.5×8樘 2.1×1.5×3樘 门制作安装	樘	81		
52	020506001001	抹灰面油漆外墙漆	m²	1 214.26		
53	020507001001	刷喷涂料内墙乳胶漆	m²	3 014.842		
54	020507001002	刷喷涂料天棚乳胶漆	m²	1 725.793		

表 2-6-19 措施费项目清单与计价表

工程名称:紫阳区综合楼(清单)

序号	项目名称	计算基础	费率(%)	金额(元)
	措施项目			
	技术措施项目			
1	混凝土、钢筋混凝土模板及支撑[建筑]			
2	脚手架[建筑]			
3	垂直运输费[建筑]			
4	装饰装修垂直运输[装饰]			
	组织措施项目			
5	临时设施费[建筑工程]			
6	检验试验费等六项(综合费率1~6)[建筑]			
7	临时设施费[装饰工程]			
8	检验试验费等六项(综合费率1~6)[装饰]			

表 2-6-20 其他项目清单计价表

工程名称:紫阳区综合楼(清单)

序号	项目名称
1	暂列金额
	5 800 元

表 2-6-21 单位工程汇总表

工程名称:紫阳区综合楼(清单)

序号	项目名称	金额(元)
	建筑工程部分	
一	分部分项工程量清单计价合计	720 428.65
1	其中:人工费	75 526.76
二	技术措施项目清单计价合计	137 987.14
2	其中:人工费	36 251.29
三	组织措施费(不含环保安全文明费)	22 712.32
3	其中:人工费	3 106.51
四	其他项目清单计价合计	5 800
4	其中:人工费	
5	价差部分	199 812.15
6	风险部分	
LS	临时设施费	11 124.4
AW	环保安全文明措施费	8 686.48
FW	安全防护、文明施工措施费(LS+AW)	19 810.88
7	社会保障费等四项	36 760.58
五	规费	42 727.7
六	税金	32 025.53
七	工程费用	970 367.82
	单位清单工程总价	970 367.82

表 2-6-22 分部分项工程量清单计价表

工程名称:紫阳区综合楼(清单)

序号	项目编码	项目名称	计量单位	工程数量	综合单价	合价
		分部分项工程清单项目				999 498.49
		A.1 土(石)方工程(0101)				25 685.13
1	010101001001	平整场地人工平整	m²	315.098	4.87	1 534.53
2	010101003001	挖基础土方土壤类别:三类土 基础类型:条形 挖土深度:2 m内	m³	66.676	36.37	2 425.01
3	010101003002	挖基础土方土壤类别:三类土 基础类型:人工挖孔桩	m³	189.596	98.32	18 641.08

(续表)

序号	项目编码	项目名称	计量单位	工程数量	金额（元） 综合单价	合价
4	010103001001	土(石)方回填夯填	m³	45.207	23.83	1 077.28
5	010101002001	外运土方人工运土方 运距 50 m	m³	211.065	9.51	2 007.23
		A.2 桩与地基基础工程(0102)				46 853.75
6	010201003001	混凝土灌注桩人工挖孔桩 桩芯混凝土强度等级:C25 单根设计桩长 7.1 m,桩径 800 mm,桩总根数 22 根 桩扩大头直径 1 600 mm,高 1 200 mm 砼护壁 100 厚,长 7.8 m	m	156.2	299.96	46 853.75
		A.3 砌筑工程(0103)				88 756.37
7	010301001001	砖基础砖品种、规格、强度等级:黏土砖砂浆强度等级:水泥砂浆 M5.0	m³	14.087	201.45	2 837.83
8	010302001001	1B 实心砖墙砖品种、规格、强度等级:黏土砖墙体厚度:240 砂浆强度等级、配合比:混合砂浆 M5.0	m³	369.772	216.78	80 159.17
9	010302001002	1/2B 实心砖墙砖品种、规格、强度等级:黏土砖 墙体厚度:115 mm 砂浆强度等级、配合比:混合砂浆 M5.0	m³	3.734	232.36	867.63
10	010302006001	零星砌砖零星砌砖名称、部位:蹲台砂浆强度等级、配合比:混合砂浆 M5.0	m³	2.592	240.67	623.82
11	010402001001	现浇矩形柱混凝土强度等级:C25	m³	71.1	280.13	19 917.24
12	010402001002	现浇矩形柱构造柱 混凝土强度等级:C25	m³	8.263	293.79	2 427.59
13	010403001001	现浇基础梁垫层:6.426 m³;混凝土强度:C10 混凝土强度等级:C25	m³	19.077	257.25	4 907.56
14	010403002001	现浇矩形梁混凝土强度等级:C25	m³	37.904	257.84	9 773.17
15	010403004001	现浇圈梁卫生间挡水 混凝土强度等级:C25	m³	3.23	287.86	929.79
16	010403005001	现浇过梁混凝土强度等级:C25	m³	5.261	296.72	1 561.04
17	010405001001	现浇有梁板混凝土强度等级:C25	m³	179.699	264.89	47 600.47
18	010405001002	现浇有梁板屋面斜板 混凝土强度等级:C25	m³	49.933	273.94	13 678.65
19	010406001001	现浇直形楼梯混凝土强度等级:C25	m²	98.372	73.52	7 232.31
20	010405008001	现浇雨篷混凝土强度等级:C25	m²	13.284	31.99	424.96

（续表）

序号	项目编码	项目名称	计量单位	工程数量	综合单价	合价
21	010405007001	现浇天沟、挑檐板混凝土强度等级：C25	m³	5.927	311.64	1 847.09
22	010407002001	现浇散水	m²	61.024	30.22	1 844.15
23	010407002002	现浇坡道	m²	19.4	24.81	481.31
24	010416001001	现浇混凝土钢筋	t	22.321	6 410.27	143 083.64
25	010416001002	现浇混凝土钢筋	t	21.121	6 214.83	131 263.42
26	010416001003	现浇混凝土钢筋	t	19.19	6 105.29	117 160.52
27	010416004001	钢筋笼	t	4.815	6 410.66	30 867.33
		A.5 屋面及防水工程（0107）				23 714.08
28	010702001001	卷材防水 SBS 卷材 1 层	m²	483.37	35.34	17 082.3
29	010703003001	砂浆防水（潮）墙基	m²	26.899	8.91	239.67
30	010703001001	卷材防水（卫生间）聚乙烯丙纶复合卷材	m²	184.608	16.79	3 099.57
31	010702004001	屋面排水管 PVC 管，落水口 6 只	m	92.7	34.78	3 224.11
32	010703004001	变形缝屋面检查孔	块	1	68.43	68.43
		A.6 防腐、隔热、保温工程（0108）				419.08
33	010803001001	保温隔热屋面水泥珍珠岩	m³	1.835	228.38	419.08
		B.1 楼地面工程（0201）				29 584.42
34	020101001001	水泥砂浆找平层上水泥砂浆找平层　厚度 15 mm	m²	1 328.472	6.63	8 807.77
35	020101001001	水泥砂浆找平层上水泥砂浆找平层　厚度 15 mm	m²	277.638	21.4	5 941.45
36	020101001002	水泥砂浆找平层填充材料上水泥砂浆找平层　厚度 15 mm	m²	47.05	7.13	335.47
37	020101003001	细石混凝土找平	m²	29.148	10.51	306.35
38	020106003001	水泥砂浆楼梯面	m²	98.372	27.88	2 742.61
39	020102002001	块料楼地面	m²	59.44	46.49	2 763.37
40	020107001001	金属扶手带栏杆、栏板楼梯不锈钢扶手	m	61.114	100	6 111.4
41	020107001002	金属扶手带栏杆、栏板屋面 DN80 不锈钢管	m	64.4	40	2 576
		B.2 墙、柱面工程（0202）				76 262.55
42	020201001001	墙面一般抹灰抹水泥砂浆，塑料分隔条	m²	1 519.03	15.02	22 815.83
43	020203001001	零星项目一般抹灰抹水泥砂浆	m²	101.97	39.9	4 068.6
44	020201002001	墙面装饰抹灰水泥砂浆 装饰线条	m	510.974	9.41	4 808.27

（续表）

序号	项目编码	项 目 名 称	计量单位	工程数量	金额（元）综合单价	金额（元）合 价
45	020201001002	墙面一般抹灰混合砂浆	m²	2 790.25	10.5	29 297.63
46	020208001001	梁面装饰抹灰混合砂浆	m²	348.921	14.21	4 958.17
47	020204003001	块料墙面瓷板 200 mm×300 mm	m²	184.608	55.87	10 314.05
		B.3 天棚工程（0203）				13 392.15
48	020301001001	天棚抹灰混合砂浆	m²	1 725.793	7.76	13 392.15
		B.4 门窗工程（0204）				67 096.19
49	020402002001	金属推拉门 3.4×3 2樘 2.1×3 2樘 2.1×2.1 1樘 门制作安装	樘	5	1 047.48	5237.4
50	020401004001	胶合板门 0.8×2.1 8樘 1.0×2.1 39樘 门制作,安装 门五金 门油漆	樘	47	204.79	9 625.13
51	020402002002	金属推拉门 3.4×2.7 4樘 2.1×2.1 50樘 1.2×2.1 16樘 1.2×1.5 8樘 2.1×1.5 3樘 门制作安装	樘	81	644.86	52 233.66
		B.5 油漆、涂料、裱糊工程（0205）				92 734.53
52	020506001001	抹灰面油漆外墙漆	m²	1 214.26	26	31 570.76
53	020507001001	刷喷涂料内墙乳胶漆	m²	3 014.842	12.72	38 348.79
54	020507001002	刷喷涂料天棚乳胶漆	m²	1 725.793	13.22	22 814.98
		合计				999 498.49

表 2-6-23 措施项目清单计价表

工程名称:紫阳区综合楼（清单）

序号	项目名称	金额（元）
1	混凝土、钢筋混凝土模板及支撑［建筑］	115 005.31
2	脚手架［建筑］	17 586.44
3	垂直运输费［建筑］	19 947.95
4	装饰装修垂直运输［装饰］	5 650.3
5	临时设施费［建筑工程］	12 343.47

（续表）

序号	项目名称	金额（元）
6	检验试验费等六项（综合费率1～6）［建筑］	12 857.78
7	临时设施费［装饰工程］	5 250.94
8	检验试验费等六项（综合费率1～6）［装饰］	6 025.67
	合计	194 667.86

表 2-6-24　措施项目清单与计价表（其中脚手架模板等技术措施项目）

工程名称：紫阳区综合楼（清单）

序号	项目编码	项目名称，项目特征	计量单位	工程量	金额（元） 综合单价	合价
1	AB10001	现浇矩形柱 九夹板模板（木撑）	m²	629	25.17	15 831.21
2	AB10002	现浇构造柱 木模板（木撑）	m²	95	31.27	2 970.28
3	AB10003	现浇柱支撑高度超过3.6 m，每增加1 m 木撑	m²	189	1.95	368.73
4	AB10004	现浇基础梁　九夹板模板（木撑）	m²	154	24.70	3 803.07
5	AB10005	现浇单梁、连续梁九夹板模板（木撑）	m²	349	30.77	10 740.30
6	AB10006	现浇过梁九夹板模板（木撑）	m²	62	34.83	2 159.40
7	AB10007	现浇圈梁压顶 直形 九夹板模板（木撑）	m²	27	20.66	557.79
8	AB10008	现浇有梁板 九夹板模板（木撑）	m²	1 593	27.12	43 205.95
9	AB10009	现浇有梁板 九夹板模板（木撑）	m²	470	31.32	14 723.70
10	AB10010	现浇板支撑高超过3.6 m，每增加1 m 板支撑	m²	257	4.31	1 108.41
11	AB10011	现浇楼梯 直形 木模板（木撑）	m²	98.40	67.30	6 622.27
12	AB10012	现浇阳台、雨篷 直形 木模板（木撑）	m²	13.30	54.84	729.37
13	AB10013	现浇挑檐天沟 木模板（木撑）	m²	41	29.77	1 220.67
14	AB10014	钢管脚手架24 m内双排	kg	1 469	8.91	13 088.85
15	AB10015	钢管脚手架15 m内单排	kg	98	6.21	608.67
16	AB10016	里脚手架 钢管	kg	1 080	1.49	1 612.43
17	AB10017	基础满堂脚手架 钢管 基本层	kg	254	2.59	658.19
18	AB10018	垂直运输，20 m内卷扬机，教学及办公用房 现浇框架	台班	1 398	12.86	17 977.85
19	AB10019	装饰装修垂直运输多层建筑物	工日	2 274	2.37	5 385.98

表 2-6-25　其他项目清单计价表

工程名称:紫阳区综合楼(清单)

序号	项目名称
1	暂列金额
	合计 5 800 元

【案例分析 2-6-5】　根据公用工程楼图示尺寸编制基础梁工程量清单及清单投标报价。

解　(1)招标人计算清单工程量(基础梁)

$V_{DL} = 26.64 \ (m^3)$

清单项目编码:"010403001001",工程项目基础梁及砼垫层第二个项目。

(2)投标人报价:

根据图纸计算基础梁工程量 $V = 26.64 \ (m^3)$

基础砼垫层:$V_{垫} = 6.67 \ (m^3)$

(3)基础梁综合单价计算:

基础梁 C25/40/32.5 的直接工程费:A4-32 换 26.64 m³ × 215.695 7 元/m³ = 5 746.14 元

基础砼垫层 C15/40/32.5 直接工程费:A4-13 换 6.67 m³ × 194.226 3 元/m³ = 1 295.49 元

直接工程费小计:7 041.63 元

企业管理费:5.45% × 7 041.63 = 383.77(元)

利润:4% × (直+管) = 7 425.4 × 4% = 297.02(元)

人工价差:(47-23.5) × (26.64 × 1.433 工日/m³ + 6.67 m³ × 1.316 × 1.2) = 1 144.65(元)

合计:8 867.07 元

基础梁清单综合单价 = 8 867.07 ÷ 26.64 = 332.85(元/m)

表 2-6-26　分部分项工程量清单与计价表

工程名称:公用工程楼

序号	项目编码	项目名称	项目特征描述	计量单位	工程量	综合单价	金额(元)	其中:暂估价
1	010403001001	基础梁	基础梁混凝土:砼 C25/40/32 基础垫层混凝土:砼 C15/40/32	m³	26.64	332.85	8 867.07	
			分部小计					
			本页小计					
			合　计					

实训课题

根据图 1-1 图示尺寸,已知独立基础垫层 C20/40/32.5,垫层厚 100 mm,长宽尺寸比独立基础增加 100 mm。根据江西省 2004《建筑工程消耗量定额及统一基价表》工程量计算规则,完成以下任务。

图 1-1

任务 1:计算基础垫层砼 C20 的工程量。

任务 2:进行定额基价换算并计算基础垫层 C20/40/32.5 直接工程费。

任务 3:分析其工、料、机用量。

复习思考题

1. 建筑工程定额的概念及作用是什么?

2. 施工定额的概念、企业定额的概念是什么?

3. 简述企业定额的编制原则。

4. 预算定额的概念及编制方法是什么?

5. 预算定额的基价换算,并举例说明。

6.《建设工程工程量清单计价规范》的内容有哪些?

7. 简述工程量清单计价综合单价的概念,并举例说明如何计算。

8. 你作为招标人如何编制工程量清单,举例说明。

项目三 建筑安装工程费用

【学习目标】

（1）了解建筑安装工程费用构成。

（2）熟悉建筑工程计价程序。

（3）掌握建筑工程工程量计算方法。

（4）制定建筑工程计量计价的学习方案。

【能力要求】

（1）对建筑安装工程造价有基本认识。

（2）逐步具备所学专业必需的理论知识和实践技能。

学习情境 1 建筑安装工程费用构成

行动领域 1 建筑工程定额计价的费用及组成

根据中华人民共和国建设部及财政部 2003 年 10 月 15 日联合颁发的关于印发《建筑安装工程费用项目组成》的通知（建标[2003]206 号），我国现行建筑工程费由直接费、间接费、利润和税金四部分组成，见图 3-1-1。

一、直接费

直接费由直接工程费和措施费组成。

（一）直接工程费

直接工程费是指施工过程中消耗的构成工程实体的各项费用，包括人工费、材料费、施工机械使用费，即

$$直接工程费＝人工费＋材料费＋施工机械使用费$$

1. 人工费

人工费是指直接从事建筑安装工程施工的生产工人的各项费用。

（1）人工费主要由以下五个方面组成。

① 基本工资指发放给生产工人的基本工资。

② 工资性补贴指按规定标准发放的物价补贴，包括煤、燃气补贴，交通补贴，住房补贴，流动施工津贴等。

图 3-1-1 建筑工程费项目组成

③ 生产工人辅助工资指生产工人全年有效施工天数以外非作业天数的工资,包括职工学习、培训期间的工资,调动工作、探亲、休假期间的工资,因气候影响的停工工资,女工哺乳期间的工资,病假在六个月以内的工资及产、婚、丧假期的工资。

④ 职工福利费指按规定标准计提的职工福利费。

⑤ 生产工人劳动保护费指按规定标准发放的劳动保护用品的购置费及修理费、徒工服装补贴、防暑降温费、在有碍身体健康环境中施工的保健费用等。

(2)构成人工费的要素有两个,即工日消耗量和日工资综合单价,计算公式如下:

$$人工费 = \sum(工日消耗量 \times 日工资综合单价)$$

$$日工资综合单价\ G = \sum_{i=1}^{5} G_i$$

式中：G_i 指基本工资、工资性补贴、生产工人辅助工资、职工福利费、劳动保护费。

1）工日消耗量由工程量和人工工日定额消耗量相乘得到。人工工日定额消耗量指在正常施工生产条件下，生产单位假定建筑安装产品（分部分项工程或构件）必须消耗的某种技术等级的人工工日数量。它由分项工程各个工序的施工劳动定额所包括的基本用工、其他用工两部分组成。

2）日工资综合单价包括生产工人基本工资、工资性补贴、生产工人辅助工资、职工福利费及劳动保护费。其计算公式如下：

① 基本工资 G_i

$$G_i = \frac{生产工人平均月工资}{年平均每月法定工作日}$$

② 工资性补贴 G_i：

$$G_i = \frac{\sum 年发放标准}{全年日历日 - 法定工作日} + \frac{\sum 月发放标准}{年平均每月法定工作日} + 每工作日发放标准$$

③ 生产工人辅助工资 G_3

$$G_3 = \frac{全年无效工作日}{全年日历日 - 法定假日} \times (G_1 + G_2)$$

④ 职工福利费 G_4

$$G_4 = (G_1 + G_2 + G_3) \times 福利费计提比例（\%）$$

⑤ 生产工人劳动保护费 G_5

$$G_5 = \frac{生产工人年平均支出劳动保护费}{全年日历日 - 法定假日}$$

2. 材料费

材料费是指在施工过程中耗费的构成工程实体的原材料、辅助材料、构配件、零件、半成品的费用。

（1）材料费的组成。材料费主要由以下几部分组成。

① 材料原价（或供应价格）。

② 材料运杂费指材料从来源地运至工地仓库或指定堆放地点所发生的全部费用。

③ 运输损耗费指材料在运输、装卸过程中不可避免的损耗。

④ 采购及保管费指为组织采购、供应和保管材料过程中所需要的各项费用，包括采购费、仓储费、工地保管费、仓储损耗。

⑤ 检验试验费指对建筑材料、构件和建筑安装物进行一般鉴定、检查所发生的费用，包括自设试验室进行试验所耗用的材料和化学药品等费用，不包括新材料、新结构的试验费，建设单位对具有出场合格证明的材料进行检验的检验费，对构件作破坏性试验及其他特殊要求的试验费用。

(2) 材料费的计算。构成材料费的两个要素是材料消耗量和材料基价。

① 材料消耗量由工程量与材料定额消耗量相乘得到,材料定额消耗量是指在合理和节约使用材料的条件下,生产单位假定建筑安装产品(分部分项工程或结构构件)必须消耗一定品种规格的材料、半成品、构配件等的数量标准。它包括材料净耗量和材料不可避免的损耗量。

② 材料基价指材料从来源地到达施工工地仓库后的出库价格,又叫材料预算价格。材料基价内容包括材料原价、材料运杂费、运输损耗费及采购保管费等。

$$材料费 = \sum(材料消耗量 \times 材料基价) + 检验试验费$$

式中：

$$材料消耗量 = 工程量 \times 材料定额消耗量$$

$$材料基价 = [(材料供应价格 + 运杂费) \times (1 + 运输损耗率)] \times (1 + 采购保管费率)$$

$$检验试验费 = \sum(单位材料检验试验费 \times 材料消耗量)$$

3. 施工机械使用费

施工机械使用费是指施工机械作业所发生的机械使用费、机械安拆费及场外运费。

(1) 施工机械使用费主要由以下七项费用组成。

① 折旧费指施工机械在规定的使用年限内,陆续收回其原值及购置资金的时间价值。

② 大修理费指施工机械按规定的大修理间隔台班进行必要的大修理,以恢复其正常功能所需的费用。

③ 经常修理费指施工机械除大修理以外的各级保养和临时故障排除所需的费用,包括为保障机械正常运转所需替换设备与随机配备工具附具的摊销和维护费用,机械运转中日常保养所需的润滑与擦拭的材料费用及机械停滞期间维护和保养费用等。

④ 安拆费及场外运费。安拆费是指施工机械在现场进行安装与拆卸所需的人工、材料、机械和试运转费用及机械辅助设施的折旧、搭设、拆除等费用。场外运费是指施工机械整体或分体自停放地点运至施工现场或由一施工地点运至另一施工地点的运输、装卸、辅助材料及架线等费用。

⑤ 人工费指机上司机(司炉)和其他工作人员的工作日人工费及上述人员在施工机械规定的年工作台班以外的人工费。

⑥ 燃料动力费指施工机械在运转作业中所消耗的固体燃料(煤、木炭)、液体燃料(汽油、柴油)及水、电等。

⑦ 养路费及车船使用税指施工机械按照国家规定和有关部门规定应缴纳的养路费、车船使用税、保险费及年检费等。

(2) 施工机械使用费的计算。构成施工机械使用费的要素是施工机械台班消耗量和机械台班综合单价。

① 施工机械台班消耗量由工程量和施工机械台班定额消耗量两个要素构成,施工机械台班定额消耗量是指在正常施工条件下,生产单位假定建筑安装产品(分部分项工程或结构构件)必须消耗的某种型号施工机械的台班数量。

② 机械台班综合单价内容包括折旧费、大修理费、经常修理费、安拆费及场外运输费、燃料动力费、人工费、养路费及车船使用税,这些也体现了该施工机械使用费所包括的内容。

施工机械使用费的计算公式如下：

$$施工机械使用费 = \sum (施工机械台班消耗量 \times 机械台班综合单价)$$

$$施工机械台班消耗量 = 工程量 \times 施工机械台班定额消耗量$$

$$\begin{array}{l}机械台 \\ 班综合 \\ 单价\end{array} = \begin{array}{l}台班 \\ 折旧 \\ 费\end{array} + \begin{array}{l}台班 \\ 大修 \\ 理费\end{array} + \begin{array}{l}台班经 \\ 常修理 \\ 费\end{array} + \begin{array}{l}台班安拆 \\ 费及场外 \\ 运输费\end{array} + \begin{array}{l}台班 \\ 人工 \\ 费\end{array} + \begin{array}{l}台班燃 \\ 料动力 \\ 费\end{array} + \begin{array}{l}台班养路 \\ 费及车船 \\ 使用税\end{array}$$

（二）措施费

措施费是指为完成工程项目施工，发生于该工程施工前和施工过程中非工程实体项目的费用。措施费包括如下内容。

（1）环境保护费指施工现场为达到环保部门要求所需要的各项费用。

$$环境保护费 = 直接工程费 \times 环境保护费费率(\%)$$

$$环境保护费费率 = \frac{本项费用年度平均支出}{全年建安生产值 \times 直接工程费占总造价比例(\%)} \times 100\%$$

（2）文明施工费指施工现场文明施工所需要的各项费用。

$$文明施工费 = 直接工程费 \times 文明施工费费率(\%)$$

$$文明施工费费率 = \frac{本项费用年度平均支出}{全年建安生产值 \times 直接工程费占总造价比例(\%)} \times 100\%$$

（3）安全施工费指施工现场安全施工所需要的各项费用。

$$安全施工费 = 直接工程费 \times 安全施工费费率(\%)$$

$$安全施工费费率 = \frac{本项费用年度平均支出}{全年建安生产值 \times 直接工程费占总造价比例(\%)} \times 100\%$$

（4）临时设施费指施工企业为进行建筑工程施工所必须搭设生活和生产临时性建筑物、构筑物和其他临时设施等费用。临时设施费由以下三部分组成：① 周转使用临时建筑（如活动房屋）；② 一次性使用临时建筑（如简易建筑）；③ 其他临时建筑（如临时管线）。

$$临时设施费 = (周转使用临时建筑费 + 一次性使用临时建筑费) \times (1 + 其他临时建筑所占比例)$$

$$周转使用临时建筑费 = \sum \left[\frac{建筑面积 \times 每平方米造价}{使用年限 \times 365 \times 利用率(\%) \times 工期(天)} \right] + 一次性拆除费$$

$$一次性使用临时建筑费 = \sum 建筑面积 \times 每平方米造价 \times [1 - 残值率(\%)] + 一次性拆除费$$

其他临时建筑费所占的比例，可由各地区造价管理部门依据典型施工企业的成本资料分析综合测定。

（5）夜间施工费指因夜间施工发生的夜班补助费、夜间施工降效、夜间施工设施照明摊销及照明用电等费用。

$$夜间施工费 = \left(1 - \frac{合同工期}{定额工期} \right) \times \frac{直接工程费中的人工费合计}{平均日工资单价} \times 每工日夜间施工费开支$$

（6）二次搬运费指因施工现场狭小等特殊情况而发生的二次搬运费。

$$二次搬运费 = 直接工程费 \times 二次搬运费费率(\%)$$

$$二次搬运费费率(\%) = \frac{年平均二次搬运费开支额}{全年建安生产值 \times 直接工程费占总造价比例(\%)} \times 100\%$$

（7）大型机械设备进出场及安拆费指机械整体或分体自停放场地运至施工现场或由一个施工地点运至另一个施工地点所发生的机械进出场运输及转移费用，以及机械在施工现场进行安装、拆卸所需的人工费、材料费、机械费、试运转费和安装所需的辅助设施费用。

$$大型机械设备进出场及安拆费 = \frac{一次进出场及安拆费 \times 年平均安拆次数}{年工作台班} \times 100\%$$

（8）混凝土、钢筋混凝土模板及支架费指混凝土施工过程中需要的各种钢模板、木模板、支架等的支、拆、运输费用及模板、支架的摊销（或租赁）费用。

$$模板及支架费 = 模板摊销量 \times 模板价格 + 支、拆、运输费$$

$$模板摊销量 = 单位一次使用量 \times (1 + 施工损耗) \times \left[1 + \frac{(周转次数-1) \times 补损率}{周转次数} - \frac{(1-补损率) \times 50\%}{周转次数} \right]$$

$$模板租赁费 = 模板使用量 \times 使用日期 \times 租赁价格 + 支、拆、运输费$$

（9）脚手架费指施工过程中需要的各种脚手架搭、拆、运输费用及脚手架的摊销（或租赁）费用。

$$脚手架搭拆费 = 脚手架摊销量 \times 脚手架价格 + 搭、拆、运输费$$

$$脚手架摊销量 = \frac{单位一次使用量 \times (1-残余值)}{耐用期} \times 一次使用期$$

$$脚手架租赁费 = 脚手架每日租金 \times 搭设周期 + 搭、拆、运输费$$

（10）已完工程及设备保护费指竣工验收前，对已完工程及设备进行保护所需的费用。

$$已完工程及设备保护费 = 成品保护所需机械费 + 材料费 + 人工费$$

（11）施工排水、降水费指为确保工程在正常条件下施工而采取的各种排水、降水措施所发生的各种费用。

$$施工排水、降水费 = \sum (排水降水机械台班费 \times 排水降水周期 + 排水降水使用材料费、人工费)$$

二、间接费

间接费是指建筑安装企业为组织和进行经营管理，以及间接为建筑安装生产服务所产生的各项费用。间接费虽不直接由施工的工艺过程所引起，但却与工程的总体条件有关。

（一）间接费的组成内容

间接费由规费、企业管理费组成。

1. 规费

规费是指政府和有关权力部门规定的必须缴纳的费用（简称规费），主要包括以下几方面内容。

（1）工程排污费指施工现场规定缴纳的工程排污费。

（2）社会保障费包括：① 养老保险费，即企业按国家规定标准为职工缴纳的基本养老保险费。② 失业保险费，即企业按照国家规定标准为职工缴纳的失业保险费。③ 医疗保险费，即企业按照国家规定标准为职工缴纳的基本医疗保险费。

（3）住房公积金指企业按国家规定标准为职工缴纳的住房公积金。

（4）危险作业意外伤害保险指按照建筑法规定，企业为从事危险作业的建筑安装施工人员支付的意外伤害保险费。

2. 企业管理费

企业管理费是指建筑安装企业组织施工生产和经营所需的费用。包括以下费用。

（1）管理人员工资指管理人员的基本工资、工资性补贴、职工福利费、劳动保护费等。

（2）办公费指企业管理部门办公用的文具、纸张、账表、印刷、邮电、书报、水电、会议、烧水和集体取暖（包括现场临时宿舍取暖）用煤等费用。

（3）差旅交通费指职工因公出差或调动工作的差旅费、住勤补助费、市内交通费和误餐补助费，职工探亲路费，劳动力招募费，职工离退休、退职一次性路费，工伤人员就医路费，工地转移费及管理部门使用的交通工具的油料费、燃料费、养路费及牌照费。

（4）固定资产使用费指管理和试验部门及附属生产单位使用的属于固定资产的房屋、设备仪器等的折旧费、大修费、维修费和租赁费。

（5）工具用具使用费指管理部门使用的不属于固定资产的生产工具、器具、家具、交通工具和检验、试验、测绘、消防用具等购置、维修和摊销费。

（6）劳动保护费指由企业支付给离退休职工的易地安家补助费、职工退职金、6个月以上的病假人员工资、职工死亡丧葬补助费、抚恤金及按规定支付给离休干部的各项经费。

（7）工会经费指企业按职工工资总额计提的工会经费。

（8）职工教育经费指企业为职工学习先进技术和提高文化水平而发生的再教育费用，按职工工资总额计提。

（9）财产保险费指施工管理用财产、车辆的保险费用。

（10）财务费指企业为筹集资金而发生的各种费用。

（11）税金指企业按规定缴纳的房产税、车船使用税、土地使用税、印花税等。

（12）其他包括技术转让费、技术开发费、业务招待费、绿化费、广告费、公证费、法律顾问费、审计费、咨询费等。

（二）间接费的计算

按取费基数的不同，间接费分为以下三种计算方法。

（1）以直接费为计算基础的计算方法。
$$间接费 = 直接费合计 \times 间接费费率(\%)$$

（2）以人工费和机械费合计为计算基础的计算方法。
$$间接费 = 人工费和机械费合计 \times 间接费费率(\%)$$

（3）以人工费为计算基础的计算方法。
$$间接费 = 人工费合计 \times 间接费费率(\%)$$

三、利润

利润是指施工企业完成承包工程所获得的盈利。其计算公式如下：
$$利润 = (直接工程费 + 措施费 + 间接费) \times 相应利润率(\%)$$

四、税金

税金是指按国家税法规定的应计入建筑安装工程造价内的营业税、城乡建设维护税和教育费附加等。

（一）营业税

营业税按营业额乘以营业税税率确定，其中建筑安装企业的营业税税率为3%。计算公式为

$$应纳营业税＝营业额×3\%$$

营业额是指从事建筑、安装、修缮、装饰及其他工程作业的全部收入,还包括建筑、修缮、装饰工程所用原材料及其他物资和动力的价款。当安装的设备的价值作为安装工程产值时,亦包括所安装设备的价款。如果建筑安装工程总承包方将工程分包或转包给他人的,其营业额中不包括付给分包方或转包方的价款。

(二) 城乡维护建设税

城乡维护建设税原名城市维护建设税,它是国家为了加强城乡的维护建设,稳定和扩大城市、乡镇维护建设的资金来源,而对有经营收入的单位和个人征收的一种税。

城乡维护建设税按应纳营业税额乘以适用税率确定,计算公式为

$$应纳税额＝应纳营业税额×适用税率$$

城乡维护建设税的纳税人所在地为市区的,其适用税率为营业税的 7%;所在地为县镇的,其适用税率为营业税的 5%;所在地为农村的,其适用税率为营业税的 1%。

(三) 教育费附加

教育费附加按应纳营业税额乘以 3% 确定,计算公式为

$$应纳税额＝应纳营业税额×3\%$$

建筑安装企业的教育费附加要与其营业税同时缴纳。即使办有职工子弟学校的建筑安装企业,也应当先缴纳教育费附加。教育部门可根据企业的办学情况,酌情返还给办学单位,作为对办学经费的补助。

行动领域 2　工程量清单计价费用构成

根据《建设工程工程量清单计价规范》(GB 50500—2008)(以下简称《清单计价规范》)规定,工程量清单计价的费用由分部分项工程费、措施项目费、其他项目费、规费、税金组成,见图 3-2-1。

一、分部分项工程费

分部分项工程费是指完成形成工程实体的各分部分项工程所需要的人工费、材料费、施工机械使用费、管理费和利润,并考虑风险因素的费用。分部分项工程费采用综合单价计价。

(一) 人工费

人工费是指直接从事建筑安装工程施工的生产工人开支的各项费用,具体包含的内容同定额计价费用所述。

(二) 材料费

材料费是指施工过程中耗费的构成工程实体的原材料、辅助材料、构配件、零件、半成品的费用,具体包含的内容同定额计价费用所述。

(三) 施工机械使用费

施工机械使用费是指使用施工机械作业所发生的费用,具体包含的内容同定额计价费用所述。

图 3-2-1　建筑工程费项目组成图

（四）管理费

管理费是指建筑安装企业组织施工生产和经营管理所需要的费用,具体包含的内容同定额计价费用所述。

（五）利润

利润是指按企业经营管理水平和市场的竞争能力,完成工程量清单中各个分项工程应获得并计入清单项目的利润。

分部分项工程费用中还应考虑风险因素,计算风险费用。风险费用是指投标企业在确定工程费用时,客观上可能产生的不可避免的误差,以及施工过程中遇到施工现场条件复杂、自然条件恶劣、意外施工事故、物价涨幅过大和其他风险因素所发生的费用。

二、措施项目费

措施项目费是指施工企业为完成工程项目的施工,发生于该工程施工前或施工过程中生产、生活、安全等方面的非工程实体费用。

措施项目费包括环境保护费、文明施工费、安全施工费、临时设施费、夜间施工费、二次搬运费、大型机械设备进出场及安拆费、模板及支架费、脚手架费、已完成工程及设备保护费、施工排水及降水费、垂直运输机械费等。

三、其他项目费

其他项目费包括暂列金额、暂估价、计日工、总承包服务费。

(一)暂列金额

暂列金额是指招标人在工程量清单中暂定并包括在合同价款中的一笔款项。用于施工合同签订时尚未确定或者不可预见的所需材料、设备、服务的采购,施工中可能发生的工程变更、合同约定调整因素出现时的工程价款调整以及发生的索赔、现场签证确认等的费用。

(二)暂估价

暂估价是指招标人在工程量清单中提供的用于支付必然发生但暂时不能确定价格的材料的单价及专业工程的金额。包括材料暂估单价、专业工程暂估价。

为方便合同管理,需要纳入分部分项工程量清单项目综合单价中的暂估价应只是材料费,以方便投标人组价。

专业工程的暂估价一般应是综合暂估价,应当包括除规费和税金以外的管理费、利润等取费。

(三)计日工

计日工是指在施工过程中,完成发包人提出的施工图纸以外的零星项目或工作,按合同中约定的综合单价计价。计日工适用的所谓零星工作一般是指合同约定之外的或者因变更而产生的、工程量清单中没有相应项目的额外工作,尤其是那些难以事先商定价格的额外工作。

(四)总承包服务费

总承包服务费是指总承包人为配合协调发包人进行的工程分包自行采购的设备、材料等进行管理、服务以及施工现场管理、竣工资料汇总整理等服务所需的费用。

四、规费

规费是指政府和有关部门规定必须缴纳的费用,内容包括工程排污费、社会保险费、住房公积金、危险作业意外伤害保险费等。

五、税金

税金是指国家税法规定的应计入建筑工程造价内的营业税、城乡建设维护税及教育费附加综合税金。

行动领域 3　建筑工程计价取费

一、组织措施费计取标准摘要

（一）安全文明施工措施费（包括环境保护、文明施工和安全施工费用）计取标准

表 3-3-1

按定额专业划分	计费基础	安全文明措施费（%）
建筑工程	工料机费	1.20
装饰工程	工料机费	0.80
大型土石方及单独土石方工程、桩基工程、混凝土及木构件、金属构件制安工程	工料机费	0.55

注：1. 本费用计取标准为 2004 年江西省建筑工程费用定额计取标准。

2. 获得该省（市）安全文明样板工地的工程，按上述费率乘以 1.15 系数计算，竣工安全文明综合评价不合格的工程，按上述费率乘以 0.85 系数计算。

3. 计费程序中的组织措施费不包含安全文明施工措施费的内容，安全文明施工措施费单列，计入总价。

（二）临时设施费计取标准

表 3-3-2

工程类别		计费基础	临时设施费（%）
建筑工程	一类	工料机费	2.47
	二类		2.23
	三类		1.68
	四类		1.26
其中 桩基工程	一类	工料机费	2.04
	二类		1.83
	三类		1.38
混凝土、木构件制作安装工程	一类	工料机费	1.92
	二类		1.73
	三类		1.30
	四类		0.98
金属结构制作安装工程	一类	工料机费	1.64
	二类		1.47
	三类		1.11
	四类		0.83
大型土石方及单独土石方工程	机械施工	工料机费	1.84
	人工施工	人工费	3.65

(续表)

工程类别		计费基础	临时设施费(%)
装饰工程	一类	人工费	7.97
	二类		7.18
	三类		6.10
	四类		5.19

注:本费用计取标准为 2004 年江西省建筑工程费用定额计取标准。

(三) 检验试验费等六项组织措施费计取标准

表 3-3-3

计费基础		工料机费 (建筑、机械土石方)	人工费 (安装、人工土石方/装饰)
综合费率		1.75	8.72/7.00
其中	检验试验费	0.25	1.25/1.00
	夜间施工增加费	0.35	1.75/1.40
	二次搬运费	0.35	1.75/1.40
	冬雨季施工增加费	0.25	1.25/1.40
	生产工具用具使用费	0.35	1.75/1.40
	工程定位、点交、场地清理费	0.20	1.00/0.80
	其他组织措施费	—	—

注:本费用计取标准为 2004 年江西省建筑工程费用定额计取标准。

二、企业管理费计取标准摘要

表 3-3-4

工程类别			计费基础	企业管理费(%)
建筑工程		一类	工料机费	8.03
		二类		7.51
		三类		5.45
		四类		3.54
其中	桩基工程	一类	工料机费	6.21
		二类		5.87
		三类		4.52
	混凝土、木构件制作安装工程	一类	工料机费	5.84
		二类		5.59
		三类		4.33
		四类		3.10

（续表）

工程类别		计费基础	企业管理费(%)
其中	金属结构制作安装工程　一类	工料机费	4.59
	二类		4.52
	三类		3.58
	四类		2.51
大型土石方及单独土石方工程	机械施工	工料机费	4.90
	人工施工	人工费	11.40
装饰工程	一类	人工费	26.96
	二类		23.45
	三类		18.93
	四类		13.33

注：本费用计取标准为 2004 年江西省建筑工程费用定额计取标准。

三、利润计取标准摘要

表 3-3-5

工程类别		计费基础	企业管理费(%)
建筑工程	一类	工料机费	6.50
	二类		5.50
	三类		4.00
	四类		3.00
其中　桩基工程	一类	工料机费	6.25
	二类		5.25
	三类		3.75
混凝土、木构件制作安装工程	一类	工料机费	6.00
	二类		5.00
	三类		3.50
	四类		2.50
金属结构制作安装工程	一类	工料机费	5.75
	二类		4.75
	三类		3.25
	四类		2.25
大型土石方及单独土石方工程	机械施工	工料机费	4.50
	人工施工	人工费	7.00

(续表)

工程类别		计费基础	企业管理费（%）
装饰工程	一类	人工费	25.08
	二类		20.77
	三类		16.79
	四类		12.72

注:本费用计取标准为2004年江西省建筑工程费用定额计取标准。

四、规费计取标准摘要

表 3-3-6

单位:%

计算基础		工料机费 （建筑、机械土石方）	人工费 （安装、人工土石方/装饰）
1. 社会保障费			
其中	（1）养老保险费	3.25	21.67/16.25
	（2）失业保险费	0.16	1.07/0.80
	（3）医疗保险费	0.98	6.53/4.90
2. 住房公积金		0.81	5.40/4.05
3. 危险作业意外伤害保险		0.10	0.66/0.50
4. 工程排污费		0.05	0.33/0.25
1—4 小计		5.35	35.66/26.75

说明:1. 本费用计取标准为2004年江西省建筑工程费用定额计取标准。

2. 表中工程定额测定费系数为非住宅工程系数;住宅工程系数为0.14;一项工程既有住宅建设又有非住宅建设,分别按不同标准计算。

3. 上级(行业)管理费按江西省建设工程造价管理局文件(赣建价〔2012〕3号)已取消。

五、税金计取标准摘要

表 3-3-7 营业税、城市建设维护税、教育费附加综合税率

项目	工程所在地 计税基础	工程所在地在市区	工程所在地在县城、镇	工程所在地不在市区、县城或镇
		不含税工程造价		
综合税率%		3.477	3.413	3.284

注:本费用计取标准为江西省建设工程造价管理局文件(赣建价〔2011〕12号)计取标准。

六、建筑工程费用计算程序表

（一）采用工程量清单计价

1. 分部分项工程量清单综合单价计算程序表

表 3-3-8

序号	计费基础 费用项目		工料机费	人工费
一	分部分项工程直接工程费		分部分项工程 $\sum$（人工费＋材料费＋机械费）	分部分项工程 $\sum$（人工费＋材料费＋机械费）
	其中	1. 人工费	$\sum$（工日耗用量×人工单价）	$\sum$（工日耗用量×人工单价）
		2. 材料费	$\sum$（材料耗用量×材料单价）	$\sum$（材料耗用量×材料单价）
		3. 机械使用费	$\sum$（机械耗用量×机械单价）	$\sum$（机械耗用量×机械单价）
二	企业管理费		（一）×相应费率	（1）×相应费率
三	利润		［（一）＋（二）］×相应费率	（1）×相应费率
四	综合单价		［（一）＋（二）＋（三）］÷工程数量	［（一）＋（二）＋（三）］÷工程数量

注：本费用计算程序为 2004 年江西省建筑工程费用定额计算程序。

2. 施工技术措施项目费计算程序表

表 3-3-9

序号	计费基础 费用项目		工料机费	人工费
一	技术措施项目 $\sum$（人工费＋材料费＋机械费）		技术措施项目 $\sum$（人工费＋材料费＋机械费）	技术措施项目 $\sum$（人工费＋材料费＋机械费）
	其中	1. 人工费	$\sum$（工日耗用量×人工单价）	$\sum$（工日耗用量×人工单价）
		2. 材料费	$\sum$（材料耗用量×材料单价）	$\sum$（材料耗用量×材料单价）
		3. 机械使用费	$\sum$（机械耗用量×机械单价）	$\sum$（机械耗用量×机械单价）
二	企业管理费		（一）×相应费率	（1）×相应费率
三	利润		［（一）＋（二）］×相应费率	（1）×相应费率
四	技术措施项目费		（一）＋（二）＋（三）	（一）＋（二）＋（三）

注：1. 本费用计算程序为 2004 年江西省建筑工程费用定额计算程序。

2. 技术措施项目 $\sum$（人工费＋材料费＋机械费）未详列人工、材料、机械耗用量，而以每项"××元"表示的，或无工日耗用量的，以人工费为基础计取有关费用时，人工费按 15% 比例计算。

3. 施工组织措施项目费计算程序表

表 3-3-10

序号	费用项目 计费基础		工料机费	人工费
一	分部分项工程清单计价合计		$\sum$（清单工程量×综合单价）	$\sum$（清单工程量×综合单价）
	其中	1. 人工费	$\sum$（工日耗用量×人工单价）	$\sum$（工日耗用量×人工单价）
二	技术措施项目清单计价合计		$\sum$技术措施项目费	$\sum$技术措施项目费
	其中	2. 人工费	$\sum$（工日耗用量×人工单价）	$\sum$（工日耗用量×人工单价）
三	组织措施项目 $\sum$（人工费×材料费×机械费）			［（1）＋（2）］× 费率
	其中	3. 人工费		（三）×人工系数
四	企业管理费			（3）×费率
五	利润			（3）×费率
六	施工组织措施项目费		［（一）＋（二）］× 费率	（三）＋（四）＋（五）

注：1. 本费用计算程序为 2004 年江西省建筑工程费用定额计算程序。

　　2. 组织措施项目 $\sum$（人工费＋材料费＋机械费）中的人工系数按 15% 计算。

4. 零星工作项目费计算程序表

表 3-3-11

序号	费用项目 计费基础	工料机费	人工费
一	人工综合单价	人工单价(1＋企业管理费率)×(1＋利润率)	人工单价(1＋企业管理费率)×(1＋利润率)
二	人工费合计	$\sum$（工日耗用量×人工综合单价）	$\sum$（工日耗用量×人工综合单价）
三	材料综合单价	材料单价(1＋企业管理费率)×(1＋利润率)	材料单价
四	材料费合价	$\sum$（材料耗用量×材料综合单价）	$\sum$（材料耗用量×材料综合单价）
五	机械综合单价	材料单价(1＋企业管理费率)×(1＋利润率)	材料单价
六	机械费合价	$\sum$（机械耗用量×机械综合单价）	$\sum$（机械耗用量×机械综合单价）
七	零星工作项目费	（二）＋（四）＋（六）	（二）＋（四）＋（六）

注：本费用计算程序为 2004 年江西省建筑工程费用定额计算程序。

5. 单位工程工程费用计算程序表
(1) 以工料机费为计费基础

表 3-3-12

序号	费用项目		计算方法
一	分部分项工程量清单计价合计		$\sum$(清单工程量×综合单价)
二	技术措施项目清单计价合计		$\sum$技术措施项目费
三	组织措施项目清单计价合计		$\sum$组织措施项目费
四	其他项目清单计价合计		$\sum$其他项目费
五	规费	1. 社会保障费	[(一)+(二)+(三)+(四)]×相应费率
		2. 住房公积金	
		3. 危险作业意外伤害保险	
		4. 工程排污费	
六	税　金		[(一)+(二)+(三)+(四)+(五)]×相应税率
七	工程费用		(一)+(二)+(三)+(四)+(五)+(六)

注:本费用计算程序为2004年江西省建筑工程费用定额计算程序。

(2) 以人工费为计费基础

表 3-3-13

序号	费用项目		计算方法
一	分部分项工程量清单计价合计		$\sum$(清单工程量×综合单价)
	其中	1. 人工费	$\sum$(工日耗用量×人工单价)
二	技术措施项目清单计价合计		$\sum$技术措施项目费
	其中	2. 人工费	$\sum$(工日耗用量×人工单价)或按人工费比例计算
三	组织措施项目清单计价合计		$\sum$组织措施项目费
	其中	3. 人工费	组织措施项目费$\sum$(人工费+材料费+机械费)合计×人工系数
四	其他项目清单计价合计		$\sum$其他项目费
	其中	4. 人工费	$\sum$其他项目费中的人工费
五	规费	5. 社会保障费	[(1)+(2)+(3)+(4)]×相应费率
		6. 住房公积金	
		7. 危险作业意外伤害保险	
		8. 工程排污费	

(续表)

序号	费用项目	计算方法
六	税　金	[(一)+(二)+(三)+(四)+(五)]×相应税率
七	工程费用	(一)+(二)+(三)+(四)+(五)+(六)

(二) 采用定额计价

1. 以工料机费的计费基础的单位工程工程费用计算程序表

表 3-3-14

序号	费用项目		计算方法
一	直接工程费		工程量×消耗量定额基价
二	技术措施费		按消耗量定额计算
三	组织措施费		[(一)+(二)]×相应费率
四	价差		按有关规定计算
五	企业管理费		[(一)+(二)+(三)]×相应费率
六	利润		[(一)+(二)+(三)+(五)]×相应费率
七		1. 社会保障费	[(一)+(二)+(三)+(五)+(六)]×相应费率
		2. 住房公积金	
		3. 危险作业意外伤害保险	
		4. 工程排污费	
八	税　金		[(一)+(二)+(三)+(四)+(五)+(六)+(七)]×相应费率
九	工程费用		(一)+(二)+(三)+(四)+(五)+(六)+(七)+(八)

注:本费用计算程序为 2004 年江西省建筑安装工程费用定额计算程序。

2. 以人工费的计费基础的单位工程工程费用计算程序表

表 3-3-15

序号	费用项目		计算方法
一	直接工程费		$\sum$ 工程量×消耗量定额基价
	其中	1. 人工费	$\sum$ (工日耗用费×人工单价)
二	技术措施费		$\sum$ (工程量×消耗量定额基价)
	其中	2. 人工费	$\sum$ (工日耗用费×人工单价)或按人工费比例计算
三	组织措施费		[(1)+(2)]×相应费率
	其中	3. 人工费	(三)×人工系数

注:本费用计算程序为 2004 年江西省建筑安装工程费用定额计算程序。

(续表)

序号	费用项目		计 算 方 法
四	价差		按有关规定计算
五	企业管理费		[(1)+(2)+(3)]×相应费率
六	利润		[(1)+(2)+(3)]×相应费率
七	4. 社会保障费		[(1)+(2)+(3)]×相应费率
	5. 住房公积金		
	6. 危险作业意外伤害保险		
	7. 工程排污费		
		税　金	[（一）+（二）+（三）+（四）+（五）+（六）+（七）]×相应费率
八		工程费用	（一）+（二）+（三）+（四）+（五）+（六）+（七）+（八）

注:1. 本费用计算程序为 2004 年江西省建筑安装工程费用定额计算程序。
　　2. 技术措施项目示详列人工、材料、机械耗用量,而以每项"××元"表示的,或无工日耗用量的,以人工费为基础计取有关费用时,人工费按 15% 比例计算。
　　3. 组织措施费人工系数按 15% 比例计算。

七、建筑工程类别划分标准及说明

（一）建筑工程类别划分标准

表 3-3-16

项目			单位	工程类别			
				一类	二类	三类	四类
工业建筑	单层	檐口高度	m	≥18	≥12	≥9	<9
		跨度	m	≥24	≥18	≥12	<12
	多层	檐口高度	m	≥27	≥18	≥12	<12
		建筑面积	m²	≥6 000	≥4 000	≥1 500	<1 500
民用建筑	公共建筑	檐口高度	m	≥39	≥27	≥18	<18
		跨度	m	≥27	≥18	≥15	<15
		建筑面积	m²	≥9 000	≥6 000	≥3 000	<3 000
	其他建筑	檐口高度	m	≥39	≥27	≥18	<18
		层数	层	≥13	≥18	≥15	<15
		建筑面积	m²	≥10 000	≥7 000	≥3 000	<3 000

(续表)

项目		单位	工程类别			
			一类	二类	三类	四类
民用建筑	烟囱（高度） 钢筋混凝土	m	≥1 000	≥50	＜50	—
	烟囱（高度） 砖	m	≥50	≥30	＜30	—
	水塔 高度	m	≥40	≥30	＜30	—
	水塔 容量	m³	≥80	≥60	＜60	—
	贮水（油）池 容量	m³	≥1 200	≥800	＜800	—
	贮仓 高度	m	≥30	≥20	＜20	—
桩基	按工程类别划分说明第 11 条执行					
炉窑砌筑工程					专业炉窑	其他炉窑

注:1. 工程类别划分标准为 2004 年江西省建筑工程类别划分标准。

　2. 工程类别划分标准具有地方特点,例如"工业建筑"有些省份还按"吊车吨位"考虑。计取标准数据也有差异。

(二)装饰工程类别划分标准

(1)公共建筑的装饰工程按相应建筑工程类别标准执行。其他装饰工程按建筑工程相应类别降低一类执行,但不低于四类。

(2)局部装饰工程(装饰建筑面积小于总建筑面积 50%)按第一条规定,降低一类执行,但不低于四类。

(3)仅进行金属门窗、塑料门窗、幕墙、外墙饰面等局部装饰工程按三类标准执行。

(4)除一类工程外,有特殊声、光、超净、恒温要求的装饰工程,按原标准提高一类执行。

【案例分析 3-3-1】　(定额计价)

已知:某工程建筑工程直接费为 300 万元,人工、材料等价差为 60 万元,企业管理费率按 5.45%,利润按 4%计算,税金按 3.477%计取,试计算其工程费用(工程造价)。(暂不计取规费)

【解】　由已知条件得

(1)直接费:300 万元

(2)价差:60 万元

(3)根据费用定额规定,计算企业管理费:

$$企业管理费=直接费×5.45\%$$
$$=300×5.45\%$$
$$=16.35(万元)$$

(4)利润=[直接费＋企业管理费]×4%=12.654(万元)

(5)税金:[直接费＋价差＋企业管理费＋利润]×3.477%=13.53(万元)

所以工程造价＝直接费＋价差＋企业管理费＋利润＋税金=402.53(万元)

行动领域 4　建筑工程定额计价依据与步骤

一、建筑工程定额计价依据

（1）设计资料。设计资料是定额计价的主要工作对象。它包括经审批后的设计施工图，设计说明书及设计选用的国标、省市标和各种设备安装、构件、门窗图集、配件图集等。

（2）现行的建筑工程概预算定额、费用定额及其有关造价信息文件。概预算定额、费用定额及其有关造价信息文件是定额计价的基本资料和计算标准。它包括本地区正在执行的概预算定额、费用定额、单位估价表、该地区的材料预算价格及其他有关造价信息文件。

（3）施工组织设计资料(施工方案)。经批准的施工组织设计是确定单位工程具体施工方法(如打护坡桩、进行地下降水等)、施工进度计划、施工现场总平面布置等的主要施工技术文件。这类资料在计算工程量、套用定额项目及费用计算中都有重要作用。

（4）工具书等辅助资料。在定额计价工作中，有一些工程量直接计算比较繁琐，也较易出错。为提高工作效益简化计算过程，概预算人员往往需要借助于五金手册、材料手册，在定额计价时直接查用。特别对一些较复杂的工程，搜集所涉及的辅助资料不易忽视。

（5）建设单位与施工单位的工程合同内容或在材料、设备、加工订货方面的分工，也是定额计价编制的依据。

二、建筑工程定额计价步骤

（一）建筑工程定额计价步骤

1.熟悉设计文件和资料

熟悉施工图纸及有关的标准图集，是进行定额计价的首要环节。其目的是了解建设工程全貌和设计意图，这样才能准确、及时地计算工程量和正确地选套定额项目。熟悉施工图纸等设计文件的具体步骤如下：

① 熟悉图纸目录和设计总说明，了解工程性质、建筑面积、建筑结构、建筑单位(业主)名称、设计单位名称、图纸张数等，以便对建筑工程有一个初步的了解。

② 按照图纸目录检查施工图纸是否齐全，图纸编号是否一致，若发现图纸不齐全或有错误，应及时补齐和改正。

③ 熟悉建筑总平面图，了解建筑物的朝向、地理位置及有关建筑物的情况。

④ 熟悉建筑平面图，了解建筑物的长度、宽度、轴线、开间及室内房间布置等，并核对各分尺寸之和是否等于总尺寸。

⑤ 熟悉立面图、剖面图，核对平、立、剖面图之间有无矛盾。

⑥ 查看大样详图和构配件标准图集，了解细部的具体做法。

2.搜集有关文件和资料

定额计价需要收集有关文件和资料，主要包括施工组织设计、概预算定额、费用定额材料价格信息、建设工程施工合同、预算计算手册等。这些文件和资料是定额计价必不可少的依据。

3. 列项

即写出组成该工程的各分项工程的名称。对于初搞预算的人员,可以根据概预算定额手册中的各分项工程项目从前到后逐一筛选,以防漏项。列项的正确与否,直接关系到工程计价的准确性。

4. 计算工程量

工程量是编制预算的基本数据,其计算的准确程度直接影响到工程造价。加之,计算工程量的工作量很大,而且将影响到与之关联的一系列数据,如计划、统计、劳动力、材料等。因此,必须认真、细致地进行这项工作。

5. 套用定额单价计算直接工程费和技术措施费

工程量计算经核对无误,且无重复和缺漏,即可进行套用定额单价。套用单价时应注意以下问题:

(1) 一般情况下,设计图纸所采用的分部分项工程内容与单价表所列的分部分项工程内容一致,可直接套用定额基价。

(2) 分量分项工程套单价时,需按定额进行换算。因为任何定额本身或单位估价表的制定,都是按照一般情况综合考虑的,存在缺项和不完全符合图纸要求的地方。

(3) 对缺项定额子目,要编制补充定额。

6. 工料分析及汇总

根据已经填写好的预算表中的所有分项工程,按分项工程在定额中的编号顺序,逐项从建筑工程消耗量定额中查出各分项工程计量单位对应的各种材料、人工和机械的数量;然后分别乘以该分项工程的工程量,计算出各分项工程的各种材料、人工和机械消耗数量,再按各种不同的材料规格、工种、机械型号,分别汇总,计算出该单位工程所需要的各种材料、人工和机械的总数量。工料分析,一般均以表格形式进行。

7. 计算工程造价及计算技术经济指标

在项目工程量、单位经复查均无误后,即可进行各项费用的计算,经逐步汇总即可得单位工程造价。

技术经济指标的计算,应结合各种单位工程特点,采用不同的计算单位。一般土建工程按房屋的建筑面积(m^2)或房屋的建筑体积(m^3)计算,其计算公式如下。

每立方米建筑面积造价指标:工程预算总造价/建筑面积

每立方米建筑体积造价指标:工程预算总造价/建筑体积

每平方米建筑面积人工消耗指标:人工消耗总量/建筑面积

每平方米建筑面积主要材料消耗量指标:相应各材料消耗总量/建筑面积

8. 编写编制说明,填计价书封皮、整理计价书

工程造价计算完成后,要写好编制说明,以使有关方面了解计价依据、编制情况以及存在的问题,考虑处理的方法。另外,根据计价结果填好计价封皮,并依据定额计价书的一般顺序格式装订成册。

单位工程预算编制说明一般应包括以下一些内容:

(1) 编制依据:采用的图纸名称、编号和技术交底中的设计变更;采用的预算定额和单位估价表以及材料、设备预算价格;采用的各项费用标准、材料价格调差等有关文件名称和文号;采用的施工组织设计或施工方案。

（2）设计图纸是否考虑修改或会审记录情况。

（3）遗留项目或暂估项目有哪些，并说明原因。

（4）存在的问题及处理意见。

（5）其他需要说明的事项。

（二）定额计价（施工图预算）书的一般格式及装订顺序

在定额计价的步骤中，单位工程的取费、直接工程费计算、技术措施费计算、分项工程量计算、工料分析，通常都是在表格中计算的。定额计价（施工图预算）编制的各步骤完成后，应将各种编制表格按照封面、编制说明、工程取费表、工程预算表、工料机汇总及差价调整、工程量计算表和工料分析表等这样的顺序从前往后装订成册，形成一份完整的定额计价文件（施工图预算书）。定额计价书的一般格式及装订顺序如下，见图 3-4-1、表 3-4-1～表 3-4-5。

建筑工程（　　）算书

建设单位：　　　　　　　　　　　　施工单位：

工程名称：　　　　　　　　　　　　建筑面积：

　　　　　　　　　　　　　　　　　结构形式：

工程造价：　　　　　　　　　　　　单方造价：

编制：　　　　　　　　　　　　　　时间：

图 3-4-1　定额计价文件封面示意图

表 3-4-1　建筑工程总价表　　　　第　　页　共　　页

序号	费用名称	单位	取费基数	费率	预算费用
1	直接工程费				
2	技术措施费				
3	组织措施费				
4	直接费小计				
5	企业管理费				
6	规费				
7	间接费小计				
8	利润				
9	价差				
10	税金				
11	工程造价				

表 3-4-2 建筑工程( )算表

序号	定额编号	工程项目名称	单位	数量	预算价值		总价	
					定额基价	其中人工费	总价	其中人工费

表 3-4-3 建筑工程材差计算表

序号	材料名称	单位	数量	市场单价	预算单价	材料差价	备注

表 3-4-4　工程量计算表

第　页　共　页

定额编号	设计图号和部位	工程名称及计算公式	单位	数量

表 3-4-5　工料分析表

第　页　共　页

序号	定额编号	分项工程名称	计量单位	工程数量	综合工日		材料名称					机械台班						…	…
					定额	数量	定额	数量	定额	数量	定额	数量	定额	数量	定额	数量		

学习情境 2　建筑工程定额计价工程量计算

行动领域 5　工程列项

一、工程列项

(一) 列项的意义

工程列项也就是根据定额手册,把组成本工程的各个施工过程或分项工程名称写出来。完整的建筑工程计价,应该有完整与正确的分项工程列项,分项工程项目是构成建筑工程的最基本单元。一个工程项目的费用,笼统地说就是若干分项工程的费用之和。一般情况下,计价中出现了漏项或重复项目,就是指漏掉了分项工程项目或重复计算有些分项项目,就会造成费用少算或多算。

(二) 列项的方法

建筑工程定额计价列项就是指施工图预算的项目划分,一般常有以下几种方法。

1. 按施工顺序

按施工顺序列项就是按照施工过程中各施工的先后次序,结合定额的项目设置进行列项。例如,基础施工顺序为:平整场地—基础土方开挖浇灌基础垫层—基础砌筑—基础防潮层或地圈梁—土方回填夯实等。基础工程项目就可列为:平整场地、土方开挖、混凝土垫层、基础砌筑、基础防潮层或地圈梁、基槽或基坑土方夯实回填。采用这种方法要求列项人应有施工经验,否则容易漏项。

2. 按定额顺序

由于定额一般包含了工业与民用建筑的基本项目,所以,我们可以按照预算定额的分部分项项目的顺序翻看定额项目内容进行列项,若发现定额项目与施工图设计的内容一致,就列出这个项目,没有的就翻过去。这种列项方法比较适合于初搞预算的人,采用该方法不容易漏项,建议刚开始从事预算工作的人采用这种方法。

3. 按图纸顺序

以施工图为主线,对应定额项目,施工图翻完,预算项目也就列完。比如,首先根据图纸设计说明,将说明中出现的项目与定额项目对应列出,然后再按施工图顺序一张一张地阅读,遇到新的项目就列出,直到看完全部图纸。

总之,列项的方法没有严格的界定,无论采用什么方式、方法列项,只要满足列项的基本要求即可。列项的基本要求是:全面反映设计内容,符合预算定额的有关规定,做到项目不重、不漏。

(三) 列项时应注意的问题

1. 列出的项目与定额项目应准确一致

列项是否准确,是通过判断按施工图列出的项目内容是否与定额包含的项目内容一致来检验的。如果列出的该项目与定额包含的项目内容一致,就直接列出;如果不一致,就按规定预算或再列出一个或多个项目;如果没有一致的,属于定额缺项,就要补充定额项目进行列项。

2. 漏项问题

漏项就是指预算列项时,漏掉了应该计算的工程项目内容。造成漏项的原因有以下几种:

(1) 对定额的不认识和对定额手册的熟悉程度问题

对定额知识不清楚或对预算定额手册不熟悉,必然造成对预算定额项目所包含的内容理解不清。比如,定额"门窗制安"项目中是否包括门窗上安装玻璃的费用,若包括就不用另列;若不包括,就要另外列项"门或窗上安玻璃"项。

(2) 施工图纸的读图与识读问题

没有认真熟悉施工图纸、看不懂施工图或粗心大意,认为反映图纸内容的项目已经列出,但实际上还是有内容没有列出。比如,女儿墙根部的细石混凝土泛水,若不注意或粗心就容易漏掉。

(3) 没有施工经验或不熟悉施工过程

有些施工内容在施工图纸中不能直观表达或不便表达,列项时以为将图纸上看见的内容都列出就可以了,但不知道有的施工内容在图纸中没有表达出来而在施工中却必须发生。如平整场地、基地钎探、原土打夯、余土外运、基槽(坑)回填和房心回填土等项目。

(四) 项目重复计算

项目重复计算的主要原因是对定额各项目包含的内容不够熟悉,而导致重复列项计算。只要充分熟悉预算定额的内容,就可以解决这个问题。

二、工程量的概念

工程量是以物理计量单位或自然计量单位所表示的各分项工程或结构构件的实物数量。物理计量单位是以分项工程或结构构件的物理属性为单位的计量单位。如长度、面积、体积和质量等。自然计量单位是指以客观存在的自然实体为单位的计量单位。如套、件、组、个、台和座等。

三、工程量的作用

(1) 工程量是计算工程造价的基础数据;

(2) 工程量是计算分部分项工程人工、材料、机械需要数量的基础数据;

(3) 工程量计算各项技术经济指标的基础数据;

(4) 工程量计算是进行工程计价的核心工作之一,其工作量占到整个预算工作的70%以上。

四、工程量计算的依据

(1) 现行建筑工程定额手册;

(2) 施工图及设计说明、相关图集、设计变更、图纸答疑、会审记录等;

(3) 工程施工合同、招标文件的商务条款;

(4) 施工组织设计或施工组织方案。

五、工程量的分类

工程量是以物理计量单位或自然计量单位表示的各分项工程(实体项目或措施项目)的具体数量。由于工程所处的设计阶段不同,工程施工所采用的施工工艺、施工组织方法的不同,在反映工程造价时会有不同类型的工程量,具体可以划分为以下几类。

(一)设计工程量

设计工程量是指在可行性研究阶段或初步设计阶段为编制设计概算而根据初步设计图纸计算出的工程量。它一般由图纸工程量和设计阶段扩大工程量组成,其中,图纸工程量是按设计图纸的几何轮廓尺寸算出的,设计阶段扩大工程量是考虑设计工作的有限深度和误差,为留有余地而设置的工程量,它可根据分部分项工程的特点,以图纸工程量乘一定的系数求得。

(二)施工超挖工程量

在施工过程中,由于生产工艺及产品质量的需要,往往需要进行一定的超挖,如土方工程中的放坡开挖、水利工程中的地基处理等,其施工超挖量的多少与施工方法、施工技术、管理水平及地质条件等因素有关。

(三)施工附加量

施工附加量是指为完成本项工程而必须增加的工程量。例如:小断面圆形隧洞为满足交通需要扩挖下部而增加的工程量;隧洞工程为满足交通、放炮的需要设置洞内错车道、避炮洞所增加的工程量;为固定钢筋网而增加的工程量等。

(四)施工超填工程量

施工超填工程量是指由于施工超挖量、施工附加量相应增加的回填工程量。

(五)施工损失量

(1)体积变化损失量。如:土石方填筑过程中的施工期沉陷而增加的工程量,混凝土体积收缩而增加的工程量等。

(2)运输及操作损耗量。如混凝土、土石方在运输、操作过程中的损耗。

(3)其他损耗量。如土石方填筑工程阶梯形施工后,按设计边坡要求的削坡损失工程量,接缝削坡损失工程量,混凝土防渗墙一、二期墙槽接头孔重复造孔及混凝土浇筑增加的工程量。

(六)质量检查工程量

(1)基础处理工程检查工程量。基础处理工程大多采用钻一定数量检查孔的方法进行质量检查。

(2)其他检查工程量。如土石方填筑工程通常采用挖试坑的方法来检查其填筑成品方的干密度。

(七)试验工程量

土石方工程为取得石料场爆破参数和土方碾压参数而进行的爆破试验、碾压试验而增加的工程量,为取得灌浆设计参数而专门进行的灌浆试验增加的工程量等。

(八)措施项目工程量

为完成工程项目施工,发生于该工程施工前和施工过程中技术、生活、安全等方面的非工程实体项目的具体数量。如:施工排水、降水工程量,大型机械进出场及安拆费工程量,现浇混凝土及预制混凝土构件模板工程量,脚手架搭拆工程量等。

阐述以上工程量的分类,主要是为理解工程量计算规则及准确报价服务的,因为在不同的定额、不同计算规则中有不同的规定,有些是在我国的现行定额中规定已列入定额中,有些有计入范围的限制,有些需单列项目计算等,这些在学习后面的工程量计算规则时应予注意。

行动领域 6　工程量计算的方法

一、工程量计算的方法

(一) 工程量计算顺序

为避免漏算或重算、提高计算的准确程度,工程量的计算应按照一定的顺序进行。具体的计算顺序应根据具体工程和个人习惯来确定,一般有以下几种顺序。

1. 单位工程计算顺序

单位工程计算顺序一般按定额列项顺序计算,即按照定额手册上的分章或分部分项工程顺序来计算工程量。

2. 单个分部分项工程计算顺序

(1) 按照顺时针方向计算;

(2) 按"先横后竖、先上后下、先左后右"顺序计算;

(3) 按图纸分项编号顺序计算。

(二) 工程量计算的注意事项

(1) 工程量计算必须严格按照施工图进行计算;

(2) 工程量计算一定要遵循合理的计算顺序;

(3) 工程量计算必须严格按照规范规定的工程量计算规则计算;

(4) 工程量计算的项目必须与现行定额的项目一致;

(5) 工程量计算的计量单位必须与现行定额的计量单位一致。

二、工程量计算中常用的基数

基数是指在工程量计算过程中,许多项目的计算中反复、多次用到的一些基本数据。土建工程定额计价(施工图预算)中,工程量计算基数主要有外墙中心线($L_{中}$)、内墙净长线($L_{内}$)、外墙外边线($L_{外}$)、底层建筑面积($S_{底}$),简称"三线一面"。

(一) 三线

(1) 外墙外边线($L_{外}$):是指外墙外侧与外侧之间的距离。其计算式如下:

$$L_{外}=外墙定位轴线长+外墙定位轴线至外墙外侧的距离$$

(2) 外墙中心线($L_{中}$):是指外墙中心线至中心之间的距离。其计算式如下:

$$L_{中}=外墙定位轴线+外墙定位轴线至外墙中心线的距离$$

(3) 内墙净长线($L_{内}$):是指内墙与外墙(内墙)交点之间的距离。其计算式如下:

$$L_{内}=外墙定位轴线长-墙定位轴线至所在墙体内侧的距离$$

(二) 一面

指建筑物底层建筑面积(S_1)其计算公式见建筑面积计算规则。

在计算"三线一面"时,如果建筑物的各层平面布置完全一样,墙厚只有一种,那么只确定外墙中心线($L_{中}$)、内墙净长线($L_{内}$)、外墙外边线($L_{外}$)、底层建筑面积($S_{底}$)四个数据就可以了;如果某一建筑物的各层平面布置不同,墙体厚度有两种以上,那就要根据具体情况来确定基数。

【案例分析 3-6-1】　某办公室一层平面图,如图 3-6-1 基数计算示意图所示,墙厚 240 mm,轴线尺寸为中心线,要求计算基数三线一面。

图 3-6-1

【解】　基数是指三线一面,三线是指:外墙外边线($L_{外}$)、外墙中心线($L_{中}$)、内墙中心线($L_{内}$),一面是指建筑物底层建筑面积($S_{底}$),计算过程如下:

$$L_{外}=[(9.6+0.24)+(6+0.24)]×2=32.16\ (m)$$
$$L_{中}=(9.6+6)×2=31.2\ (m)$$
$$L_{内}=(6-0.24)×2=11.52\ (m)$$
$$S_{底}=(9.6+0.24)×6.24=61.4\ (m^2)$$

【案例分析 3-6-2】　计算人工平整场地工程量

图 3-6-2

【解】　$S=S_{底}+2×L_{外}+16=9×14+7×10+8×18+2×(24×2+14+18+4+8)+16=540\ (m^2)$

【案例分析 3-6-3】　模拟情境,根据图示尺寸(3-6-3,3-6-4,3-6-5,3-6-6)计算写字楼施工图建筑及装饰工程量。

底层平面图 1:100

图 3-6-3

A–A

图 3-6-4

写字楼工程平立剖面图及基础图如图 3-6-4 和 3-6-5 所示,工程采用砖条形基础,240 mm 厚墙体,土壤类别三类土,−0.06 m 处设墙基防潮层,在 −0.27 m 处设置 240 mm×180 mm 的地圈梁,屋面圈梁为 240 mm×300 mm(外墙设置),现浇板厚 100 mm,采用铝合金门窗,M0921 的洞口尺寸为 900 mm×2 100 mm,M1021 的洞口尺寸为 1 000 mm×2 100 mm,

图 3-6-5

1-1 剖面图 1:100

图 3-6-6

南立面图 1:100

C1215 的洞口尺寸为 1 200 mm×1 500 mm,过梁长为门窗洞口宽每边各加 0. 25 m,过梁截面为 240 mm×180 mm,地面采用块料面层,天棚内墙抹灰水泥砂浆,刮瓷。地面垫层 80 mm 厚,地面找平 20 mm 厚,块料面层 20 mm 厚,基础垫层 C10,现浇砼梁板为 C25. 弃土及取土均在100 m的场地。屋面采用1∶3水泥找平,铺贴卷材防水层。

试计算写字楼建筑装饰工程量。

写字楼工程预算

【解】

(1) 建筑面积=9.84×6.84=67.31 (m²)

(2) 平整场地:

$$S_{平}=(A+4)(B+4)$$
$$=(9.6+0.24+4)×(6.6+0.24+4)$$
$$=13.84×10.84=150.03 (m^2)$$

(3) 人工挖基槽:三类土,C=300 (mm)工作面

$h=1.8-0.45=1.35$ m<1.5 m ,因为不放坡

$V_{槽}=(a+2c)×h×L$

$a=0.8$ m,$c=0.3$ m,$h=1.35$ m

$L=L_{中}+L_{内}=(9.6+6.6)×2+(6.6-0.8)=38.2$ (m)

所以 $V_{槽}=(0.8+2×0.3)×1.35$ m$×38.2=72.20$ (m³)

(4) 砖基础 $V_{砖基毛}=[0.126×(0.0625×4+0.24)+0.126×0.365+0.24×1.398$ m$]×$
$[(9.6+6.6)×2+6.6-0.24]$

$$=(0.49×0.126+0.365×0.126+0.24×1.348)×38.76$$
$$=17.18 (m^2)$$

应扣除地圈梁体积 $V_{地圈梁}=0.24×0.18×38.76=1.67$ (m³)

$V_{砖基}=17.18-1.67=15.5$ (m³)

(5) 基础回填土:$V_{总回填}=V_{基础}+V_{房心}$

① $V_{基回}=V_{挖槽}-V_{下埋}=V_{槽}-V_{砖基}-V_{垫}$

② $V_{垫层}=a×h_{垫}×L=0.8×0.2×38.2=6.11$ (m³)

③ $V_{室外下砖基}=17.18-0.24×0.45×38.76=12.99$ (m³)

因为 $V_{基础回填}=72.2-12.99-6.11$
$$=53.1 m^3$$

$V_{房心回填}=S_{墙净}×(h_1-h_{垫}-h_{找平层}-h_{面层})$
$$=[(4.8-0.24)×(6.6-0.24)×2](0.45-0.08-0.02-0.02)$$
$$=19.14 m^3$$

所以总回填土方:$V_{回}=53.1+19.14=72.24 m^3$

运土方:$V_{挖}-V_{填}=72.2-72.24=-0.04 m^3$　所以应取土回填$0.04 m^3$。

4.1∶2.5水泥砂浆防潮层:

$S_{防}=L_{墙}×b=38.76×0.24=9.30$ (m²)

(6) 240砖墙体积:(外墙高3.6 m,内墙净高3-0.1=2.9 m)

$V_{内}=(6.36×2.9-0.9×2.1)×0.24-0.24×0.18×1.4=3.91$ (m³)

$V_{外}=[(9.6+6.6)×2×3.6-1.2×1.5×2-1×2.1]×0.24-0.24×0.3×[(9.6+6.6)×2]-0.24×0.18×(1.7×2+1.5)=24.09$ (m³)

合计 $V_{墙体}=28$ (m³)

（7）铝合金门：$0.9 \times 2.1 + 1 \times 2.1 = 3.99$（$m^2$）

（8）铝合金窗：$1.5 \times 1.2 \times 2$ 扇 $= 3.6$（m^2）

（9）圈梁：$V = (9.6 + 6.6) \times 2 \times 0.24 \times 0.3 = 2.33$（$m^3$）

（10）地圈梁：$V_{地圈梁} = 0.24 \times 0.18 \times 38.76 = 1.67$（$m^3$）

（11）现浇平板：$(9.6 + 0.24) \times (6.6 + 0.24) \times 0.1 = 10.524$（$m^3$）

（12）地面水泥找平层：$(4.8 - 0.24) \times (6.6 - 0.24) \times 2 = 58.0$（$m^2$）

（13）块料面层：$2 \times 4.56 \times 6.36 + 0.9 \times 0.24 + 1 \times 0.24 = 58.46$（$m^2$）

（14）天棚水泥砂浆：$4.56 \times 6.36 \times 2 = 58.00$（$m^2$）

（15）天棚刮瓷：$4.56 \times 6.36 \times 2 = 58.00$（$m^2$）

（16）块料踢脚线：$S = [(4.56 + 6.36) \times 2 - 0.9] \times 0.15 + [(4.56 + 6.36) \times 2 - 0.9] \times 0.15 + 0.24 \times 0.15 \times 4 = 3.74$（$m^2$）

（17）内墙水泥砂浆：

$S = (4.56 + 6.36) \times 2 \times 2.9 - 0.9 \times 2.1 - 1.2 \times 1.5 + (4.56 + 6.36) \times 2 \times 2.9 - 0.9 \times 2.1 - 1 \times 2.1 - 1.2 \times 1.5 = 117.192$（$m^3$）

（18）内墙刮瓷：

$S = (4.56 + 6.36) \times 2 \times 2.9 - 0.9 \times 2.1 - 1.2 \times 1.5 + (4.56 + 6.36) \times 2 \times 2.9 - 0.9 \times 2.1 - 1 \times 2.1 - 1.2 \times 1.5 = 117.192$（$m^3$）

（19）外墙涂料：$(9.84 + 6.84) \times 2 \times 3.6 - 1.2 \times 1.5 \times 2 - 1 \times 2.1 = 114.4$（$m^2$）

（20）砼散水：800 mm 宽

$S = [(9.84 + 1.6) \times 2 - 2.4] \times 0.8 + 6.84 \times 2 \times 0.8 = 27.33$（$m^2$）

（21）屋面柔毡防水：$(9.36 + 6.36) \times 2 \times 0.25 + 9.36 \times 6.36 = 67.39$（$m^2$）

（22）1：3 水泥找平：$9.36 \times 6.36 = 59.53$（m^2）

（23）里脚手架：$6.36 \times 2.9 = 18.44$（m^2）

（24）外脚手架：$(6.84 + 9.84) \times 2 \times 3.6 = 120.10$（$m^2$）

（25）砼斜坡：$2.4 \times 1.8 = 4.32$（m^2）

（26）圈梁模板：33.3（m^2）

（27）现浇板模板：93.72（m^2）

（28）垫层模板：8.43（m^2）

（29）屋面保温层平均 150 mm 厚：$V = 9.36 \times 6.36 \times 0.15 = 8.93$（$m^3$）

实训课题

1. 根据基础垫层图示尺寸（项目一图 1-1），依据项目二实训课题 1 的已知条件，已知企业管理费 5.45%、利润 4%、税金 3.477%、人工工日信息价 47 元/工日，水泥信息价 450 元/t，中砂信息价 48 元/m^3，砾石信息价 93 元/m^3；

任务 1：计算材料差价、人工差价

任务 2：砼垫层工程造价

2. 某工程建筑物基础平面图及剖面图如项目一图 1-1 所示，已知，土壤类别二类土，自然地坪-0.3 m，工作面 $C = 300$ mm，放坡系数按 $K = 0.5$，试计算人工挖基坑土方定额计价工程量，并套用江西省定额基价计算直接工程费。

3. 根据项目一(图1-1)尺寸,计算:

任务1:独立基础 C25/40/42.5 砼基础工程量;

任务2:已知自然地坪标高-0.3 m,柱 400 mm×500 mm,根据定额计算规则,计算人工回填土定额计价工程量及余土外运(100 m 运距)工程量;

任务3:套用各分部分项工程量定额基价,计算直接工程费合价并列出工程预算表。(包括人工挖基坑直接工程费)

复习思考题

1. 简述建筑安装工程费用构成。

2. 分别简述定额计价费用构成及工程量清单计价费用构成。

3. 建筑工程计价程序与方法是什么?

4. 工程量的概念? 举例说明工程量计算方法。

项目四　建筑工程预算

【学习目标】

(1) 熟悉建筑结构施工图纸。

(2) 掌握建筑工程工程量计算规则与定额应用。

(3) 具有正确计算建筑工程造价的能力。

【能力要求】

(1) 学会应用定额规范和施工图纸,计算不同结构类型的工业与民用建筑工程造价。

(2) 在工作情境中学习建筑工程计量计价的基本知识和实践操作技巧,逐步具备和增强计量计价工作的岗位意识和职责意识。

学习情境　建筑工程工程量计算规则与定额应用

行动领域1　建筑面积计算

一、建筑面积概念及作用

(一) 建筑面积的概念

建筑面积是指建筑物外墙勒脚以上结构的各层外围水平面积之和。建筑面积包括使用面积、辅助面积和结构面积三部分。使用面积和辅助面积之和又称有效面积,有效面积是指建筑物各层平面中的净面积之和。例如,住宅中客厅、教学楼中教室的实用面积等,结构面积是指建筑物中墙、柱等所占用的面积之和。

(二) 建筑面积的作用

(1) 建筑面积是确定建筑、装饰工程技术经济指标的重要依据。

例如,根据建筑面积可以计算出建筑物的每平方米预算造价,每平方米的人工工日用量,每平方米的某种材料的消耗量,每平方米的某机械的台班消耗量。

(2) 建筑面积是计算建筑相关分部分项工程量与有关费用项目的依据。

例如,计算平整场地、装饰满堂脚手架、室内回填土、楼地面工程、垂直运输等工程量的相关数据。

(3) 建筑面积是编制、控制与调整施工进度计划和竣工验收的重要指标。

(4) 建筑面积的计算对于建筑施工企业实行内部经济承包责任制、投标报价、编制施工组织设计、配合施工力量、成本核算及物资供应等，都具有重要的意义。

二、计算建筑面积的规定

（一）单层建筑物的建筑面积计算规则

单层建筑物的建筑面积,应按其外墙勒脚以上结构外围水平面积计算,并应符合下列规定:

（1）单层建筑物高度在 2.20 m 及以上者应计算全面积;高度不足 2.20 m 者应计算 1/2 面积。

（2）利用坡屋顶内空间时,顶板下表面至楼面的净高超过 2.10 m 的部位应计算全面积;净高在 1.20 m 至 2.10 m 的部位应计算 1/2 面积;净高不足 1.20 m 的部位不应计算面积。

（3）单层建筑物内设有局部楼层者,局部楼层的二层及以上楼层,有围护结构的应按其围护结构外围水平面积计算,无围护结构的应按其结构底板水平面积计算。层高在 2.20 m 及以上者应计算全面积;层高不足 2.20 m 者应计算 1/2 面积。

注:① 勒脚(图 4-1-1)是建筑物外墙与室内地面或散水接触部位墙体的加厚部分,其高度一般为室外地坪与室内地面的高差,也有的将勒脚的高度提高至底层窗台,它起着保护墙身和增加建筑物立面美观的作用。因为勒脚是墙根部很矮的一部分墙体加厚,不能代表整个外墙结构,因此要扣除勒脚墙体加厚的部分。

② 净高指楼面或地面至上部楼板底面或吊顶底面之间的垂直距离。

③ 层高是指上下两层楼面结构标高之间的垂直距离。建筑物最底层的层高,有基础底板的指基础底板上表面结构标高至上层楼面的结构标高之间的垂直距离;没有基础底板的指地面标高至上层楼面结构标高之间的垂直距离。最上一层的层高是指楼面的结构标高至屋面板板面结构标高之间的垂直距离,遇有以屋面板的屋面,层高指楼面结构标高至屋面板最低处板面结构标高之间的垂直距离。

图 4-1-1　建筑物勒脚示意图

【案例分析 4-1-1】　求图 4-1-2 的建筑面积。

【解】　$S=(15+0.24)\times(5+0.24)=79.86\ (\text{m}^2)$

(a) 平面　　　　　　　　(b) 1-1 剖面

图 4-1-2　单层建筑物示意图

【案例分析 4-1-2】　求图 4-1-3 的建筑面积。

(a) 平面　　　　　　　　　　　　　　　(b) 坡屋顶立面

图 4-1-3　单层建筑物示意图

【解】　$S = 5.4 \times (6.9 + 0.24) + 2.7 \times (6.9 + 0.24) \times 0.5 \times 2$
$\qquad\quad = 57.83 (\text{m}^2)$

【案例分析 4-1-3】　求图 4-1-4 的建筑面积。

(a) 剖面　　　　　　　　　　　　　　　(b) 平面

图 4-1-4　单层建筑面积示意图

【解】　$S = (4.2 + 0.24) \times (6 + 0.24) = 27.71 (\text{m}^2)$

【案例分析 4-1-4】　求设有局部楼层的单层平屋顶建筑物的建筑面积(图 4-1-5)。

【解】　$S = (20 + 0.24) \times (10 + 0.24) \times (5 + 0.24) \times (10 + 0.24)$
$\qquad\quad = 260.92 (\text{m}^2)$

【案例分析 4-1-5】　求设有局部楼层的单层坡屋顶建筑物的建筑面积(图 4-1-6)。

【解】　1. 1 - 1 剖面(a)　$S = (9 + 0.24) \times (6 + 0.24) \times (3 + 0.24) \times (2 + 0.24)$
$\qquad\qquad\qquad\qquad\qquad = 64.92 (\text{m}^2)$

【解】　2. 1 - 1 剖面(b)　$S = (9 + 0.24) \times (6 + 0.24) \times (3 + 0.24) \times (2 + 0.24) \times 0.5$
$\qquad\qquad\qquad\qquad\qquad = 61.29 (\text{m}^2)$

(二) 多层建筑物建筑面积计算规则

(1) 多层建筑物首层应按其外墙勒脚以上结构外围水平面积计算;二层及以上楼层应按其外墙结构外围水平面积计算。层高在 2.20 m 及以上者应计算全面积;层高不足 2.20 m 者应计算 1/2 面积。

(a) 平面

(b) 1-1剖面　　　　　(c) 2-2剖面

图 4-1-5　有局部楼层的单层平屋顶建筑物示意图

1-1剖面(a)

1-1剖面(b)

图 4-1-6　有局部楼层的单层坡屋顶建筑物示意图

（2）多层建筑坡屋顶内和场馆看台下，当设计加以利用时净高超过 2.10 m 的部位应计算全面积；净高在 1.20 m 至 2.10 m 的部位应计算 1/2 面积；当设计不利用或室内净高不足 1.20 m 时不应计算面积。

注：多层建筑坡屋顶内和场馆看台下的空间应视为坡屋顶内的空间。设计加以利用时，应按其净高确定其建筑面积的计算，设计不利用的空间，不应计算建筑面积。

【案例分析 4-1-6】 求利用建筑场馆看台下的建筑面积（图 4-1-7）。

（a）剖面   （b）平面

图 4-1-7 利用建筑物场馆看台下的建筑物面积示意图

【解】 $S = 8 \times (5.3 + 1.6 \times 0.5) = 48.8 \ (\text{m}^2)$

（三）其他情况建筑面积计算规则

（1）地下室、半地下室（车间、商店、车站、车库、仓库等），包括相应的有永久性顶盖的出入口，应按其外墙上口（不包括采光井、外墙防潮层及其保护墙）外边线所围水平面积计算。层高在2.20 m 及以上者应计算全面积；层高不足 2.20 m 者应计算 1/2 面积。

【案例分析 4-1-7】 求地下室的建筑面积（图 4-1-8）。

（a）剖面   （b）平面

图 4-1-8 地下室建筑面积示意图

【解】 $S = 7.98 \times 5.68 = 45.33 \ (\text{m}^2)$

（2）坡地的建筑物吊脚架空层、深基础架空层，设计加以利用并有围护结构的，层高在

2.20 m 及以上的部位应计算全面积;层高不足 2.20 m 的部位应计算 1/2 面积。设计加以利用、无围护结构的建筑吊脚架空层,应按其利用部位水平面积的 1/2 计算;设计不利用的深基础架空层、坡地吊脚架空层、多层建筑坡屋顶内、场馆看台下的空间不应计算面积。

【案例分析 4-1-8】 求利用的深基础架空层的建筑面积(图 4-1-9)。

(a) 剖面　　　　　　　　　　(b) 平面

图 4-1-9　深层基础架空层建筑示意图

【解】 $S=(4.2+0.24)\times(6+0.24)=27.71$ (m²)

【案例分析 4-1-9】 求利用的坡地建筑吊脚架空层的建筑面积(图 4-1-10)。

(a) 剖面

(b) 吊脚架空层一层平面　　　　　(c) 吊脚架空层二层平面

图 4-1-10　坡地建筑吊脚架空层建筑示意图

【解】 $S=(11.997+1.689\times0.5)\times5.24+(14.668+1.645\times0.5)\times5.24=148.46$ (m²)

(3)建筑物的门厅、大厅按一层计算建筑面积。门厅、大厅内设有回廊时,应按其结构底板水平面积计算。回廊层高在 2.20 m 及以上者应计算全面积;层高不足 2.20 m 者应计算 1/2 面积。

【案例分析 4-1-10】 求回廊建筑面积(图 4-1-11)。

图 4-1-11 带回廊的二层平面示意图

【解】 若层高不小于 2.20 m,则回廊面积为:

$S=(15-0.24)\times1.6\times2+(10-0.24-1.6\times2)\times1.6\times2=68.22\,(\text{m}^2)$

若层高小于 2.20 m,则回廊面积为:

$S=[(15-0.24)\times1.6\times2+(10-0.24-1.6\times2)\times1.6\times2]\times0.5=34.11\,(\text{m}^2)$

(4) 建筑物间有围护结构的架空走廊,应按其围护结构外围水平面积计算,层高在 2.20 m 及以上者应计算全面积;层高不足 2.20 m 者应计算 1/2 面积。有永久性顶盖无围护结构的应按其结构底板水平面积的 1/2 计算。

【案例分析 4-1-11】 已知架空走廊层高为 3 m,求架空走廊的建筑面积(图 1-1-12)。

(a) 平面   (b) 立面

图 4-1-12 有架空走廊建筑的示意图

【解】 $S=(6-0.24)\times(3+0.24)=18.66\,(\text{m}^2)$

(5) 立体书库。立体仓库、立体车库,无结构层的应按一层计算,有结构层的应按其结构层面积分别计算。层高在 2.20 m 及以上者应计算全面积;层高不足 2.20 m 者应计算 1/2 面积。

注:本条对原规定进行了修订,并增加了立体车库的面积计算。立体书库、立体车库、立

体仓库不论是否有围护结构,均按有结构层区分不同的层高确定建筑面积计算的范围,改变书架层和货架层面积的计算规定。

【案例分析 4-1-12】 求货台的建筑面积(图 4-1-13)。

(a) 标准层货台平面 　　　　(b) 1-1剖面图

图 4-1-13　货台建筑示意图

【解】　$S=4.5×1×5×0.5×5=56.25$（m^2）

(6) 有围护结构的舞台灯光控制室,应按其围护结构外围水平面积计算。层高在 2.20 m 及以上者应计算全面积;层高不足 2.20 m 者应计算 1/2 面积。

(7) 建筑物外有围护结构的落地橱窗、门斗、挑廊、走廊、檐廊,应按其围护结构外围水平面积计算。层高在 2.20 m 及以上者应计算全面积;层高不足 2.20 m 者应计算 1/2 面积。有永久性顶盖无围护结构的应按其结构底板水平面积的 1/2 计算(如图 4-1-14)。

图 4-1-14　建筑物外挑廊、走廊、檐廊

【案例分析 4-1-13】 求门斗和水箱间的建筑面积(图 4-1-15)。

【解】　门斗面积:$S=3.5×2.5=8.75$（m^2）

水箱间面积:$S=2.5×2.5×0.5=3.13$（m^2）

(8) 有永久性顶盖无围护结构的场馆看台应按其顶盖水平投影面积的 1/2 计算(如图 4-1-16)。

注:本条所称"场"指看台上有永久性顶盖的部分,如足球场、网球场;"馆"指有永久性顶盖的围护结构,如篮球馆、展览馆。

(9) 建筑物顶部有围护结构的楼梯间、水箱间、电梯机房等,层高在 2.20 m 及以上者应计算全面积;层高不足 2.20 m 者应计算 1/2 面积。

注:如遇建筑物屋顶的楼梯间是坡屋顶,应按坡屋顶的相关条文计算面积。

(a) 底层平面图　　　　　　　　　　(b) 顶层平面

(c) 正立面　　　　　　　　　　(d) 侧立面

图 4-1-15　门斗、水箱间建筑示意图

图 4-1-16　场馆看台剖面示意图

（10）设有围护结构不垂直于水平面而超出底板外沿的建筑物,应按其底板面的外围水平面积计算。层高在 2.20 m 及以上者应计算全面积;层高不足 2.20 m 者应计算 1/2 面积。

注:设有围护结构不垂直于水平面而超出底板外沿的建筑物是指向建筑物外倾斜的墙体,若遇有向建筑物内倾斜的墙体,应视为坡屋顶,按坡屋顶有关条文计算面积。

（11）建筑物内的室内楼梯间、电梯井、观光电梯井、提物井、管道井、通风排气竖井、垃圾道、附墙烟囱应按建筑物的自然层计算(如图 4-1-17)。

注:遇跃层建筑,其共用的室内楼梯应按自然层计算面积;上下两错层户室共用的室内楼梯,应选上一层的自然层计算面积。

图 4-1-17 建筑物内的电梯井、屋顶水箱间

(12) 雨篷结构的外边线至外墙结构外边线的宽度超过 2.10 m 者,应按雨篷结构板的水平投影面积的 1/2 计算。有柱雨篷和无柱雨棚计算应一致。

【案例分析 4-1-14】 求雨篷的建筑面积(图 4-1-18)。

(a) 平面　　　　　　　　(b) 南立面

图 4-1-18 雨篷建筑示意图

【解】 $S = 2.5 \times 1.5 \times 0.5 = 1.88\,(\text{m}^2)$

(13) 有永久性顶盖的室外楼梯,应按建筑物自然层的水平投影面积的 1/2 计算(如图 4-1-19)。

注:若最上层室外楼梯无永久性顶盖,或雨篷不能完全遮盖室外楼梯,上层楼梯不计算面积,上层楼梯可视为下层楼梯的永久性顶盖,下层楼梯应计算面积。

【案例分析 4-1-15】 某三层建筑物,室外楼梯有永久性顶盖,求室外楼梯的建筑面积(图4-1-20)。

【解】 $S = (4 - 0.12) \times 6.8 \times 0.5 \times 2 = 26.38\,(\text{m}^2)$

图 4-1-19 有永久性顶盖的室外楼梯

图 4-1-20 室外楼梯建筑示意图

（14）建筑物的阳台均应按其水平投影面积的 1/2 计算。建筑物的阳台、挑阳台、封闭阳台、不封闭阳台，均按其水平投影面积的一半计算。

【案例分析 4-1-16】 求某层建筑阳台的建筑面积（图 4-1-21）。

图 4-1-21 建筑物阳台平面示意图

【解】 $S=(3.5+0.24)\times(2-0.12)\times0.5\times2+3.5\times(1.8-0.12)\times0.5\times2+(5+0.24)\times(2-0.12)\times0.5=17.84（\text{m}^2）$

（15）有永久性顶盖无围护结构的车棚、货棚、站台、加油站、收费站等，应按其顶盖水平投影积的 1/2 计算。

注：车棚、货棚、站台、加油站、收费站等，不以柱来确定建筑面积的计算，而依据顶盖的水平投影面积计算。在车棚、货棚、站台、加油站、收费站内设有围护结构的管理室、休息室等，另按相关条款计算面积。

【案例分析 4-1-17】 求货棚的建筑面积（图 4-1-22）。

(a) 平面　　　　　　　　　　　　(b) 1-1剖面

图 4-1-22　货棚建筑示意图

【解】　$S=(8+0.3+0.5×2)×(24+0.3+0.5×2)×0.5=117.65（m^2）$

【案例分析 4-1-18】　求站台的建筑面积（图 4-1-23）。

(a) 平面　　　　　　　　　　(b) 立面

图 4-1-23　站台建筑示意图

【解】　$S=7×12×0.5=42（m^2）$

（16）高低联跨的建筑物，以高跨结构外边线为界分别计算建筑面积；其高低跨内部连通时，变形缝应计算在低跨面积内（如图 4-1-24）。

(a)　　　　　　　　　　　　　　(b)

图 4-1-24　高低联跨的建筑物

【案例分析 4-1-19】　求高低跨建筑物的建筑面积（图 4-1-25）。

【解】　$S=(6+0.4)×8+4××=115.2（m^2）$

注：变形缝是伸缩缝（温度缝）、沉降缝和抗震缝的总称。伸缩缝是将基础以上的建筑构件全部分开，并在两个部分之间留出适当的空隙，以保证伸缩缝两侧的建筑构件能在水平方向自由伸缩（图 4-1-26）。沉降缝主要应满足建筑物各部分在垂直方向的自由沉降变形，故

(a) 剖面　　　　　　　　　　　(b) 平面

图 4-1-25　高低联跨建筑物示意图

应将建筑物从基础到屋顶全部断开(图 4-1-27)。抗震缝一般从基础顶面开始,沿房屋全高设置。

图 4-1-26　伸缩缝示意图

图 4-1-27　沉降缝示意图

(17) 以幕墙作为围护结构的建筑物,应按幕墙外边线计算建筑面积。

围护性幕墙(图 4-1-28)应计算建筑面积,而装饰性幕墙(图 4-1-29)不应计算建筑面积。

(18) 建筑物外墙外侧有保温隔热层的,应按保温隔热层外边线计算建筑面积。

图 4-1-28　围护性幕墙示意图

图 4-1-29　装饰性幕墙示意图

【案例分析 4-1-20】　求外墙设有保温隔热层的建筑物的建筑面积(图 1-1-30)。

图 4-1-30　外墙保温隔热层示意图

【解】　$S = 3.4 \times 4 = 13.6 \, (\text{m}^2)$

（19）建筑物内的变形缝,按其自然层合并在建筑物面积内算。

（四）下列项目不应计算面积

（1）建筑物通道(骑楼、过街楼的底层)(如图 4-1-31)。

通道

3 780　　5 820　　3 780

图 4-1-31　建筑物通道示意图

（2）建筑物内的设备管道夹层(如图 4-1-32)。

设备层

设备层

设备层

设备层

——本层不计算

设备层

图 4-1-32　设备管道夹层示意图

（3）建筑物内分隔的单层房间,舞台及后台悬挂幕布、布景的天桥、挑台等(如图 4-1-33)。

图 4-1-33 建筑物内分隔的单层房间示意图

（4）屋顶水箱、花架、凉棚、露台、露天游泳池（如图 4-1-34）。

图 4-1-34 屋顶水箱示意图

（5）建筑物内的操作平台、上料平台、安装箱和罐体的平台（如图 4-1-35）。

（6）勒脚、附墙柱、垛、台阶、墙面抹灰、装饰面、镶贴块料面层、装饰性幕墙、空调室外机搁板（箱）、飘窗、构件、配件、宽度在 2.1 m 及以内的雨篷以及与建筑物内不相连通的装饰性阳台、挑廊（如图 4-1-36）。

图 4-1-35　操作平台示意图　　　　图 4-1-36　墙垛、附墙柱、飘窗示意图

（7）无永久性顶盖的架空走廊、室外楼梯和用于检修、消防等的室外钢楼梯、爬梯（如图 4-1-37）。

（a）平面　　　　　　　　　　（b）立面

图 4-1-37　无永久性顶盖的架空走廊示意图

（8）自动扶梯、自动人行道。

注：自动扶梯（斜步道滚梯），除两端固定在楼层板或梁之外，扶梯本身属于设备，为此扶梯不宜计算建筑面积。水平步道（滚梯）属于安装在楼板上的设备，不应单独计算建筑面积。

（9）独立烟囱、烟道、地沟、油（水）罐、气柜、水塔、贮油（水）池、贮仓、栈桥、地下人防通道、地铁隧道。

注：上述结构不属于建筑结构，不应计算建筑面积。

【案例分析 4-1-21】　某办公室如图 4-1-38 所示。已知内外墙体厚度均为 240 mm，设有悬挑雨篷及非封闭阳台，试计算建筑面积。

【解】　（1）办公室房屋建筑面积 S_1

按其外墙勒脚以上墙体结构外围水平面积计算，即：

$$S_1=(11+0.24)\times(10+0.24)+1.5\times(2.8+0.24)=119.66 \text{（m}^2\text{）}$$

（2）阳台建筑面积 S_2

S_2 按阳台水平面积一半计算，即：

图 4-1-38

$$S_2 = \frac{1}{2} \times 8 \times 1.5 = 6 \ (\text{m}^2)$$

（3）雨篷建筑面积 S_3

因为雨篷结构外边线至外墙外边线宽度为 2.2 m，超过了 2.1 m，因此按雨篷结构板的水平投影面积的 1/2 计算。

$$S_3 = 3.04 \times 2.2 \times \frac{1}{2} = 3.34 \ (\text{m}^2)$$

（4）办公室总建筑面积 S

$$S = S_1 + S_2 + S_3 = 119.66 + 6 + 3.34 = 129 \ (\text{m}^2)$$

行动领域 2　土石方工程

一、土石方工程相关知识

土石方工程是建设工程的主要工程之一。它包括土石方的开挖、运输、填筑、平整与压实等主要施工过程，以及场地清理、测量放线、排水、降水、土壁支护等准备工作和辅助工作。土木工程中，常见的土石方工程有：场地平整、基坑（槽）与管沟开挖、路基开挖，人防工程开挖，地坪填土、路基填筑以及基坑回填等。土石方工程按施工方法分人工土石方和机械土石方。

建筑工程预算定额土石方工程量包括平整场地、挖土方、挖淤泥和流沙、挖沟槽、挖基坑、回填土、运土方、支挡土板、打夯、基地钎探等项目。

（一）计算土石方工程量前，应确定下列各项资料

（1）土壤及岩石类别确定：一、二类土壤（普通土）；三类土壤（坚土）；四类土壤（沙砾坚土）。

（2）地下水位标高及降（排）水方法。

（3）土方、沟槽、基坑挖（填）土起止标高、施工方法及运距。不同的开挖深度在定额中有不同的定额子目,也要相应分别列项。如:人工挖土方、挖基坑、挖沟槽分别按挖土深度分为 2 m、4 m、6 m 以内的子目,超过 6 m 时,可另作补充基价表。

(4) 岩石开凿,爆破方法,石渣清运方法及运距。

(二) 虚土,天然密实土、夯实土、松填土概念

(1) 虚土是指未经碾压自然形成的土。

(2) 天然密实土是指未经松动的自然土也就是天然土(即指未经人工加工前,依图纸计算的土方体积)。

(3) 夯实土是指按规范要求经过分层碾压、夯实的土。

(4) 松填土是指挖出的自然土,自然堆放未经夯实填在槽、坑的土。

土方体积,均以挖掘前的天然密实体积为准计算。如遇有必须以天然密实体积折算时,可按表 4-2-1 所列数值换算。

表 4-2-1　土方体积折算表

虚方体积	天然密实体积	夯实后体积	松填体积
1.00	0.77	0.67	0.83
1.3	1.00	0.87	1.08
1.49	1.15	1.00	1.24
1.20	0.93	0.81	1.00

【案例分析 4-2-1】 已知挖天然密实 10 m^3 土方,求虚土方体积 V。

【解】 $V = 10 \times 1.3 = 13 (\text{m}^3)$

沟槽(管道地沟),基坑的挖土深度,按图示沟、槽、坑地面至自然地坪深度计算。

二、工程量计算规则

(一) 平整场地工程量计算规则

1. 平整场地概述

平整场地是指在建筑物场地内,挖、填土方厚度在 ±30 cm 以内的就地找平。挖填土方厚度超过 ±30 cm 时,另按有关规定计算。当进行场地竖向挖填土方时,不再计算平整场地工程量。

(a)　　　　　　　　　　　　(b)

图 4-2-1　平整场地示意图

如图 4-2-1 所示，平整场地工程量计算规则按建筑物（或构筑物）外墙外边线每边各加 2 m，以平方米计算。其计算公式为：

$$S_平 = (a+4)(b+4) = S_底 + 2L_外 + 16$$

$S_底$：建筑物的底面积；$L_外$ 建筑物的外墙外边线。（底层阳台按全面积计算）

此公式只适用于由矩形组成的建筑物，当出现其他形状（如环状）房屋时，应按工程量计算规则计算平整场地工程量。

2. 案例分析

【案例分析 4-2-2】　求图 4-2-2 所示的人工平整场地工程量并进行列项，套定额基价计算人工费。图中轴线尺寸为 240 mm 墙厚的中心线。

图 4-2-2　某工程办公楼底层平面图

【解】

（1）人工平整场地的工程量

$$S_平 = S_底 + 2L_外 + 16$$

$S_底 = [(50+0.24) \times (30+0.24) - (20-0.24) \times 40] = 50.24 \times 30.24 - 19.76 \times 40 = 728.86 (m^2)$

$$L_外 = (50.24 + 30.24) \times 2 = 160.96 (m)$$
$$故\ S_平 = 728.86 + 2 \times 160.96 + 16 = 1\,066.78 (m^2)$$

（2）定额列项并计算直接工程费（人工费）

表 4-2-2

序号	定额编号	项目名称	单位	数量	定额基价（元）	合价（元）
1	A1-1	人工平整场地	m²	1 066.78	2.385 3	2 544.59

（二）挖沟槽工程量计算规则

凡图示沟槽底宽在 3m 以内，且槽长大于槽宽三倍以上的为沟槽，如图 4-2-3 所示。

1. 沟槽开挖的几种方式

（1）不放坡不支挡土板开挖。是指开挖深度不超过表 4-2-4 所示的放坡起点深度，如图 4-2-5(a)所示。

不放坡不支挡土板开挖计算公式为：$V = (A+2c)H(L_中 + L_内)$

图 4-2-3　沟槽示意图

图 4-2-4　交接处重复工程量示意图

（a）不放坡不支挡土板开挖　　　　　（b）由垫层下表面放坡开挖

（c）由垫层上表面放坡开挖　　　　　（d）支挡土板开挖

如图 4-2-5　挖沟槽示意图

式中　V——挖基槽土方体积（m^3）。

　　　　A——图示基础垫层的宽度。

　　　　c——每边各增加工作面宽度。只为保证施工人员正常施工垫层两侧所增加的预留宽度。具体宽度按照施工组织设计规定计算，若无规定可按表 4-2-3 规定计算。

　　　　$L_中$ 及 $L_内$——所挖沟槽的长度。挖沟槽长度，外墙按图示中心线长度计算（$L_中$）；内墙按图示基础垫层底面之间净长线长度计算($L_内$),突出墙面的附墙烟囱、垛等挖土体积并入沟槽土方工程量内计算。

H——挖土深度。从图示基槽地面至自然地坪的高度。

表 4-2-3　基础施工所需工作面宽度计算表

基础材料	每边各增加工作宽度(mm)
砖基础	200
浆砌毛石、条石基础	150
混凝土基础垫层支模板	300
混凝土基础支模板	300
基础垂直面做防水层	800

(2) 放坡开挖

① 由垫层下表面放坡开挖,是指沟槽的开挖深度超过表 4-2-4 放坡起点的深度,这时为防止土方侧壁塌方,保证施工安全,土壁应做成有一定倾斜坡度的边坡。这个倾斜坡度可用放坡系数 K 表示为 $1:K$,见表 4-2-4 所示。如图 4-2-5(b)所示,其计算公式为:

$$V=(A+2c+KH) \times H \times (L_中+L_内)$$

式中　K——放坡系数;$K=b/H$;$b=KH$。

表 4-2-4　放坡系数表

土壤类别	放坡起点(m)	人工挖土	机械挖土	
			在坑内作业	在坑上作业
一、二类土	1.20	1:0.50	1:0.33	1:0.75
三类土	1.50	1:0.33	1:0.25	1:0.67
四类土	2.00	1:0.25	1:0.10	1:0.33

② 由垫层上表面放坡开挖。如图 4-2-5(c)所示,其计算公式为:

$$V=[(b+2c+KH_2) \times H_2+A \times H_1] \times (L_中+L_内)$$

(3) 支挡土板开挖是指在需要放坡开挖的土方中,由于现场限制不能放坡,或因土质原因,放坡后工程量较大时,就需要用支挡土板。支挡土板时,其基槽宽度按图示沟槽底宽单面加 10 cm,双面加 20 cm 计算。支挡土板后,不得再计算放坡工程量。如图 4-2-5(d),其计算公式为:

单面支挡土板沟槽工程量 $V=\left(A+2c+\dfrac{1}{2}KH+0.1\right) \times H \times (L_中+L_内)$

双面支挡土板沟槽工程量 $V=(A+2c+0.2) \times H \times (L_中+L_内)$

2. 管道沟槽按图示中心线长度计算,沟底宽度设计有规定的按设计规定,设计未规定的按表 4-2-5 宽度计算

表 4-2-5 管道地沟沟底宽度计算表

管径(mm)	铸铁管、钢管、石棉水泥管(mm)	混凝土、钢筋混凝土、预应力混凝土管(mm)	陶土管(mm)
50~70	600	800	700
100~200	700	900	800
250~350	800	1 000	900
400~450	1 000	1 300	1 100
500~600	1 300	1 500	1 400
700~800	1 600	1 800	—
900~1 000	1 800	2 000	—
1 100~1 200	2 000	2 300	—
1 300~1 400	2 200	2 600	—

注:① 按上表计算管道沟土方工程时,各种井类及管道(不含铸铁给排水管)接口等处需加宽增加的土方量不另行计算,底面积大于 20 m² 的井类,其增加工程量并入管沟土方计算。

② 铺设铸铁给排水管道时,其接口等处土方增加量,可按铸铁给排水管道地沟土方总量的 2.5% 计算。

(三) 挖基坑工程量计算规则

凡图示基坑底面积在 20 m² 以内的为基坑。基坑土方开挖及计算方法如下:

(a) 基坑示意图   (b) 圆形放坡地坑示意图

图 4-2-6 基坑示意图

(1) 不放坡不支挡土板开挖。此时所挖基坑是一长方体或圆柱体。

当为长方体时,$V=(a+2c)\times(b+2c)\times H$

当为圆柱体时,$V=\pi r^2\times H$

(2) 放坡开挖。

当为棱台时,$V=(a+2c+KH)\times(b+2c+KH)\times H+\dfrac{1}{3}K^2\times H^3$ [见图 4-2-6(a)]

当为圆台时,$V=\dfrac{1}{3}\pi H\times(R_1^2+R_1R_2+R_2^2)$

式中　a——垫层的长度;

b——垫层的宽度;

c——工作面宽度;

H——挖土深度;

R_2——圆台坑上口半径:R_2＝圆台半径＋c＋KH;

R_1——圆台坑底半径:R_1＝圆台半径＋c。圆台半径即为垫层半径,图4-2-6(b)。

(四)基底钎探工程量计算规则

基底钎探按图示基底面积以平方米计算。

如人工挖沟槽基底钎探公式为:$S＝A×(L_{中}＋L_{内})$

【案例分析4-2-3】　如图4-2-7所示现浇钢筋砼独立基础C25砼,图中尺寸除标高外均以毫米为单位,独立基础长边的尺寸2 000 mm,短边尺寸1 800 mm,垫层底标高为－1.9 m,自然标高为－0.3 m,三类土壤,试计算:1. 人工挖基坑工程量;2. 基坑回填工程量。

图4-2-7

【解】　1. 独立基础垫层长边尺寸$a＝2.2$ m;短边尺寸$b＝2$ m;工作面＝300 mm;放坡系数$K＝0.33$,$H＝1.8＋0.1－0.3＝1.6$ m＞1.5 m,所以需放坡。

(1) $V_{坑}＝(a＋2c＋KH)×(b＋2c＋KH)×H＋\dfrac{1}{3}K^2×H^3$

$＝(2.2＋0.6＋0.33×1.6)×(2＋0.6＋0.33×1.6)×1.6＋\dfrac{1}{3}×0.33^2×1.6^3$

$＝16.81(\text{m}^3)$

(2) $V_{垫}＝2.2×2×0.1＝0.44(\text{m}^2)$

故,$V_{回填}＝V_{挖}－V_{独}－V_{垫}＝16.81－1.35－0.44＝15.02(\text{m}^2)$

暂不考虑室内回填土方,则人工外运土方(20 m 运距)为:

(3) $V_运 = V_挖 - V_回填 = 16.81 - 15.02 = 1.79(\text{m}^2)$

(4) $S_钎探 = a \times b = 2.2 \times 2 = 4.4(\text{m}^2)$

(5) 列项并计算直接工程费

表 4-2-6　建筑工程预算表

工程名称:某工程

序号	定额编号	项目名称	单位	数量	定额基价(元)	合价(元)
1	A1-27	人工挖基坑	100 m³	0.168 1	1 647.12	276.88
2	A1-183	基底钎探	100 m²	0.044	169.20	7.44
3	A1-191	人工运土方	100 m³	0.017 9	518.88	9.29
4	A4-13 换	混凝土垫层	10 m³	0.044	1 815.912	79.90
直接工程费小计						373.51

【案例分析 4-2-4】　根据图 4-2-8 所示尺寸和条件计算人工挖基坑工程量。

图 4-2-8

【解】　人工挖基坑(独立基础下)

定额计价计算如下:

土壤类别为三类土,$H = 2.1 - 0.2 = 1.9 > 1.5$ m,需放坡

$V_基坑 = (A + 2C + KH)(B + 2C + KH)H + 1/3(K^2 H^3)$

式中　工作面 $C = 0.3$ m,$K = 0.33$,A,B 为垫层底面长宽。

J-1(4 个):$A = B = 2 + 0.2 = 2.2(\text{m})$

J-2(12 个):$A = B = 2.3 + 0.2 = 2.5(\text{m})$

J-3(5 个):$A = B = 2.8 + 0.2 = 3(\text{m})$

J-4(2 个):$A = B = 1.9 + 0.2 = 2.1(\text{m})$

$V_1 = [(2.2 + 2 \times 0.3 + 0.33 \times 1.9)^2 \times 1.9 + 1/3 \times 0.33^2 \times 1.9^3] \times 4 = 90.26(\text{m}^3)$

$V_2 = [(2.5 + 2 \times 0.3 + 0.33 \times 1.9)^2 \times 1.9 + 1/3 \times 0.33^2 \times 1.9^3] \times 12 = 319.7(\text{m}^3)$

$V_3 = [(3 + 2 \times 0.3 + 0.33 \times 1.9)^2 \times 1.9 + 1/3 \times 0.33^2 \times 1.9^3] \times 5 = 170.99(\text{m}^3)$

$V_4 = [(2.1 + 2 \times 0.3 + 0.33 \times 1.9)^2 \times 1.9 + 1/3 \times 0.33^2 \times 1.9^3] \times 2 = 12.56(\text{m}^3)$

人工挖基坑工程量:$V_{总}=V_1+V_2+V_3+V_4=623.49(\mathrm{m^3})$

表 4-2-7　基础配筋表

基础编号	短边 $B(\mathrm{mm})$	长边 $A(\mathrm{mm})$	板受力筋 a	板受力筋 b	$h_1(\mathrm{mm})$	$h_2(\mathrm{mm})$
J-1	2 000	2 000	Φ12@150	Φ12@150	300	200
J-2	2 300	2 300	Φ12@150	Φ12@150	300	300
J-3	2 800	2 800	Φ14@150	Φ14@150	400	300
J-4	1 900	1 900	Φ12@150	Φ12@150	300	200

（五）挖土方工程量计算

凡图示沟槽底宽 3 m 以上,坑底面积 20 m² 以上,平整场地挖土方厚度在 30 cm 以上,均按挖土方计算。其计算规则见土石方工程量计算一般规则,计算公式与挖基坑相同。

（六）机械挖土方计算规则

1. 平整场地

机械平整场地工程量的计算与人工平整场地相同。

2. 机械挖土方工程量计算规则与人工挖土方计算规则相同

3. 原土碾压

原土碾压是指在自然图层进行碾压,原土碾压按基地面积计算,其工程量计算与人工打夯相同。

4. 填土碾压

填土碾压是指在已开挖的基坑内分层,分段回填。其工程量按天然密实土方以体积计算。其计算公式为 $V_{填土碾压}=S_{填土面积}\times h_{填土厚度}$

5. 运土

机械运土按天然密实土体体积以立方米计算。

6. 原土打夯

原土打夯是指在开挖后的土层进行夯击的施工过程。它包括碎土、平土、找平、洒水等工作内容,其工程量按开挖后基坑底尺寸以平方米计算。计算公式为

$$原土打夯面积＝基坑底长度\times 基坑底宽度$$

（七）回填土工程量计算

回填土区分夯填、松填按图示回填体积并按下列规定,以立方米计算。

回填土是指基础、垫层等隐蔽工程完工后,在 5 m 以内的取土回填的过程。回填土分为沟槽、基坑回填和室内回填以及管道的沟槽回填三部分,如图 4-2-9 所示,沟槽、基坑回填指室内外地坪以下的回填,房心回填指自然地坪以上到室内地坪地面垫层之间的回填。

回填土工程量区分松填或夯填分别以立方米计算,其计算规则如下。

（1）沟槽、基坑回填土体积即以挖土方体积减去自然地坪以下埋设物(包括基础垫层、基础等)所占体积。计算公式为

$$V_{沟槽、基础回填土}＝V_{挖土体积}-V_{自然地坪以下埋设物}$$

（2）室内回填土,按主墙间净面积乘以回填土厚度以体积计算,计算公式为

$$V_{室内回填}＝S_{主墙间净面积}\times h_{回填土厚度}$$

$$=(S_{底层建筑面积}-S_{主墙所占面积})\times h_{回填土厚度}$$

（3）管道沟槽回填土体积、按挖方体积减去管道所占体积计算。计算公式为

$$V_{管道沟槽回填土}=V_{挖土体积}-V_{管道所占体积}$$

管径在500 mm以下（含500 mm）的不扣除管道所占体积；管径超过500 mm以上时，按表4-2-5规定扣除管道所占体积。

图 4-2-9　室内回填土厚度示意图

表 4-2-8　每米长管道所占体积

管道名称	管道直径/mm					
	501～600	601～800	801～1 000	1 001～1 200	1 201～1 400	1 401～1 600
钢管	0.21	0.44	0.71	—	—	—
铸铁管	0.24	—	—	—	—	—
混凝土管	0.33	0.60	0.92	1.15	1.35	1.55

行动领域3　桩与地基基础

一、桩基础与地基基础工程相关知识

（1）桩基础是由若干根桩和桩顶的承台组成的一种常用的深基础。它具有承载能力大、抗震性能好、沉降量小等特点。按施工方法的不同，桩身可分为预制桩和灌注桩两大类。预制桩是在工厂或施工现场制成各种材料和形式的桩（如钢筋砼桩、钢桩等），然后用沉桩设备将桩打入、压入、振入（还有时兼用高压水冲）或旋入土中。灌注桩是在施工现场的桩位上先成孔，然后在孔内灌注砼，也可加入钢筋后灌入砼。

① 常见的预制桩有：钢筋砼方桩、管桩、钢板桩等。常见的灌注桩有：打孔灌注桩、长螺旋钻孔灌注桩、潜水钻机钻孔灌注桩、打孔灌注砂石桩、人工挖孔桩等。

② 桩的施工顺序：

预制桩的施工顺序：桩的制作→运输→堆放→打（压）桩→送桩；

灌注桩的施工顺序：桩位成孔→安防钢筋笼→浇砼成桩。

③ 桩基础由桩身和承台组成，其形式如图4-3-1所示。

图 4-3-1　桩基构造示意图

（2）单位工程的打（灌）桩工程量小于下表 4-3-1 规定数量时，其人工、机械量按相应定额项目乘以系数 1.25 计算。

表 4-3-1　单位工程的打（灌）桩工程量

项　目	单位工程的工程量（m³）
预制钢筋混凝土方桩	150
沉管灌注混凝土桩	60
钻孔灌注混凝土桩	100
灌注砂（碎石或砂石）桩	60
灰土挤密桩	60
深层搅拌加固地基	100
人工挖孔桩	100

（3）建筑工程预算定额除静力压桩外，均未包括接桩。如需接桩，除按相应打桩项目计算外，按设计要求另计算接桩项目。其焊接桩接头钢材用量，设计与定额用量不同时，应按设计用量进行调整。

（4）打试验桩按相应定额项目的人工、机械乘以系数 2 计算。

（5）打桩、沉管，桩间净距小于 4 倍桩径（桩边长）的，均按相应定额项目中的人工、机械乘以系数 1.13 计算。

（6）定额以打直桩为准，如打斜桩，斜度在 1∶6 以内者，按相应定额项目人工、机械乘以系数 1.25；如斜度大于 1∶6 者，按相应定额项目人工、机械乘以系数 1.43。

（7）定额以平地（坡度小于 15°）打桩为准，如在坡堤上（坡度大于 15°）打桩时，按相应定额项目人工、机械乘以系数 1.15。如在基坑内（基坑深度大于 1.5 m）打桩或在地坪上打坑槽内（坑槽深度大于 1 m）桩时，按相应定额项目人工、机械乘以系数 1.11。

（8）定额各种灌注桩的材料用量中，均已包括下表 4-3-2 规定的充盈系数和材料损耗。充盈系数与定额规定不同时可以调整。

表 4-3-2　灌注桩充盈系数和材料损耗

项目名称	充盈系数	损耗率（%）
沉管灌注混凝土桩	1.18	1.50
钻孔灌注混凝土桩	1.25	1.50
沉管灌注砂桩	1.30	3.00
沉管灌注砂石桩	1.30	3.00

其中灌注砂石桩除上述充盈系数和损耗率外，还包括级配密系数 1.334。（充盈系数是指实际灌注材料体积，与设计桩身直径计算体积之比。）

$$换算后充盈系数 = \frac{实际灌注混凝土量}{按设计图计算混凝土量}$$

（9）因设计修改在桩间补桩或强夯后的地基上打桩时，按相应定额项目人工、机械乘以系数 1.15。

（10）打送桩时,可按相应打桩定额项目综合工日及机械台班乘下表 4-3-3 规定系数计算。

表 4-3-3　打送桩系数

送桩深度	系数
2 m 以内	1.25
4 m 以内	1.43
4 m 以上	1.67

（11）金属周转材料中包括桩帽、送桩器、桩帽盖、活瓣桩尖、钢管、料斗等属于周转性使用的材料。

（12）钢板桩尖按加工铁件计价。

（13）定额中各种桩的混凝土强度如与设计要求不同,可以进行换算。

（14）深层搅拌法加固地基的水泥用量,定额中按水泥掺入量为 12% 计算,如设计水泥掺入比例不同时,可按水泥掺入量每增减 1% 进行换算。

（15）强夯法加固地基是在天然地基上或填土地基上进行作业的,如在某一遍夯击能夯击后,设计要求需要用外来土(石)填坑时,其土(石)回填,另按有关规定执行。本定额不包括强夯前的试夯工作和费用,如设计要求试夯,可按设计要求另行计算。

二、桩基与地基基础工程量计算规则

(一) 打(压)预制钢筋混凝土桩工程量计算规则

（1）打(压)预制钢筋混凝土桩按体积,以立方米计算。其体积按设计桩长(包括桩尖,不扣除桩尖虚体积)乘以桩截面面积。

预制桩按其外形可分为方桩和管桩,如图 4-3-2 所示。

（a）方桩示意图　　　　（b）管桩示意图

图 4-3-2

① 方桩计算公式:$V_{方桩} = ABLN$

② 管桩:管桩的空心体积应扣除。若管桩的空心部分按设计要求灌注砼时,应另行计算。计算公式为:$V_{管桩} = \pi(R^2 - r^2)LN$

式中　N——桩的根数。

【案例分析 4-3-1】 某厂房预制砼方桩 80 根,设计断面尺寸 $A \times B = 300\text{ mm} \times 300\text{ mm}$ 及桩长如图 4-3-3 所示,使用液压静力压桩机压制方桩,试计算打预制桩工程量并进行定额列项,计算其直接工程费。

【解】

(1) 计算:由已知条件得:$A = B = 0.3(\text{m})$　$L = 11.6 + 0.4 = 12(\text{m})$

$$N = 80(\text{根})\qquad V_{方桩} = A \times B \times L \times N$$
$$= 0.3 \times 0.3 \times (11.6 + 0.4) \times 80 = 86.4(\text{m}^3)$$

图 4-3-3

(2) 套用定额基价列项,如表 4-3-4 所示。

根据定额规定,每个单位工程的打桩工程量小于 150 m^3 时,其人工量、机械量乘以系数 1.25 计算。

换算后定额基价 $= 188.47 \times 1.25 + 95.93 + 1\,553.33 \times 1.25 = 2\,273.18(元/10\text{ m}^3)$

表 4-3-4　建筑工程预算表

工程项目:某厂房

序号	定额编号	项目名称	单位	工程量	定额基价(元)	(人、材料)合价
1	A2-5 换	液压静力压桩机压预制方桩	10 m³	8.64	2 273.18	19 640.28

(2) 送桩:按桩的截面面积乘以送桩长度(即打桩架底至桩顶面高度或桩顶面至自然地坪面另加 0.5 m)以立方米计算,如图 4-3-4 所示。当设计桩顶面在自然地坪以下时,受打桩机的影响,桩锤不能直接锤击到桩头,必须用另一根桩置于原桩头上,将原桩打入土中,此过程称为送桩。

图 4-3-4

(3) 接桩:接桩是指钢筋混凝土预制桩受运输和打桩设备条件的限制,当桩长超过 20 m 时,根据设计要求,按桩的总长分节预制,运至现场先将第一根桩打入,将第二根桩垂直吊起和第一根桩相连接后再继续打桩,这一过程称为接桩。接桩工程量按设计接头数,以个计算。

(二) 沉管灌注桩工程量计算规则

(1) 混凝土桩、砂桩、碎石桩的体积,按设计桩长(包括桩尖,不扣除桩尖虚体积)增加

0.25 m,乘以设计截面面积计算。

如采用预制钢筋混凝土桩尖或钢板桩尖,其桩长按沉管底算至设计桩顶面(即自桩尖顶面至桩顶面)再加 0.25 m 计算。活瓣桩尖的材料不扣,预制钢筋混凝土桩尖按定额第四章规定以立方米计算,钢板桩尖按实体积计算(另加 2%的损耗)。

(2)复打桩工程量在编制预算时按图示工程量计算,结算时按复打部分混凝土的灌入量体积,套相应的复打定额子目。

(三)钻孔灌注桩

(1)回旋钻孔灌注桩按设计桩长增加 0.25 m(设计有规定的按设计规定)乘以设计桩截面面积以立方米计算。

(2)长螺旋钻孔灌注桩,按设计桩长另加 0.25 m 乘以螺旋钻头外径另加 2 cm 截面积计算。

(四)人工挖孔桩

(1)护壁体积,按设计图示如图 4-3-5 护壁尺寸从自然地面至护大头(或桩底),以立方米计算。

(2)桩芯体积,按设计图示尺寸如图 4-3-5,从桩顶至桩底,以立方米计算。

(3)深层搅拌法加固地基,其体积按设计长度另加 0.25 m,乘以设计截面面积以立方米计算。

(4)钢筋笼制作、安装按混凝土及钢筋混凝土工程有关规定套相应的定额子目。

图 4-3-5　人工挖孔桩示意图

(5)人工挖孔桩的挖土及沉管灌注桩、钻孔灌注桩空孔部分的成孔量按土(石)方工程有关规定套相应的定额子目。

(6)灰土挤密桩按设计桩长(不扣除桩尖虚体积)乘以钢管下端最大外径的截面面积计算。

(五)强夯工程

(1)强夯工程量按设计规定的强夯面积,区分夯击能量、夯点间距、夯击遍数,以平方米计算(即以外边缘夯点外边线计算,包括夯点面积和夯点间的面积)。

(2)处理地基面积中设计要求不布夯的空地,其间距不论纵或横大于 8 m,并且面积在 64 m² 以上的,应予扣除。

【案例分析 4-3-2】　某工程住宅打沉管灌注桩如图 4-3-6 所示,共 100 根桩,用支管式电动打桩机打桩。试设计打桩工程并进行列项,计算直接工程费。

图 4-3-6

【解】

(1)程量计算

$$V=\pi R^2 \times L \times N=\pi \times 0.15^2 \times (12+0.25) \times 100=86.59(\text{m}^3)$$

(2)列项,套定额基价

表 4-3-5　建筑工程预算表

序号	定额编号	项目名称	单位	工程量	基价(元)	合价(元)
1	A2-19	沉管灌注桩	10 m³	8.659	3 680.24	31 867.20

行动领域 4　砌筑工程

砌筑工程是指用砌筑砂浆将砖、石、各类砌块等块材砌筑的工程,形成的结构构件即砌体。常见砌体构件有基础、墙体和柱等,主要材料为砂浆和块材。常用的砌筑砂浆有水泥砂浆、水泥混合砂浆;块材有砖、石、砌块等;目前块材种类、规格较多。不同的材料、不同的组砌方式、不同的规格、不同的构件等的砌筑工程所消耗的人工、材料、机械的数量不同,故定额根据以上因素划分为多个定额子目。随着砌体砌筑高度的增加,需要搭设一定的脚手架才能完成,定额规定当砌体高度超过 1.2 m,均需计算脚手架措施费用。

一、砌筑工程相关知识

(一) 墙体分类

(1) 按墙体所处的平面位置不同,可分为外墙和内墙。

(2) 按受力情况不同,可分为承重墙和非承重墙(隔墙)。

(3) 按装修做法不同,可分为清水墙和混水墙。

(4) 按组砌方法不同,可分为实砌墙、空斗墙、空花墙、填充墙等。

(5) 按块材材料不同,可分为砖墙、砌块墙、多孔砖墙、空心砖墙、石墙等。

(二) 零星项目包括的内容

砖砌厕所蹲台、小便池槽、水槽腿、垃圾箱、花台、花池、房上烟囱、台阶挡墙牵边、隔热板砖墩、地板墩等。

(三) 定额基价换算的规定

(1) 定额中砖的规格,是按标准砖编制的;砌块、多孔砖、空心砖的规格是按常用规格编制的。规格不同时,可以换算。

(2) 砌体厚度规定:标准砖以 240 mm×115 mm×53 mm 为准,其砌体厚度按表 4-4-1计算,使用非标准砖时,其砌体厚度应按砖的实际规格和设计厚度计算。

(3) 定额中砌筑砂浆强度如与设计要求不同时,除附加砂浆外,均可以换算。

表 4-4-1　标准砖砌体计算厚度表

砖数(厚度)	1/4	1/2	3/4	1	1.5	2	2.5	3
计算厚度(mm)	53	115	180	240	365	490	615	740

图 4-4-1　墙厚与标准砖规格的关系

二、砌体工程工程量计算规则及定额套价

(一) 砖(石)基础

1. 工程量一般计算规则

除另有规定外,均按实砌体积以立方米计算。

计算公式:

基础工程量＝基础长度×基础断面面积－嵌入基础内的混凝土及钢筋混凝土

等不属砌体构件体积－0.3 m² 以外孔洞所占体积＋需增加的体积

(1) 基础长度

外墙墙基按外墙中心线长度计算;内墙墙基按内墙基净长计算(如图 4-4-2 所示)。基础大放脚 T 形接头处的重叠部分(如图 4-4-3 所示)不予扣除。

图 4-4-2　线长示意图

图 4-4-3　基础大放脚 T 形接头
重叠部分示意图

（2）基础与墙身的划分

① 砖基础与墙身使用同一种材料时［如图 4-4-4(a)所示］，以设计室内地面为界（有地下室者，以地下室室内设计地面为界），以下为基础，以上为墙身。

② 基础与墙身使用不同材料时，不同材料分界线位于设计室内地面±300 mm 以内时［如图 4-4-4(b)所示］，以不同材料为分界线，距设计室内地面超过±300 mm 时［如图 4-4-4(c)所示］，以设计室内地面为分界线。

③ 石基础与墙身的划分：以设计室内地面为界，以下为基础，以上为墙身［如图 4-4-4(d)所示］。

④ 砖、石围墙，以设计室外地坪为界线，以下为基础，以上为墙身。

图 4-4-4　基础与墙身的划分示意图

（3）基础截面形式

砖基础的大放脚通常采用等高式［如图 4-4-5(a)所示］和不等高式［如图 4-4-5(b)所示］两种砌筑形式。

图 4-4-5 基础截面形式示意图

（4）基础断面面积 S

把基础大放脚划分成如图 4-4-6 所示两部分。则基础断面面积为

$$S=bh+\Delta S \text{ 或 } S=b(h+\Delta h)$$

图 4-4-6 基础大放脚划分示意图

式中　b——基础墙宽度；

　　　h——基础设计深度；

　　　ΔS——大放脚断面增加面积，可计算得出（如上图斜线部分的面积），也可查标准砖墙基大放脚增加面积表 4-4-2 得出。

　　　Δh——大放脚断面增加高度，可计算得出或查标准砖墙基大放脚增加高度表 4-4-2 得出。

表 4-4-2　标准砖墙基大放脚折加高度（Δh）及增加断面积（ΔS）表

放脚层数	折加高度 Δh(m)						增加断面积 ΔS(m²)	
	1 砖(0.24)		1.5 砖(0.365)		2 砖(0.49)			
	等高式	间隔式	等高式	间隔式	等高式	间隔式	等高式	间隔式
一	0.066	0.066	0.043	0.043	0.032	0.032	0.015 75	0.007 9
二	0.197	0.164	0.129	0.108	0.096	0.080	0.047 25	0.039 4
三	0.394	0.328	0.259	0.216	0.193	0.161	0.094 5	0.063 0
四	0.656	0.525	0.432	0.345	0.321	0.253	0.157 5	0.126 0
五	0.984	0.788	0.674	0.518	0.482	0.380	0.236 3	0.165 4
六	1.378	1.083	0.906	0.712	0.672	0.530	0.330 8	0.259 9
七	1.838	1.444	1.208	0.949	0.900	0.707	0.441 0	0.315 0
八	2.363	1.838	1.553	1.208	1.157	0.900	0.567 0	0.441 0
九	2.953	2.297	1.942	1.510	1.447	1.125	0.708 8	0.511 9
十	3.610	2.789	2.372	1.834	1.768	1.366	0.866 3	0.669 4

（5）定额规定不予扣除及不予增加的体积

嵌入基础的钢筋、铁件、管道、基础防潮层及单个面积在 0.3 m² 以内孔洞所占体积不予扣除，靠墙暖气沟的挑檐亦不增加。

（6）定额规定应增加的体积

附墙垛（如图 4-4-7 所示）基础宽出部分体积应并入基础工程量内。

2．砖（石）基础定额基价的套用

砖（石）基础定额子目包括工作内容为：调、运、铺砂浆；运、砌筑，清理基坑槽等。

砖基础套用的定额子目 A3-1，石基础套用的定额子目 A3-75、76；

注意：（1）设计要求砌筑砂浆强度如与定额中的不同时，可以换算。

图 4-4-7　墙垛示意图

（2）砖砌挡土墙，顶面宽 2 砖以上执行砖基础定额。

（3）地垄墙按实砌体积套用砖基础定额。

3．案例分析

【案例 4-4-1】　某工程基础如图 4-4-8 所示，室外地坪标高为 -0.3 m，基础采用 MU10 的标准砖，M5 的水泥砂浆砌筑，试计算砖基础工程量及直接工程费用。

图 4-4-8　某工程基础平面及剖面图

【解】　（1）砖基础工程量计算

① 砖基础长度 L

外墙基长：$L_外 = (10+8) \times 2 = 36$（m）

内墙基长：$L_内 = 10 - 0.24 + (8 - 0.24 \times 2) \times 2 = 24.8$（m）

砖基础长度 $L = 36 + 24.8 = 60.8$（m）

② 基础截面面积 S

基础高度 h：$h = 1.7$ m；

基础为 1 砖厚的二层等高式大放脚，查表 4-4-1 得出 $\Delta S = 0.047\ 25$；$\Delta h = 0.197$；

基础截面面积 S：$S = 0.24 \times 1.7 + 0.047\ 25 = 0.455$（m^2）

或 $S=0.24\times(1.7+0.197)=0.455(\text{m}^2)$

③ 砖基础工程量 V：$V=60.8\times0.455=27.66(\text{m}^3)$

（2）定额套用及直接工程费用见表 4-4-3

表 4-4-3

序号	定额编号	项目名称	单位	数量	定额基价（元）	合价（元）
1	A3－1	砖基础	10 m³	2.768	1 729.71	4 787.84

（二）墙体

墙体工程量计算，应根据块材材料、墙厚、组砌方法、砂浆类别、砂浆强度等级、清水、混水不同，分别列项计算。定额子目工作内容为：调、运、铺砂浆，运、砌砖，安放木砖、铁件。砌砖包括窗台虎头砖、腰线、门窗套、砌砖拱或钢筋砖过梁。

1. 工程量一般计算规则

除另有规定外，均按实砌体积以立方米计算。

计算公式：

$$V=墙长\times墙高\times墙厚-应扣除部分体积+应增加部分体积$$

（1）墙的长度：外墙按外墙中心线计算；内墙按内墙净长线计算；围墙按设计长度计算。

（2）墙身高度：

① 外墙墙身高度：斜（坡）屋面无檐口天棚者算至屋面板底；有屋架且室内外均有天棚者算至屋架下弦底另加 200 mm；无天棚者算至屋架下弦底另加 300 mm，出檐宽度超过 600 mm 时按实际高度计算；平屋面算至钢筋混凝土板底。

② 内墙墙身高度：内墙位于屋架下弦者，算至屋架下弦底；无屋架者算至天棚底另加 100 mm；有钢筋混凝土楼板隔层者算至楼板顶；有框架梁时算至梁底。

③ 围墙高度：从设计室外地坪至围墙砖顶面：有砖压顶算至压顶顶面；无压顶算至围墙顶面；其他材料压顶算至压顶底面。

（3）应扣除部分体积：应扣除门窗洞口、过人洞、空圈、嵌入墙身的钢筋混凝土柱、梁（包括过梁、圈梁、挑梁）和暖气包壁龛及内墙板头的体积。

（4）应增加部分体积：

① 凸出墙面的砖垛，并入墙身体积内计算。

② 附墙烟囱、通风道、垃圾道应按设计图示尺寸以体积（扣除孔洞所占体积）计算，并入所依附的墙体体积内。

③ 女儿墙分别按不同墙厚并入外墙计算，女儿墙高度，自外墙顶面至图示女儿墙顶面高度。

（5）不扣除、不增加部分体积：不扣除梁头，板头，檩头，垫木，木楞头，沿椽木，木砖，门窗走头，砖墙内的加固钢筋、木筋、铁件、钢管及每个面积在 0.3 m² 以下的孔洞等所占体积，突出墙面的窗台虎头砖、压顶线、山墙泛水、烟囱根、门窗套、腰线和挑檐等体积亦不增加。

2. 框架结构间砌体

不同墙厚，以框架间的净空面积乘以墙厚套相应砖墙定额计算。框架外表镶贴砖部分亦并入框架间砌体工程量内计算。

3. 空花墙

空花墙按空花部分外形体积以立方米计算,空花部分不予扣除,其中实体部分以立方米另列项目计算。

4. 空斗墙

空斗墙按外形尺寸以立方米计算,墙角、内外墙交接处、门窗洞口立边、窗台砖及到屋檐处的实砌部分已包括在定额内,不另计算,但窗间墙、窗台下、楼板下、梁头下、钢筋砖圈梁、附墙垛、楼板面踢脚线等实砌部分,应另行计算,套零星砌体定额项目。

5. 多孔砖、空心砖墙

多孔砖、空心砖墙按图示厚度以立方米计算,不扣除其孔、空心部分体积。

6. 填充墙

填充墙按外形尺寸以立方米计算,其中实砌部分已包括在定额内,不另计算。

7. 砌块墙

砌块墙(加气混凝土墙、硅酸盐砌块墙、小型空心砌块墙)按图示尺寸以立方米计算,砌块本身空心体积不予扣除,按设计规定需要镶嵌砖砌体部分已包括在定额内,不另计算。

(三) 砖柱

砖柱不分柱身、柱基,其工程量合并计算,套砖柱定额项目。

(四) 其他砌体

(1) 砖砌锅台、炉灶,不分大小,均按图示外形尺寸以立方米计算,不扣除各种空洞的体积。

(2) 砖砌台阶(不包括牵边)按水平投影面积以平方米计算。

(3) 零星砌体按实体积计算。

(4) 毛石台阶按图示尺寸以立方米计算,套相应石基础定额。方整石台阶按图示尺寸以立方米计算。

(5) 砖、石地沟不分墙基、墙身合并以立方米计算。

(6) 明沟按图示尺寸以延长米计算。

(7) 检查井及化粪池不分壁厚均以立方米计算。

(五) 砌体内钢筋加固

砖砌体内的钢筋加固,按设计规定以吨计算。套用定额子目为 A3 - 41。常见的砌体钢筋加固钢筋类型有两种,一种是为提高砌体的承载能力而设计的砌体配筋;另一种是为满足构件间的拉结而设置的拉结钢筋。如图 4-4-9 所示为砌体与构造柱之间拉结。

图 4-4-9　砌体与构造柱拉结示意图

三、砌筑脚手架工程工程量计算规则及定额套用

定额规定:当砌体高度超过 1.2 m,均需计算脚手架措施费用。同一建筑物高度不同时,应按不同高度分别计算(不同高度的划分系指建筑物的垂直方向划分)。脚手架按搭设部位不同分外墙脚手架和内墙脚手架;按搭设方式不同分单排脚手架、双排脚手架、满堂脚

手架、挑脚手架、电梯井字架、独立斜道、烟囱脚手架等；按材料分有毛竹和钢管脚手架。

（一）外墙脚手架

1. 外墙脚手架工程量计算规则

外脚手架按外墙外边线长度乘以外墙砌筑高度以平方米计算，不扣除门、窗洞口、空圈洞口等所占的面积。突出墙外宽度在 24 cm 以内的墙垛、附墙烟囱等不计算脚手架；宽度超过 24 cm 以外时按图示尺寸展开计算，并入外脚手架工程量内。

计算公式：

$$S = L_{外边线} \times H$$

式中　$L_{外边线}$——外墙外边线长度；

　　　H——外墙砌筑高度；外墙砌筑高度系指设计室外地面至砌体顶面的高度，山墙为 1/2 高。

2. 定额子目的套用

建筑物外墙脚手架以檐高（设计室外地坪至檐口滴水高度）划分，区分不同材料套用单、双排脚手架

毛竹架：檐高在 7 m 以内时，按单排外架计算；外墙檐高超过 7m 时按双排外架计算。钢管架：檐高在 15 m 以内时，按单排外架计算；檐高超过 15 m 时，按双排外架计算。檐高虽未超过 7 m 或 15 m，但外墙门及装饰面积超过外墙表面 60％以上时，均按双排脚手架计算。

（二）内墙脚手架

1. 内墙脚手架工程量计算规则

按墙面垂直投影面积计算。不扣除门、窗洞口、空圈洞口等所占的面积。

2. 定额子目的套用

（1）建筑物内墙脚手架，内墙砌筑高度（凡设计室内地面或楼板面至上层楼板或顶板下表面或山墙高度的 1/2 处）在 3.6 m 以内的，按里脚手架计算。

（2）内墙砌筑高度超过 3.6 m 时，按其高度的不同分别套用相应单排或双排外脚手架计算。

（三）独立砖柱砌筑脚手架

1. 独立柱脚手架工程量计算规则

独立柱按图示柱结构外围周长另加 3.6 m，乘以砌筑高度（设计室外地面或楼板面至上层楼板顶面的距离）。

2. 定额子目的套用

套用相应双排外脚手架定额。

【案例分析 4-4-2】　根据 4-4-10 图示尺寸计算独立柱脚手架工程量（双排钢管外脚手架），已知砌筑高度 10.2 米。

【解】　（1）列项，工程量计算：KZ3：$S_{脚手架}$＝（0.5×4＋3.6）×10.2＝57.12（m²）

（2）套价计算直接工程费。如表 4-4-4 所示。

图 4-4-10　柱的示意图

表 4-4-4　工程预算表

工程楼

序号	定额编号	项目名称	单位	工程量	定额单价(元)	合价(元)
1	A11-5	独立柱脚手架	m²	57.12	6.394 1	365.07

行动领域 5　混凝土及钢筋混凝土工程

混凝土及钢筋混凝土工程包括模板、钢筋、混凝土及脚手架等多个工种工程,按施工方法分为现浇钢筋混凝土工程、预制钢筋混凝土工程和预应力钢筋混凝土工程;常见的混凝土构件有基础、柱、梁、板、墙等,不同的施工方法、不同的构件所消耗的人工、材料、机械数量各不相同。混凝土及钢筋混凝土工程定额根据主要工种分模板、钢筋、混凝土及脚手架四部分,并按照施工方法、构件类型划分了多个定额子目。

一、混凝土及钢筋混凝土工程相关知识

(一)钢筋混凝土构件的施工工艺流程

支模板→绑扎钢筋→浇灌混凝土→混凝土养护

(二)钢筋混凝土各构件的划分

1. 基础

(1)基础与墙、柱的划分,均以基础扩大顶面为界。如图 4-5-1 所示。

(2)有肋式带形基础,肋高与肋宽比在 4∶1 以内的按有肋式变形基础计算;肋高与肋宽之比超过 4∶1 的,其底板按板式带形基础计算,以上部分按墙计算。

(3)杯形基础杯口高度大于等于杯口大边长度者按杯形基础计算;杯口高度小于杯口大边长度时按高杯基础计算。如图 4-5-2 所示。

图 4-5-1　基础扩大面示意图

图 4-5-2　杯形基础

(4)箱式满堂基础应分别按满堂基础、柱、墙、梁有关规定计算(如图 4-5-3 所示)。

(5)设备基础除块体外,其他类型设备基础分别按基础、梁、柱、板、墙等有关规定计算。

(6)基础梁与地圈梁的区别:凡在柱基之间承受上部墙身荷载而下部无其他承托的梁是基础梁。基础梁与地圈梁的主要区别是地圈梁下有墙或基础作为支撑。在计算模板和混凝土时一定要注意区分(见图 4-5-4 所示)。

图 4-5-3　箱式满堂基础示意图

图 4-5-4　基础梁与地圈梁

2. 柱

（1）有梁板的柱高按基础上表面至楼板上表面，或楼板上表面至上一层楼板上表面计算。如图 4-5-5 所示。

（2）无梁板的柱高按基础上表面或楼板上表面至柱帽下表面计算。如图 4-5-6 所示。

图 4-5-5　有梁板柱高示意图　　　　图 4-5-6　无梁板柱高示意图

（3）构造柱按全高计算，嵌接墙体部分（如图 4-5-7 所示）并入柱身体积。

图 4-5-7 构造柱与砖墙嵌接部分体积(马牙槎)示意图

(4) 依附柱上的牛腿,并入柱内计算。

(5) 附墙柱并入墙内计算。

3. 梁

(1) 梁与柱连接时,梁长算至柱的侧面。如图 4-5-8(a)所示。

图 4-5-8 主梁、次梁计算长度示意图

(2) 主梁与次梁连接时,次梁长算至主梁的侧面。如图 4-5-8(b)所示。

(3) 圈梁与过梁连接时[如图 4-5-8(c)]过梁长度按门窗洞口宽度加 500 mm 计算。地圈梁按圈梁定额计算。

(4) 现浇挑梁的悬挑部分按单梁计算,嵌入墙身部分分别按圈、过梁计算。

4. 板

(1) 有梁板包括主梁、次梁与板,梁板合并计算。

(2) 无梁板的柱帽并入板内计算。

（3）平板与圈梁、过梁连接时，板算至梁的侧面。

（4）预制板缝宽度在 60 mm 以上时，按现浇平板计算；宽 60 mm 以下的板缝已在接头灌缝的子目内考虑，不再列项计算。

5. 墙

（1）墙与梁重叠，当墙厚等于梁宽时，墙与梁合并按墙计算；当墙厚小于梁宽时，墙梁分别计算。

（2）墙与板相交，墙高算至板的底面。

（3）墙的净长大于宽 4 倍，小于等于宽 7 倍时，按短肢剪力墙计算。

6. 其他

（1）带反梁的雨篷按有梁板定额子目计算。

（2）小型混凝土构件，系指每件体积在 0.05 m³ 以内的未列出定额项目的构件。

（3）现浇挑檐天沟与板（包括屋面板、楼板）连接时［如图 4-5-9（c）所示］，以外墙为分界线，与圈梁（包括其他梁）连接时［如图 4-5-9（a）、（b）、（d）所示］，以梁外边线为分界线。外墙外边线或梁外边线以外为挑檐天沟。

(a) 屋面檐沟　　　　　　　　　(b) 屋面檐沟

(c) 屋面挑檐　　　　　　　　　(d) 挑檐

图 4-5-9　现浇挑檐与屋面板、圈梁划分

二、混凝土及钢筋混凝土工程工程量计算规则及定额套用

（一）现浇混凝土工程

1. 混凝土工程及模板工程量一般计算规定及定额套用

（1）混凝土工程工程量一般计算规定及定额套用

1）混凝土工程工程量计算一般规则

混凝土工程量除另有规定外，均按图示尺寸以实体体积以立方米计算。不扣除构件内钢筋、预埋铁件及墙、板中 0.3 m² 内的孔洞所占体积。

2）混凝土工程定额子目的套用

混凝土由水泥、粗骨料、细骨料和水拌合而形成,水泥强度等级、粗骨料种类、粒径及混凝土配合比等都将引起混凝土价格的差异,使用定额价格时,必须按下列定额规定执行。

① 混凝土的工作内容包括:筛砂子、筛洗石子、后台运输、搅拌,前台运输、清理、润湿模板、浇灌、捣固、养护。

② 建筑定额中混凝土粗集料系按卵石考虑,如设计图纸采用碎石混凝土时,按附录碎石混凝土配合比进行换算,但含量不变。

③ 在混凝土配合比表中,同一种强度等级均列有两种强度等级水泥的基价,建筑定额均采用低强度等级水泥组成混凝土基价,实际使用水泥强度等级或混凝土强度等级与定额不同时,应按混凝土配合比表换算混凝土价格,但混凝土含量不变。

④ 建筑定额中混凝土养护系按洒水养护考虑,如采用其他方法养护时应按实计算。

⑤ 定额混凝土按施工方法编制了现场搅拌混凝土、集中搅拌混凝土相应定额子目,集中搅拌混凝土是按混凝土搅拌站、混凝土搅拌输送车及混凝土的泵送机械都是按在施企业自备的情况下编制的。采用集中搅拌混凝土不分构件名称和规格分别以混凝土输送泵或输送泵车,套用同一泵送混凝土的定额子目。该定额子目不适用于使用商品混凝土的构件。

⑥ 混凝土子目中已列出常用强度等级,如与设计要求不同时,可以换算。

（2）模板及支撑工程工程量计算一般规则及定额套用

1）模板及支撑工程工程量计算一般规则

现浇混凝土及钢筋混凝土模板工程量,除另有规定者外,均应区别模板的不同材质,按混凝土与模板接触面的面积,以平方米计算。现浇混凝土柱、梁、板、墙的支撑高度以:室外地坪至板底（梁底）或板面（梁面）至板底（梁底）之间的高度以 3.6 m 以内为准,超过 3.6 m 以上部分,另按超过部分每增高 1 m 增加支撑工程量,不足 0.5 m 时不计,超过 0.5 m 按 1 m 计算。现浇钢筋混凝土墙、板上单孔面积在 0.3 m² 以内的孔洞,不予扣除,洞侧壁模板亦不增加,但突出墙、板面的混凝土模板应相应增加;单孔面积在 0.3 m² 以外时,应予扣除,洞侧壁模板并入墙、板模板工程量内计算。柱与梁、柱与墙、梁与梁等连接的重叠部分以及伸入墙内的梁头、板头部分,均不计算模板面积。

2）模板及支撑工程定额子目的套用

① 现浇混凝土模板按不同构件,分别以组合钢模板、钢支撑或木支撑,九夹板模板、钢支撑或木支撑,木模板、木支撑配制。使用其他模板时,可以编制补充单位基价表。

② 一个工程使用不同模板时,以一个构件为准计算工程量及套用定额。如同一构件使用两种模板,则以与混凝土接触面积大的套用定额。

③ 模板工作内容包括:清理、场内运输、安装、刷隔离剂、浇灌混凝土时模板维护、拆模、集中堆放、场外运输。木模板包括制作（预制包括刨光,现浇不刨光）,组合钢模板、九夹板模板包括装箱。

④ 整板基础、带形基础的反梁、基础梁或地下室墙侧面的模板用砖侧模时,可按砖基础计算,同时不计算相应面积的模板费用。

⑤ 钢筋混凝土墙及高度大于 700 mm 的深梁模板的固定,若审定的施工组织设计采用对拉螺栓时,可按实计算。

⑥ 钢筋混凝土后浇带按相应定额子目中模板人工乘以 1.2 系数;模板用量及钢筋支撑

乘以 1.5 系数。

⑦ 坡屋面坡度大于等于 $1/4(26°34')$ 时，套相应的定额子目但子目中人工乘以 1.15 的系数，模板用量及钢支撑乘以 1.30 的系数。

2. 现浇混凝土构件混凝土工程及模板工程计算

（1）现浇混凝土垫层

垫层有地面垫层、基础垫层等。

1）垫层混凝土工程量计算公式

$$V = b \times L \times h$$

式中　V——垫层工程量（m^3）。

　　　b——垫层宽度（m）。

　　　L——垫层长度（m）；外墙基础下垫层长度：按外墙中心线长度计算。

　　　　　内墙基础下垫层长度：按内墙基础垫层间净长线长度计算。

　　　h—垫层厚度（m）。

2）模板工程量计算公式

$$S = 2hL - 重叠部分的面积$$

3）定额子目套用

① 钢筋混凝土垫层按垫层项目执行，其钢筋部分按本章相应项目规定计算。

② 垫层用于基础垫层时，按相应定额人工乘以 1.2 系数。地面垫层需分格支模时，按技术措施中的垫层支模定额执行。

（2）现浇钢筋混凝土基础

常见的混凝土基础形式有：独立基础、杯形基础、带形基础、满堂基础、箱形基础、桩基础、设备基础等。

1）带形基础

① 混凝土工程量计算公式（如图 4-5-10 所示）

图 4-5-10　混凝土带形基础 T 形接头示意图

$$V = F \times L + V_T$$

式中 V——带型基础工程量(m^3)。

图 4-5-11 T形接头图

F——带型基础断面面积(m^2)；带形基础断面形式一般有梯形、阶梯形和矩形等。

L——带型基础长度(m)。外墙基础长度：按外墙带型基础中心线长度；

内墙基础长度：按内墙带型基础净长线长度计算。

V_T——T形接头的搭接部分体积。

T形接头的搭接部分体积计算如图 4-5-11 所示。

$$V_T = V_1 + V_2 + V_3$$

$$V_1 = L_搭 H b \quad V_2 = \frac{1}{2} L_搭 h_1 b \quad V_3 = \frac{1}{3} \times \frac{1}{2} \frac{B-b}{2} h_1 L_搭 \times 2$$

② 带形基础模板工程量计算公式

a. 坡面带形基础[如图 4-5-12(a)所示]

$$S = 2 \times (h + h_2) L$$

b. 阶梯形截面[如图 4-5-12(b)所示]

$$S = 2(h_1 + h_2) L$$

图 4-5-12 带形基础断面示意图

③ 带形基础定额子目的套用

带形基础混凝土工程按材料有毛石混凝土 A4-15 和混凝土 A4-16 两子目；模板工程按混凝土材料分毛石混凝土、无筋混凝土、钢筋混凝土；钢筋混凝土基础按类型分有肋式和无肋式；每种基础按模板的不同材质分组合钢模板、九夹板、木模板等共 12 个子目（A10-1～A10-12）。当肋式带形基础，上部肋高与肋宽之比超过 4:1 时，上部的梁套用墙的相应子目，下部要套用带形基础子目。

2）独立基础

独立基础有阶梯形和四棱锥台形。

① 混凝土工程量计算公式

a. 阶梯形基础：如图 4-5-13 所示。

$$V = ABh_1 + abh_2$$

b. 四棱锥台形基础：如图 4-5-14 所示。

$$V = ABh_1 + [AB + (A+a)(B+b) + ab]h_2/6$$

② 模板工程量计算公式

a. 阶梯形基础：

$$S = 2(A+B)h_1 + 2(a+b)h_2$$

b. 四棱锥台形基础:

$$S = 2(A+B)h_1$$

图 4-5-13 阶梯形独立基础

图 4-5-14 四棱锥台形独立基础

3) 满堂基础

满堂基础分有梁式满堂基础[如图 4-5-15(a)所示]和无梁式满堂基础[如图 4-5-15(b)所示]。

(a) 有梁式满堂基础   (b) 无梁式满堂基础

图 4-5-15 满堂基础示意图

① 满堂基础混凝土工程量计算公式:

a. 有梁式满堂基础混凝土工程量=基础底板的体积+梁肋体积

b. 无梁式满堂基础混凝土工程量=基础底板的体积

② 满堂基础模板工程量计算公式:

a. 有梁式满堂基础模板工程量=基础底板的侧面面积+凸出底板的梁肋侧面面积

b. 无梁式满堂基础模板工程量＝基础底板的侧面面积

4）箱形基础

箱形基础（如图 4-5-16 所示）是指由顶板、底板及纵横墙板（包括镶入钢筋混凝土墙板中的柱）连成整体的基础，底板混凝土工程量按底板面积乘以底板厚度以立方米计算，模板工程量按底板侧面面积计算，执行无梁式满堂基础定额基价。墙板混凝土工程量按实体积计算，模板工程量按墙板两侧的侧面面积计算，执行钢筋混凝土墙相应定额基价子目。顶板混凝土应根据板的结构类型，按有梁板、平板

图 4-5-16　箱形基础

或无梁板分别列项计算体积。模板工程量按相应楼板底面积和梁侧面积之和计算，执行现浇钢筋混凝土板相应定额子目。

5）桩承台

桩承台分独立桩承台和带形桩承台两类。

① 桩承台混凝土工程量计算公式：

$$V=LBH$$

式中　L——承台的长；

　　　B——承台的宽；

　　　H——承台的高。

② 桩承台模板工程量计算公式：

$$S=2(L+B)H$$

③ 定额子目套用

独立桩承台混凝土工程套用 A4-22，定额已考虑了凿桩头用工；带型桩承台混凝土子目按带型基础定额（A4-16）执行。

（3）现浇钢筋混凝土柱

柱有矩形柱、圆形柱、异形柱和构造柱。柱混凝土工程量按图示断面面积乘以柱高以立方米计算，依附柱上的牛腿的体积并入柱身体积计算。柱的模板工程量按混凝土与模板接触面的面积计算，应扣除柱与梁、柱与墙等连接的重叠部分的面积。

1）混凝土工程量计算公式

① 矩形柱、圆形柱、异形柱：

$$V=SH$$

式中　S——柱图示截面面积。

　　　H——柱高度。有梁板的柱高：应自柱基（或楼板）上表面算至上一层楼板上表面。

　　　无梁板的柱高：应自柱基（或楼板）上表面算至柱帽下表面。

② 构造柱：

$$V=SH$$

式中　S——按设计图示尺寸（包括与砖墙咬接部分在内）计算断面面积，即考虑马牙槎增加的断面面积。不同位置的构造柱马牙槎增加的断面面积：$S_{增}＝0.03×墙厚×马牙$

楷边数；如图 4-5-17 所示。

H——构造柱的高度，应自柱基（或地圈梁）上表面算至柱顶面；如需分层计算时，首层构造柱高应自柱基（或地圈梁）上表面算至上一层圈梁上表面，其他各层为各楼层上下两道圈梁上表面之间的距离。若构造柱上、下与主、次梁连接则以上下主次梁间净高计算柱高。

图 4-5-17　构造柱马牙槎增加的断面面积示意图

2）模板工程量计算公式

$$S_{模板}＝S_{柱侧}－S_{叠}$$

式中　$S_{柱侧}$——柱的侧面面积，即 $S_{柱侧}＝LH$；

　　　L——柱的周长；

　　　H——柱的高度；

　　　$S_{叠}$——柱与梁、柱与墙重叠部分的面积。

构造柱按图示外露部分计算模板面积。留马牙槎的按最宽面计算模板宽度。构造柱与墙接触面不计算模板面积。

（4）现浇钢筋混凝土梁

现浇钢筋混凝土梁的定额子目分为基础梁、单梁连续梁、异形梁、圈梁、过梁和弧形拱形梁等子目，基础梁是指直接以独立基础或柱为支点的梁。一般多用于不设条形基础时墙体的承托梁。单梁、连续梁是指单跨简支梁和多跨连续梁。异形梁是指梁截面为"T"、"十""工"形。圈梁是指在房屋的檐口、楼层或基础顶面标高处，沿砌体水平方向设置封闭的按构造配筋的，以墙体为底模板浇筑的梁。过梁是指在墙体砌筑过程中，门窗洞口上同步浇筑的梁。

1）现浇钢筋混凝土梁的混凝土工程量计算公式：

$$V＝SL$$

式中　S——梁的截面面积。

　　　L——梁的长度；梁与柱（不包括构造柱）交接时，梁长算至柱侧面；主、次梁交接时，次梁长度算至主梁的侧面；伸入墙内的梁头（如图 4-5-18 所示）包括在梁的长度内计算。现浇梁垫，其体积并入梁内计算。圈梁代替过梁者，过梁部分应与圈梁部分分别列项，其过梁长度按门、窗洞口宽度两端共加 50 cm 计算，分别套用圈梁和过梁定额基价子目。

图 4-5-18　现浇梁垫并入梁体积内计算示意图

2）现浇钢筋混凝土梁的模板工程量计算公式：

$$S_{模板} = (2h+b)L - S_{叠}$$

式中 h——梁的高度。

b——梁的宽度；圈梁不需支底模。

L——梁的长度。

$S_{叠}$——梁与梁等重叠部分的面积。

3）定额子目套用

梁的混凝土工程应根据梁的类型分别套用相应定额子目，模板工程应区分不同类型、不同材质分别套用相应定额子目，支模高度超过 3.6 m 时，应按规定套用超高子目。

（5）钢筋混凝土板

现浇钢筋混凝土板的定额子目分为有梁板、无梁板、平板、拱板、双层拱形屋面板等子目。

1）有梁板

有梁板是指梁（包括主、次梁）与板整浇构成一体并至少有三边是以承重梁支承的板。

① 有梁板混凝土工程量计算式：

有梁板混凝土工程量＝梁的体积＋板的体积－单孔面积 0.3 m² 外的孔洞所占体积

② 有梁板模板土工程量计算式：

有梁板模板工程量＝板与梁的底面积＋凸出板面的梁肋的侧面面积－单孔面积在 0.3 m² 以外的面积＋洞侧面积

2）无梁板

无梁板是指不带梁而直接用柱头支承的板。

① 无梁板混凝土工程量计算式：

无梁板混凝土工程量＝板的体积＋柱帽的体积－单孔面积 0.3 m² 外的孔洞所占体积

② 无梁板模板工程量计算式：

无梁板模板工程量＝板的底面积＋凸出板面的模板面积－单孔面积在 0.3 m² 以外的面积＋洞侧面积

3）平板

平板是指无柱、梁支撑，而直接由墙（包括钢筋混凝土墙）支撑的板。圈梁与现浇板整浇时，板算至圈梁侧面。

① 平板混凝土工程量计算式：

平板混凝土工程量＝板的体积－单孔面积在 0.3 m² 以外的孔洞所占的体积

② 平板模板土工程量计算式：

平板模板工程量＝板的底面积－单孔面积在 0.3 m² 以外的面积＋洞侧面积

4）定额子目套用

现浇钢筋混凝土板的混凝土、模板工程应区分不同板的类型、模板的不同材质分别套用相应定额子目，模板支模高度超过 3.6 m 时，应按规定套用超高子目。

（6）现浇钢筋混凝土墙

现浇钢筋混凝土墙定额子目分直形墙、电梯井壁直形墙、弧形墙和短肢剪力墙。短肢剪力墙为墙的净长大于宽 4 倍，小于等于宽 7 倍的墙。

1）现浇钢筋混凝土墙的混凝土工程量计算公式：

$$V = bHL - \sum（门窗洞口及 0.3 m^2 以上的孔洞所占体积）＋附墙柱的体积$$

式中　b——墙厚度。

H——墙的高度，墙与板相交，墙高算至板底；墙与梁重叠，当墙厚等于梁宽时，墙与梁合并按墙计算；当墙厚小于梁宽时，墙与梁分别计算，即墙高算至梁底。

L——墙长，外墙按中心线长，内墙按净长计算（有柱者算至柱侧）。

2）现浇钢筋混凝土墙的模板工程量计算公式：

$$S_{模板} = 2HL - \sum（门窗洞、单孔面积在 0.3 m^2 以外的面积＋与柱重叠的面）＋\sum（单孔面积在 0.3 m^2 以外的孔洞侧面积＋凸出墙面的模板面积）$$

3）定额子目套用

现浇钢筋混凝土墙的混凝土、模板工程应区分不同墙的类型、模板的不同材质分别套用相应定额子目，模板支模高度超过 3.6 m 时，应按规定套用超高子目。

（7）现浇整体楼梯

现浇整体楼梯混凝土、模板工程定额子目分为直型、弧形两子目。

现浇钢筋混凝土整体楼梯的混凝土及模板工程量计算规则：

整体楼梯包括休息平台、平台梁、斜梁及楼梯的连接梁，按水平投影面积计算，不扣除宽度小于 500 mm 的楼梯井，伸入墙内部分不另增加。楼梯与楼板连接时，楼梯算至楼梯梁外侧面。楼梯的踏步、踏步板、平台梁等侧面模板，不另计算。

圆形楼梯按悬挑楼梯间水平投影面积计算（不包括中心柱）。

(a) 平面图　　　　　　　　　(b) 剖面图

图 4-5-19　楼梯示意图

图 4-5-19 所示现浇钢筋混凝土整体楼梯的混凝土及模板工程量计算公式：

当 $Y \leqslant 50$ cm 时，投影面积＝$A \times L$

当 $Y > 50$ cm 时，投影面积＝$(A \times L) - (X \times Y)$

式中　X——楼梯井长度；

Y——楼梯井宽度；

A——楼梯间净宽；

L——楼梯间长度。

（8）现浇阳台、雨篷（悬挑板）

现浇阳台、雨篷混凝土工程定额分为阳台、雨篷两个子目，模板工程合为一个子目按形式分为直形和弧形两子目。其混凝土和模板工程量计算规则均按伸出外墙的水平投面积计算，伸出外墙的牛腿、封口梁不另计算。带反边的雨篷按展开面积并入雨篷内计算。带反梁的雨篷按有梁板子目计算。

（9）现浇混凝土扶手、栏板

扶手混凝土及模板工程按延长米计算。栏板混凝土工程按长度（包括伸入墙内的长度）乘截面积以立方米计算，栏板模板工程按混凝土与模板接触面的面积计算。

（10）现浇混凝土台阶

台阶混凝土及模板工程按图示尺寸以水平投影面积计算。台阶端头两侧不另计算模板面积。

（11）现浇混凝土挑檐、天沟

现浇混凝土挑檐、天沟混凝土工程按其设计图示尺寸以立方米计算。模板工程按混凝土与模板接触面的面积，以平方米计算。

（12）现浇小型构件

现浇小型构件，指每件体积在 0.05 m³ 以内，而未列项目的构件。混凝土工程量，均按设计图示尺寸以立方米计算，模板工程按混凝土与模板接触面的面积，以平方米计算。

（13）商品混凝土

1）商品混凝土单价的组成

预拌混凝土价格的构成：① 预拌混凝土出厂价；② 预拌混凝土生产厂至施工现场的运输费；③ 施工现场的泵送费，包括泵送、接管、布管拆洗人工费、水费、泵送管及配件摊销费。④ 泵送车和地泵进（出）场费。

2）商品混凝土换算规定

江西省造价文件规定：① 凡使用预拌混凝土的工程项目均按《江西省建筑工程消耗量定额及统一基价表》中的基价取费。预拌混凝土与定额混凝土的价差取费按材料差价的方法计算。在计算浇捣混凝土定额费用时，定额混凝土配合比不作调整，按定额取定配合比计价（即不按图纸设计配合比计价）。② 非泵送混凝土仅扣除表 4-5-1 中后台工料机费用。

3）工业建筑、民用建筑应根据工程的部位，檐高及采用垂直运输机械情况的不同进行预拌混凝土差价的计算。预拌混凝土差价的计算方法：

预拌混凝土差价 $= \sum$（预拌混凝土市场价格 $-$ 定额子目取定混凝土价格 $-$ 扣除表 4-5-1 中相应的费用）$\times$ 图示工程量（m³ 或 m²）$\times$ 定额含量/10

表 4-5-1　使用预拌砼（泵送）工料机费用扣除表（单位：元/m³ 砼）

基础	檐高20 m内机吊	檐高20 m内塔吊	檐高30 m内机吊	檐高30 m内塔吊	檐高40 m内机吊	檐高40 m内塔吊	檐高50 m内	檐高60 m内	檐高70 m内	檐高80 m内	檐高90 m内	檐高100 m内	檐高110 m内	檐高120 m内
后台费用	18.72	20.67	20.67	20.67	20.67	20.67	20.67	20.67	20.67	20.67	20.67	20.67	20.67	20.67	20.67

（续表）

	基础	檐高 20 m 内 机吊	檐高 20 m 内 塔吊	檐高 30 m 内 机吊	檐高 30 m 内 塔吊	檐高 40 m 内 机吊	檐高 40 m 内 塔吊	檐高 50 m 内	檐高 60 m 内	檐高 70 m 内	檐高 80 m 内	檐高 90 m 内	檐高 100 m 内	檐高 110 m 内	檐高 120 m 内
前台 费用	17.19	16.87	16.87	16.87	16.87	16.87	16.87	16.87	16.87	16.87	16.87	16.87	16.87	16.87	16.87
垂直 运输 费	0	7.33	19.45	8.06	21.40	8.21	21.78	22.37	33.64	35.04	36.44	37.84	40.36	42.05	43.45
小计	35.91	44.87	56.99	45.60	58.94	45.75	59.32	59.91	71.18	72.58	73.98	75.38	77.90	79.59	80.99

3. 现浇混凝土构件的钢筋、铁件工程工程量计算规则及定额套用

现浇混凝土构件中的钢筋工程定额按钢筋品种、规格和桩基础钢筋等划分为多个子目（A4－444～A4－454），现浇构件圆钢筋分ϕ5 以内、ϕ10 以内、ϕ10 以外；现浇构件螺纹钢筋分$\pm$20 以内、$\pm$20 以外；现浇构件变形钢筋分冷轧带肋和冷轧扭钢筋；桩基础钢筋分钢筋笼和护壁钢筋，钢筋笼又按成孔工艺分沉管灌注混凝土桩钢筋笼、人工挖孔桩钢筋笼、钻（冲）孔桩钢筋笼等共 11 个子目。

（1）钢筋工程

1）钢筋工程量计算一般规则

应区别不同钢种和规格，分别按设计长度乘以单位重量，以吨计算。计算钢筋工程量时，通长钢筋的接头，设计已规定钢筋搭接长度的，按规定搭接长度计算；设计未规定搭接长度的，钢筋直径在 10 mm 以内的，不计算搭接长度；钢筋直径在 10 mm 以上的，当单个构件的单根钢筋设计长度大于 8 m 时，按 8 m 长一个搭接长度计算在钢筋用量内，其搭接长度按实用钢筋Ⅰ级钢 30 倍、Ⅱ级钢 35 倍直径计算。钢筋电渣压力焊接接头以个计算。

2）钢筋长度确定

钢筋在构件中常有直钢筋、弯起钢筋、箍筋、S 形拉筋等四种形式。

① 直钢筋

直钢筋长度＝构件支座（或相关联构件）间的净长度＋伸入支座（或相关联构件）内的构造长度＋两端部需做弯钩的增加长度

② 弯起钢筋

弯起钢筋长度＝构件支座（或相关联构件）间的净长度＋伸入支座（或相关联构件）内的构造长度＋两端部需做弯钩的增加长度＋弯起钢筋增加值

③ 箍筋

箍筋在构件中常有等截面箍筋、变截面箍筋、螺旋箍筋三种。

a. 等截面箍筋长度计算

单根双肢箍筋长度计算 $L_{单}$：

$$L_{单}=[(b-2c)+(h-2c)]\times 2+两弯钩增加值$$

式中　b,h——构件的截面尺寸；

　　　C——混凝土保护层厚度。

单构件箍筋根数：

$$N＝布筋范围÷布筋间距＋1$$

单构件箍筋总长度 L：

$$L＝L_单×N$$

b. 变截面箍筋（如图 4-5-20 所示）长度计算

变截面构件箍筋的总长度＝构件箍筋总根数×中间截面箍筋的长度

构件箍筋总根数、中间截面箍筋的长度计算方法同等截面箍筋计算。

图 4-5-20　变截面箍筋示意图

c. 螺旋箍筋长度计算

构件螺旋箍筋的总长度 $L＝$ 螺旋箍筋部分长度＋螺旋开始与结束端部的构造长度

螺旋箍筋部分长度 $＝N×\sqrt{P^2＋π^2(D－2c)^2}$ 如图 4-5-21 所示

式中　　$N＝L/P$，L 为布箍范围即构件长；P 为间距。

　　　　D——构件直径。

　　　　c——混凝土保护层厚度。

图 4-5-21　螺旋箍筋示意图

根据 11G101-1 中螺旋箍筋的构造要求（如图 4-5-22 所示）规定螺旋箍筋开始与结束应有水平段，长度不应小于一圈半，端部需做 135°弯钩，平直段长度：非抗震为 $5d$，抗震为 $10d$、75 mm 中取大值。

构件螺旋箍筋的总长度 $L＝N×\sqrt{P^2＋π^2(D－2c)^2}＋2×1.5π(D－2c)＋2$ 弯钩增加长度

④ S 形拉筋

S 形拉筋根据 11G101-1 中构造要求（如图 4-5-23 所示）有三种做法，工程中应按设计指定具体计算。

若采用第一种做法的长度计算：

图 4-5-22 螺旋箍筋构造示意图

$$S_{形拉筋长度} = 构件厚度 - 混凝土保护层厚度 \times 2 + 两端弯钩增加长度$$

图 4-5-23 拉筋构造做法示意图

3) 混凝土保护层厚度确定

混凝土保护层厚度指构件最外层钢筋外边缘至混凝土表面的距离如图 4-5-24 所示,混

图 4-5-24 混凝土箍筋保护层示意图

凝土保护层厚度应符合设计要求,当设计无具体要求时,应符合表 4-5-2 要求,且构件中受力钢筋的保护层厚度不应小于钢筋的公称直径。

表 4-5-2　混凝土保护层的最小厚度(mm)

环境类别	板、墙	梁、柱
一	15	20
二 a	20	25
环境类别	板、墙	梁、柱
二 b	25	35
三 a	30	40
三 b	40	50

注:① 设计使用年限为 100 年的混凝土结构,一类环境中,最外层钢筋的保护层厚度不应小于表中数值的 1.4 倍;二、三类环境中,应采取专门的有效措施。

② 混凝土强度等级不大于 C25 时,表中保护层厚度数值应增加 5。

③ 基础底面钢筋的保护层厚度,有混凝土垫层时应从垫层顶面算起,且不应小于 40 mm。

4) 钢筋的弯钩长度

HPB300 的钢筋末端常需做成 180°、135°、90°三种弯钩(如图 4-5-25 所示),弯钩平直段长度应符合设计要求,规范规定其弯弧内直径不小于钢筋直径的 2.5 倍。

① 180°弯钩长度

$$180°弯钩长度＝3.25d＋平直段长度$$

② 135°弯钩长度

$$135°弯钩长度＝1.9d＋平直段长度$$

③ 90°弯钩长度

$$90°弯钩长度＝0.5d＋平直段长度$$

注:“d”为钢筋的直径。

(a) 135° 弯钩　　　　(b) 180° 弯钩　　　　(c) 90° 弯钩

图 4-5-25　钢筋弯钩示意图

5) 钢筋弯起的增加长度

HRB335、HRB400 等钢筋在构件中常需做 30°、45°、60°三种弯起。规范规定其弯弧内直径不小于钢筋直径的 4 倍。

弯起钢筋长度增加值是指斜长与水平投影长度之间的差值。弯起钢筋斜长及增加长度计算方法见表 4-5-3。

表 4-5-3 弯起钢筋斜长及增加长度计算表

形 状				
计算方法	斜边长 S	$2h$	$1.414h$	$1.155h$
	增加长度 $S-L=\Delta l$	$0.268h$	$0.414h$	$0.577h$

6）钢筋锚入支座（或伸入相关联构件）内的构造长度，如图 4-5-26 所示

钢筋锚入支座或伸入相关联构件内的构造长度，应符合设计要求，图集 11G101－1 中，对混凝土柱、梁和墙等构件节点中钢筋锚入作了相应的要求。受拉钢筋基本锚固长度、锚固长度、锚固长度修正系数 ζ_a 分别见表 4-5-4、表 4-5-5、表 4-5-6 所示。

图 4-5-26

表 4-5-4 受拉钢筋基本锚固长度 l_{ab}、l_{abE}

受拉钢筋基本锚固长度 l_{ab}、l_{abE}										
钢筋种类	抗震等级	混凝土强度等级								
		C20	C25	C30	C35	C40	C45	C50	C55	>C60
HPB300	一、二级 l_{abE}	$45d$	$39d$	$35d$	$32d$	$29d$	$28d$	$26d$	$25d$	$24d$
	三级 l_{abE}	$41d$	$36d$	$32d$	$29d$	$26d$	$25d$	$23d$	$24d$	$22d$
	四级 l_{abE} 非抗震 l_{ab}	$39d$	$34d$	$30d$	$28d$	$25d$	$24d$	$23d$	$22d$	$21d$
HRB335 HRBF335	一、二级 l_{abE}	$44d$	$38d$	$33d$	$31d$	$29d$	$26d$	$25d$	$24d$	$24d$
	三级 l_{abE}	$40d$	$35d$	$31d$	$28d$	$26d$	$24d$	$23d$	$22d$	$22d$
	四级 l_{abE} 非抗震 l_{ab}	$38d$	$33d$	$29d$	$27d$	$25d$	$23d$	$22d$	$21d$	$21d$
HRB440 HRBF440 RRB440	一、二级 l_{abE}	—	$46d$	$41d$	$37d$	$33d$	$32d$	$31d$	$30d$	$29d$
	三级 l_{abE}	—	$42d$	$37d$	$34d$	$30d$	$29d$	$28d$	$27d$	$26d$
	四级 l_{abE} 非抗震 l_{ab}	—	$40d$	$35d$	$32d$	$29d$	$28d$	$27d$	$26d$	$25d$

（续表）

受拉钢筋基本锚固长度 l_{ab}、l_{abE}									
钢筋种类	抗震等级	混凝土强度等级							
		C20	C25	C30	C35	C40	C45	C50	C55	>C60
HRB500 HRBF500	一、二级 l_{abE}	—	$55d$	$49d$	$45d$	$41d$	$39d$	$37d$	$36d$	$35d$
	三级 l_{abE}	—	$50d$	$45d$	$41d$	$38d$	$36d$	$34d$	$33d$	$32d$
	四级 l_{abE} 非抗震 l_{ab}	—	$48d$	$43d$	$39d$	$36d$	$34d$	$32d$	$31d$	$30d$

表 4-5-5　受拉钢筋锚固长度 l_a、抗震锚固长度 l_{aE}

非抗震	抗震	
$l_a = \zeta_a l_{ab}$	$l_{aE} = \zeta_{aE} l_{ab}$	1. l_a 不应小于 200。 2. 锚固长度修正系数 ζ_a 按下表取用，当多于一项时，可按连乘计算，但不应小于 0.6。 3. ζ_{aE} 为抗震锚固长度修正系数，对一、二级抗震等级取 1.15，对三级抗震等级取 1.05，对四级抗震等级取 1.00。

表 4-5-6　受拉锚固长度修正系数 ζ_a

锚固条件		Z_a	
带肋钢筋的公称直径大于 25 mm		1.10	
环氧树脂涂层带肋钢筋		1.25	—
施工过程中易受扰动的钢筋		1.1	
锚固区保护层厚度	$3d$	0.80	注：中间时按内插值 d 为锚固钢筋的直径
	$5d$	0.70	

注：1. HPB300 级钢筋末端应做 180°弯钩，弯后平直段长度不应小于 $3d$，但作受压钢筋时可不做弯钩。

2. 当锚固钢筋的保护层厚度不大于 $5d$ 时，锚固钢筋长度范围内应设置横向构造钢筋，其直径不应小于 $d/4$（d 为锚固钢筋的最大直径）；对梁、柱等构件间距不应大于 $5d$。对板、墙等构件间距不应大于 $10d$，且均不应大于 100 mm（d 为锚固钢筋的最小直径）。

① 框架梁钢筋的构造要求

a. 楼层框架梁端部节点构造如图 4-5-27 所示：

如果梁上、下部钢筋锚固长度 $l_{aE} \leqslant h_c$（柱宽）—保护层厚，梁上、下部钢筋伸入柱内直锚 [如图 4-5-27(a)图所示]，长度 $L = \max(l_{aE}, 0.5h_c + 5d)$。

如果梁上、下部钢筋锚固长度 $l_{aE} > h_c$（柱宽）—保护层厚，梁上、下部钢筋伸入柱内弯锚 [如图 4-5-27(b)图所示]，长度 $L = h_c - c$（保护层厚度）$+ 15d$。

b. 屋面框架梁端部节点构造做法如图 4-5-27(c)所示：

梁上部钢筋弯锚入柱至梁底，长度 $L = h_c - c$（保护层厚度）$+ h_b$（梁高）$- c$（保护层厚度）。

梁下部钢筋锚入柱的做法如楼层框架梁。

c. 楼层、屋面框架梁中间节点[如图 4-5-27(d)图所示]

图 4-5-27

梁下部钢筋伸入柱内直锚,长度 $L=\max(l_{aE},0.5h_c+5d)$。

② 框架柱钢筋的构造要求

a. 边柱、角柱柱顶纵向钢筋构造图集有 A、B、C、D、E 五种节点做法(如图 4-5-28 所示),应配合使用,可选择 B+D 或 C+D 或 A+B+D 或 A+C+D 做法,伸入梁内的柱外侧纵筋不少于柱外侧全部纵筋面积的 65%。

如采用 B 节点,柱外侧纵筋伸入梁的长度(从梁底算起)$L=1.5l_{abE}(l_{ab})$,当柱外侧纵筋配筋率>1.2%时,分两批截断,长的部分再加 20d;内侧纵筋伸入梁的长度 $L=h_b$(梁高)$-c$(保护层厚度)$+12d$。

如采用 C 节点,柱外侧纵筋伸入梁的长度(从梁底算起)$L=\max[1.5l_{abE}(l_{ab}),h_b-c+15d]$,当柱外侧纵筋配筋率>1.2%时,分两批截断,长的部分再加 20d;内侧纵筋伸入梁的长度 $L=h_b$(梁高)$-c$(保护层厚度)$+12d$。

如采用 D 节点,柱外侧纵筋在柱顶第一层伸入柱内边向下弯 8d,柱外侧纵筋伸入梁的长度(从梁底算起)$L=h_b$(梁高)$-c$(保护层厚度)$+h_c$(柱宽)$-2c$(保护层厚度)$+8d$。

柱外侧纵筋在柱顶第二层伸入柱内至柱内边,则柱外侧纵筋伸入梁的长度(从梁底算起)$L=h_c$(柱宽)$-2c$(保护层厚度)。

b. 抗震中柱柱顶纵向钢筋构造(如图 4-5-29 所示)四种节点做法。

当 $h_b-c<l_{aE}$ 时,可采用 A 或 B 节点,柱内、外侧纵筋伸入梁内的长度 $L=h_b$(梁高)$-c$(保护层厚度)$+12d$。

当 $h_b-c\geqslant l_{aE}$ 时,可采用 D 节点,柱内、外侧纵筋伸入梁内的长度 $L=h_b$(梁高)$-c$(保护层厚度)。

③ 柱钢筋在基础中的锚固长度

图 4-5-28 抗震边柱、角柱柱顶纵向钢筋构造

（当柱顶有不小于100厚的现浇板） 柱纵向钢筋端头加锚头（锚板） （当直锚长度≥l_{aE}时）

图 4-5-29 抗震中柱柱顶纵向钢筋构造

柱钢筋在基础中的锚固如图 4-5-30 所示的四种构造做法。

采用构造（一）、（三）做法如图 4-5-30，柱纵筋伸入基础内的长度

$$L = h_j（基础高度）- c（保护层厚度）+ \max(6d, 150\ \text{mm})$$

采用构造（二）、（四）做法如下图，柱纵筋伸入基础内的长度

$$L = h_j（基础高度）- c（保护层厚度）+ 15d$$

7）钢筋重量计算

$$钢筋理论重量 = 钢筋长度 \times 每米理论重量$$

钢筋每米理论重量 $= 0.006\ 17d^2$（d 为钢筋直径，单位为"mm"）。

（2）铁件工程

预先埋设在混凝土及钢筋混凝土的金属零件叫预埋铁件，其工程量按设计图示尺寸以 t 计算。

$$预埋铁件工程量 = 图示铁件重量$$

柱插筋在基础中锚固构造(一)
插筋保护层厚度>5d;h_j>l_{aE}(l_n)

柱插筋在基础中锚固构造(二)
插筋保护层厚度>5d;h_j>l_{aE}(l_n)

柱插筋在基础中锚固构造(三)
柱外侧插筋保护层厚度≤5d;h_j>l_{aE}(l_a)

柱插筋在基础中锚固构造(四)
柱外侧插筋保护层厚度≤5d;h_j>l_{aE}(l_a)

图 4-5-30 柱钢筋在基础中锚固构造

$$钢板的重量＝钢板面积×钢板每平方米重量$$
$$型钢重量＝型钢长度×型钢每米重量$$

钢板每平方米重量、型钢每米重量可查表确定。

(3)钢筋、铁件工程定额子目的套用

① 钢筋工程定额工作内容包括:制作、绑扎、安装以及浇灌混凝土时维护钢筋用工。

② 现浇构件钢筋以手工绑扎考虑,实际与定额不符,不换算。

③ 各种钢筋、铁件的损耗已包括在定额子目中。

(4)综合案例分析

【案例分析4-5-1】 计算本书附图公用工程楼的J-1的混凝土、模板和钢筋工程量及直接工程费用。基础如图4-5-31所示,由图纸基础配筋表可知:J-1的平面尺寸 $A×B＝2\ m×2\ m$,$h_1＝300\ mm$,$h_2＝200\ mm$,板的受力筋双向为$\oplus 12@150$,模板采用九夹板、木支撑。

【解】 根据图纸说明基础采用C25混凝土,钢筋查基础配筋表,J-1是KZ-1的基础,KZ1截面为 $400\ mm×500\ mm$。混凝土保护层厚为 $50\ mm$。

(1)J-1混凝土工程量:

$$V＝2×2×0.3+\frac{0.2}{6}(2×2+0.5×0.6+2.5×2.6)$$
$$＝1.2+0.35＝1.55(m^3)$$

(2)模板工程量:$S＝4×2×0.3＝2.4(m^2)$

（3）钢筋工程量计算：

$\pm12@150$：$L_单=2-0.05\times2=1.9$（m）

根数 $n=(1.9\div0.15+1)\times2=28$（根）

$L_总=1.9\times28=53.2$（m）

钢筋的重量：$G=L_总0.006\ 17d^2=53.2\times0.006\ 17\times12^2=47.267$（kg）

（4）定额套用及直接工程费用见表 4-5-7。

表 4-5-7

序号	定额编号	项目名称	单位	数量	定额基价（元）	合价（元）
1	A4-18 换	独立基础 C25	10 m³	0.155	2 127.80	329.81
2	A10-17	独立基础模板	100 m²	0.024	1 856.8	44.56
3	A4-447	A20 以内螺纹钢	t	0.047 3	3 411.89	161.38
3					小计	535.75

图 4-5-31 基础详图

【案例分析 4-5-2】 图 4-5-32 为本书附图公用工程楼中标高为 5.97 楼层，③轴线上的 KL3(2)，试计算该梁的混凝土、模板和钢筋工程量及直接工程费用。工程采用九夹板模板，钢支撑。

图 4-5-32

【解】 根据图纸结构设计说明可知：本工程为非抗震设防，构造符合 11G101-1 的要求，混凝土强度等级为 C25，混凝土保护层厚为 25 mm。KZ-2 截面尺寸为 400 mm×

500 mm，KZ-3 截面尺寸为 500 mm×500 mm，图纸在纵横梁相交处每处均设置 2$\oplus$16 的吊筋。搁置在此梁上的梁的截面尺寸为 250 mm×500 mm。

（1）混凝土工程量 V：
$$L=(8.5+7.5)-0.375\times2-0.5=14.75(\text{m})$$
$$S=0.25\times0.75=0.188(\text{m}^2)$$
$$V=L\times S=14.75\times0.188=2.77(\text{m}^3)$$

（2）模板工程量 S：由于梁上板厚 100 mm，梁侧的支模高度为 0.65 m，则
$$S=14.75\times(0.65\times2+0.25)-0.25\times0.4\times2\times3=22.26(\text{m}^2)$$

（3）钢筋工程量 G：

$\oplus$20：$l_a=40d=40\times0.02=0.8(\text{m})>h_c=0.5$ m，故钢筋应弯锚。

弯锚锚固长度 $l_a=h_c-c+15d=0.5-0.025+15\times0.02=0.775(\text{m})$
$$l_1=1.2l_{db}=1.2\times40d=0.96(\text{m})$$

$\oplus$25：$l_a=40d=40\times0.025=1(\text{m})>h_c=0.5$ m，故钢筋应弯锚。

弯锚锚固长度 $l_a=h_c-c+15d=0.5-0.025+15\times0.025=0.85(\text{m})$
$$l_l=1.2l_{db}=1.2\times40d=1.2(\text{m})$$

① 梁上部通长筋 2$\oplus$20 长：通长钢筋的形状如图 4-5-34 所示。

梁通长钢筋长＝梁净跨长＋梁两端锚固长＋搭接长

2$\oplus$20 长：$L=(16-0.375\times2+0.775\times2+2\times0.96)=37.44(\text{m})$

② A轴支座负筋 2C20 长：支座负筋的形状如图 4-5-35 所示，

支座负筋长＝梁净跨长/3＋梁入支座锚固长

2$\oplus$20 长：$L=[(8.5-0.375-0.125)/3+0.775]\times2=6.88(\text{m})$

图 4-5-33 通长钢筋示意图

图 4-5-34 A轴支座负筋示意图

③ B轴支座负筋 3$\oplus$25+1$\oplus$20 长：支座负筋的形状如图 4-5-35 所示。

本支座有 6 根钢筋，按构造要求一排放不下，应两排布置，第一排支座负筋长＝梁净跨长/3×2＋支座宽，第二排支座负筋长＝梁净跨长/4×2＋支座宽。

第一排 2$\oplus$25 长：$L=[2\times(8.5-0.375-0.125)/3+0.5]\times2=11.67(\text{m})$

第二排 1$\oplus$25 长：$L=2\times(8.5-0.375-0.125)/4+$

图 4-5-35 B轴支座负筋示意图

0.5＝4.5(m)

　　第二排 1Φ20 长：L＝2×(8.5−0.375−0.125)/4＋0.5＝4.5(m)

　　④ C 轴支座负筋 1Φ20 长：C 轴支座负筋的形状同 A 轴负筋，如图 4-5-34 所示。

　　　　　支座负筋长＝梁净跨长/3＋梁入支座锚固长

　　1Φ20 长：L＝(8.5−0.375−0.125)/3＋0.775＝3.44(m)

　　⑤ 梁下部钢筋：AB 跨 4Φ25，BC 跨 3Φ25，所以 3Φ25 为通长筋，1Φ25 在 B 支座满足构造要求后截断，图 4-5-36 所示。

图 4-5-36　梁下部钢筋示意图

梁下部钢筋长＝梁净跨长＋两端锚固长＋搭接长

AB 跨 4Φ25，BC 跨 3Φ25

3Φ25 长：L＝(16−0.375×2＋0.85×2＋2×1.2)×3＝58.05(m)

1Φ25 长：L＝8.5−0.375−0.125＋0.85＋1＝9.85(m)

　　⑥ 梁侧构造钢筋长：梁侧构造钢筋长＝梁净跨长＋两端锚固长＋搭接长

G6Φ12：L＝(16−0.375×2＋15×0.012×2＋15×0.012×2)×6＝95.82(m)

　　⑦ 箍筋长度Φ8@100(2)，Φ8@200(2)

单根箍筋的长度：

　　　　$L_{单}$＝(0.25−0.025×2＋0.75−0.025×2)×2＋6.9×0.008×2＝1.91(m)

箍筋根数 n

n＝(8.5−0.375−0.125−0.05×2)/0.1＋1＋(7.5−0.375×2−0.05×2)/0.2＋1＋18(附加箍筋)＝80＋35＋18＝133(根)

　　　　　箍筋总长 L＝n×$L_{单}$＝133×1.91＝254.03(m)

　　⑧ 拉筋(Φ8@200，Φ8@400)

单根拉筋的长度：

　　　　　$L_{单}$＝0.25−0.025×2＋6.9×0.008×2＝0.31(m)

拉筋根数 n

n＝[(8.5−0.375−0.125−0.05×2)/0.2＋1＋(7.5−0.375×2−0.05×2)/0.4＋1]×3

　＝[41＋18]×3＝177(根)

　　　　　拉筋总长 L＝n×$L_{单}$＝177×0.31＝54.87(m)

　　⑨ 吊筋 6Φ16

单根吊筋的长度：吊筋形式如图 4-5-37 所示。

　　　　　$L_{单}$＝20×0.016×2＋0.35＋1.414×0.7×2＝2.97(m)

　　　　　　吊筋总长 L＝n×$L_{单}$＝6×2.97＝17.82(m)

图 4-5-37　吊筋构造示意图

现浇梁钢筋重量汇总：

⊈8	(254.03 m＋54.87 m)×0.395 kg/m	＝122.02 kg
⊈12	95.82 m×0.888 kg/m	＝85.09 kg
⊈16	17.82 m×1.58 kg/m	＝28.156 kg
⊈20	(37.44 m＋6.88 m＋4.5 m＋3.44 m)×2.47 kg/m	＝120.082 kg
⊈25	(11.67 m＋4.5 m＋58.05 m＋9.85 m)×3.85 kg/m	＝323.67 kg

列项：1）⊈10 以内圆钢　工程量 0.122 t

2）⊈20 以内螺纹钢　工程量 0.233 t

3）⊈20 以外螺纹钢　工程量 0.324 t

（5）定额套用及直接工程费用

本工程是现浇框架结构，框架梁应与板合并套有梁板子目，工程如采用九夹板模板，钢支撑，楼层标高为 5.97 m，室外地坪标高为－0.2 m，支撑超高为 2.57 m，定额套用及直接工程费用见表 4-5-8。

表 4-5-8　KL3(2)的混凝土、模板及钢筋工程定额套用及直接工程费用表

序号	定额编号	项目名称	单位	数量	定额基价（元）	合价（元）
1	A4－43 换	有梁板 C25	10 m³	0.277	2 272.32	629.43
2	A10－99	有梁板九夹板模板及钢支撑	100 m²	0.222 6	2 137.11	475.72
3	A10－115 换	有梁板支撑超过 3.6 m	100 m²	0.228 6	645.75	147.62
4	A4－445	⊈10 以内圆钢	t	0.122	3 532.42	430.95
5	A4－447	⊈20 以内螺纹钢	t	0.233	3 411.89	794.97
6	A4－448	⊈20 以外螺纹钢	t	0.324	3 288.91	1 065.61
					小计	3 544.30

【案例分析 4-5-3】　试计算本书附图公用工程楼中⑦轴与ⓒ轴相交处的柱 KZ－1 的混凝土、模板和钢筋工程量及直接工程费用。工程采用九夹板模板，钢支撑。柱 KZ－1 的配筋如图 4-5-38 所示。

【解】　根据图纸结构设计说明可知：本工程为非抗震设防，构造符合 11G101－1 的要求，混凝土强度等级为 C25，混凝土保护层厚为 25 mm。柱箍筋加密区长度参照四级抗震的构造要求，柱基为独立基础 J－1，各标高层与 KZ－1 相连的梁、板等构件见表 4-5-9。

图 4-5-38　KZ-1 的位置、配筋图

表 4-5-9　与柱 KZ-1 相连的构件表

梁面标高	⑦轴	C轴
基础处	DL-1 300×700	DL-2 300×500
5.97 标高	KL6(2) 250×750	KL7(7) 250×600
9.95 标高	KL2(2) 250×750	KL3(7) 250×600
13.25 标高	WKL1(1) 250×750	WKL2(1) 250×600
基础底标高—2 m	J-1 高 500	
4 m、8 m、13.25 m	板厚 120	

（1）KZ-1 的混凝土工程量 V

$$H=13.25+1.5=14.75(\text{m})$$

$$S=0.4\times0.5=0.2(\text{m}^2)$$

$$V=HS=14.75\times0.2=2.95(\text{m}^3)$$

（2）KZ-1 的模板工程量 S

$$S_{柱侧}=14.75\times(0.4+0.5)\times2=26.55(\text{m}^2)$$

柱与梁重叠的面积 $S_{叠1}=0.3\times0.2+0.25\times0.75\times3+0.25\times0.6\times3=1.07(\text{m}^2)$

柱与板重叠的面积 $S_{叠2}=0.12\times(0.4+0.5)\times2+0.12\times(0.4+0.5-0.25\times2)$

$$=0.264(\text{m}^2)$$

$$S_{模板}=S_{柱侧}-S_{叠1}-S_{叠2}=26.55-1.07-0.264=25.22(\text{m}^2)$$

（3）钢筋工程量

混凝土 C25，$l_a=l_{ab}=40d=40\times0.016=0.64(\text{m})$

1）柱纵筋 12⏦16 长度

柱纵筋的长度＝柱的净高＋伸入梁内的长度＋插入基础内的长度

柱的净高：

⑦轴线上 WKL1(1) 250×750　$H_n=14.75-0.75=14(\text{m})$

C 轴线上 WKL1(1) 250×600　$H_n=14.75-0.6=14.15(\text{m})$

伸入梁内的长度

外侧纵筋

此柱为角柱，7⏦16 为外侧纵筋，

外侧纵筋伸入梁内的长度 $L=1.5l_{ab}=1.5\times0.64=0.96$(m)

外侧纵筋伸至柱内侧长度 $L=h_b$(梁高)$-c$(保护层厚度)$+h_c$(柱宽)$-2c$(保护层厚度)

梁高为 750 mm 时 $L=1.175$(m)；

梁高为 600 mm 时 $L=1.025$(m)；

柱顶应选定为 11G101-1 中角柱节点构造中的 C 做法。所以：

位于垂直于⑦轴线柱边上的外侧纵筋伸入梁内的长度 L：

4$\pm$16 伸入梁内的长度 L

$$L=\max[1.5l_{abE}(l_{ab}),h_b-c+15d]=0.965\text{(m)}$$

位于垂直于 C 轴线柱边上的外侧纵筋伸入梁内的长度 L：

3$\pm$16 伸入梁内的长度 L

$$L=\max[1.5l_{abE}(l_{ab}),h_b-c+15d]=0.96\text{(m)}$$

内侧纵筋

3$\pm$16 伸入梁内的长度 $L=h_b$(梁高)$-c$(保护层厚度)$+12d$

$$=0.75-0.025+12\times0.016$$

$$=0.917\text{(m)}$$

2$\pm$16 伸入梁内的长度 $L=0.6-0.025+12\times0.016$

$$=0.767\text{(m)}$$

插入基础内的长度：

KZ-1 与基础 J-1 相连，基础高度 $h_j=0.5$ m　基础混凝土保护层厚度为 0.05 m。

混凝土 C25　$l_a=40d=40\times0.016=0.64(m)>h_j=500$ mm，柱插筋在基础内的构造应按 11G101-3 中柱插筋在基础内的构造做法(二)

柱纵筋伸入基础内的长度：

$L=h_j$(基础高度)$-c+15d=0.5-0.05+15\times0.016=0.69$(m)

综上所述，12C16 柱纵筋长度分别为：

4$\pm$16 外侧纵筋长度：$4\times(14+0.965+0.69)=62.62$(m)

3$\pm$16 外侧纵筋长度：$3\times(14.15+0.96+0.69)=47.4$(m)

5$\pm$16 内侧纵筋长度：$5\times(14+0.917+0.69)=78.04$(m)

12$\pm$16 柱纵筋长度总长度：$62.62+47.4+78.04=188.06$(m)

2) 箍筋长度计算 A8@100/200(2)

单根箍筋长度

① 基本箍筋长：

$L_{单}=(0.4-0.025\times2+0.5-0.025\times2)\times2+11.9\times0.008\times2$

$\quad=1.79$(m)

复合箍筋

$L_{单}=1.79+[(0.4-0.025\times2)/3+0.5-0.025\times2]\times2+11.9\times0.008\times2$

$\quad\quad+[0.4-0.025\times2+(0.5-0.025\times2)/3]\times2+11.9\times0.008\times2$

$\quad=1.79+1.32+1.19=4.3$(m)

② 箍筋根数：柱箍筋加密区长度参照四级抗震的构造要求。

基础内 2 根非复合箍筋

密箍筋 n_1

加密区长度:底层 $L_1=(5.97+1.5-0.6)/3=2.29(\mathrm{m})>0.5\,\mathrm{m}$

楼层 $L_2=(5.97+1.5-0.6)/6=1.15(\mathrm{m})>0.5\,\mathrm{m}$

顶层 $L_3=(13.25-9.95)/6=0.55(\mathrm{m})>0.5\,\mathrm{m}$

$$n_1=(2.29-0.05+0.56\times2+0.6+0.55+0.6-0.025)/0.1+1=52(根)$$

非加密区根数 n_2

$$n_2=(14.75-2.29+0.56\times2+0.6+0.55+0.6)/0.2=77(根)$$

③ 箍筋总长度箍筋总长度 $L=2\times1.79+(52+48)\times4.3=433.58(\mathrm{m})$

钢筋工程量:

Φ10 以内圆钢:Φ8@100/200(2)　$G=433.58\times0.006\,17\times8\times8=171.21(\mathrm{kg})$

Φ20 以内螺纹钢:12Φ16　$G=188.06\times0.006\,17\times16\times16=297.04(\mathrm{kg})$

④ 定额套用及直接工程费用见表

表 4-5-10　KZ-1 混凝土、模板及钢筋工程定额套用及直接工程费用表

序号	定额编号	项目名称	单位	数量	定额基价(元)	合价(元)
1	A4-29 换	矩形柱 C25	10 m³	0.295	2 373.52	700.19
2	A10-53	矩形柱九夹板模板及钢支撑	100 m²	0.252 2	1 940.13	489.3
3	A4-445	Φ10 以内圆钢	t	0.171	3 532.42	604.04
4	A4-447	Φ20 以内螺纹钢	t	0.297	3 411.89	1 013.33
小计						2 806.86

【案例分析 4-5-4】　试计算本书附图公用工程楼中标高 13.25 m 处的屋面板的混凝土、模板和钢筋工程量及直接工程费用。工程采用九夹板模板,钢支撑。标高 13.25 m 处的屋面板的配筋如图 4-5-39 所示。

(a)　　　　　　　　　　　　　(b)

图 4-5-39　标高 13.25 屋面梁、板平法结构图

【解】 根据图纸结构设计说明可知:本工程为非抗震设防,构造符合 11G101-1 的要求,混凝土强度等级为 C25,混凝土保护层厚为 15 mm。板厚为 120 mm,KZ-1 截面尺寸为 400 mm×500 mm,KZ-2 截面尺寸为 400 mm×500 mm,KZ-4 截面尺寸为 400 mm×400 mm。

(1) 有梁板混凝土工程量

① 板混凝土工程量:

$$V_1 = (7.5+0.125×2)×(3.4+0.125×2)×0.12-(0.4×0.5+0.4×0.4)×2×0.12$$
$$=3.395-0.086$$
$$=3.31(\text{m}^3)$$

② 梁混凝土工程量:

$$V_2 = 0.25×0.63×(7.5×2-0.375×2-0.275×2)+0.25×0.48×(3.4-0.275×2)$$
$$×2+0.25×0.38×(3.4-0.25)$$
$$=0.25×0.63×13.7+0.25×0.48×5.7+0.25×0.38×3.15$$
$$=2.16+0.684+0.3$$
$$=3.14(\text{m}^3)$$

③ 有梁板混凝土工程量:

$$V=V_1+V_2=3.31+3.14=6.45(\text{m}^3)$$

(2) 有梁板模板工程量

① 板的模板:

$$S_1 = 7.75×3.65+[(7.75+3.65)×2-(0.9+0.8)×2]×0.12-(0.4×0.5+0.4×0.4)×2$$
$$=28.29+2.33-0.72$$
$$=29.9(\text{m}^2)$$

② 梁肋的侧模板:

$$S_2 = 2×0.63×13.7+2×0.48×5.7+2×0.38×3.15-0.25×0.38×2$$
$$=17.26+5.47+2.39-0.19$$
$$=24.94(\text{m}^2)$$

③ 有梁板模板工程量:

$$S=S_1+S_2=29.9+24.93=54.83(\text{m}^2)$$

(3) 有梁板钢筋工程量

① 板下部钢筋长度:

单根底筋长度

$$单根板底筋长度=板净跨+伸入支座的长度+弯钩增加长度$$

$$\left[伸入支座的长度为 \max\left(\frac{支座宽}{2},5d\right)\right]$$

A8@150 平行长边

$$L_单 = 7.5-0.25+0.125×2+6.25×0.008×2=7.6(\text{m})$$

A8@150 平行短边

$$L_单 = 3.4-0.25+0.125×2+6.25×0.008×2=3.5(\text{m})$$

底筋的根数

底筋的根数 n＝（板的净距－板筋的间距）/间距＋1

$\Phi8@150$ 平行长边

$$n＝(3.4－0.25－0.15)/0.15＋1＝21(根)$$

$\Phi8@150$ 平行短边

$$n＝(7.5－0.25－0.15)/0.15＋1＝49(根)$$

板下部钢筋 $\Phi8$ 总长度 L：

$$L＝L_{单}\times n＝7.6\times21＋3.5\times49＝331.1(m)$$

② 板上部钢筋 $\Phi10@200$

单根上部负筋长度

单根板通长负筋长度＝板净跨＋伸入支座的长度（负筋伸入梁角筋内侧弯下且垂直段长度为 $15d$）

$\Phi10@200$

$$L_{单}＝7.5－0.25＋(0.25－0.025＋15\times0.01)\times2＝8(m)$$

$\Phi8@200$

$$L_{单}＝3.4－0.25＋(0.25－0.025＋15\times0.008)\times2＝3.84(m)$$

负筋的根数：

$$负筋的根数 n＝（板的净距－板筋的间距）/间距＋1$$

$\Phi10@200$

$$n＝(3.4－0.25－0.2)/0.2＋1＝16(根)$$

$\Phi8@200$

$$n＝(7.5－0.25－0.2)/0.2＋1＝37(根)$$

板上部钢筋总长度 L：

$\Phi10$：$L＝8\times16＝128(m)$

$\Phi8$：$L＝3.84\times37＝142.08(m)$

（3）马凳筋

设计无规定，按 $\Phi8$ 采用，单根长度＝2板厚＋0.2 m＝ $0.12\times2＋0.2＝0.44(m)$

数量按每 m^2 设1根，共23根，则马凳筋总长度 $L＝0.44\times23＝10.12(m)$

板钢筋工程量汇总：

$\Phi8$：　　　　　长度 $L＝331.1＋142.08＋10.12＝483.3(m)$；

　　　　　　　　重量 $G＝483.3\times0.006\,17\times8\times8＝190.85(kg)$；

$\Phi10$：　　　　长度 $L＝128(m)$

　　　　　　　　重量 $G＝128\times0.006\,17\times10\times10＝78.98(kg)$；

$\Phi10$ 以内圆钢：$G＝190.85＋78.98＝269.83(kg)$；

梁的钢筋工程量计算方法同【案例分析4-5-2】，通过计算梁内钢筋：

$\Phi8$：$215.83\times0.006\,17\times8\times8＝85.23(kg)$

$\Phi12$：$83.36\times0.006\,17\times12\times12＝74.06(kg)$

$\Phi16$：$107.04\times0.006\,17\times16\times16＝169.07(kg)$

$\Phi18$：$36.8\times0.006\,17\times18\times18＝73.57(kg)$

有梁板钢筋工程量：

Ⓕ10 以内圆钢：$G = 269.83 + 85.23 = 355.06(\text{kg})$

Ⓕ20 以内螺纹钢：$G = 74.06 + 169.07 + 73.57 = 316.7(\text{kg})$

（4）定额套用及直接工程费用见表 4-5-11。

表 4-5-11　有梁板的混凝土、模板及钢筋工程定额套用及直接工程费用表

序号	定额编号	项目名称	单位	数量	定额基价（元）	合价（元）
1	A4-43 换	有梁板 C25	10 m^3	0.645 3	2 272.32	1 466.33
2	A10-99	有梁板九夹板模板及钢支撑	100 m^2	0.548 3	2 137.11	1 171.78
3	A4-445	Ⓕ10 以内圆钢	t	0.355	3 532.42	1 254.01
4	A4-447	Ⓕ20 以内螺纹钢	t	0.317	3 411.89	1 081.57
					小计	4 973.69

（二）预制混凝土工程

预制混凝土构件应分别按构件的制作、运输、安装及灌缝等列项计算。

1. 预制混凝土构件制作

预制混凝土构件制作定额按构件类型划分定额子目，混凝土工程量应区分构件分别列项计算。

（1）混凝土工程工程量计算规则

① 混凝土工程量均按图示尺寸实体积以立方米计算，不扣除构件内钢筋、铁件、后张法预应力钢筋灌缝孔及小于 0.3 m² 以内孔洞所占体积。

② 预制桩按桩全长（包括桩尖）乘以桩断面以立方米计算。预制桩尖按实体积计算。

③ 混凝土与钢杆件组织的构件，混凝土部分按构件实体积以立方米计算，钢构件按金属结构定额以吨计算。

④ 建筑定额中未包括预制混凝土桩及预制混凝土构件的制作废品率。在编制预算时，先按施工图纸算出工程量后，再按构件制作废品率规定，分别增加制作废品率（各类预制构件制作废品率为 0.2%，预制混凝土桩制作废品率为 0.1%）。

计算公式：

$$制作工程量＝按施工图算出的数量×（1＋构件制作废品率）$$

（2）定额套用

混凝土的强度等级，石子种类、粒径，与定额子目不同时，允许换算。

（3）制作时模板工程量计算

预制钢筋混凝土构件模板工程量，除另有规定者外，均按混凝土实体积以立方米计算。混凝土地模已包括在定额中，不另计算。空腹构件应扣除空腹体积。

（4）制作时钢筋工程量计算

预制钢筋混凝土构件钢筋工程应区分不同钢种和规格，分别按设计长度乘以单位重量，以吨计算。

2. 预制混凝土构件运输

预制混凝土构件运输按构件的类别及运输距离分别设置多个定额子目，构件的运输类

别,根据构件的类型和外形尺寸分为四类,见表 4-5-12。

表 4-5-12 预制混凝土构件分类

类别	项 目
1	4 m 以内空心板、实心板
2	6 m 以内的桩、屋面板、工业楼板、进深梁、基础梁、吊车梁、楼梯休息板、楼梯段、阳台板
3	6 m 以上至 14 m 梁、板、柱、桩,各类屋架、桁架、托架(14 m 以上另行处理)
4	天窗架、挡风架、侧板、端壁板、夹窗上下档、门框及单件体积在 0.1 m³ 以内的小构件

(1) 运输工程量的计算规则

① 构件运输均按构件图示尺寸,以实体积计算。

② 加气混凝土板(块)、硅酸盐块运输每立方米折合钢筋混凝土构件体积 0.4 m³,并按一类构件运输计算。

③ 预制花格板按其外围面积(不扣除孔洞)乘以厚度以立方米计算,执行小型构件定额。

④ 建筑定额中未包括预制混凝土桩及预制混凝土构件的运输堆放损耗。在编制预算时,先按施工图纸算出工程量后,再按构件运输堆放损耗率规定,分别增加运输堆放损耗(各类预制构件运输堆放损耗率为 0.8%,预制混凝土桩运输堆放损耗率为 0.4%)。

计算公式:

运输工程量=按施工图算出的数量×(1+运输堆放损耗率)

3. 预制混凝土构件安装

定额按不同构件的安装分别设置子目,本定额是按机械起吊点中心回转半径 15 m 以内的距离计算的。如超出 15 m 时,应另按构件 1 km 运输定额项目执行。

安装工程量的计算规则如下:

(1) 构件安装均按构件图示尺寸,以实体积计算。

(2) 预制花格板按其外围面积(不扣除孔洞)乘以厚度以立方米计算,执行小型构件定额。

(3) 建筑定额中未包括预制混凝土桩及预制混凝土构件的安装、打桩损耗。在编制预算时,先按施工图纸算出工程量后,再按构件安装、打桩损耗率规定,分别增加安装、打桩损耗(各类预制构件安装损耗率为 0.5%,预制混凝土桩打桩损耗损耗率为 1.5%)。

计算公式:

安装工程量=按施工图算出的数量×(1+安装、打桩损耗率)

4. 预制混凝土构件接头灌缝

(1) 钢筋混凝土构件接头灌缝,包括构件座浆、灌缝、堵板孔、塞板梁缝等。均按预制钢筋混凝土构件实体积以立方米计算。

(2) 柱与柱基的灌缝,按首层柱体积计算,首层以上柱灌缝按各层柱体积计算。

(3) 空心板堵塞端头孔的人工材料,已包括在定额内。

(三) 预应力混凝土工程

预应力混凝土构件有先张法和后张法构件,其混凝土、模板、非预应力钢筋工程的工程量应区分现浇构件和预制构件,按相应的计算规则执行。预应力钢筋工程量的计算应区分先张法和后张法,钢筋品种、规格,分别按设计长度乘以单位重量,以吨计算。长度计算应符合下列规定:

(1) 先张法预应力钢筋,按构件外形尺寸计算长度。

(2) 后张法预应力钢筋按设计图纸规定的预应力钢筋预留孔道长度,并区别不同的锚具类型,分别按下列规定计算:

① 低合金钢筋两端采用螺杆锚具时,预应力的钢筋按预留孔道长度减 0.35 m,螺杆另行计算。

② 低合金钢筋一端采用镦头插片,另一端采用螺杆锚具时,预应力钢筋长度按预留孔道长度计算,螺杆另行计算。

③ 低合金钢筋一端采用镦头插片,另一端采用绑条锚具时,预应力钢筋增加 0.15 m,两端均采用绑条锚具时,预应力钢筋共增加 0.3 m。

④ 低合金钢筋采用和混凝土自锚时,预应力钢筋长度增加 0.35 m。

⑤ 低合金钢筋或钢绞线采用 JM、XM、QM 型锚具,孔道长度在 20 m 以内时,预应力钢筋长度增加 1 m;孔道长度在 20 m 以上时,预应力钢筋长度增加 1.8 m。

⑥ 碳素钢丝采用锥形锚具,孔道长在 20 m 以内时,预应力钢筋长度增加 1 m;孔道长在 20 m 以上时,预应力钢筋长度增加 1.8 m。

⑦ 碳素钢丝两端采用镦粗头时,预应力钢筋长度增加 0.35 m。

(3) 后张法预制钢筋项目内已包括孔道灌浆,实际孔道长度和直径与定额不同时,不作调整按定额执行。

(四) 混凝土工程的脚手架

现浇钢筋混凝土墙、贮水(油)池、贮仓、设备基础、独立柱等高度超过 1.2 m,均需计算脚手架。

(1) 现浇钢筋混凝土独立柱,按柱图示周长另加 3.6 m,乘以柱高以平方米计算,套用相应双排外脚手架定额。柱高指设计室外地面或楼板面至上层楼板顶面的距离。建筑物周边的框架边柱不计算脚手架。

(2) 现浇钢筋混凝土单梁、连续梁、墙,按设计室外地面或楼板上表面至楼板底之间的高度,乘以梁、墙净长以平方米计算,套用相应双排外脚手架定额。

(3) 室外楼梯按楼梯垂直投影长边的一边长度乘以楼梯总高度以平方米计算套相应双排外脚手架定额。

(4) 挑出外墙面在 1.2 m 以上的阳台、雨篷,可按顺墙方向长度计算挑脚手架。

(5) 满堂基础及带形基础底宽超过 3 m,柱基、设备基础底面积超过 20 m²,按底板面积计算满堂脚手架。

【案例分析 4-5-5】 根据图 4-5-40 所示,计算现浇 C25/20/32.5 雨篷混凝土、模板及装饰工程量并套用定额,计算直接工程费。

（a）YP-1 结构图　　　　　　　　　　（b）

注：1. 雨篷长度 L＝门洞宽＋2×500；

　　2. 雨篷梁（YPL）伸入两边框架柱内；

　　3. 悬挑雨篷板转角处设放射钢筋 5 Φ12；

　　4. 括号内高度为变压电室的雨篷标高。

图 4-5-40

【解】　**工程量及列项计算** YP-1：$S＝4×1.5＝6（m^2）$

（1）$S_{雨篷砼}＝6\ m^2$

A4-50 换：$255.51＋1.07×(181.21－167.97)＝269.677\ 元/10\ m^2$

　　　　　　　直接工程费：$6×26.967\ 7＝161.806\ 2（元）$

（2）$S_{雨篷模板}＝6\ m^2$

A10-119：$46.686\ 元/m^2$

技术措施费：$6×46.686＝280.116（元）$

（3）雨篷粉水泥砂浆：（1：3 水泥砂浆）

顶面：$S＝6×1.2＝7.2（m^2）$

底面：$S＝6\ m^2$

小计 $S＝13.2\ m^2$

B3-3 天棚粉刷：$937.29＋0.72×(157.3－184.03)＝918.044\ 4（元/100\ m^2）$

直接工程费：$13.2×9.180\ 444＝121.182（元）$

【**案例分析 4-5-6**】　根据 4-5-41 图示尺寸计算砼台阶工程量。

（a）　　　　　　　　　　　　（b）

图 4-5-41

【解】 台阶砼 C25 工程量计算.

$$S_台=(1.9+0.3\times2)\times(1.4+0.3)-1.3\times1.1=2.82(m^2)$$

行动领域 6 厂库房大门、特种门、木结构工程

厂库房大门、特种门工程定额主要根据材质、开启方式、是否带采光窗等划分多个定额子目,木结构工程主要根据常用的构件有木屋架、屋面木基层、木楼梯等子目。

一、厂库房大门、特种门、木结构工程相关知识

(1) 常见的厂库房大门有木板大门、钢木大门、全板钢大门,特种门有冷藏库门、冷藏冻结闸门、实拼式防火门、框架式防火门、保温门、变电室门扇。

(2) 厂库房大门开启方式有平开、推拉、折叠式等。

(3) 特种门中的冷藏库门、冷藏冻结闸门的保温层厚度常有 100 mm、150 mm 等规格。

(4) 防火门常用双面石棉板、单面石棉板、不衬石棉板等形式。

(5) 木材木种分类如下:

一类:红松、水桐木、樟子松。

二类:白松(方杉、冷杉)、杉木、杨木、柳木、椴木。

三类:青松、黄花松、秋子木、马尾松、东北榆木、柏木、苦楝木、梓木、黄菠萝、椿木、楠木、柚木、樟木。

四类:栎木(柞木)、檀木、色木、槐木、荔木、麻栗木(麻栎、青刚)、桦木、荷木、水曲柳、北华榆木。

(6) 定额中木材木种均以一、二类木种为准,如采用三、四类木种时,分别乘以下列系数:木门窗制作,按相应项目人工和机械乘以系数 1.3;木门窗安装,按相应项目的人工和机械乘以系数 1.16;其他项目按相应项目人工和机械乘以系数 1.35。

(7) 本定额板、方材规格,分类见表 4-6-1。

表 4-6-1 定额板、方材规格分类表

项目	按宽厚尺寸比例分类	按板材厚度、方材宽、厚乘积			
板材	宽≥3×厚	名称	薄板	中板	厚板	特厚板
		厚度(mm)	≤18	19～35	36～65	≥66
方材	宽<3×厚	名称	小方	中方	大方	特大方
		宽×厚(cm²)	≤54	55～100	101～225	≥226

(8) 定额中所注明的木材断面或厚度均以毛料为准。如设计图纸注明的断面或厚度为净料时,应增加刨光损耗,板、方材一面刨光增加 3 mm;两面刨光增加 5 mm;圆木每立方米材积增加 0.05 m³。

二、厂库房大门、特种门工程工程量计算规则与定额套用

（一）厂库房大门、特种门工程工程量计算规则

厂库房大门、钢木门及其他特种门按扇制作、扇安装分别列项，厂库房大门、特种门制作安装均按洞口面积以平方米计算。

（二）定额套用

（1）弹簧门、厂库房大门、钢木大门及其他特种门，定额所附五金铁件表均按标准图用量计算列出，仅作备料参考。

（2）保温门的填充料与定额不同时，可以换算，其他工料不变。

（3）厂库房大门及特种门的钢骨架制作，以钢材重量表示，已包括在定额项目中，不再另列项目计算。

（4）钢门的钢材含量与定额不同时，钢材用量可以换算，其他不变。

（5）门不论现场或附属加工厂制作，均执行本定额，现场外制作点至安装地点的运输应另行计算。

三、木结构工程工程量计算规则与定额套用

（一）木屋架工程量计算规则

（1）木屋架制作安装均按设计断面竣工木料以立方米计算，其后备长度及配制损耗均不另行计算。附属于屋架的夹板、垫木等已并入相应的屋架制作项目中，不另行计算；与屋架连接的挑檐木、支撑等，其工程量并入屋架竣工木料体积内计算。

（2）屋架的制作安装应区别不同跨度，其跨度应以屋架上下弦杆的中心线交点之间的长度为准。带气楼的屋架并入所依附屋架的体积内计算。

（3）钢木屋架区分圆、方木，按竣工木料以立方米计算。

（二）屋面木基层工程量计算规则

屋面木基层工程量按屋面的斜面积计算。天窗挑檐重叠部分按设计规定计算，屋面烟囱及斜沟部分所占面积不扣除。

（三）封檐板工程量计算规则

封檐板工程量按图示檐口外围长度计算，博风板按斜长度计算，每个大刀头增加长度500 mm。

（四）木楼梯工程量计算规则

木楼梯工程量按水平投影面积计算，不扣除宽度小于 300 mm 的楼梯井，定额中包括踏步板、踢脚板、休息平台和伸入墙内部分的工料。但未包括楼梯及平台底面的钉天棚，其天棚工程量以楼梯投影面积乘以系数 1.1，按相应天棚面层计算。

行动领域 7　金属结构工程

金属结构工程是指钢柱、钢屋架、钢梁、钢托架、钢支撑、钢楼梯等构件的制作、运输和安装。金属结构制作、运输和安装分别按构件类型划分多个定额子目。

一、金属结构工程相关知识

（1）金属结构工程按构件的类型和外形尺寸分为三类，见表 4-7-1。

表 4-7-1 金属结构构件分类

类别	项 目
1	钢柱、屋架、托架梁、防风桁架
2	吊车梁、制动梁、型钢檩条、钢支撑、上下档、钢拉杆栏杆、盖板、垃圾出灰门、倒灰门、篦子、爬梯、零星构件平台、操作台、走道休息台、扶梯、钢吊车梯台、烟囱紧固箍
3	墙架、挡风架、天窗架、组合檩条、轻型屋架、滚动支架、悬挂支架、管道支架

（2）常用的起吊设备有履带式起重机、汽车式起重机、塔式起重机等。

（3）定额内未包括金属构件拼装和安装所需的连接螺栓,连接螺栓已包括在金属结构制作相应定额内。

（4）钢屋架单榀重量在 1 t 以下者,按轻钢屋架定额计算。

（5）钢屋架、天窗架安装定额中,不包括拼装工序,如需拼装时,按拼装定额项目计算。

（6）定额中的塔式起重机、卷扬机台班均已包括在垂直运输机械费用定额中。

二、金属结构工程工程量计算规则与定额套用

（一）金属结构制作工程量计算规则

（1）金属结构制作按图示钢材尺寸以吨计算,不扣除孔眼、切边的重量,焊条、铆钉、螺栓等重量已包括在定额内不另计算。在计算不规则或多边形钢板重量时,均按外接矩形面积计算。

（2）制动梁的制作工程量,包括制动梁、制动桁架、制动板重量;墙架的制作工程量,包括墙架柱、墙架及连接柱杆重量;钢柱制作工程量,包括依附在柱上的牛腿及悬臂梁。

（3）实腹柱、吊车梁、H 型钢按图示尺寸计算,其中腹板及翼板宽度按每边增加 25 mm 计算。

（二）金属结构构件运输及安装工程量

同金属结构构件制作工程量。

（三）定额套用

（1）构件安装定额是按机械起吊点中心回转半径 15 m 以内的距离计算的。如超出 15 m,应另按构件 1 km 运输定额项目执行。

（2）单层厂房屋盖系统构件必须在跨外安装时,按相应构件安装定额中的人工、机械台班乘系数 1.08。使用塔式起重机、卷扬机时,不乘此系数。

（3）钢柱安装在混凝土柱上,其人工、机械乘以系数 1.43。

（4）钢构件安装的螺栓均为普通螺栓,若使用其他螺栓时,应按有关规定进行调整。

行动领域 8 屋面及防水工程

屋面及防水工程包括屋面工程、防水工程及变形缝三部分。屋面工程包括瓦屋面、屋面防水、屋面排水;防水工程适用于基础、墙身、楼地面、构筑物的防水、防潮工程;变形缝包括填缝和盖缝工程。

一、屋面及防水工程相关知识

（1）瓦屋面常用瓦的品种有水泥瓦、黏土瓦、英红彩瓦、石棉瓦、玻璃钢波形瓦等，定额根据瓦品种、不同的基层分别划分定额子目，实际工程瓦的规格与定额不同时，瓦材数量可以换算，其他不变。

（2）常见的屋面形式有坡屋面和平屋面。坡屋面是指屋面坡度大于 1∶10 的屋面。坡屋面可做成单坡屋面、双坡屋面或四坡屋面等多种形式。屋面斜面积与水平投影面积的比值称为坡度系数（见表 4-8-1）。平屋面是指屋面排水坡度小于 10% 的屋面。

表 4-8-1　屋面坡度系数

坡度 $B(A=1)$	坡度 $B/2A$	坡度角度(α)	延尺系数 $C(A=1)$	隅延尺系数 $D(A=1)$
1	1/2	45°	1.414 2	1.732 1
0.75	—	36°52′	1.250 0	1.600 8
0.70	—	35°	1.220 7	1.577 9
0.666	1/32	33°40′	1.201 5	1.562 0
0.65	—	33°01′	1.192 6	1.556 4
0.60	—	30°58′	1.166 2	1.536 2
0.577	—	30°	1.154 7	1.527 0
0.55	—	28°49′	1.141 3	1.517 0
0.50	1/4	26°34′	1.118 0	1.500 0
0.45	—	26°14′	1.096 6	1.483 9
0.40	1/5	21°48′	1.077 0	1.469 7
0.35	—	19°17′	1.059 4	1.456 9
0.3	—	16°42′	1.044 0	1.445 7
0.25	—	14°02′	1.030 8	1.436 2
0.2	1/10	11°19′	1.019 8	1.428 3
0.15	—	8°32′	1.011 2	1.422 1
0.125	—	7°8′	1.007 8	1.419 1
0.10	1/20	5°42′	1.005 0	1.417 7
0.083	—	4°45′	1.003 5	1.416 6
0.066	1/30	3°49′	1.002 2	1.415 7

（3）平屋面一般由结构层、找平层、隔汽层、保温层、防水层及架空隔热层等构造层次组成。

（4）防水层按其所用防水材料的性能不同，可分为刚性防水和柔性防水两大类。柔性防水包括卷材防水和涂膜防水。

（5）防水卷材的种类有石油沥青防水卷材、高聚物改性沥青防水卷材和合成高分子防水卷材等。卷材铺贴方法有冷粘法、自粘法和热熔法;冷粘法有满铺、空铺、点铺、条铺等形式。卷材防水施工工艺流程:基层处理——铺贴卷材附加层——铺贴大面卷材——蓄水试验——保护层施工——质量验收。

(6)涂膜防水涂料的种类有合成高分子、高聚物改性沥青防水涂料等,如塑料油膏、APP油膏、聚氨酯涂料等;涂膜防水屋面常用的胎体增强材料有玻璃纤维布、合成纤维薄毡、聚酯纤维无纺布等。涂膜防水施工工艺流程:基层处理——特殊部位的附加增强处理——大面涂膜——蓄水试验——保护层施工——质量验收。

(7)刚性防水层有以细石混凝土、防水砂浆、钢筋细石混凝土等刚性材料作为防水层,刚性防水层施工时应设置分隔缝,分隔缝应作填缝、盖缝处理。

(8)屋顶排水的方式有无组织排水和有组织排水两种。无组织排水又称自由落水;有组织排水是指屋面雨水通过排水系统,有组织地排至室外地面或地下管沟的一种排水方式。排水系统由水斗、弯头、直管等部分组成(如图4-8-1所示)。

图4-8-1 屋面平面图

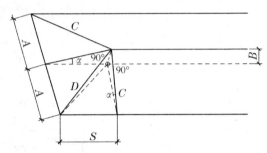

图4-8-2 屋面透视图

注:① 两坡排水屋面面积为屋面水平投影面积乘以延尺系数 C;② 四坡排水屋面斜脊长度$=A \times D$(当 $S=A$ 时);③ 沿山墙泛水长度$=A \times C$。

二、屋面及防水工程工程量计算规则及定额套用

(一)瓦屋面、金属压型板屋面工程

1. 工程量计算规则

瓦屋面、金属压型板(包括挑檐部分)均按图示尺寸以水平投影面积乘以屋面坡度系数以平方米计算,不扣除房上烟囱、风帽底座、屋面小气窗和斜沟等所占面积。屋面小气窗的出檐与屋面重叠部分亦不增加,但天窗出檐部分重叠的面积并入相应屋面工程量内。

计算公式:$S=$水平投影面积$\times$坡度系数 C

2. 案例分析

【案例分析4-8-1】 根据图4-8-4所示计算屋面工程量及脊长。已知坡度角为 $26°34'$。(图中尺寸均以毫米计算。)

【解】 (1)延尺系数 C、隅延尺系数 D

图4-8-3 屋面排水系统构造立面图

图 4-8-4

根据坡度角为 $26°34'$，查表 4-8-1 得知 $C=1.118$；$D=1.5$。

（2）瓦屋面工程量 $S=25×9×1.118=251.55(\text{m}^2)$

（3）脊长 L

$$斜脊长 L_1=4.5×1.5×4=27(\text{m})$$
$$水平脊长 L_2=25-4.5×2=16(\text{m})$$
$$脊长 L=L_1+L_2=27+16=43(\text{m})$$

（二）卷材屋面工程

1．工程量计算规则

卷材屋面工程量按图示尺寸以水平投影面积乘以规定的坡度系数以平方米计算，不扣除房上烟囱、风帽底座、风道、斜沟等所占面积，屋面的女儿墙、伸缩缝、天窗等处的弯起部分及天窗出檐与屋面重叠部分，按图示尺寸并入屋面工程量内计算。如图纸无规定时，伸缩缝、女儿墙的弯起部分可以按 250 mm 计算，天窗弯起部分可按 500 mm 计算。

计算公式：$S=$ 水平投影面积×坡度系数 $C+$ 上翻部分的面积

2．案例分析

【案例分析 4-8-2】　某屋面工程如图 4-8-5 所示，屋面采用冷粘、满铺施工方法铺贴三元乙丙橡胶卷材，试计算该工程防水工程量及直接工程费用。

图 4-8-5

【解】　（1）工程量计算 S

$$S_{平面}=(11-0.24)×(3.6×2+9-0.24)+2.4×(9-0.24)$$
$$=192.75(\text{m}^2)$$

$$S_{立面}=[(11+2.4-0.24)\times2+(3.6\times2+9-0.24)\times2]\times0.25$$
$$=14.56(m^2)$$
$$S=192.75+14.56=207.31(m^2)$$

（2）定额套用及直接工程费用见表 4-8-2。

表 4-8-2 定额套用及直接工程费用

序号	定额编号	项目名称	单位	数量	定额基价（元）	合价（元）
1	A7-27	屋面三元乙丙橡胶卷材冷粘、满铺	100 m²	2.073 1	4 905.03	10 168.62

（三）涂膜屋面工程量计算规则

涂膜屋面工程量计算规则同卷材屋面。涂膜屋面的油膏嵌缝、玻璃布盖缝、屋面分隔缝，以延长米计算。

（四）屋面排水工程量按以下规定计算

（1）铁皮排水按图示尺寸以展开面积计算，如图没有注明尺寸，可按表 4-8-3 计算。咬口和搭接等已计入定额项目中，不另计算。

表 4-8-3 铁皮排水单体零件折算表

名称		单位	水落管（M）	檐沟（M）	水斗（个）	漏斗（个）	下水口（个）	
铁皮	水落管、檐沟、水斗、漏斗、下水口	m²	0.32	0.30	0.40	0.16	0.45	
排水	天沟、斜沟、天窗窗台泛水、天窗侧面泛水、烟囱泛水、通气管泛水、滴水檐头泛水、滴水	m²	天沟（m）	斜沟天窗窗台泛水(m)	烟囱泛水（m）	通气管泛水（m）	滴水檐头泛水（m）	天窗侧面泛水（m）	滴水（m）
			1.30	0.50	0.80	0.22	0.24	0.70	0.11

（2）铸铁、PVC 水落管区别不同直径按图示尺寸以延长米计算，雨水口、水斗、弯头以个计算，PVC 阳台排水管以组计算。

（五）防水工程工程量计算规则

1. 建筑物地面防水、防潮层工程

建筑物地面防水、防潮层，按主墙间净空面积计算，扣除凸出地面的构筑物、设备基础等所占的面积，不扣除柱、垛、间壁墙、烟囱及 0.3 m² 以内孔洞所占体积。与墙面连接处高度在 500 mm 以内者按展开面积计算，并入平面工程量内，超过 500 mm 时，按立面防水层计算。

计算公式：$S_{平面}=A\times B-S_{凸出}+S_{上翻}$

式中　A——房间净长；

　　　B——房间净宽；

　　　$S_{凸出}$——凸出地面的构筑物、设备基础的面积；

　　　$S_{上翻}$——与墙面连接处高度在 500 mm 以内上翻的展开面积，即 $S_{上翻}=2(A+B)h$，h 为上翻高度（$h\leqslant500$ mm）。

$$S_{立面}=S_{上翻}=2(A+B)h$$

式中 $S_{上翻}$——与墙面连接处高度在 500 mm 以上上翻的展开面积，h 为上翻高度（h >500 mm）。

2. 建筑物墙基防水、防潮层工程

建筑物墙基防水、防潮层，外墙长度按中心线、内墙按净长乘以宽度以平方米计算。

计算公式：$S=L×b$

式中 L——防水、防潮层长度；

b——防水、防潮层宽度。

3. 构筑物及建筑物地下室防水层工程

构筑物及建筑物地下室防水层工程量，按实铺面积计算，但不扣除 0.3 m² 以内的孔洞面积。平面与立面交接处的防水层，其上卷高度超过 500 mm 时，按立面防水层计算。

4. 案例分析

【案例分析 4-8-3】 本工程基础平面布置如图 4-8-6 所示内外墙身在 -0.06 m 处设置防潮层，采用防水砂浆满铺 20 mm 厚，整个地面采用二毡三油的沥青卷材防水层，上翻 600 mm，试计算本工程防水、防潮层直接工程费用。

图 4-8-6

【解】 （1）墙基防潮层工程量 S

1）墙基宽 $b=0.24$ m

2）墙基长度 L：

① 外墙基长按中心线长 $L_1=(10+8)×2=36$（m）

② 内墙基长按净长线长 $L_2=(10-0.24)+(8-0.24×2)×2=24.8$（m）

$$L=L_1+L_2=36+24.8=60.8（m）$$

3）墙基防潮层工程量 $S=Lb=60.8×0.24=14.59$（m²）

（2）地面平面防水层工程量 $S_{平面}$

$$S_{平面}=(3-0.24)\times(4-0.24)\times4+(4-0.24)\times(4-0.24)\times2$$
$$=69.79(m^2)$$

（3）地面立面防水层工程量 $S_{立面}$

$$S_{立面}=[(3-0.24+4-0.24)\times2\times4+(4-0.24+4-0.24)\times2\times2]\times0.6$$
$$=[52.16+30.08]\times0.6$$
$$=49.34(m^2)$$

（4）定额套用及直接工程费用表 4-8-4。

表 4-8-4　定额套用及直接工程费用表

序号	定额编号	项目名称	单位	数量	定额基价(元)	合价(元)
1	A7 - 88	墙基防潮层	100 m²	0.145 9	729.85	106.49
2	A7 - 104	地面平面防水层	100 m²	0.490 3	1 712.65	839.71
3	A7 - 105	地面立面防水层	100 m²	0.493 4	1 890.06	932.56
					小计	1 878.76

（六）变形缝工程量计算规则与定额套用

变形缝工程包括填缝和盖缝,填缝根据填缝材料分别划分子目,盖缝根据盖缝部位和材料划分子目。变形缝工程量按延长米计算。

（七）屋面检查孔工程

屋面检查孔以块计算。

行动领域9　防腐、隔热、保温工程

防腐、隔热、保温工程分为防腐和保温、隔热工程两部分。防腐工程根据面层类型和防腐材料及厚度划分定额子目;保温、隔热工程根据保温、隔热层所处的结构部位和材料划分定额子目。

一、防腐工程

（一）相关知识

（1）整体面层、隔离层适用与平面、立面的防腐耐酸工程,包括沟、坑、槽。

（2）块料面层以平面砌为准,砌立面者按平面砌相应项目,人工乘以系数1.38,踢脚板人工乘以系数1.56,其他不变。

（3）各种砂浆、胶泥、混凝土材料种类,配合比等各种整体面层的厚度,如设计与定额不同时,可以换算。但各种块料面层的结合层砂浆或胶泥厚度不变。

（4）本章的各种面层,除软聚氯乙烯塑料地面外,均不包括踢脚板。

（5）花岗岩板以六面剁斧的材板为准。如底面为毛面者,水玻璃砂浆增加 $0.38\ m^3$;耐酸沥青砂浆增加 $0.44\ m^3$。

（二）防腐工程工程量计算规则

（1）防腐工程项目应区分不同防腐材料种类及厚度,按设计实铺面积以平方米计算,就扣除凸出地面的构筑物、设备基础等所占的面积。砖垛等凸出墙面部分按展开面积计算并入墙面防腐工程量内。

（2）踢脚板按实铺长度乘以高度以平方米计算，应扣除门洞所占面积并相应增加侧壁展开面积。

（3）平面砌筑双层耐酸块料时，按单层面积乘以 2 计算。

（4）防腐卷材接缝、附加层、收头等人工、材料，已计入定额中，不再另行计算。

二、保温隔热工程

（一）相关知识

（1）本定额适用于中温、低温及恒温的工业厂（库）房隔热工程，以及一般保温工程。

（2）本定额只包括保温隔热材料的铺贴，不包括隔气防潮、保护层或衬墙等。

（3）隔热层铺贴，除松散稻壳、玻璃棉、矿渣棉为散装外，其他保温材料均以石油沥青（30#）作胶结材料。

（4）稻壳已包括装前的筛选、除尘工序，稻壳中如需增加药物防虫时，材料另行计算，人工不变。

（5）玻璃棉、矿渣棉包装材料和人工均已包括在定额内。

（6）墙体铺贴块体材料，包括基层涂沥青一遍。

（二）保温隔热工程工程量计算规则

（1）一般规则：保温隔热层应区分不同保温隔热材料，除另有规定者外，均按设计实铺厚度以立方米计算。保温隔热层的厚度按隔热材料（不包括胶结材料）净厚度计算。

（2）地面隔热层按围护结构墙体间净面积乘以设计厚度以立方米计算，不扣除柱、垛所占的体积。

（3）墙体隔热层，外墙按隔热层中心线、内墙按隔热层净长乘以图示尺寸的高度及厚度以立方米计算，应扣除冷藏门洞口和管理穿墙洞口所占的体积。

（4）柱包隔热层，按图示的隔热层中心线的展开长度乘以图示尺寸的高度及厚度以立方米计算。

（5）其他保温隔热：

① 池槽隔热层按图示池、槽保温隔热层的长、宽及其厚度以立方米计算，其中池壁按墙面计算，池底按地面计算。

② 门洞口侧壁周围的隔热部分，按图示隔热层尺寸以立方米计算，并入墙面的保温隔热工程量内。

③ 柱帽保温隔热层按图示保温隔热层体积并入天棚保温隔热层工程量内。

行动领域 10　建筑超高增加费

建筑物檐高 20 m（层数 6 层）以上的工程，当檐高或层数两者之一符合规定时，需计算建筑超高费。建筑物超高增加费的内容包括：人工降效、其他机械降效、用水加压等费用。檐高是指设计室外地坪到檐口的高度。突出主体建筑屋顶的楼梯间、电梯间、屋顶水箱间、屋面天窗等不计入檐高之内。层数是指建筑物地面以上部分的层数。突出主体建筑屋顶的楼梯间、电梯间、水箱间等不计算层数。同一建筑物高度不同时,按不同高度的定额子目分别计算。

一、计算规则

建筑物超高增加费以超过檐高 20 m 以上(6 层)的建筑面积,以平方米计算。

(1)超高部分的建筑面积按建筑面积计算规则的规定计算。

(2)六层以上的建筑物,有自然层分界(层高在 3.3 m 以内时)的按自然层计算超高部分的建筑面积;无自然层分界的单层建筑物和层高较高的多层或高层建筑物,总高度超过 20 m 时,其超过部分可按每 3.3 m 高折算为一层计算超过部分的建筑面积。高度折算的余量大于等于 2 m 时,可增加一层计算超高建筑面积,不足 2 m 时不计。

二、案例分析

【案例分析 4-10-1】　试计算图 4-10-1 工程的超高增加费,1 号楼檐高 16.7 m,层高为 3.3 m;2 号楼檐高 42 m,层高为 4 m;3 号楼檐高 22.7 m,层高为 4.5 m。

【解】　(1)超高增加费工程量计算

① 1 号楼 5 层,檐高 16.5 m,未超过檐高 20 m(6 层),不计超高费用。

② 2 号楼 10 层,檐高 42 m,超过檐高 20 m(6 层),应计超高费用。

$$42-20=22(m),层高 4 m>3.3 m$$

计算层数按 3.3 m 折算为 6 层(19.8 m),余 2.2 m>2 m,应按七层计算。

超高增加费工程量:$7×2000=14000(m^2)$

③ 3 号楼 5 层,檐高 22.7 m>20 m,应计超高费用。

$$22.7-20=2.7(m)>2 m,应按一层计算。$$

超高增加费工程量:$1×1000=1000(m^2)$

(2)定额子目套用及直接工程费用见表 4-10-1。

表 4-10-1　定额子目套用及直接工程费用

序号	定额编号	项目名称	单位	数量	定额基价(元)	合价(元)
1	A9-3	檐高 20~50 m,7~15 层以内	100 m²	140	1 721.99	241 078.6
2	A9-1	檐高 20~30 m,7~9 层以内	100 m²	10	1 096.62	10 966.2
					小计	252 044.8

图 4-10-1

行动领域 11　垂直运输工程

垂直运输工程包括建筑物垂直运输和构筑物垂直运输。建筑物垂直运输定额是指施工主体结构（包括屋面保温防水）所需的垂直运输费用。檐高 3.6 m 以内的单层建筑,不计算垂直运输机械台班。建筑物垂直运输定额包括 20 m（六层）以内卷扬机施工、20 m（六层）以内塔式起重机施工、20 m（六层）以上塔式起重机施工、20 m（六层）以上卷扬机施工四部分,各部分又根据结构类型、建筑物用途划分多个子目,檐高、层数的界定与超过增加费中界定相同。这两个指标只要有一个指标达到定额规定,即可套用该定额子目。构筑物垂直运输是按不同构筑物及其高度划分定额子目,构筑物的高度系指设计室外地坪至构筑物的顶面高度。突出构筑物主体的机房等高度,不计入构筑物高度内。

一、建筑物垂直运输相关知识

（1）定额垂直运输费用包括单位工程在合理工期完成主体结构全部工程项目（包括屋面保温防水）所需的垂直运输机械台班费用,不包括机械的场外运输、一次安拆及路基铺垫和轨道铺拆等费用。

（2）同一建筑物多种用途（或多种结构）,按不同用途（或结构）分别计算建筑面积,并均以该建筑物总高度为准,分别套用各自相应的定额。当上层建筑面积小于下层建筑面积的 50%,应垂直分割为两部分,按不同高度的定额子目分别计算。

（3）定额中现浇框架系指柱、梁全部为现浇的钢筋混凝土框架结构,如部分现浇（柱、梁中有一项现浇）时按现浇框架定额乘以 0.96 系数;如楼板也为现浇混凝土时,按现浇框架定额乘以 1.04 系数。

（4）预制钢筋混凝土柱、钢屋架的单层厂房按预制排架定额计算。

（5）单身宿舍按住宅定额乘以 0.9 系数。

（6）本定额是按一类厂房为准编制的,二类厂房定额乘以 1.14 系数。

（7）服务用房系指城镇、街道、居民区具有较小规模综合服务功能的设施,其建筑面积不超过 1 000 m²,层数不超过三层的建筑,如副食品、百货、餐饮店等。

二、垂直运输工程工程量计算规则

（一）计算规则

（1）建筑物垂直运输机械台班,区分不同建筑物的结构类型及高度按建筑面积,以平方米计算。建筑面积按建筑面积计算规则计算。

（2）构筑物垂直运输机械台班以座计算。超过规定高度时再按每增高 1 m 定额项目计算,其高度不足 1 m 时,按 1 m 计算。

（二）案例分析

【案例分析 4-11-1】　试计算图 4-11-1 工程的垂直运输费用。1 号楼檐高 16.5 m,采用龙门架为垂直运输机械;2 号楼檐高 42 m,采用塔式起重机;3 号楼檐高 25 m,采用塔式起重机。

【解】　（1）垂直运输工程量计算:

① 1 号楼为砖混结构住宅 5 层,檐高 16.5 m。

计算垂直运输工程量为 $5 \times 600 = 3\,000 (\text{m}^2)$

② 2号楼为框架结构,檐高 42 m,1～6 层为商场,7～10 层为宾馆。

商场垂直运输工程量为 $6 \times 2\,000 = 12\,000 (\text{m}^2)$

宾馆垂直运输工程量为 $4 \times 2\,000 = 8\,000 (\text{m}^2)$

③ 3号楼为办公用房框架结构,檐高 25 m。

办公用房垂直运输工程量为 $5 \times 1\,000 = 5\,000 (\text{m}^2)$

(2) 定额子目套用及直接工程费用见表 4-11-1。

表 4-11-1　定额子目套用及直接工程费用

序号	定额编号	项目名称	单位	数量	定额基价(元)	合价(元)
1	A12-1	20 m(6层)内卷扬机施工住宅砖混结构	100 m²	30	774.87	23 246.1
2	A12-76	20 m(6层)外塔式起重机施工宾馆框架结构 50 m(16层)内	100 m²	80	3 012.84	241 027.2
3	A12-97	20 m(6层)外塔式起重机施工商场框架结构 50 m(16层)内	100 m²	120	2 882.65	345 918.00
4	A12-56	20 m(6层)外塔式起重机施工办公用房框架结构 30 m(10层)内	100 m²	50	1 376.70	68 835.00
					小计	888 226.30

图 4-11-1

实训课题

1. 某工程建筑物现浇框架柱如图 1-1 所示,计算:

任务 1:C25/40/42.5 砼柱工程量。

任务 2:柱模板工程量(九夹板木支撑)列项。

任务 3:套用定额基价计算柱砼、柱模板直接工程费及间接费、税金(三类工程取费)。

任务 4:计算现浇柱箍筋工程量。

图 1-1　柱高基础顶~8.000 柱平法配筋图

2. 根据图 1-1 所示尺寸,计算:

任务 1:独立基础钢筋工程量并套用定额计算直接工程费。

任务 2:已知:钢筋信息价为:Φ10 内:4 479 元/t,Φ10 上:4 650 元/t,±20 内:4 383 元/t,±20 上:4 375 元/t,计算该工程钢筋材料差价。

3. 根据工程现浇梁(C30/40/42.5)图示尺寸,图 1-2,已知现浇梁钢筋保护层厚 25 mm,按三级抗震等级,计算:

任务 1:现浇梁砼及模板(九夹板钢支撑)分项工程量并套用定额基价进行换算计算,砼及模板直接工程费。

任务 2:分析计算现浇梁钢筋工程量并套用列项定额基价计算直接工程费。

任务 3:列出分部分项工程预算表。

图 1-2

4. 根据工程图示尺寸,图 1-3,现浇有梁板钢筋保护层厚 20 mm,板厚 100 mm,梁:250 mm×500 mm,标高以米为单位,计算:

任务 1:有梁板钢筋工程量。

任务 2:套用定额基价计算直接工程费,并计算人工、材料、机械用量。

图 1 - 3 标高 3.970 板平法结构图(1∶100)

5. 根据图示尺寸,图 1 - 4,已知现浇雨篷钢筋保护层厚 15 mm,板厚 80 mm,计算雨篷钢筋工程量,并分析工料机用量,及计算直接工程费。

图 1 - 4 YP - 2 结构图

复习思考题

1. 建筑面积的概念及作用。
2. 平整场地的概念及计算。
3. 分别简述人工挖土方、人工挖基槽及人工挖基坑的区别。
4. 简述沉管灌注桩的计算规则并举例说明。
5. 分别简述现浇有梁板、无梁板、平板的概念及计算规则。
6. 简述措施项目的概念并举例说明。

项目五　建筑工程装饰装修工程预算

【学习目标】

（1）掌握装饰装修工程工程量计算规则。

（2）会计算分部分项工程量，并能正确使用定额，具有装饰装修工程计价的能力。

【能力要求】

通过学习，具备岗位工作的岗位职责意识和协同工作理念，能够依据设计资料及目标进行装饰工程计量与计价。

学习情境　装饰装修工程量计算与定额应用

本项目采用的是《江西省装饰装修工程消耗量定额及统一基价表》(2004)（以下简称《装饰定额》）。

行动领域1　楼地面工程

一、楼地面工程相关知识

（1）楼地面工程中地面构造一般为面层、垫层和基层（素土夯实）；楼层地面构造一般为面层、填充层和楼板。当地面和楼层地面的基本构造不能满足使用或构造要求时，可增设结合层、隔离层、填充层、找平层等其他构造层次。如图5-1-1所示。

图 5-1-1　楼地面构造

（2）地面垫层材料常用的有混凝土、砂、炉渣、碎（卵）石等。

结合层材料常用的有水泥砂浆、干硬性水泥砂浆、粘结剂等。

（3）填充层材料有水泥炉渣、加气混凝土块、水泥膨胀珍珠岩块等。

（4）找平层常用水泥砂浆和混凝土。

(5) 隔离层材料有防水涂膜、热沥青、油毡等。

(6) 面层材料常用的有混凝土、水泥砂浆、现浇(预制)水磨石、天然石材(大理石、花岗岩等)、陶瓷锦砖、地砖、木质板材、塑料、橡胶、地毯等。

二、楼地面工程列项

楼地面工程分项内容是工程量计算时列项的依据,《装饰定额》对分项工程的内容和项目划分给予了明确的规定,具有实际的指导意义。《装饰定额》是从结构部位和材料类型、规格及型号等方面进行划分的,我们可以根据下面的介绍进行系统地认知和学习,掌握列项方法和技巧。

楼地面工程分 4 节。

(1) 找平层 5 个子目(包括 1 水泥砂浆 2 细石砼);

(2) 整体面层 17 个子目(包括水泥砂浆、水磨石、水泥豆石浆);

(3) 块料面层 174 个子目,包括:① 大理石;② 花岗岩;③ 石材刷养护液及保护液;④ 预制水磨石块;⑤ 陶瓷地砖(彩釉砖);⑥ 玻璃地砖;⑦ 缸砖;⑧ 陶瓷锦砖;⑨ 水泥花砖;⑩ 广场砖;⑪ 凹凸假麻石块;⑫ 红(青)砖;⑬ 分隔嵌条、防滑条;⑭ 酸洗打蜡;⑮ 塑料、橡胶板;⑯ 地毯及附件;⑰ 竹、木地板;⑱ 防静电活动地板;⑲ 钛金不锈钢复合地砖等。

(4) 栏杆、栏板、扶手(包括:① 栏杆、栏板;② 扶手、弯头;③ 靠墙扶手)。

三、工程量计算规则

(1) 整体面层、找平层按主墙间净空面积以平方米计算。应扣除凸出地面的构筑物、设备基础、室内管道、地沟等所占的面积,不扣除柱、垛、间壁墙、附墙烟囱及面积在 0.3 m² 以内的孔洞所占面积,但门洞、空圈、暖气包槽、壁龛等开口部分亦不增加。

(2) 块料面层按饰面的实铺面积计算,不扣除 0.1 m² 以内的孔洞所占面积。拼花部分按实贴面积计算。

(3) 整体面层踢脚板按延长米计算,洞口、空圈长度不予扣除,门洞、空圈、垛、附墙烟囱等侧壁长度亦不增加。块料楼地面踢脚线按实贴长乘高以平方米计算,成品及预制水磨石块踢脚线按实贴延长米计算。楼梯踏步踢脚线按相应定额基价乘以 1.15 系数。

【案例分析 5-1-1】 某工程楼面建筑平面如图 5-1-2,设计楼面做法为 30 厚细石砼找平,1:3 水泥砂浆铺贴 300 mm×300 mm 地砖面层,踢脚为 150 mm 高地砖。列项并计算楼面装饰的直接工程费及人工费。(M1:900 mm×2 400 mm,M2:900 mm×2 400 mm,C1:1 800 mm×1 800 mm)

【解】 (1) 列项、计算工程量

① 30 mm 厚细石砼找平层:定额(B1-4),基价 918.9 元/100 m²

其中人工 292.12 元/100 m²

工程量:S=(4.5×2-0.24×2)×(6-0.24)-0.6×2.4=47.64(m²)

找平层直接工程费为:47.64 m²×918.9 元/100 m²=437.4 元

其中人工费为:47.64×292.12 元/100 m²=139.17 元

② 300 mm×300 mm 地砖面层:定额(B1-85)基价 4 541.87 元/m²

其中人工 1 006.34 元/100 m²

图 5-1-2

工程量：$S=(4.5\times2-0.24\times2)\times(6-0.24)-0.6\times2.4+0.9\times0.24\times2=48.07(m^2)$

地砖面层直接工程费为：$48.07\ m^2\times4\ 541.87$ 元/$100\ m^2=2\ 183.28$ 元

其中人工费为：$48.07\ m^2\times1\ 006.34$ 元/$100\ m^2=483.75$ 元

③ 地砖踢脚：定额(B1-91)，基价 5 661.66 元/$100\ m^2$

其中人工 2 280.01 元/$100\ m^2$

工程量：
$$S=[(4.5-0.24+6-0.24)\times2\times2-0.9\times3+0.24\times4]\times0.15$$
$$=38.34\times0.15=5.75(m^2)$$

地砖踢脚直接工程费为：$5.75\ m^2\times5\ 661.66$ 元/$100\ m^2=325.55$ 元

其中人工费为：$5.75\ m^2\times2\ 280.01$ 元/$100\ m^2=131.10$ 元

（2）工程预算表如下：

表 5-1-1 工程预算

序号	定额编号	项目名称	单位	数量	定额基价（元）	其中：人工(元)	合价（元）	其中：人工(元)
1	B1-4	30 mm 厚细石砼找平	100 m²	0.476 4	918.9	292.12	437.4	139.17
2	B1-85	300 mm×300 mm 地砖面层	100 m²	0.480 7	4 541.87	1 006.34	2 183.28	483.75
3	B1-91	地砖踢脚	100 m²	0.057 5	5 661.66	2 280.01	325.22	131.1
		小计					2 945.9	754.02

（3）楼梯面积（包括踏步、休息平台，以及小于 500 mm 宽的楼梯井）按水平投影面积计算。

计算公式：直形楼梯水平投影面积（一层）＝楼梯间长度×楼梯间宽度－500 mm 以上宽的楼梯井投影面积

（4）台阶面层（包括踏步及最上一层踏步沿 300 mm）按水平投影面积计算。

计算公式：台阶面层面积＝（台阶的水平投影长度＋300 mm）×台阶宽度

（5）栏杆、栏板、扶手均按其中心线长度以延长米计算，计算扶手时不扣除弯头所占长度。

(6) 弯头按个计算。

行动领域 2　墙柱面工程

一、墙柱面工程相关知识

墙面装饰的基本构造包括基层、中间层、面层三部分。如图 5-2-1 所示。

图 5-2-1　墙面构造示意图

二、墙柱面工程列项

《装饰定额》中墙柱面工程分项内容是工程量计算时列项的依据,墙柱面工程分五节。

(1) 一般抹灰

依据抹灰材料不同分为:① 石灰砂浆;② 水泥砂浆;③ 混合砂浆;④ 其他砂浆;⑤ 一般抹灰砂浆厚度调整及墙面分格嵌条增加工料;⑥ 砖石墙面勾缝、假面砖。

(2) 装饰抹灰

主要有:① 水刷石;② 干粘石;③ 斩假石;④ 普通水磨石;⑤ 拉条灰、甩毛灰;⑥ ZL 胶粉聚苯颗粒外墙外保温(外饰涂料);⑦ 装饰抹灰厚度调整及分格嵌缝。

(3) 镶贴块料面层

主要有:① 大理石;② 花岗岩;③ 挂贴大理石、花岗岩包圆柱饰面;④ 钢骨架上干挂石板;⑤ 圆柱挂贴大理石其他零星项目;⑥ 预制水磨石块;⑦ 凹凸假麻石;⑧ 陶瓷锦砖;⑨ 劈离砖;⑩ 金属面砖;⑪ 瓷板;⑫ 文化石;⑬ 面砖。

(4) 墙、柱面装饰

主要有:① 龙骨基层;② 夹板、卷材钢网基层;③ 面层;④ 隔断;⑤ 柱龙骨基层及饰面。

(5) 幕墙。

三、工程量计算规则

1. 内墙抹灰工程量按以下规定计算

(1) 内墙抹灰面积,应扣除门窗洞口和空圈所占的面积,不扣除踢脚板、挂镜线、0.3 m² 以内的孔洞和墙与构件交接处的面积,洞口侧壁亦不增加。墙垛和附墙烟囱侧壁面积与内墙抹灰工程量合并计算。

(2) 内墙面抹灰的长度,以主墙间的图示净长尺寸计算。其高度确定如下:

① 无墙裙时,其高度按室内地面或楼面至天棚底面计算。

② 有墙裙时,其高度按墙裙顶至天棚底面计算。

③有吊筋时装饰天棚的内墙面抹灰,其高度按室内地面或楼面至天棚底面另加100 mm计算。

（3）内墙裙抹灰面积按内墙净长乘以高度计算。应扣除门窗洞口和空圈所占的面积,门窗洞口和空圈的侧壁不另增加,墙垛、附墙烟囱侧壁面积并入墙裙抹灰面积内计算。

【案例分析5-2-1】　某工程楼面建筑平面如上节图5-1-1,该建筑内墙净高为3.3 m,窗台高900 mm。墙面为混合砂浆底纸筋灰面抹灰,计算墙面装饰直接工程费及人工费。（M1:900 mm×2 400 mm,M2:900 mm×2 400 mm,C1:1 800 mm×1 800 mm）

【解】　列项、计算工程量

墙面混合砂浆抹灰:定额（B2-33）,基价784.68元/100 m²

其中人工494.13元/100 m²

工程量:S=工程量,即 S=3.3×(4.5-0.24+6-0.24)×2×2-1.8×1.8×2-0.9×2.4×3=132.26-6.48-6.48=119.30(m²)

墙面混合砂浆抹灰直接工程费为:119.30 m²×784.68元/100 m²=936.12元

其中人工费为:119.30×494.13元/100 m²=589.50元

说明:外墙一般抹灰、装饰抹灰计算方法同内墙抹灰。

2. 镶贴块料面层工程量按以下规定计算

（1）墙面贴块料面层,按实贴面积计算。面砖镶贴子目用于镶贴柱时人工定额量乘以系数1.10,其他不变。

（2）墙面贴块料饰面高度在300 mm以内者,按踢脚板定额执行。

【案例分析5-2-2】　某工程楼面建筑平面如上节图5-1-2,该建筑内墙净高为3.3 m,窗台高900 mm。设计内墙裙为水泥砂浆贴152 mm×152 mm瓷砖,高度为1.8 m,其余部分墙面为混合砂浆底纸筋灰面抹灰,计算墙面装饰直接工程费及人工费。（M1:900 mm×2 400 mm,M2:900 mm×2 400 mm,C1:1 800 mm×1 800 mm）。

【解】　（1）列项、计算工程量

①水泥砂浆贴瓷砖墙裙:定额（B2-191）,基价为2 925.58元/m²

其中人工696.13元/100 m²

工程量:S=1.8×[(4.5-0.24+6-0.24)×2×2-0.9×3]-(1.8-0.9)×1.8×2+0.12×(1.8×8+0.9×4)=67.28-3.24+2.16=66.2(m²)

水泥砂浆贴瓷砖墙裙直接工程费为:66.2 m²×2 925.58元/m²=1 936.73元

其中人工费为:66.2 m²×696.13元/m²=460.84元

②墙面混合砂浆抹灰:定额（B2-33）,基价784.68元/100 m²

其中人工494.13元/100 m²

工程量:S=3.3×(4.5-0.24+6-0.24)×2×2-1.8×1.8×2-0.9×2.4×3-(67.28-3.24)=132.26-6.48-6.48-64.04=55.26(m²)

墙面混合砂浆抹灰直接工程费为:55.26 m²×784.68元/100 m²=433.61元

其中人工费为:55.26 m²×494.13元/m²=273.06元

（2）工程预算表如下:

表 5-1-2　工程预算表

序号	定额编号	项目名称	单位	数量	定额基价（元）	其中：人工（元）	合价（元）	其中：人工（元）
1	B2-33	墙面混合砂浆抹灰	100 m²	0.552 6	784.68	494.13	433.61	273.06
2	B2-191	152 mm×132 mm 瓷砖面层	100 m²	0.662	2 925.58	696.13	1 936.73	460.84
		小计					2 370.34	733.9

行动领域 3　天棚工程

一、天棚工程相关知识

天棚工程主要分为抹灰天棚、吊顶天棚。

吊顶天棚构造如图 5-3-1 所示。

图 5-3-1　吊顶天棚构造

二、天棚工程列项

（一）抹灰面层

依据不同抹灰材料、施工工艺分为不同项。

（二）天棚吊顶（平面、跌级天棚）

（1）天棚龙骨：① 对剖圆木楞；② 方木楞；③ 轻钢龙骨；④ 天棚铝合金龙骨。

（2）天棚面层。

（3）天棚灯槽、灯带。

（三）艺术造型天棚

（1）天棚龙骨：① 轻钢龙骨；② 方木龙骨。（2）基层。（3）面层。

（四）其他天棚（龙骨和面层）

（1）烤漆龙骨天棚。（2）铝合金格栅天棚。（3）玻璃采光天棚。（4）木格栅天棚。（5）网架及其他天棚。（6）其他：① 天棚设置保温吸音层；② 送（回）风口安装；③ 嵌缝、贴绷带、贴胶带。

三、天棚工程工程量计算规则

（1）天棚抹灰工程量计算。

① 天棚抹灰面积，按主墙间的净面积计算，不扣除柱、垛、间壁墙、附墙烟囱、检查口和管道所占的面积。带梁天棚、梁两侧抹灰面积，并入天棚抹灰工程量内计算。

天棚抹灰工程量＝主墙间的净长度×主墙间的净宽度＋梁侧面面积

② 密肋梁和井字梁天棚抹灰面积，按展开面积计算。

井字梁天棚抹灰工程量＝主墙间的净长度×主墙间的净宽度＋梁侧面面积

【案例分析 5-3-1】 某工程现浇井字梁顶棚如图 5-3-2 所示，混合砂浆打底，计算工程量，确定定额项目。

图 5-3-2

【解】 1. 列项、计算工程量

天棚混合砂浆抹灰：定额（B3-1），基价 868.29 元/100 m²，其中人工 500.49 元/100 m²

工程量：$S = (6.60-0.24) \times (4.40-0.24) + (0.40-0.12) \times 6.36 \times 2 + (0.25-0.12) \times 3.86 \times 2 \times 2 - (0.25-0.12) \times 0.15 \times 4 = 31.95$（m²）

天棚混合砂浆抹灰直接工程费为：31.95 m²×868.29 元/100 m²＝277.42 元

其中人工费为：31.95×500.49 元/100 m²＝159.91 元

2. 工程预算表

表 5-1-3 工程预算表

序号	定额编号	项目名称	单位	数量	定额基价（元）	其中：人工（元）	合价（元）	其中：人工（元）
1	B3-1	天棚混合砂浆抹灰	100 m²	0.319 5	868.29	500.49	277.42	159.91

③ 阳台底面抹灰按水平投影面积以平方米计算，并入相应天棚抹灰面积内。阳台如带悬臂梁者，其工程量乘系数 1.30。阳台上表面的抹灰按水平投影面积以平方米计算，套楼

地面的相应定额子目。

④ 雨篷底面或顶面抹灰分别按水平投影面积计算，并入相应天棚抹灰面积内。雨篷顶面带反沿或反梁者，其工程量乘系数 1.20；底面带悬臂梁者，其工程量亦乘以系数 1.20。

⑤ 板式楼梯底面的装饰工程量按水平投影面积乘 1.15 系数计算，梁式及螺旋楼梯底面按展开面积计算。

（2）各种吊顶天棚龙骨按墙间净面积计算，不扣除检查口、附墙烟囱、柱、垛和管道所占面积。但天棚中的折线、迭落等圆弧形、高低吊灯槽等面积龙骨不展开计算。

（3）天棚基层板、装饰面层，按墙间实钉（粘贴）面积以平方米计算，不扣除检查口、附墙烟囱、垛和管道、开挖灯孔及 0.3 m² 以内空洞所占面积。

天棚基层＝室内净面积＋凸凹面展开面积－0.3 m² 以上的孔洞、独立柱、灯槽及与天棚相连的窗帘盒所占面积

（4）龙骨、基层、面层合并列项的子目，工程量计算规则同（2）。

（5）灯光按延长米计算。

行动领域 4　门窗工程

一、门窗工程列项

门窗工程列项主要有：普通木门窗、钢门窗安装、铝合金门窗、卷闸门、塑钢门窗安装、防盗装饰门窗安装、防火门安装、防火卷帘安装、门窗套、门窗筒子板、窗帘盒、窗台板、门窗五金、门窗运输等。

二、门窗工程工程量计算规则

（1）普通木门、窗制作、安装工程量均按以下规定计算：

① 各类门、窗制作、安装工程量均按门窗洞口面积计算。

② 普通窗上部带有半圆窗的工程量应分别按半圆窗和普通窗计算。其分界线以普通窗和半圆窗之间的框上裁口线为分界线。门窗扇包镀锌铁皮计算规则——按门窗洞口面积以平方米计算。

（2）钢门窗安装及玻璃安装均按洞口面积计算。钢门上部安玻璃，按安装玻璃部分的面积计算。

（3）铝合金门窗、彩板组角门窗、塑钢门窗均按框外围面积以平方米计算。纱扇制作、安装按扇外围面积计算。

（4）卷闸门安装按其安装高度乘以门的实际宽度以平方米计算。安装高度算至滚筒顶点为准。带卷筒罩的按展开面积增加。电动装置安装以套计算，小门安装以个计算，小门面积不扣除。

（5）防盗门、不锈钢格栅门按框外围面积以平方米计算。防盗窗按展开面积计算。

（6）成品防火门以框外围面积计算，防火卷帘门从地（楼）面算至端板顶点乘设计宽度。

（7）装饰实木门框制作安装以延长米计算。装饰门扇、窗扇制作安装按扇外围面积计算。装饰门扇及成品门扇安装按樘或扇计算。

（8）门扇双面包不锈钢板、门扇单面包皮制和装饰板隔音面层，均按单面面积计算。

（9）不锈钢板包门框、门窗套、花岗岩门套、门窗筒子板按展开面积计算。

（10）窗帘盒，窗帘轨按延长米计算。

（11）窗台板按实铺面积计算。

（12）电子感应门及转门按定额尺寸以樘计算。

（13）不锈钢电动伸缩门以米计算。

（14）木门窗运输按洞口面积以平方米计算。木门窗在现场制作者，不得计取运输费。

行动领域5　油漆、涂料、裱糊工程

一、油漆、涂料、裱糊工程列项

油漆、涂料、裱糊工程列项主要有：木材面油漆、金属面油漆、抹灰面油漆、喷塑、喷（刷）刮涂料、裱糊等。

二、油漆、涂料、裱糊工程工程量计算规则

木材面油漆、金属面油漆、抹灰面油漆的工程量分别按定额中各表规定计算。如表5-5-1至表5-5-4所示。

表 5-5-1　执行木门定额工程量系数表

项目名称	系数	工程量计算方法
单层木门	1.00	按单面洞口面积计算
双层（一玻一纱）木门	1.36	
双层（单裁口）木门	2.00	
单层全玻门	0.83	
木百叶门	1.25	
厂库大门	1.10	

表 5-5-2　执行木窗定额工程量系数表

项目名称	系数	工程量计算方法
单层玻璃窗	1.00	按单面洞口面积计算
双层（一玻一纱）木窗	1.36	
双层框扇（单裁口）木窗	2.00	
双层框三层（二玻一纱）木窗	2.60	
单层组合窗	0.83	
双层组合窗	1.13	
木百叶窗	1.50	

表 5-5-3 执行其他金属定额工程量系数表

项目名称	系数	工程量计算方法
钢屋架、天窗架、挡风架、屋架梁、支撑、檩条	1.00	按重量(吨)计算
墙架(空腹式)	0.5	
墙架(格板式)	0.82	
钢柱、吊车梁、花式梁柱、空花构件	0.63	

表 5-5-4 抹灰面油漆、涂料、裱糊定额工程量系数表

项目名称	系数	工程量计算方法
混凝土楼梯底(板式)	1.15	水平投影面积
混凝土楼梯底(梁式)	1.00	展开面积
混凝土花格窗、栏杆花饰	1.82	单面外围面积
楼地面、天棚、墙、柱、梁面	1.00	展开面积

行动领域 6 其他工程

一、其他工程内容

其他工程列项主要有：柜类、货架、暖气罩、压条、装饰线条、招牌灯箱、美术字安装、零星装修、拆除工程等。

二、其他工程工程量计算规则

(1) 柜橱、货架类均以正立面的高(包括脚的高度在内)乘以宽以平方米计算。

(2) 收银台、试衣间等以个计算，其他以延长米为单位计算。

(3) 非附图家具按其成品各部位最大外切矩形正投影面积以平方米计算(抽屉按挂面投影面积；层板不扣除切角的投影面积)。

(4) 暖气罩(包括脚的高度在内)按边框外围尺寸垂直投影面积计算。

(5) 招牌、灯箱：

① 平面招牌基层按正立面面积计算，复杂形的凹凸造型部分亦不增减。

② 沿雨篷、檐口或阳台走向的立式招牌基层，按平面招牌复杂型执行时，应按展开面积计算。

③ 箱体招牌和竖式标箱的基层，按外围体积计算。突出墙外的灯饰、店徽及其他艺术装潢等均另行计算。

④ 灯箱的面层按展开面积以平方米计算。

⑤ 广告牌钢骨架以吨计算。

(6) 压条、装饰线条均按延长米计算。

(7) 石材、玻璃开孔按个计算，金属面开孔按周长以米计算。

（8）石材及玻璃磨边按其延长米计算。

（9）美术字安装按字的最大外围矩形面积以个计算。

（10）镜面玻璃安装、盥洗室木镜箱以正立面面积计算。

（11）塑料镜箱、毛巾环、肥皂盒、金属帘子杆、浴缸拉手、毛巾杆安装以只或副计算。洗漱台以台面延长米计算（不扣除孔洞面积）。

（12）拆除工程量按拆除面积或长度计算，执行相应子目。

行动领域 7　超高增加费

一、适用范围

本定额适用于建筑物檐高 20 m 以上的工程。檐高是指设计室外地坪至檐口的高度。突出主体建筑屋顶的电梯间、水箱间等不计入檐高之内。

二、工程量计算规则

装饰装修楼面（包括楼层所有装饰装修工程量）区别不同的垂直运输高度（单层建筑物系檐口高度）以人工费与机械费之和按元分别计算。

行动领域 8　成品保护工程、装饰装修脚手架、垂直运输

一、成品保护

成品保护是指对已做好的项目面层上覆盖保护层，实际施工中未覆盖的不得计算成品保护费；成品保护按被保护面积计算。

二、装饰装修脚手架

装饰装修脚手架包括满堂脚手架、外脚手架、内墙面粉饰脚手架。

（1）满堂脚手架，按实际搭设的水平投影面积计算，不扣除附墙柱、柱所占的面积，其基本层高以 3.6 m 以上至 5.2 m 为准。凡超过 3.6 m、在 5.2 m 以内的天棚抹灰及装饰，应计算满堂脚手架基本层；层高超过 5.2 m，每增加 1.2 m 计算一个增加层，增加层的层数＝（层高－5.2 m）÷1.2 m，按四舍五入取整数。室内凡计算了满堂脚手架者，其内墙面粉饰不再计算粉饰架，只按每 100 m² 墙面垂直投影面积增加改架工 1.28 工日。

（2）装饰装修外脚手架，按外墙的外边线长乘墙高以平方米计算，不扣除门窗洞口的面积。同一建筑物各面墙的高度不同，且不在同一定额步距内时，应分别计算工程量。定额中所指的高度，系指建筑物自设计室外地坪面至外墙顶点或构筑物顶面的高度。

（3）独立柱按柱周长增加 3.6 m 乘柱高套用装饰装修外脚手架相应高度的定额。

（4）内墙面粉饰脚手架，均按内墙面垂直投影面积计算，不扣除门窗洞口的面积。

（5）高度超过 3.6 m 的喷浆，每 100 m² 按 50 元包干使用。

三、垂直运输

装饰装修楼层(包括楼层所有装饰装修工程量)区别不同垂直运输高度(单层建筑物系檐口高度)按定额工日分别计算。

【案例分析 5-8-1】　如图 5-8-1 所示办公室一层装饰工程,墙厚 240 mm,木门 M1:800 mm×2 100 mm,木门 M2:1 000 mm×2 100 mm,铝合金窗 C1:1 200 mm×1 500 mm,轴线尺寸为墙中心线,地面为地砖饰面,地砖踢脚线高 150 mm。如果设计外墙总高 3.3 m,内墙净高 2.9 m。试计算:(1) 地砖地面的饰面工程量;(2) 地砖地面踢脚线工程量;(3) 内墙面水泥砂浆粉刷、刮瓷二遍工程量;(4) 外墙面水泥砂浆打底、面层刷高级涂料工程量;(5) 木门及铝合金窗工程量。

图 5-8-1

(上图中轴线尺寸均为墙中心线)

【解】　(1) 地砖地面的饰面工程量＝2.76×5.76×2＋3.36×5.76＋0.8×0.24×2＋1×0.24＝51.77(m²)

(2) 地砖地面踢脚线工程量＝(5.76×6＋2.76×4＋3.36×2－0.8×4－1＋0.24×6)×0.15＝7.43(m²)

(3) 内墙面水泥砂浆粉刷、刮瓷二遍工程量＝52.32×2.9－0.8×2.1×4－1×2.1－1.2×1.5×4＝135.71(m²)

(4) 外墙面水泥砂浆打底、面层刷高级涂料工程量＝[(9.6＋0.24)＋(6＋0.24)]×2×3.3－1×2.1－1.2×1.5×4＝96.83(m²)

(5) 木门工程量＝0.8×2.1×2＋1×2.1＝5.46(m²)

铝合金窗工程量 S＝1.2×1.5×4＝7.2(m²)

实训课题

1. 将【案例分析 5-8-1】图纸装饰设计地面改为水磨石整体面层,水磨石踢脚线。试计算:(1) 水磨石整体面层地面的工程量;(2) 水磨石(120 mm)高踢脚线工程量;(3) 顶棚水泥砂浆粉刷、刮瓷二遍工程量;(4) 顶棚胡桃木顶角线工程量。

复习思考题

1. 举例说明按地面工程中整体面层的工程量计算规则。
2. 举例说明楼地面块料的面层计算规则。
3. 整体面层、块料面层的踢脚线计算规则。
4. 简述天棚工程量计算规则。
5. 简述装饰工程措施项目费有哪些？举例说明。

项目六 建筑工程工程量清单计价

【学习目标】

(1) 熟悉建设工程量清单,工程量清单计价的概念。

(2) 掌握 2008 版《建设工程工程量清单计价规范》的内容及清单计算规则。

(3) 作为招标人,掌握建筑工程工程量清单的编制和招标控制价的编制。

(4) 作为投标人,掌握建筑工程工程量清单计价方法和投标报价的编制。

【能力要求】

(1) 具有编制建筑工程工程量清单及清单计价的能力。

(2) 逐步具备建筑工程造价确定与控制的能力,提升计量计价顶岗能力。

学习情境 建筑工程工程量清单编制及计价

行动领域 1 土(石)方工程

本节共分 4 小节,10 个项目,包括土方工程、石方工程、土(石)方运输与回填、土壤及岩石(普式)分类、土(石)方体积折算系数表。适用于建筑物和构筑物的土(石)方开挖及回填工程。

一、工程量清单项目设置及计算规则

(一) 土方工程

土方工程工程量清单项目设置及工程量计算规则见表 6-1-1。

表 6-1-1 土方工程(编码 010101)

项目编号	项目名称	项目特征	计量单位	工程量计量规则	工程内容
010101001	平整场地	1. 土壤类别 2. 弃土运距 3. 取土运距	m²	按设计图示尺寸以建筑物首层面积计算	1. 土方挖填 2. 场地找平 3. 运输
010101002	挖土方	1. 土壤类别 2. 挖土平均厚度 3. 弃土运距		按设计图示尺寸以体积计算	

（续表）

项目编号	项目名称	项目特征	计量单位	工程量计量规则	工程内容
010101003	挖基础土方	1. 土壤类别 2. 基础类型 3. 垫层底宽、底面积 4. 挖土深度 5. 弃土运距	m²	按设计图示尺寸以基础垫层底面积乘以挖土深度计算	1. 排地表水 2. 土方开挖 3. 挡土板支拆 4. 截桩头 5. 基地钎探 6. 运输
010101004	冻土开挖	1. 冻土厚度 2. 弃土运距		按设计图示尺寸开挖面积乘以厚度以体积计算	1. 打眼、装药、爆破 2. 开挖 3. 清理 4. 运输
010101005	挖淤泥、流砂	1. 挖掘深度 2. 弃淤泥、流砂距离		按设计图示位置、界线以体积计算	1. 挖淤泥、流砂 2. 弃淤泥、流砂
010101006	管沟土方	1. 土壤类别 2. 管外径 3. 挖沟平均深度 4. 弃土运距 5. 回填要求	m	按设计图示以管线中心线长度计算	1. 排地表水 2. 土方开挖 3. 挡土板支拆 4. 运输 5. 回填

（二）石方工程

石方工程量清单项目设置及工程量计算规则见表 6-1-2。

表 6-1-2 石方工程（编码 010102）

项目编号	项目名称	项目特征	计量单位	工程量计量规则	工程内容
010102001	预裂爆破	1. 岩石类别 2. 单孔深度 3. 单孔装药量 4. 炸药品种、规格 5. 雷管品种、规格	m	按设计图示以钻孔总长度计算	1. 打眼、装药、放炮 2. 处理渗水、积水 3. 安全防护、警卫
010102002	石方开挖	1. 岩石类别 2. 开凿深度 3. 弃碴运距 4. 光面爆破要求 5. 基底摊座要求 6. 爆破石块直径要求	m²	按设计图示尺寸以体积计算	1. 打眼、装药、放炮 2. 处理渗水、积水 3. 解小 4. 岩石开凿 5. 摊座 6. 清理 7. 运输 8. 安全防护、警卫
010102003	管沟开挖	1. 岩石类别 2. 管外径 3. 开凿深度 4. 弃碴运距 5. 基底摊座要求 6. 爆破石块直径要求	m	按设计图示以管道中心线长度计算	1. 石方开凿、爆破 2. 处理渗水、积水 3. 解小 4. 摊座 5. 清理、运输、回填 6. 安全防护、警卫

（三）土(石)方运输与回填

土(石)方运输与回填工程量清单项目设置及工程量计算规则见表 6-1-3。

表 6-1-3 土(石)方回填(编码 010103)

项目编号	项目名称	项目特征	计量单位	工程量计量规则	工程内容
010103001	土(石)方回填	1. 土质要求 2. 密实度要求 3. 粒径要求 4. 夯填(碾压) 5. 松填 6. 运输距离	m²	按设计图示尺寸以体积计算 注：① 场地回填：回填面积乘以平均回填厚度；② 室内回填：主墙间净面积乘以回填厚度；③ 基础回填：挖方体积减去设计室外地坪以下埋设的基础体积(包括基础垫层及其他构筑物)	1. 挖土(石)方 2. 装卸、运输 3. 回填 4. 分层碾压、夯实

（四）其他相关问题的处理规定

(1) 土壤及岩石(普式)分类见表 6-1-4。

表 6-1-4 土壤及岩石(普式)分类表(摘录)

定额分类	普式分类	土壤及岩石名称	天然湿度下平均容重(kg/m³)	极限压碎强度(kg/cm²)	用轻钻孔机钻进 1 m 耗时(分)	开挖方法及工具	坚固系数(f)
一、二类土壤	I	砂 砂壤土 腐殖土 泥炭	1 500 1 600 1 200 600			用尖锹开挖	0.5～0.6
	II	轻壤土和黄土类土 潮湿而松散的黄土，软的盐渍土和碱土 平均 15 mm 以内的松散而软的砾石 含有草根的密实腐殖土 含有直径在 30 mm 以内根类的泥炭和腐殖土 掺有卵石、碎石和石屑的砂和腐殖土 含有卵石或碎石杂质的胶结成块的填土 含有卵石、碎石和建筑料杂质的砂壤土	1 600 1 600 1 700 1 400 1 100 1 650 1 750 1 900			用锹开挖并少数用镐开挖	0.6～0.8

(续表)

定额分类	普式分类	土壤及岩石名称	天然湿度下平均容重（kg/m³）	极限压碎强度（kg/cm²）	用轻钻孔机钻进1m耗时（分）	开挖方法及工具	坚固系数（f）
三类土壤	Ⅲ	肥粘土，其中包括石炭纪、侏罗纪的黏土和冰黏土	1 800			用锹并同时用镐开挖（30%）	0.81～1.0
		重壤土、粗砾石，粒径为15～40 mm的碎石和卵石	1 750				
		干黄土和掺有碎石或卵石的自然含水量黄土	1 790				
		含有直径大于30 mm根类的腐殖土或泥炭	1 400				
		掺有碎石或卵石和建筑碎料的土壤	1 900				
四类土壤	Ⅳ	土含碎石重黏土，其中包括侏罗纪和石炭纪的硬黏土	1 950			用锹并同时用镐和撬棍开挖（30%）	1.0～1.5
		含有碎石、卵石、建筑碎料和重达25 kg的顽石（总体积10%以内）等杂质的肥黏土和重土壤	1 950				
		冰碛黏土，含有重量在50 kg以内的巨砾，其含量为总体积10%以内	2 000				
		泥板岩	2 000				
		不含或含有重量达10 kg的顽石	1 950				
松石	Ⅴ	含有重量在50 kg以内的巨砾（占体积10%以上）的冰碛石	2 100	小于200	小于3.5	部分用手凿工具部分用爆破来开挖	1.5～2.0
		硅藻岩和软白垩岩	1 800				
		胶结力弱的砾岩	1 900				
		各种不坚实的片岩	2 600				
		石膏	2 200				

（2）土（石）方体积应按挖掘前的天然密实体积计算，如需按天然密实体积折算时，应按表6-1-5系数计算。

表 6-1-5

天然密实度体积	虚方体积	夯实后体积	松填体积
1.00	1.30	0.87	1.08
0.77	1.00	0.67	0.83
1.15	1.49	1.00	1.24
0.93	1.20	0.81	1.00

（3）挖土方平均厚度应按自然地面测量标高至设计地坪标高间的平均厚度确定。基础土方、石方开挖深度应按基础垫层底表面标高至交付施工场地标高确定，无交付施工场地标高时，应按自然地面标高确定。

（4）建筑物场地厚度在 ±30 cm 以内的挖、填、运、找平，应按 A1-1 中平整场地项目编码列项；±30 cm 以外的竖向布置挖土或山坡切土，应按 A1-1 中挖土方项目编码列项。

（5）挖基础土方包括带形基础、独立基础、满堂基础（包括地下室基础）及设备基础、人工挖孔桩等的挖方。带形基础应按不同底宽和深度，独立基础和满堂基础应按不同底面积和深度分别编码列项。

（6）管沟土（石）方工程量应按设计图示尺寸以长度计算。有管沟设计时，平均深度以沟垫层底表面标高至交付施工场地标高计算；无管沟设计时，直埋管深度应按管底外表面标高至交付施工场地标高的平均高度计算。

（7）设计要求采用减震孔方式减弱爆破震动波时，应按 A1-2 中预裂爆破项目编码列项。

（8）湿土的划分应按地质资料提供的地下常水位为界，地下常水位以下为湿土。

（9）挖方出现流砂、淤泥时，可根据实际情况由发包人与承包人双方认证。

二、工程量清单计价

【案例分析 6-1-1】　根据《建设工程工程量清单计价规范》（GB50500—2008）和项目九附录建筑结构施工图纸编制公用工程楼平整场地工程量清单及工程量清单投标报价。（本工程按三类工程取费）

【解】　（1）招标人根据清单规范施工图纸计算平整场地清单工程量

$$S_{清单}=a \times b=36.24 \times 16.24=588.54(m^2)$$

（2）投标人根据图纸及江西省定额报价

1）平整场地定额计价工程量：

$$S_{定额}=(a+4)(b+4)=814.46(m^2)$$

2）查费用定额：

三类工程，企业管理费 5.45%、利润 4%

查定额 A1-1：定额基价：2.3853 元/m²，人工单价：23.5 元/工日，2012 年人工单价：47 元/工日

3）综合单价计算：

$$直接工程费=2.3853 元/m^2 \times 814.46 m^2=1942.73 元$$

$$企业管理费=5.45\% \times 1942.73 元=105.87 元$$

利润＝(直接工程费＋企业管理费)×4%＝81.944 元

人工价差＝(47－23.5)元/工日×814.46 m²×0.101 5 工日/m²＝1 942.7 元

费用合计:4 073.24 元

平整场地清单综合单价＝4 073.24 元÷588.54 m²＝6.92 元/m²

【案例分析 6-1-2】　根据《建设工程工程量清单计价规范》(GB50500—2008)和项目九附录建筑结构施工图纸编制公用工程楼回填土工程量清单及工程量清单投标报价。

【解】　$V_{下埋}$＝5.72(－0.2 m 以下柱)＋56.94(独基)＋26.64(地梁)＋14.82(垫层)＋6.67(DL 垫层)＋47.85(－0.2 m 以下砖基)＝158.64(m³)

(1)招标人根据图纸计算:

$$V_{基础回填}＝V_{挖坑}＋V_{槽}－V_{下埋}＝281.54＋123.61－158.64＝246.51(m³)$$

(2)投标人根据图纸计算:

$$V_{回填定额计价}＝V_{坑}＋V_{槽}＋V_{下埋}＝623.49＋423.1－158.64＝887.95(m³)$$

(3)综合单价计算:

A1－181(夯填)直接费＝8.329 6 元/m³×887.95 m³＝7 396.27 元

企业管理费＝5.45%×直接费＝403.1 元

利润＝4%×(直接费＋企业管理费)＝7 799.37 元×4%＝311.97 元

(只考虑人工调差)人工差价＝(47－23.5)元/工日×887.95 m³×0.273 6 工日/m³＝5 709.16元

费用合计:13 820.5 元

基础回填土综合单价＝13 820.5 元÷246.51 m³＝56.06 元/m³

余土外运计算(20m 距):$V_{运土}＝V_{挖}－V_{回填}$

定额计价时:$V_{运}$＝(281.54＋123.61)－246.51＝158.64(m³)

清单计价时:$V_{运}$＝(623.49＋423.1)－887.95＝158.64(m³)

所以 $V_{运土}＝V_{下埋}$

故挖槽时:$V_{运土}＝V_{下埋}$＝26.64＋6.67＋47.85＝81.16(m³)

挖坑时:$V_{运土}＝V_{下埋}$＝5.72＋56.94＋14.82＝77.48(m³)

【案例分析 6-1-3】　根据《建设工程工程量清单计价规范》(GB50500—2008)和项目九附录建筑结构施工图纸编制公用工程楼人工挖基槽工程量清单及工程量清单投标报价。见图 6-1-2。

【解】　(1)招标人计算清单工程量:

挖基础土方:清单项目编码 010101003001,工程项目包括挖基槽土方,场内运输土方

$$V_{槽}＝123.69(m³)$$

(2)投标人根据图纸计算定额工程量:

$$V_{挖槽}＝423.1 m³、\quad V_{运土}(20 m 运距)＝81.16(m³)$$

(3)综合单价计算(复合组价):

挖槽直接费＝423.1 m³×14.692 2 元/m³＝6 216.27(元)

人工运土方(20 m):直接费＝81.16 m³×5.188 8 元/m³＝421.12(元)

直接费小计:6 637.39 元

企业管理费:5.45%×6 637.39=361.74(元)

利润:4%×(6 637.39+361.74)=279.97(元)

人工价差:(47-23.5)元/工日×423.1 m³×0.625 2 工日/m³+(47-23.5)×81.16 m³×0.220 8 工日/m³=6 637.39(元)

费用合计:13 916.43(元)

人工挖基槽清单综合单价=13 916.43÷123.69 m³=112.51 元/m³

【案例分析 6-1-4】　根据《建设工程工程量清单计价规范》(GB50500—2008)和项目九附录建筑结构施工图纸编制公用工程楼人工挖基坑工程量清单及工程量清单投标报价。

【解】 (1)招标人报价:国家清单规范及施工图纸计算挖基坑清单工程量

$V_{基坑}$=281.54 m³　清单项目编码:010101003002

(2)投标人报价:

投标人根据江西省预算定额规则及施工图纸。

① 计算人工挖基坑定额计价工程量:$V_{坑}$=623.49 m³

② 计算人工挖基坑产生的余土外运(20 m 运距)工程量:$V_{运}$=77.48 m³

按三类土壤,挖土深 2 m 内(1.9 m),本工程根据江西省费用定额规定,按三类工程取费,企业营业费 5.45%,利润 4%,人工调差;按规定:47 元/工日(2012 年),23.5 元/工日(2004 年)

(3)人工基坑清单综合单价计算:

人工挖基坑直接按工程费(A1-27):623.49 m³×16.47 元/m³=10 269.60 元

人工运土方(20 m)(A1-192):77.48 m³×5.188 8 元/m³=402.03 元

直接费小计:10 269.6+402.03=10 671.63(元)

企业管理费:5.45%×10 671.63=581.6(元)

利润:4%×9(直+企)=450.13(元)

风险费用:人工价差(47-23.5)元/工日×(623.49 m³×0.700 9 工日/m³+77.48 m³×0.220 8 元/)=10 671.63 元

合计:22 374.99 元

即人工挖基坑清单综合单价=22 374.99 元/281.54 m³=79.47 元/m³

表 6-1-6　分部分项工程清单与计价表

工程名称:公用工程楼

序号	项目编码	项目名称	项目特征	计量单位	工程量	综合单价(元)	合价(元)
1	010101001001	平整场地	三类土壤	m²	588.54	6.92	4 073.24
2	010101003001	挖基础土方	1. 土壤类别:三类土 2. 挖土深度:1.85 m 3. 基础类型:条形基础 4. 垫层底宽:500 mm 5. 弃土运距:20 m 运土:81.16 m³	m³	123.69	112.51	13 916.43

（续表）

序号	项目编码	项目名称	项目特征	计量单位	工程量	综合单价（元）	合价（元）
3	010101003002	挖基础土方	1. 土壤类别：三类土 2. 基础类型：独立基础 3. 垫层底面积＜20 m² 4. 挖土深度：1.9 m 5. 弃土运距：(20 m)运土77.48 m³	m³	281.54	79.47	22 374.99
4	010103001001	土方回填	1. 土质要求：三类土 2. 分层夯实	m³	246.51	56.06	13 820.5

行动领域 2　桩与地基基础工程

本节共分 4 小节，12 个项目，包括混凝土桩、其他桩、地基与边坡处理、其他相关问题处理。

一、工程量清单项目设置及计算规则

（一）混凝土桩

混凝土桩工程量清单项目设置及工程量计算规则见表 6-2-1。

表 6-2-1　混凝土桩（编码 010201）

项目编号	项目名称	项目特征	计量单位	工程量计量规则	工程内容
010201001	预制钢筋混凝土桩	1. 土壤类别 2. 单桩长度、根数 3. 桩截面 4. 板桩面积 5. 管桩填充材料种类 6. 桩倾斜度 7. 混凝土强度等级 8. 防护材料种类	m/根	按设计图示尺寸以桩长（包括桩尖）或根数计算	1. 桩制作、运输 2. 打桩、实验桩、斜桩 3. 送桩 4. 管桩填充材料、刷防护材料 5. 清理运输
010201002	接桩	1. 桩截面 2. 接头长度 3. 接桩材料	个/m	按设计图示规定以接头数量（板桩按接头长度）计算	1. 桩制作、运输 2. 接桩、材料运输
010201003	混凝土灌注桩	1. 土壤级别 2. 单桩长度、根数 3. 桩截面 4. 成孔方法 5. 混凝土强度等级	m/根	按设计图示尺寸以桩长（包括桩尖）或根数计算	1. 成孔、固壁 2. 混凝土制作、运输、灌注振捣、养护 3. 泥浆池及沟槽砌筑、拆除 4. 泥浆制作、运输 5. 清理、运输

（二）其他桩

工程量清单项目设置及工程量计算规则,应按表 6-2-2 的规定执行。

表 6-2-2 其他桩（编码 010201）

项目编号	项目名称	项目特征	计量单位	工程量计量规则	工程内容
010202001	砂石灌注桩	1. 土壤级别 2. 桩长 3. 桩截面 4. 成孔方法 5. 砂石级配			1. 成孔 2. 砂石运输 3. 填充 4. 振实
010202002	灰土挤密桩	1. 土壤级别 2. 桩长 3. 桩截面 4. 成孔方法 5. 灰土级配	m	按设计图示尺寸以桩长（包括桩尖）计算	1. 成孔 2. 灰土拌合、运输 3. 填充 4. 夯实
010202003	旋喷桩	1. 桩长 2. 桩截面 3. 水泥强度等级			1. 成孔 2. 水泥浆制作、运输 3. 水泥浆旋喷
010202004	喷粉桩	1. 桩长 2. 桩截面 3. 粉体种类 4. 水泥强度等级 5. 石灰粉要求			1. 成孔 2. 粉体运输 3. 粉喷固化

二、工程量清单计价

【案例分析 6-2-1】 某工人挖孔混凝土灌柱桩,单根设计长度 8 m,桩径Φ800 mm,总根数 120 根,混凝土等级强度 C20。试编制工程量清单及其清单计价。

【解】 （1）招标人根据设计图纸计算出:8 m×120＝960 m

（2）投标人根据设计图纸计算出:

1）混凝土桩总体积:5.6 m³/根（单桩体积含扩大头）×120 根＝672 m³

2）人工挖孔桩护壁:2.50 m³/根×120 根＝300 m³

3）参照《建筑定额》计价:

① 人工挖孔桩桩芯混凝土（A2－50）

200.27 元/m³×672 m³＝134 581.44 元（其中人工费:21 685.44 元;材料费:108 380.16 元;机械费:4 515.84 元）

② 人工挖孔桩基础护壁（A2－56）

246.12 元/m³×300 m＝73 863.00 元（其中人工费:16 167 元;材料费:54 225 元;机械费:3 444 元）

③ 合计:208 417.44 元（其中人工费:37 852.44 元;材料费:162 605.16 元;机械费:7 959.84 元）

（3）综合（参照三类工程总包取费）

① 直接工程费:208 417.44 元

② 管理费：208 417.44 元×5.45％＝11 358.75 元

③ 利润：219 776.19×4％＝8 791.05 元

④ 合计：228 567.24 元

（4）综合单价：

$$228\,567.24\,元÷960\,m＝238.09\,元/m$$

见分部分项工程清单计价表 6-2-3。

表 6-2-3 分部分项工程清单计价表

工程名称：×××

序号	项目编号	项目名称及项目特征	计量单位	工程数量	金额（元）	
					综合单价	合价
1	010201003001	混凝土灌注桩 单柱长度：8 m 桩根数：120 根 桩直径：Φ800 mm 成孔方法：人工挖孔 砼强度等级：C20/40/32.5	m	960	238.09	228 567.24

行动领域3 砌筑工程

本节共分 7 节 25 个项目，包括砖基础、砖砌体、砖构筑物、砖块砌体、石砌体、砖散水、地坪、地沟、其他相关问题处理。

一、工程量清单项目设置及计算规则

（一）砖基础

工程量清单项目设置及工程量计算规则，应按表 6-3-1 的规定执行。

表 6-3-1 砖基础（编码 010301）

项目编号	项目名称	项目特征	计量单位	工程量计量规则	工程内容
010301001	砖基础	1. 砖品种、规格、强度等级 2. 基础类型 3. 基础深度 4. 砂浆强度等级	m³	按设计图示尺寸以体积计算。包括附墙垛基础宽出部分体积，扣除地梁（圈梁）、构造柱所占体积，不扣除基础大放脚 T 形接头处的重叠部分及嵌入基础内的钢筋、铁件、管道、基础砂浆防潮层和单个面积 0.3 m³ 以内的孔洞所占体积，靠墙暖气沟的挑檐不增加 基础长度：外墙按中心线，内墙按净长线计算	1. 砂浆制作、运输 2. 砌砖 3. 防潮层铺设 4. 材料运输

（二）砖砌体

工程量清单项目设置及工程量计算规则，应按表 6-3-2 的规定执行。

表 6-3-2　砖砌体（编码 010302）

项目编号	项目名称	项目特征	计量单位	工程量计量规则	工程内容
010302001	实心砖墙	1. 砖品种、规格、强度等级 2. 墙体类型 3. 墙体厚度 4. 墙体高度 5. 勾缝要求 6. 砂浆强度等级、配合比	m³	按设计图示尺寸以体积计算。扣除门窗洞口、过人洞、空圈、嵌入墙内的钢筋混凝土柱、梁、圈梁、挑梁、过梁及凹进墙内的壁龛、管槽、暖气槽、消火栓箱所占体积。不扣除梁头、板头、檩头、垫木、木楞头、沿缘木、木砖、门窗走头、砖墙内加固钢筋、木筋、铁件、钢管及单个面积 0.3 m² 以内的孔洞所占体积。凸出墙面的腰线、挑檐、压顶、窗台线、虎头砖、门窗套的体积亦不增加。凸出墙面的砖垛并入墙体体积内计算 1. 墙长度：外墙按中心线，内墙按净长计算 2. 墙高度： （1）外墙：斜（坡）屋面无檐口天棚者算至屋面板底；有屋架且室内外均有天棚者算至屋架下弦底另加 200 mm；无天棚者算至屋架下弦底另加 300 mm，出檐宽度超过 600 mm 时按实砌高度计算；平屋面算至钢筋混凝土板底 （2）内墙：位于屋架下弦者，算至屋架下弦底；无屋架者算至天棚底另加 100 mm；有钢筋混凝土楼板隔层者算至楼板顶；有框架梁时算至梁底 （3）女儿墙：从屋面板上表面算至女儿墙顶面（如有混凝土压顶时算至压顶下表面） （4）内、外山墙：按其平均高度计算 3. 围墙：高度算至压顶上表面（如有混凝土压顶时算至压顶下表面），围墙柱并入围墙体积内	1. 砂浆制作、运输 2. 砌砖 3. 勾缝 4. 砖压顶砌筑 5. 材料运输

(续表)

项目编号	项目名称	项目特征	计量单位	工程量计量规则	工程内容
010302002	空斗墙	1. 砖品种、规格、强度等级 2. 墙体类型 3. 墙体厚度 4. 勾缝要求 5. 砂浆强度等级、配合比	m³	按设计图示尺寸以空斗墙外形体积计算。墙角、内外墙交界处、门窗洞口立边、窗台砖、屋檐处的实砌部分体积并入空斗墙体积内	1. 砂浆制作、运输 2. 砌砖 3. 装填充料 4. 勾缝 5. 材料运输
010302003	空花墙	1. 砖品种、规格、强度等级 2. 墙体类型 3. 墙体厚度 4. 勾缝要求 5. 砂浆强度等级		按设计图示尺寸以空花部分外形体积计算,不扣除空洞部分体积	
010302004	填充墙	1. 砖品种、规格、强度等级 2. 墙体厚度 3. 填充材料种类 4. 勾缝要求 5. 砂浆强度等级		按设计图示尺寸以填充墙外形体积计算	
010302005	实心砖柱	1. 砖品种、规格、强度等级 2. 柱类型 3. 柱截面 4. 柱高 5. 勾缝要求 6. 砂浆强度等级、配合比		按设计图示尺寸以体积计算。扣除混凝土及钢筋混凝土梁垫、梁头、板头所占体积	1. 砂浆制作、运输 2. 砌砖 3. 勾缝 4. 材料运输
010302006	零星砌砖	1. 零星砌砖名称、部位 2. 勾缝要求 3. 砂浆强度等级、配合比	m³ (m²、 m、个)		

(三) 砖构筑物

工程量清单项目设置及工程量计算规则,应按表 6-3-3 的规定执行。

表 6-3-3　砖构筑物(编码 010303)

项目编号	项目名称	项目特征	计量单位	工程量计量规则	工程内容
010303001	砖烟囱、水塔	1. 筒身高度 2. 砖品种、规格、强度等级 3. 耐火砖品种、规格 4. 耐火泥品种 5. 隔热材料种类 6. 勾缝要求 7. 砂浆强度等级、配合比	m³	按设计图示筒壁平均中心线周长乘以厚度乘以高度以体积计算。扣除各种孔洞、钢筋混凝土圈梁、过梁等的体积	1. 砂浆制作、运输 2. 砌砖 3. 涂隔热层 4. 装填充料 5. 砌内衬 6. 勾缝 7. 材料运输
010303002	砖烟道	1. 烟道截面形状、长度 2. 砖品种、规格、强度等级 3. 耐火砖品种规格 4. 耐火泥品种 5. 勾缝要求 6. 砂浆强度等级、配合比按图示尺寸以体积计算		按图示尺寸以体积计算	
010303003	砖窨井、检查井	1. 井截面 2. 垫层材料种类、厚度 3. 底板厚度 4. 勾缝要求 5. 混凝土强度等级 6. 砂浆强度等级、配合比 7. 防潮层材料种类	座	按设计图示数量计算	1. 土方挖运 2. 砂浆制作、运输 3. 铺设垫层 4. 底板混凝土制作、运输、浇筑、振捣、养护 5. 砌砖 6. 勾缝 7. 井池底、壁抹灰 8. 抹防潮层 9. 回填 10. 材料运输
010303004	砖水池、化粪池	1. 池截面 2. 垫层材料种类、厚度 3. 底板厚度 4. 勾缝要求 5. 混凝土强度等级 6. 砂浆强度等级、配合比			

(四) 砖块砌体

工程量清单项目设置及工程量计算规则,应按表 6-3-4 的规定执行。

表 6-3-4　砖块砌体(编码 010304)

项目编号	项目名称	项目特征	计量单位	工程量计量规则	工程内容
010304001	空心砖墙、砌块墙	1. 墙体类型 2. 墙体厚度 3. 空心砖、砌块品种、规格、强度等级 4. 勾缝要求 5. 砂浆强度等级、配合比	m³	参见表 6-3-2,项目编号 010302001	1. 砂浆制作、运输 2. 砌砖、砌块 3. 勾缝 4. 材料运输
010304002	空心砖柱、砌块柱	1. 柱高度 2. 柱截面 3. 空心砖、砌块品种、规格、强度等级 4. 勾缝要求 5. 砂浆强度等级、配合比		按设计图示尺寸以体积计算。扣除混凝土及钢筋混凝土梁垫、梁头、板头所占体积	

(五) 砖散水、地坪、地沟

工程量清单项目设置及工程量计算规则,应按表 6-3-5 的规定执行。

表 6-3-5　砖散水、地坪、地沟(编码 010306)

项目编号	项目名称	项目特征	计量单位	工程量计量规则	工程内容
010306001	砖散水、地坪	1. 垫层材料种类、厚度 2. 散水、地坪厚度 3. 面层种类、厚度 4. 砂浆强度等级、配合比	m²	按设计图示尺寸以面积计算	1. 地基找平、夯实 2. 铺设垫层 3. 砌砖散水、地坪 4. 抹砂浆面层
010306002	砖地沟、明沟	1. 沟截面尺寸 2. 垫层材料种类、厚度 3. 混凝土强度等级 4. 砂浆强度等级、配合比	m	按设计图示以中心线长度计算	1. 挖运土石 2. 铺设垫层 3. 底板混凝土制作、运输、浇筑、振捣、养护 4. 砌砖 5. 勾缝、抹灰 6. 材料运输

(六) 其他相关问题应按下列规定处理

(1) 基础垫层包括在基础项目内。

(2) 标准砖尺寸应为 240 mm×115 mm×53 mm,标准砖墙厚应按表 6-3-6 计算。

表 6-3-6　标准墙计算厚度表

砖数(厚度)	1/4	1/2	3/4	1	1.5	2	2.5	3
计算厚度(mm)	53	115	180	240	365	490	615	740

(3) 砖基础与砖墙(身)划分应以设计室内地坪为界(有地下室的按地下室室内设计地坪为界),以下为基础,以上为墙(柱)身。基础与墙身使用不同材料,位于设计室内地坪

±300 mm以内时以不同材料为界,超过±300 mm,应以设计室内地坪为界。砖围墙应以设计室外地坪为界,以下为基础,以上为墙身。

(4)框架外表面的镶贴砖部分,应单独按相关零星项目编码列项。

(5)附墙烟囱、通风道、垃圾道,应按设计图示尺寸以体积(扣除孔洞所占体积)计算,并入所依附的墙体体积内。当设计规定孔洞内需抹灰时,应按 B.2 中相关项目编码列项。

(6)空斗墙的窗间墙、窗台下、楼板下等的实砌部分,应按零星砌砖项目编码列项。

(7)台阶、台阶挡墙、梯带、锅台、炉灶、蹲台、池槽、池槽腿、花台、花池、楼梯栏板、阳台栏板、地垄墙、屋面隔热板下的砖墩、0.3 m² 以内孔洞填塞等,应按零星砌砖项目编码列项。砖砌锅台与炉灶可按外形尺寸以个计算,砖砌台阶可按水平投影面积以平方米计算,小便槽、地垄墙可按长度计算,其他工程量按立方米计算。

(8)砖烟囱应按设计室外地坪为界,以下为基础,以上为筒身。

(9)砖烟囱体积可按下式分段计算:$V = \sum H \times C \times \pi D$。式中:$V$ 表示筒身体积,H 表示每段筒身垂直高度,C 表示每段筒壁厚度,D 表示每段筒壁平均直径。

(10)砖烟道与炉体的划分应按第一道闸门为界。

(11)水塔基础与塔身划分应以砖砌体的扩大部分顶面为界,以上为塔身,以下为基础。

(12)石基础、石勒脚、石墙身的划分:基础与勒脚应以设计室外地坪为界,勒脚与墙身应以设计室内地坪为界。石围墙内外地坪标高不同时,应以较低地坪标高为界,以下为基础;内外标高之差为挡土墙时,挡土墙以上为墙身。

(13)石梯带工程量应计算在石台阶工程量内。

(14)石梯膀应按石挡土墙项目编码列项。

(15)砌体内加筋的制作、安装,应按相关项目编码列项。

二、工程量清单计价

【案例分析 6-3-1】 编制公用工程楼砖条形基础工程量清单及清单投标报价。

【解】 (1)投标人根据图纸计算清单工程量:

$$V_{砖基} = 56.19 \text{ m}^3$$

砖条形基础:清单项目编码"010301001001",工程项目包括砖条形基础及墙基防潮层。

(2)投标人根据图纸计算定额工程量:

$$V_{砖基} = 56.19 \text{ m}^3$$

墙基防潮:$S_{防潮} = 44.35 \text{ m}^2$

(3)综合单价计算(复合组合):

A3-1:砖基直接费 = 56.19 m³ × 172.97 元/m³ = 9 719.18 元

A7-88:防潮层直接费 = 44.35 m² × 7.298 5 元/m² = 323.69 元

直接费小计 = 10 042.87 元

利润 = (直接工程费 + 企业管理费) × 4% = 423.61 元

人工价差 = (47 - 23.5)元/工日 × 56.19 m³ × 1.284 2 工日/m³ + (47 - 23.5)元/工日 × 44.35 m² × 0.099 工日/m² = 1 798.92 元

合计 = 12 812.54 元

砖条基清单综合单价＝12 812.54÷56.19＝228.02(元/m³)

表 6-3-7 分部分项工程清单与计价表

工程名称:公用工程楼

序号	项目编码	项目名称	项目特征	计量单位	工程量	综合单价(元)	合价(元)
1	010301001001	砖基础	砖品种、规格: 1. 普通黏土砖:240 mm×115 mm×53 mm 2. 基础类型:条形基础 3. 基础深度:2 m 内 4. 砌筑水泥砂浆:M5 5. 防潮层铺设:1∶2 防水砂浆防潮层:44.35 m²	m³	56.19	228.03	

行动领域 4　混凝土及钢筋混凝土工程

混凝土及钢筋混凝土工程共 8 节 70 个项目,包括现浇混凝土基础、现浇混凝土柱、现浇混凝土梁、现浇混凝土墙、现浇混凝土板、现浇混凝土楼梯、后浇带、预制混凝土柱、预制混凝土屋架、预制混凝土板、预制混凝土楼梯、其他预制构件、混凝土构筑物、钢筋工程、螺栓、铁件、其他相关问题处理。

一、工程量清单项目设置及计算规则

(一)现浇混凝土基础

工程量清单项目设置及工程量计算规则,应按表 6-4-1 的规定执行。

表 6-4-1 现浇混凝土基础(编码 010401)

项目编号	项目名称	项目特征	计量单位	工程量计量规则	工程内容
010401001	带形基础	1. 混凝土强度等级 2. 混凝土拌和料要求 3. 砂浆强度等级	m³	按设计图示尺寸以体积计算。不扣除构件内钢筋、预埋铁件和伸入承台基础的桩头所占体积	1. 混凝土制作、运输、浇筑、振捣、养护 2. 地脚螺栓二次灌浆
010401002	独立基础				
010401003	满堂基础				
010401004	设备基础				
010401005	桩承台基础				
010401006	垫层				

(二)现浇混凝土柱

工程量清单项目设置及工程量计算规则,应按表 6-4-2 的规定执行。

表 6-4-2　现浇混凝土柱(编码 010402)

项目编号	项目名称	项目特征	计量单位	工程量计量规则	工程内容
010402001	矩形柱	1. 柱高度 2. 柱截面尺寸 3. 混凝土强度等级 4. 混凝土拌和料要求	m^3	按设计图示尺寸以体积计算。不扣除构件内钢筋、预埋铁件所占体积。 柱高: 1. 有梁板的柱高,应自柱基上表面(或楼板上表面)至上一层楼板上表面之间的高度计算 2. 无梁板的柱高,应自柱基上表面(或楼板上表面)至柱帽下表面之间的高度计算 3. 框架柱的柱高,应自柱基上表面至柱顶高度计算 4. 构造柱按安全高计算,嵌接墙体部分并入柱身体积 5. 依附柱上的牛腿和升板的柱帽,并入柱身体积计算	混凝土制作、运输、浇筑、振捣、养护
010402002	异形柱				

(三) 现浇混凝土梁

工程量清单项目设置及工程量计算规则,应按表 6-4-3 的规定执行。

表 6-4-3　现浇混凝土梁(编码 010403)

项目编号	项目名称	项目特征	计量单位	工程量计量规则	工程内容
010403001	基础梁	1. 梁底标高 2. 梁截面 3. 混凝土强度等级 4. 混凝土拌和料要求	m^3	按设计图示尺寸以体积计算。不扣除构件内钢筋、预埋铁件所占体积,伸入墙内的梁头、梁垫并入梁体积内。 梁长:梁与柱连接时,梁长算至柱侧面;主梁与次梁连接时,次梁长算至主梁侧面	混凝土制作、运输、浇筑、振捣、养护
010403002	矩形梁				
010403003	异形梁				
010403004	圈梁				
010403005	过梁				
010403006	弧形、拱形梁				

(四) 现浇混凝土墙

工程量清单项目设置及工程量计算规则,应按表 6-4-4 的规定执行。

表 6-4-4　现浇混凝土墙(编码 010404)

项目编号	项目名称	项目特征	计量单位	工程量计量规则	工程内容
010404001	直形墙	1. 墙类型 2. 墙厚度 3. 混凝土强度等级 4. 混凝土拌和料要求	m³	按设计图示尺寸以体积计算。不扣除构件内钢筋、预埋铁件所占体积,扣除门窗洞口及单个面积 0.3 m² 以外的孔洞所占体积,墙垛及突出墙面部分并入墙体体积内计算	混凝土制作、运输、浇筑、振捣、养护
010404002	弧形墙				

(五) 现浇混凝土板

工程量清单项目设置及工程量计算规则,应按表 6-4-5 的规定执行。

表 6-4-5　现浇混凝土板(编码 010405)

项目编号	项目名称	项目特征	计量单位	工程量计量规则	工程内容
010405001	有梁板	1. 板底标高 2. 板厚度 3. 混凝土强度等级 4. 混凝土拌和料要求	m³	按设计图示尺寸以体积计算。不扣除构件内钢筋、预埋铁件及单个面积 0.3 m² 以内的孔洞所占体积所占体积。有梁板(包括主、次梁与板)按梁、板体积之和计算,无梁板按板和柱帽体积之和计算,各类板伸入墙内的板头并入板体积内计算,薄壳板的肋、基梁并入薄壳体积内计算	混凝土制作、运输、浇筑、振捣、养护
010405002	无梁板				
010405003	平板				
010405004	拱板				
010405005	薄壳板				
010405006	栏板				
010405007	天沟、挑檐版	1. 混凝土强度等级 2. 混凝土拌和料要求		按设计图示尺寸以体积计算	
010405008	雨篷、阳台板			按设计图示尺寸以墙外部分体积计算。包括伸出墙外的牛腿和雨篷反挑檐的体积	
010405009	其他板			按设计图示尺寸以体积计算	

(六) 现浇混凝土楼梯

工程量清单项目设置及工程量计算规则,应按表 6-4-6 的规定执行。

表 6-4-6　现浇混凝土楼梯(编码 010406)

项目编号	项目名称	项目特征	计量单位	工程量计量规则	工程内容
010406001	直形楼梯	1. 混凝土强度等级 2. 混凝土拌和料要求	m^2	按设计图示尺寸以水平投影面积计算。不扣除宽度小于 500 mm 的楼梯井，伸入墙内部分不计算	混凝土制作、运输、浇筑、振捣、养护
010406002	弧形楼梯				

(七) 现浇混凝土其他构件

工程量清单项目设置及工程量计算规则，应按表 6-4-7 的规定执行。

表 6-4-7　现浇混凝土其他构件(编码 010407)

项目编号	项目名称	项目特征	计量单位	工程量计量规则	工程内容
010407001	其他构件	1. 构件的类型 2. 构件的规格 3. 混凝土强度等级 4. 混凝土拌和料要求	$m^3(m^2,m)$	按设计图示尺寸以体积计算。不扣除构件内钢筋、预埋件所占体积	混凝土制作、运输、浇筑、振捣、养护
010407002	散水、坡道	1. 垫层材料种类、厚度 2. 面层厚度 3. 混凝土强度等级 4. 混凝土拌和料要求 5. 填塞材料种类	m^2	按设计图示尺寸以面积计算。不扣除单个 0.3 m^3 以内的孔洞所占面积	1. 地基夯实 2. 铺设垫层 3. 混凝土制作、运输、浇筑、振捣、养护 4. 变形缝填塞
010407003	电缆沟、地沟	1. 沟截面 2. 垫层材料种类、厚度 3. 混凝土强度等级 4. 混凝土拌和料要求 5. 防护材料种类	m	按设计图示以中心线长度计算	1. 挖运土石 2. 铺设垫层 3. 混凝土制作、运输、浇筑、振捣、养护 4. 刷防护材料

(八) 后浇带

工程量清单项目设置及工程量计算规则，应按表 6-4-8 的规定执行。

表 6-4-8　后浇带(编码 010408)

项目编号	项目名称	项目特征	计量单位	工程量计量规则	工程内容
010408001	后浇带	1. 部位 2. 混凝土强度等级 3. 混凝土拌和料要求	m^3	按设计图示尺寸以体积计算	混凝土制作、运输、浇筑、振捣、养护

(九) 预制混凝土柱

工程量清单项目设置及工程量计算规则，应按表 6-4-9 的规定执行。

表 6-4-9 预制混凝土柱(编码 010409)

项目编号	项目名称	项目特征	计量单位	工程量计量规则	工程内容
010409001	矩形柱	1. 柱类型 2. 单件体积 3. 安装高度 4. 混凝土强度等级 5. 砂浆强度等级	m³(根)	1. 按设计图示尺寸以体积计算。不扣除构件内钢筋、预埋铁件所占体积 2. 按设计图示尺寸以"数量"计算	1. 混凝土制作、运输、浇筑、振捣、养护 2. 构件制作、运输 3. 构件安装 4. 砂浆制作、运输 5. 接头灌缝、养护
010409002	异形柱				

(十) 预制混凝土梁

工程量清单项目设置及工程量计算规则,应按表 6-4-10 的规定执行。

表 6-4-10 预制混凝土梁(编码 010410)

项目编号	项目名称	项目特征	计量单位	工程量计量规则	工程内容
010410001	矩形梁	1. 单件体积 2. 安装高度 3. 混凝土强度等级 4. 砂浆强度等级	m³(根)	按设计图示尺寸以体积计算。不扣除构件内钢筋、预埋铁件所占体积	1. 混凝土制作、运输、浇筑、振捣、养护 2. 构件制作、运输 3. 构件安装 4. 砂浆制作、运输 5. 接头灌缝、养护
010410002	异形梁				
010410003	过梁				
010410004	拱形梁				
010410005	鱼腹式吊车梁				
010410006	风道梁				

(十一) 预制混凝土屋架

工程量清单项目设置及工程量计算规则,应按表 6-4-11 的规定执行。

表 6-4-11 预制混凝土屋架(编码 010411)

项目编号	项目名称	项目特征	计量单位	工程量计量规则	工程内容
010411001	折线型屋架	1. 屋架的类型、跨度 2. 单件体积 3. 安装高度 4. 混凝土强度等级 5. 砂浆强度等级	m³(榀)	按设计图示尺寸以体积计算。不扣除构件内钢筋、预埋铁件所占体积	1. 混凝土制作、运输、浇筑、振捣、养护 2. 构件制作、运输 3. 构件安装 4. 砂浆制作、运输 5. 接头灌缝、养护
010411002	组合屋架				
010411003	薄腹屋架				
010411004	门式钢架屋架				
010411005	天窗架屋架				

(十二) 预制混凝土板

工程量清单项目设置及工程量计算规则,应按表 6-4-12 的规定执行。

表 6-4-12 预制混凝土板(编码 010412)

项目编号	项目名称	项目特征	计量单位	工程量计量规则	工程内容
010412001	平板	1. 构件尺寸 2. 安装高度 3. 混凝土强度等级 4. 砂浆强度等级	m³(块)	按设计图示尺寸以体积计算。不扣除构件内钢筋、预埋铁件及单个尺寸 300 mm×300 mm 以内的孔洞所占体积,扣除空心板空洞体积	1. 混凝土制作、运输、浇筑、振捣、养护 2. 构件制作、运输 3. 构件安装 4. 升板提升 5. 砂浆制作、运输 6. 接头灌缝、养护
010412002	空心板				
010412003	槽形板				
010412004	网架板				
010412005	折线板				
010412006	带肋板				
010412007	大型板				
010412008	沟盖板、井盖板、井圈	1. 构件尺寸 2. 安装高度 3. 混凝土强度等级 4. 砂浆强度等级	m³(块、套)	按设计图示尺寸以体积计算。不扣除构件内钢筋、预埋铁件所占体积	1. 混凝土制作、运输、浇筑、振捣、养护 2. 构件制作、运输 3. 构件安装 4. 砂浆制作、运输 5. 接头灌缝、养护

(十三) 预制混凝土楼梯

工程量清单项目设置及工程量计算规则,应按表 6-4-13 的规定执行。

表 6-4-13 预制混凝土楼梯(编码 010413)

项目编号	项目名称	项目特征	计量单位	工程量计量规则	工程内容
010413001	楼梯	1. 楼梯类型 2. 单件体积 3. 混凝土强度等级 4. 砂浆强度等级	m³	按设计图示尺寸以体积计算。不扣除构件内钢筋、预埋铁件所占体积,扣除空心踏步板空洞体积	1. 混凝土制作、运输、浇筑、振捣、养护 2. 构件制作、运输 3. 构件安装 4. 砂浆制作、运输 5. 接头灌缝、养护

(十四) 混凝土构筑物

工程量清单项目设置及工程量计算规则,应按表 6-4-14 的规定执行。

表 6-4-14　混凝土构筑物(编码 010415)

项目编号	项目名称	项目特征	计量单位	工程量计量规则	工程内容
010415001	贮水(油)池	1. 池类型 2. 池规格 3. 混凝土强度等级 4. 混凝土拌和料要求	m³	按设计图示尺寸以体积计算。不扣除构件内钢筋、预埋铁件及单个 0.3 m³ 以内的孔洞所占体积	混凝土制作、运输、浇筑、振捣、养护
010415002	贮仓	1. 类型、高度 2. 混凝土强度等级 3. 混凝土拌和料要求			
010415003	水塔	1. 类型 2. 支筒高度、水箱容积 3. 倒圆锥形罐壳厚度、直径 4. 混凝土强度等级 5. 混凝土拌和料要求 6. 砂浆强度等级			1. 混凝土制作、运输、浇筑、振捣、养护 2. 预制倒圆锥形罐壳、组装、提升、就位 3. 砂浆制作、运输 4. 接头灌缝、养护
010415004	烟囱	1. 高度 2. 混凝土强度等级 3. 混凝土拌和料要求			混凝土制作、运输、浇筑、振捣、养护

(十五) 钢筋工程

工程量清单项目设置及工程量计算规则,应按表 6-4-15 的规定执行。

表 6-4-15　钢筋工程(编码 010416)

项目编号	项目名称	项目特征	计量单位	工程量计量规则	工程内容
010416001	现浇混凝土钢筋	钢筋种类、规格		按设计图示钢筋(网)长度(面积)乘以单位理论质量计算	1. 钢筋(网、笼)制作、运输 2. 钢筋(网、笼)安装
010416002	预制构件钢筋				
010416003	钢筋网片				
010416004	钢筋笼				
010416005	先张法预应力钢筋	1. 钢筋种类、规格 2. 锚具种类	t	按设计图示钢筋长度乘以单位理论质量计算	1. 钢筋制作、运输 2. 钢筋张拉
010416006	后张法预应力钢筋			按设计图示钢筋(丝束、绞线)长度乘以单位理论质量计算 1. 低合金钢筋两端均采用螺杆锚具时,钢筋长度按孔道长	

（续表）

项目编号	项目名称	项目特征	计量单位	工程量计量规则	工程内容
010416007	预应力钢丝			度减 0.35 m 计算，螺杆另行计算 2. 低合金钢筋一端采用镦头插片、另一端采用螺杆锚具时，钢筋长度按孔道长度计算，螺杆另行计算 3. 低合金钢筋一端采用镦头插片、另一端采用帮条锚具时，钢筋长度按孔道长度增加 0.15 m 计算；两端均采用帮条锚具时，钢筋长度按孔道长度增加 0.3 m 计算	
010416008	预应力钢绞线	1. 钢丝种类、规格 2. 钢丝束种类、规格 3. 钢绞线种类、规格 4. 锚具种类 5. 砂浆强度等级		4. 低合金钢筋采用后张混凝土自锚时，钢筋长度按孔道长度增加 0.35 m 计算 5. 低合金钢筋(钢绞线)采用 JM、XM、QM 型锚具，孔道长度在 20 m 以内时，钢筋长度按孔道长度增加 1 m 计算；孔道长度 20 m 以外时，钢筋(钢绞线)长度按孔道长度增加 1.8 m 计算 6. 碳素钢丝采用锥形锚具，孔道长度在 20 m 以内时，钢丝束长度按孔道长度增加 1 m 计算；孔道长在 20 m 以上时，钢丝束长度按孔道长度增加 1.8 m 计算 7. 碳素钢丝束采用镦头锚具时，钢丝束长度按孔道长度增加 0.35 m 计算	1. 钢筋、钢丝束、钢绞线制作、运输 2. 钢筋钢丝束、钢绞线安装 3. 预埋管孔道铺设 4. 锚具安装 5. 砂浆制作、运输 6. 孔道压浆、养护

（十六）螺栓、铁件

工程量清单项目设置及工程量计算规则，应按表 6-4-16 的规定执行。

表 6-4-16　螺栓、铁件(编码 010417)

项目编号	项目名称	项目特征	计量单位	工程量计量规则	工程内容
010417001	螺栓	1. 钢材种类、规格 2. 螺栓长度 3. 铁件尺寸	t	按设计图示尺寸以质量计算	1. 螺栓(铁件)制作、运输 2. 螺栓(铁件)安装
010417002	预埋铁件				

(十七) 其他相关问题应按下列规定处理

(1) 混凝土垫层包括在基础项目内。

(2) 有肋带形基础、无肋带形基础应分别编码(第五级编码)列项,并注明肋高。

(3) 箱式满堂基础,可按 A4-1、A4-2、A4-3、A4-4、A4-5 中满堂基础、柱、梁、墙、板分别编码列项;也可利用 A4-1 的第五级编码分别列项。

(4) 框架式设备基础,可按 A4-1、A4-2、A4-3、A4-4、A4-5 中设备基础、柱、梁、墙、板分别编码列项;也可利用 A4-1 的第五级编码分别列项。

(5) 构造柱应按 A4-2 中矩形柱项目编码列项。

(6) 现浇挑檐、天沟板、雨篷、阳台与板(包括屋面板、楼板)连接时,以外墙外边线为分界线;与圈梁(包括其他梁)连接时,以梁外边线为分界线。外边线以外为挑檐、天沟、雨篷或阳台。

(7) 整体楼梯(包括直形楼梯、弧形楼梯)水平投影面积包括休息平台、平台梁、斜梁和楼梯的连接梁。当整体楼梯与现浇楼板无梯梁连接时,以楼梯的最后一个踏步边缘加 300 mm 为界。

(8) 现浇混凝土小型池槽、压顶、扶手、垫块、台阶、门框等,应按 A4-7 中其他构件项目编码列项。其中扶手、压顶(包括伸入墙内的长度)应按延长米计算,台阶应按水平投影面积计算。

(9) 三角形屋架应按 A4-11 中折线型屋架项目编码列项。

(10) 不带肋的预制遮阳板、雨篷板、挑檐板、栏板等,应按 A4-12 中平板项目编码列项。

(11) 预制 F 形板、双 T 形板、单肋板和带反挑檐的雨篷板、挑檐板、遮阳板等,应按 A4-12 中带肋板项目编码列项。

(12) 预制大型墙板、大型楼板、大型屋面板等,应按 A4-12 中大型板项目编码列项。

(13) 预制钢筋混凝土楼梯,可按斜梁、踏步分别编码(第五级编码)列项。

(14) 预制钢筋混凝土小型池槽、压顶、扶手、垫块、隔热板、花格等,应按 A4-14 中其他构件项目编码列项。

(15) 贮水(油)池的池底、池壁、池盖可分别编码(第五级编码)列项。有壁基梁的,应以壁基梁底为界,以上为池壁,以下为池底;无壁基梁的,锥形坡底应算至其上口,池壁下部的八字靴脚应并入池底体积内。无梁池盖的柱高应从池底上表面算至池盖下表面,柱帽和柱座应并在柱体积内。肋形池盖应包括主、次梁体积;球形池盖应以池壁顶面为界,边侧梁应并入球形池盖体积内。

(16) 贮仓立壁和贮仓漏斗可分别编码(第五级编码)列项,应以相互交点水平线为界,壁上圈梁应并入漏斗体积内。

（17）滑模筒仓按 A4-15 中贮仓项目编码列项。

（18）水塔基础、塔身、水箱可分别编码（第五级编码）列项。筒式塔身应以筒座上表面或基础底板上表面为界；柱式（框架式）塔身应以柱脚与基础底板或梁顶为界，与基础板连接的梁应并入基础体积内。塔身与水箱应以箱底相连接的圈梁下表面为界，以上为水箱，以下为塔身。依附于塔身的过梁、雨篷、挑檐等，应并入塔身体积内；柱式塔身应不分柱、梁合并计算。依附于水箱壁的柱、梁，应并入水箱壁体积内。

（19）现浇构件中固定位置的支撑钢筋、双层钢筋用的"铁马"、伸出构件的锚固钢筋、预制构件的吊钩等，应并入钢筋工程量内。

二、工程量清单计价

【案例分析 6-4-1】 某工程现浇钢筋砼独立基础 C20 砼 10 个，如图 6-4-1 所示，C10 砼垫层 100 厚。试编制现浇独立基础工程量及工程量清单报价。

【解】 1. 招标人根据施工图纸计算：

图 6-4-1

$V_独 = (2 \times 1.8 \times 0.3 + 1 \times 0.9 \times 0.3) \times 10 = 13.5 (\text{m}^3)$

（2）投标人参照《建筑定额》计价：

① 基础：（A4-18）13.5 m³ × 200.68 元/m³ = 2 709.18 元

② 垫层（A4-13 换）

$V_垫 = 2.2 \times 2 \times 0.1 \times 10 \text{ 个} \times 181.59 \text{ 元/m}^3 = 799 (\text{元})$

③ 直接费合计：2 709.18 + 799 = 3 508.18（元）

（3）综合：（参照三类工程取费）

① 直接费：3 508.18 元

② 管理费：3 508.18×5.45%＝191.20（元）

③ 利润：（3 508.18＋191.20）×4%＝147.98（元）

④ 合计：3 847.36 元

（4）综合单价＝$\dfrac{3\ 847.36\ 元}{13.5\ m^3}$＝284.99 元/$m^3$

表 6-4-17　分部分项工程量清单计价表

工程名称：某办公室

序号	项目编码	项目名称	项目特征	计量单位	工程量	金额（元）	
						综合单价	合价
1	010401002001	砼独立基础	C25 砼基础；C10 砼垫层 100 厚；	m^3	13.5	284.99	3 847.36

【案例分析 6-4-2】　某工程现浇框架式钢筋混凝土设备基础，混凝土等级强度 C20。试编制工程报价。

【解】　（1）招标人根据施工图计算：

1）设备基础（台阶式独立基础）：10 m^3；

2）设备基础桩（柱高：2 m，柱截面：500 mm×500 mm）：6 m^3；

3）设备基础有梁板（板厚：200）：15 m^3；

4）二次灌浆：1 m^3；

5）钢筋Φ10 以内：2 t；

6）钢筋Φ10 以外：5 t。

（2）投标人参照《建筑定额》计价：

1）基础：（A4-18）

200.68 元/m^3×10m^3＝2 006.80 元

其中人工费：267.20 元、材料费：1 627.72 元、机械费：112.39 元。

2）柱：（A4-29）

225.60 元/m^3×6 m^3＝1 353.60 元

其中人工费：327.84 元、材料费：984.90 元、机械费：40.86 元。

3）板：（A4-43）

213.79 元/m^3×15 m^3＝3 206.85 元

其中人工费：494.85 元、材料费：2 608.95 元、机械费：103.05 元。

4）二次灌浆：（A4-28）

265.77 元/m^3×1 m^3＝265.77 元

其中人工费：74.31 元、材料费：184.74 元、机械费：6.72 元。

5）设备基础混凝土工程量合计：10＋6＋15＝31（m^3）

6）设备基础综合单价：（参照二类工程取费）

① 直接费：2 006.80＋1 353.60＋3 206.85＋265.77＝6 833.02（元）

② 管理费：6 833.02×7.51%＝513.16（元）

③ 利润：7 346.18×5.5％＝404.04（元）

④ 总计：7 750.22 元

⑤ 综合单价：7 750.22 元÷31 m³＝250.01 元/m³

7）钢筋

① 钢筋Φ10 以内：（A4－445）

3 532.42 元/t×2t＝7 064.84 元

其中人工费：748.24 元、材料费：6 234.42 元、机械费：82.18 元。

② 钢筋∅10 以外：（A4－446）

3 393 元/t×5t＝16 965.00 元

其中人工费：1 008.15 元、材料费：15 511.90 元、机械费：444.95 元。

③ 差价：（市场价：钢筋Φ10 以内 3 300 元/t、钢筋Φ10 以外 3 100 元/t）

钢筋Φ10 以内：（3 300－3 014.85）×2＝570.3（元）

钢筋Φ10 以外：（3 100－2 996.79）×5＝516.1（元）

合计：570.3＋516.1＝1 086.4（元）

④ 工程量合计：2＋5＝7（t）

8）钢筋综合单价：（参照二类工程取费）

① 直接工程费合计：7 064.84＋16 965.00＋1 086.4＝25 116.24 元

其中不含差价为：24 029.84 元。

② 管理费：25 116.24×7.51％＝1 886.23（元）

③ 利润：（25 116.24＋1 886.23）×5.5％＝1 485.14（元）

④ 总计：28 487.61 元

⑤ 综合单价：28 487.61 元÷7t＝4 069.66 元/t

9）投标报价计算：根据定额得知，楼梯套用定额子目 A4－48,592.38 元/10 m²，企业管理费按 5.45％，利润 4％（三类工程）

故楼梯直接工程费＝68.21×59.238＝4 040.624（元/m²）

企业管理费＝4 040.624×5.45％＝220.21（元）

利润＝（4 040.624＋220.21）×4％＝170.43（元）

合计：4 260.834＋170.43＝4 431.26（元）

故楼梯清单综合单价＝4 431.26/68.21＝64.96（元/m²）

表 6-4-18　分部分项工程清单计价表

工程名称：×××

序号	项目编号	项目名称及项目特征	计量单位	工程数量	金额（元）	
					综合单价	合价
1	010401004001	设备基础 基础：10 m³ 柱：6 m³，柱高 2 m 柱截面 500 mm×500 mm 板：15 m³，板厚 200 mm 二次灌浆：1 m³ 混凝土强度等级：C20	m³	31	250.01	7 750.22

(续表)

序号	项目编号	项目名称及项目特征	计量单位	工程数量	金额(元)	
					综合单价	合价
2	010416001001	现浇钢筋 Φ10以内:2 t Φ10以外:5 t	t	7	4 051.92	28 363.43

表 6-4-19　分部分项工程量清单综合单价分析表

工程名称:×××　　　　　　　　　　　　　　　　　　　　　计量单位:m³

项目编码:01040100401　　　　　　　　　　　　　　　　　　工程数量:31

项目名称:设备基础　　　　　　　　　　　　　　　　　　　　综合单价:250.01

序号	项目编码	项目名称及项目特征	单位	工程量	综合单价组成					综合单价
					人工费	材料费	机械费	管理费	利润	
1	A4-18	C20柱基	m³	0.323	8.62	52.49	3.63	4.86	3.83	73.43
2	A4-29	C20柱	m³	0.194	10.58	31.77	1.32	3.28	2.58	49.53
3	A4-43	C20板	m³	0.484	15.96	84.16	3.32	7.77	6.12	117.33
4	A4-28	C20灌浆	m³	0.032	2.40	5.96	0.22	0.64	0.50	9.72
		合计			37.56	174.38	8.49	16.55	13.03	250.01

表 6-4-20　分部分项工程量清单综合单价分析表

工程名称:×××　　　　　　　　　　　　　　　　　　　　　计量单位:t

项目编码:01040100401　　　　　　　　　　　　　　　　　　工程数量:7

项目名称:钢筋　　　　　　　　　　　　　　　　　　　　　　综合单价:4 051.92

序号	项目编码	项目名称及项目特征	单位	工程量	综合单价组成					综合单价
					人工费	材料费	机械费	管理费	利润	
1	A4-445	现浇混凝土钢筋Φ10以内	t	0.286	106.89	890.63	11.74	75.8	59.68	1 144.74
2	A4-446	现浇混凝土钢筋Φ10以外	t	0.714	144.02	2 215.99	63.56	182.01	143.31	2 748.89
3		钢筋Φ10以内差价	t	0.286		83.10				83.10
		钢筋Φ10以外差价	t	0.714		75.19				75.19
		合计			250.91	3 264.91	75.30	257.81	202.99	4 051.92

【案例分析 6-4-3】　计算下图现浇柱砼工程量清单计价。

【解】　现浇砼框架柱:C25/40/32.5

(1) 招标人计算清单工程量:

除⑭轴－⑦轴交Ⓑ、Ⓒ轴(楼梯间)标高为基础顶至 13.3 m,其余柱标高均为基础顶至 10.00 m

KZ-1(400×500)(J-1)Ⓐ、① 轴(柱高):h=10+1.5=11.5(m)

V_1=0.4×0.5×11.5×3 个=6.9(m³)

楼梯间 V_1=0.4×0.5×(13.3+1.5)×1=2.96(m³)

KZ-2(400×500)(J-2):柱高 h=10+1.4=11.4(m)

V_2=0.4×0.5×11.4×11 个=25.08(m³)

Ⓑ、⑦楼梯间:V_2=0.4×0.5×(13.3+1.4)×1 个=2.94(m³)

KZ-3(500×500):高 h=10+1.3=11.3(m)

V_3=0.5×0.5×11.3×5=14.13(m³)

KZ-4(400×400):高 h=13.3+1.5=14.8(m)

V_4=0.4×0.4×14.8×2 个=4.74(m³)

故 $\sum V$ 柱(C25 砼)=56.75 m³

(2) 投标人报价:

由 A4-29 换,直接工程费=225.599 元/m³×56.75 m³=12 802.74 元

管理费=12 804.74×5.45%=697.75(元)

利润=(12 802.74+697.75)×4%=540.02(元)

人工差价=(47-23.5)×56.75×2.41=3 214.04(元)

合计:17 254.55 元

清单综合单价为:17 254.55 元÷56.75 m³=304.04 元/m³

【**案例分析 6-4-4**】　根据下图所示尺寸和条件编制现浇直形楼梯分部分项工程量及工程量清单项目综合单价。

LT1一层平面图 1：50

LT1二层平面图 1：50

1-1剖面图 1：50

【解】 (1)清单工程量(招标人根据图纸计算)

1)楼梯1(LT-1)工程量计算：

① 层高±0.000～2 m：ⓐ～Ⓐ′

$$S_1=1.48\times(3.08+1.58)=6.90(m^2)$$

② 层高2 m～4 m：Ⓐ～Ⓐ′

$$S_2=1.48\times(1.5+3.08+1.58)=9.12(m^2)$$

③ 层高4 m～6 m：Ⓐ～ⓐ′

$$S_3=1.48\times(1.5+3.08+0.25)=7.15(m^2)$$

楼梯清单工程量为 $\sum S_{楼梯1}=23.17\ m^2$(含梯梁、休息平台)

2)楼梯2(LT-2)工程量计算：

① 层高±0.000～2 m：Ⓒ′～Ⓑ

$$S_1=1.58\times(3.08+2.18)=8.31(m^2)$$

② 层高2 m～4 m：Ⓑ～Ⓒ

$$S_2=1.58\times(2+3.08+2.18)=11.47(m^2)$$

③ 层高4 m～6 m：Ⓒ～Ⓑ′

$$S_3=1.58\times(2+3.08+0.25)=8.42(m^2)$$

④ 层高6 m～8 m：Ⓑ′～Ⓒ

$$S_4=S_3=8.42\ m^2$$

⑤ 层高8 m～10 m：Ⓒ～Ⓑ′

$$S_5=1.58\times(2+3.08+0.25)=8.42(m^2)$$

$$\sum S_{楼梯2}=45.04\ m^2$$

汇总：$S_{楼梯}=S_{楼梯1}+S_{楼梯2}=68.21(m^2)$

LT2一层平面图 1:50

LT2二层平面图 1:50

LT2三层平面图　1：50

2-2剖面图　1：50

（2）分部分项工程清单项目表，如表 6-4-21 所示。

表 6-4-21 分部分项工程量清单与计价表

序号	项目编码	项目名称	项目特征描述	计量单位	工程量	金额（元）		
						综合单价	合价	其中：暂估价
1	010406001001	直形楼梯	强度等级：C25/40/32.5	m²	68.21	64.96	4 431.26	
			分部小计					
			本页小计					
			合　计					

3）投标报价计算：根据定额得知，楼梯套用定额子目 A4 - 48,592.38 元/10 m²，企业管理费按 5.45%，利润 4%，三类工程

　　故楼梯直接工程费＝68.21×59.238＝4 040.624（元/m²）

　　企业管理费＝4 040.624×5.45%＝220.21（元）

　　利润＝（4 040.624＋220.21）×4%＝170.43（元）

　　合计：4 260.834＋170.43＝4 431.26 元（暂不考虑价差）

　　故楼梯清单综合单价＝4 431.26/68.21＝64.96（元/m²）

行动领域 5　厂库房大门、特种门、木结构工程

厂库房大门、特种门、木结构工程共 3 节 10 个项目，包括车库房大门、特种门、木屋架、木构件、其他相关问题处理。

一、厂库房大门、特种门

工程量清单项目设置及工程量计算规则，应按表 6-5-1 的规定执行。

表 6-5-1　厂库房大门、特种门（编码 010501）

项目编号	项目名称	项目特征	计量单位	工程量计量规则	工程内容
010501001	木板大门	1. 开启方式 2. 有框、无框 3. 含门扇数 4. 材料品种、规格 5. 五金种类、规格 6. 防护材料种类 7. 油漆品种、刷漆遍数	樘（m²）	按设计图示数量或设计图示洞口尺寸以面积计算	1. 门（骨架）制作、运输 2. 门、五金配件安装 3. 刷防护材料、油漆
010501002	钢木大门				
010501003	全钢板大门				
010501004	特种门				
010501005	围墙铁丝门				

二、木屋架

工程量清单项目设置及工程量计算规则，应按表 6-5-2 的规定执行。

表 6-5-2　木屋架(编码 010502)

项目编号	项目名称	项目特征	计量单位	工程量计量规则	工程内容
010502001	木屋架	1. 跨度 2. 安装高度 3. 材料品种 4. 刨光要求 5. 防护材料种类 6. 油漆品种、刷漆遍数	榀	按设计图示数量计算	1. 制作、运输 2. 安装 3. 刷防护材料、油漆
010502002	钢木屋架				

三、木构件

工程量清单项目设置及工程量计算规则,应按表 6-5-3 的规定执行。

表 6-5-3　木构件(编码 010503)

项目编号	项目名称	项目特征	计量单位	工程量计量规则	工程内容
010503001	木柱	1. 构件高度、长度 2. 构件截面 3. 木材种类 4. 刨光要求 5. 防护材料种类 6. 油漆品种、刷漆遍数	m³	按设计图示尺寸以体积计算	1. 制作 2. 运输 3. 安装 4. 刷防护材料、油漆
010503002	木梁				
010503003	木楼梯	1. 木材种类 2. 刨光要求 3. 防护材料种类 4. 油漆品种、刷漆遍数	m²	按设计图示尺寸以水平投影面积计算。不扣除宽度小于300mm的楼梯井,伸入墙内部分不计算	
010503004	其他木构件	1. 构件名称 2. 构件截面 3. 木材种类 4. 刨光要求 5. 防护材料种类 6. 油漆品种、刷漆遍数	m³	按设计图示尺寸以体积或长度计算	

四、其他相关问题应按下列规定处理

(1) 冷藏门、冷冻闸门、保温门、变电室门、隔音门、防射线门、人防门、金库门等,应按特种门项目编码列项。

(2) 屋架的跨度应以上下弦中心线两交点之间的距离计算。

(3) 带气楼的屋架和马尾、折角已经正交部分的半屋架,应按相关屋架项目编码列项。

(4) 木楼梯的栏杆(栏板)、扶手,应按相关项目编码列项。

行动领域6　金属结构工程

本节包括钢屋架、钢网架、钢托架、钢桁架、钢柱、钢梁、压型钢板楼板、墙板、钢构件、金属网。适用于建筑物、构筑物的钢结构工程。

一、工程量清单项目设置及计算规则

表 6-6-1

项目编码	项目名称及项目特征		计量单位	清单工程量计算规则	清单工程内容
010601001	钢屋架 1. 钢材品种、规格 2. 单榀屋架的重量 3. 屋架跨度、安装高度 4. 探伤要求 5. 油漆品种、刷漆遍数		t(榀)	按设计图示尺寸以质量计算。不扣除孔眼、切边、切肢的质量,焊条、铆钉、螺栓等不另增加质量,不规则或多边形钢板以其外接矩形面积乘以厚度乘以单位理论质量计算	1. 制作 2. 运输 3. 拼装 4. 安装 5. 探伤 6. 刷油漆
010601002	钢网架 1. 钢材品种、规格 2. 网架节点形式、连接方式 3. 网架跨度、安装高度 4. 探伤要求 5. 油漆品种、刷漆遍数				
010602001	钢托架 1. 钢材品种、规格 2. 单榀重量 3. 安装高度 4. 探伤要求 5. 油漆品种、刷漆遍数		t	按设计图示尺寸以质量计算。不扣除孔眼、切边、切肢的质量,焊条、铆钉、螺栓等不另增加质量,不规则或多边形钢板,以其外接矩形面积乘以厚度乘以单位理论质量计算	1. 制作 2. 运输 3. 拼装 4. 安装 5. 探伤 6. 刷油漆
010602002	钢桁架 1. 钢材品种、规格 2. 单榀重量 3. 安装高度 4. 探伤要求 5. 油漆品种、刷漆遍数				
010603001	实腹柱	1. 钢材品种、规格 2. 单根柱重量 3. 探伤要求 4. 油漆品种、刷漆遍数	t	按设计图示尺寸以质量计算。不扣除孔眼、切边、切肢的质量,焊条、铆钉、螺栓等不另增加质量,不规则或多边形钢板,以其外接矩形面积乘以厚度乘以单位理论质量计算,依附在钢柱上的牛腿及悬臂梁等并入钢柱工程量内	1. 制作 2. 运输 3. 拼装 4. 安装 5. 探伤 6. 刷油漆
010603002	空腹柱				
010603003	钢管柱 1. 钢材品种 2. 单根柱重量 3. 探伤要求 4. 油漆品种、刷漆遍数		t	按设计图示尺寸以质量计算。不扣除孔眼、切边、切肢的质量,焊条、铆钉、螺栓等不另增加质量,不规则或多边形钢板,以其外接矩形面积乘以厚度乘以单位理论质量计算,钢管柱上的节点板、加强环、内衬管、牛腿等并入钢管柱工程量内	1. 制作 2. 运输 3. 安装 4. 探伤 5. 刷油漆

（续表）

项目编码	项目名称及项目特征		计量单位	清单工程量计算规则	清单工程内容
010604001	钢梁	1. 钢材品种、规格 2. 单根重量 3. 安装高度 4. 探伤要求 5. 油漆品种、刷漆遍数	t	按设计图示尺寸以质量计算。不扣除孔眼、切边、切肢的质量，焊条、铆钉、螺栓等不另增加质量，不规则或多边形钢板，以其外接矩形面积乘以厚度乘以单位理论质量计算，制动梁、制动板、制动桁架、车挡并入钢吊车梁工程量内	1. 制作 2. 运输 3. 安装 4. 探伤要求 5. 刷油漆
010604002	钢吊车梁				
010605001	压型钢板楼板 钢材品种、规格 压型钢板厚度 油漆品种、刷漆遍数		m^2	按设计图示尺寸以铺设水平投影面积计算。不扣除柱、垛及单个 $0.3\ m^2$ 以内的孔洞所占面积	1. 制作 2. 运输 3. 安装 4. 刷油漆
010605002	压型钢板墙板 钢板品种、规格 压型钢板厚度、复合板厚度 复合板夹芯材料种类、层数、型号、规格		m^2	按设计图示尺寸以铺挂面积计算。不扣除单个 $0.3\ m^2$ 以内的孔洞所占面积，包角、包边、窗台泛水等不另增加面积	
010606001	钢支撑 1. 钢材品种、规格 2. 单式、复式 3. 支撑高度 4. 探伤要求 5. 油漆品种、刷漆遍数			按设计图示以质量计算。不扣除孔眼、切边、切肢的质量，焊条、铆钉、螺栓等不另增加质量，不规则或多边形钢板以其外接矩形面积乘以厚度乘以单位理论质量计算	1. 制作 2. 运输 3. 安装 4. 探伤 5. 刷油漆
010606002	钢檩条 1. 钢材品种、规格 2. 型钢式、格构式 3. 单根重量 4. 安装高度 5. 油漆品种、刷漆遍数		t		
010606003	钢天窗架 1. 钢材品种、规格 2. 单榀重量 3. 安装高度 4. 探伤要求 5. 油漆品种、刷漆遍数				
010606004	钢挡风架	1. 钢材品种、规格 2. 单榀重量 3. 探伤要求 4. 油漆品种、刷漆遍数			
010606005	钢墙架				

(续表)

项目编码	项目名称及项目特征		计量单位	清单工程量计算规则	清单工程内容
010606006	钢平台	1. 钢材品种、规格 2. 油漆品种、刷漆遍数	t	按设计图示尺寸以质量计算。不扣除孔眼、切边、切肢的质量,焊条、铆钉、螺栓等不另增加质量,不规则或多边形钢板以其外接矩形面积乘以厚度乘以单位理论质量计算	1. 制作 2. 运输 3. 安装 4. 探伤 5. 刷油漆
010606007	钢走道				
010606008	钢梯 1. 钢材品种、规格 2. 钢梯形式 2. 油漆品种、刷漆遍数				
010606009	钢栏杆 1. 钢材品种、规格 2. 油漆品种、刷漆遍数				
010606010	钢漏斗 1. 钢材品种、规格 2. 方形、圆形 3. 安装高度 4. 探伤要求 5. 油漆品种、刷漆遍数		t	按设计图示尺寸以质量计算。不扣除孔眼、切边、切肢的质量,焊条、铆钉、螺栓等不另增加质量,不规则或多边形钢板以其外接矩形面积乘以厚度乘以单位理论质量计算,依附漏斗的型钢并入漏斗工程量内	1. 制作 2. 运输 3. 安装 4. 探伤 5. 刷油漆
010606011	钢支架 1. 钢材品种 2. 单件重量 3. 油漆品种、刷漆遍数		t	按设计图示尺寸以质量计算。不扣除孔眼、切边、切肢的质量,焊条、铆钉、螺栓等不另增加质量,不规则或多边形钢板以其外接矩形面积乘以厚度乘以单位理论质量计算	
010606012	零星钢构件 1. 钢材品种、规格 2. 构件名称 3. 油漆品种、刷漆遍数				
010607001	金属网 1. 材料品种、规格 2. 边框及立柱型钢品种、规格 3. 油漆品种、刷漆遍数		m²	按设计图示尺寸以面积计算	1. 制作 2. 运输 3. 安装 4. 刷油漆

二、工程量清单计价

【案例分析6-6-1】

表6-6-2　分部分项工程量清单与计价表

工程名称:××中学教室住宅工程

序号	项目编码	项目名称	项目特征描述	计量单位	工程量	金额(元)		
						综合单价	合价	其中:暂估价
			A.6 金属结构工程					
1	010606008001	钢爬梯	U型钢爬梯,型钢品种、规格,油漆为红丹一遍,调和漆二遍	t	0.258			
			分部小计					

行动领域 7　屋面及防水工程

屋面及防水工程共 4 节 12 个项目,包括瓦、型材屋面、屋面防水、墙、地面防水、地面防潮、其他相关问题处理。

一、工程量清单项目设置及计算规则

(一) 瓦、型材屋面

工程量清单项目设置及工程量计算规则,应按表 6-7-1 的规定执行。

表 6-7-1　瓦、型材屋面(编码 010701)

项目编号	项目名称	项目特征	计量单位	工程量计量规则	工程内容
010701001	瓦屋面	1. 瓦品种、规格、品牌、颜色 2. 防水材料种类 3. 基层材料种类 4. 檩条种类、截面 5. 防护材料种类	m²	按设计图示尺寸以斜面积计算。不扣除房上烟囱、风帽底座、风道、小气窗、斜沟等所占面积,小气窗的出檐部分不增加面积	1. 檩条、椽子安装 2. 基层铺设 3. 铺防水层 4. 安顺水条和挂瓦条 5. 安瓦 6. 刷防护材料
010701002	型材屋面	1. 型材品种、规格、品牌、颜色 2. 骨架材料品种、规格 3. 接缝、嵌缝材料种类			1. 骨架制作、运输、安装 2. 屋面型材安装 3. 接缝、嵌缝
010701003	膜结构屋面	1. 膜布品种、规格、品牌、颜色 2. 支柱(网架)钢材品种、规格 3. 钢丝绳品种、规格 4. 油漆品种、刷漆遍数		按设计图示尺寸以需要覆盖的水平面积计算	1. 膜布热压胶接 2. 支柱(网架)制作、安装 3. 膜布安装 4. 穿钢丝绳、锚头锚固 5. 刷油漆

(二) 屋面防水

工程量清单项目设置及工程量计算规则,应按表 6-7-2 的规定执行。

表 6-7-2　屋面防水(编码 010702)

项目编号	项目名称	项目特征	计量单位	工程量计量规则	工程内容
010702001	屋面卷材防水	1. 卷材品种、规格 2. 防水层做法 3. 嵌缝材料种类 4. 防护材料种类	m²	按设计图示尺寸以面积计算。 1. 斜屋顶(不包括平屋顶找坡)按斜面积计算,平屋顶按水平投影面积计算 2. 不扣除房上烟囱、风帽底座、风道、屋面小气窗和斜沟所占面积 3. 屋面的女儿墙、伸缩缝和天窗等处的弯起部分,并入屋面工程量内	1. 基层处理 2. 抹找平层 3. 刷底油 4. 铺油毡卷材、接缝、嵌缝 5. 铺保护层
010702002	屋面涂膜防水	1. 防水膜品种 2. 涂膜厚度、遍数、增强材料种类 3. 嵌缝材料种类 4. 防护材料种类			1. 基层处理 2. 抹找平层 3. 涂防水膜 4. 铺保护层

(续表)

项目编号	项目名称	项目特征	计量单位	工程量计量规则	工程内容
010702003	屋面刚性防水	1. 防水层厚度 2. 嵌缝材料种类 3. 混凝土强度等级	m²	按设计图示尺寸以面积计算。不扣除房上烟囱、风帽底座、风道等所占面积	1. 基层处理 2. 混凝土制作、运输、铺筑、养护
010702004	屋面排水管	1. 排水管品种、规格、品牌、颜色 2. 接缝、嵌缝材料种类 3. 油漆品种、刷漆遍数	m	按设计图示尺寸以长度计算。如设计未标注尺寸,以檐口至设计室外散水上表面垂直距离计算	1. 排水管及配件安装、固定 2. 雨水斗、雨水箅子安装 3. 接缝、嵌缝
010702005	屋面天沟、沿沟	1. 材料品种 2. 砂浆配合比 3. 宽度、坡度 4. 接缝、嵌缝材料种类 5. 防护材料种类	m²	按设计图示尺寸以面积计算。铁皮和卷材天沟按展开面积计算	1. 砂浆制作、运输 2. 砂浆找坡、养护 3. 天沟材料铺设 4. 天沟配件安装 5. 接缝、嵌缝 6. 刷防护材料

(三) 墙、地面防水、防潮

工程量清单项目设置及工程量计算规则,应按表 6-7-3 的规定执行。

表 6-7-3 墙、地面防水、防潮(编码 010703)

项目编号	项目名称	项目特征	计量单位	工程量计量规则	工程内容
010703001	卷材防水	1. 卷材、涂膜品种 2. 涂膜厚度、遍数、增强材料种类 3. 防水部位 4. 防水做法 5. 接缝、嵌缝材料种类 6. 防护材料种类	m²	按设计图示尺寸以面积计算。 1. 地面防水:按主墙间净空面积计算,扣除凸出地面的构筑物、设备基础等所占面积,不扣除间壁墙及单个 0.3 m² 以内的柱、梁、烟囱、孔洞所占面积 2. 墙基防水:外墙按中心线,内墙按净长乘以宽度计算	1. 基层处理 2. 抹找平层 3. 刷粘结剂 4. 铺防水卷材 5. 铺保护层 6. 接缝、嵌缝
010703002	涂膜防水				1. 基层处理 2. 抹找平层 3. 刷基层处理剂 4. 铺涂膜防水层 5. 铺保护层
010703003	砂浆防水(潮)	1. 防水(潮)部位 2. 防水(潮)厚度 3. 砂浆配合比 4. 外加剂材料种类			1. 基层处理 2. 挂钢丝网片 3. 设置分格缝 4. 砂浆制作、运输、摊铺、养护
010703004	变形缝	1. 变形缝部位 2. 嵌缝材料种类 3. 止水带材料种类 4. 盖板材料 5. 防护材料种类	m	按设计图示以长度计算	1. 清缝 2. 填塞防水材料 3. 止水带安装 4. 盖板制作 5. 刷防护材料

(四) 其他相关问题应按下列规定处理

(1) 小青瓦、水泥平瓦、琉璃瓦等,应按 A7-1 中瓦屋面项目编码列项。

(2) 压型钢板、阳光板、玻璃钢等,应按 A7-1 中型材屋面编码列项。

二、工程量清单计价

【案例分析 6-7-1】 某原液车间屋顶平面图如图所示,工程设计防水层采用高分子卷材屋面,找平层采用 1：2 防水砂浆找平,试编制屋面防水工程量清单及计价。

图 6-7-1

【解】 (1)招标人根据设计图纸计算：

防水层：$(38+0.25×2)×(20+0.25×2)$

$=789.25(m^2)$

(2)工程量投标参照《建筑定额》计价

① 高分子卷材防水屋面(A7-27)

$789.25m^2×49.0503 元/m^2=38712.95(元)$

② 找平层 1：2 防水砂浆(A7-68)

$789.25m^2×8.20 元/m^2=6471.85 元$

③ 直接工程费：45 184.8 元

(3)综合(参照三类工程取费)

① 直接费：45 184.8 元

② 管理费：$45 184.8×5.45\%=246.257(元)$

③ 利润：$(45 184.8+2 462.57)×4\%=1 905.89(元)$

④ 合计：49 553.26 元

(4)综合单价：$\dfrac{49 553.26 元}{789.25 m^2}=62.79 元/m^2$

表 6-7-4 分部分项工程量清单计价表

工程名称：某原液车间

序号	项目编码	项目名称	项目特征	计量单位	工程量	金额(元)	
						综合单价	合价
1	010703001001	屋面卷材防水	高分子卷材防水层;1：2防水砂浆找平层20厚	m³	789.25	62.79	49 553.26

行动领域 8 防腐、隔热、保温工程

防腐、隔热、保温工程共 4 节 14 个项目,包括防腐面层、其他防腐、隔热、保温和其他相关问题。

一、防腐面层

工程量清单项目设置及工程量计算规则,应按表 6-8-1 的规定执行。

表 6-8-1 防腐面层(编码 010801)

项目编号	项目名称	项目特征	计量单位	工程量计量规则	工程内容
010801001	防腐混凝土面层	1. 防腐部位 2. 面层厚度 3. 砂浆、混凝土、胶泥种类		按设计图示尺寸以面积计算 1. 平面防腐:扣除凸出地面的构筑物、设备基础等所占面积 2. 立面防腐:砖垛等突出部分按展开面积并入墙面积内	1. 基层清理 2. 基层刷稀胶泥 3. 砂浆制作、运输、摊铺、养护 4. 混凝土制作、运输、摊铺、养护
010801002	防腐砂浆面层				
010801003	防腐胶泥面层				1. 基层清理 2. 胶泥调制、摊铺
010801004	玻璃钢防腐面层	1. 防腐部位 2. 玻璃钢种类 3. 贴布层数 4. 面层材料品种	m²		1. 基层清理 2. 刷底漆、刮腻子 3. 胶浆配制、涂刷 4. 粘布、涂刷面层
010801005	聚氯乙烯板面层	1. 防腐部位 2. 面层材料品种 3. 粘结材料种类		按设计图示尺寸以面积计算 1. 平面防腐:扣除凸出地面的构筑物、设备基础等所占面积 2. 立面防腐:砖垛等突出部分按展开面积并入墙面积内 3. 踢脚板防腐:扣除门洞所占面积并相应增加门洞侧壁面积	1. 基层清理 2. 配料、涂胶 3. 聚氯乙烯板铺设 4. 铺贴踢脚板
010801006	块料防腐面层	1. 防腐部位 2. 块料品种、规格 3. 粘结材料种类 4. 勾缝材料种类			1. 基层清理 2. 砌块料 3. 胶泥调制、勾缝

二、其他防腐

工程量清单项目设置及工程量计算规则,应按表 6-8-2 的规定执行。

表 6-8-2 其他防腐(编码 010802)

项目编号	项目名称	项目特征	计量单位	工程量计量规则	工程内容
010802001	隔离层	1. 隔离层部位 2. 隔离层材料品种 3. 隔离层做法 4. 粘贴材料种类	m²	按设计图示尺寸以面积计算 1. 平面防腐:扣除凸出地面的构筑物、设备基础等所占面积 2. 立面防腐:砖垛等突出部分按展开面积并入墙面积内	1. 基层清理、刷油 2. 煮沥青 3. 胶泥调制 4. 隔离层铺设
010802002	砌筑沥青浸渍砖	1. 砌筑部位 2. 浸渍砖规格 3. 浸渍砖砌法(平砌、立砌)	m³	按设计图示尺寸以体积计算	1. 基层清理 2. 胶泥调制 3. 浸渍砖铺砌

（续表）

项目编号	项目名称	项目特征	计量单位	工程量计量规则	工程内容
010802003	防腐涂料	1. 涂刷部位 2. 基层材料类型 3. 涂料品种、涂刷遍数	m²	按设计图示尺寸以面积计算 1. 平面防腐：扣除凸出地面的构筑物、设备基础等所占面积 2. 立面防腐：砖垛等突出部分按展开面积并入墙面积内	1. 基层清理 2. 刷涂料

三、隔热、保温

工程量清单项目设置及工程量计算规则，应按表 6-8-3 的规定执行。

表 6-8-3　隔热、保温（编码 010803）

项目编号	项目名称	项目特征	计量单位	工程量计量规则	工程内容
010803001	保温隔热屋面	1. 保温隔热部位 2. 保温隔热方式（内保温、外保温、夹心保温） 3. 踢脚线、勒脚线保温做法 4. 保温隔热面层材料品种、规格、性能 5. 保温隔热材料品种、规格及厚度 6. 隔气层厚度 7. 粘贴材料种类 8. 防护材料种类	m²	按设计图示尺寸以面积计算。不扣除柱、垛所占面积	1. 基层清理 2. 铺粘保温层 3. 刷防护材料
010803002	保温隔热天棚				
010803003	保温隔热墙			按设计图示尺寸以面积计算。扣除门窗洞口所占面积；门窗洞口侧壁需做保温时，并入保温墙体工程量内	1. 基层清理 2. 底层抹灰 3. 粘贴龙骨 4. 填贴保温材料 5. 粘贴面层 6. 嵌缝 7. 刷防护材料
010803004	保温柱			按设计图示以保温层中心线展开长度乘以保温层高度计算	
010803005	隔热楼地面			按设计图示尺寸以面积计算。不扣除柱、垛所占面积	1. 基层清理 2. 铺设粘贴材料 3. 铺贴保温层 4. 刷防护材料

四、其他相关问题应按下列规定处理

（1）保温隔热墙的装饰面层，应按相关项目编码列项。

（2）柱帽保温隔热应并入天棚保温隔热工程量内。

（3）池槽保温隔热，池壁、池底应分别编码列项，池壁应并入墙面保温隔热工程量内，池底应并入地面保温隔热工程量内。

行动领域 9　措施项目清单

一、措施项目清单

措施项目清单是指为完成工程项目施工,发生于该工程施工准备和施工过程中的技术、生活、安全、环境保护等方面的非工程实体项目。如脚手架工程、模板工程、安全文明施工、冬雨季施工等。"计价规范"规定:

(1)措施项目清单应根据拟建工程的实际情况列项。通用措施项目可按表 6-9-1 选择列项,专业工程的措施项目可按附录中规定的项目列项。若出现"计价规范"未列的项目,可根据工程实际情况补充。

表 6-9-1　通用措施项目一览表

序号	项目名称
1	安全文明施工(含环境保护、文明施工、安全施工、临时设施)
2	夜间施工
3	二次搬运
4	冬雨季施工
5	大型机械设备进出场及安拆
6	施工排水
7	施工降水
8	地上、地下设施,建筑物的临时保护设施
9	已完工程及设备保护

注:此表摘自《建设工程工程量清单计价规范》(GB50500—2008)。

(2)措施项目中可以计算工程量的项目清单,宜采用分部分项工程量清单的方式编制,列出项目编码、项目名称、项目特征、计量单位和工程量计算规则;不能计算工程量的项目清单,以"项"为计量单位。

措施项目中,可以计算工程量的项目中,比较典型的有模板工程、脚手架工程、垂直运输工程等。

钢筋混凝土模板及支架属于清单补充项目,其补充计算规则见表 6-9-2。

表 6-9-2　补充工程量项目清单及计算规则

项目编码	项目名称	项目特征	计量单位	工程量计算规则	工程内容
AB001	钢筋混凝土柱及其支架	1. 构件形状 2. 支模高度	m²	按混凝土与模板的接触面积计算,构件交接处均不计算模板面积	1. 模板安装、拆除 2. 模板清理、刷脱模剂、刷隔离剂、嵌缝 3. 整理堆放及场内外运输等

(续表)

项目编码	项目名称	项目特征	计量单位	工程量计算规则	工程内容
AB002	钢筋混凝土梁及其支架	1. 构件形状 2. 支模高度	m^2	按混凝土与模板的接触面积计算,构件交接处以及深入墙内的梁头均不计算模板面积	1. 模板安装、拆除 2. 模板清理、刷脱模剂、刷隔离剂、嵌缝 3. 整理堆放及场内外运输等
AB003	钢筋混凝土板及其支架	1. 构件形状 2. 支模高度	m^2	按混凝土与模板的接触面积计算,不扣除面积小于等于 0.3 m^2 孔洞所占面积	1. 模板安装、拆除 2. 模板清理、刷脱模剂、刷隔离剂、嵌缝 3. 整理堆放及场内外运输等

【案例分析 6-9-1】 根据图 6-9-1 所示编制钢筋混凝土模板及支架措施项目清单。说明:层高 3.60 m,板厚 120 mm,柱截面 600 mm×600 mm。

图 6-9-1 梁、板、柱平面布置图(局部)

【解】 分析:钢筋混凝土模板支架属于可以计算工程量的项目,宜采用分部分项工程量清单的方式编制根据工程量计算规则,其工程量计算如下:

(1) 计算柱模板工程量,即

$$[0.6×3.6×4-0.25×(0.65+0.6)-0.35×0.12×2]×4=32.97(m^2)$$

(2) 计算梁模板工程量,即

$$(6.6-0.6)×[0.65+(0.65-0.12)+0.25]×2+(6-0.6)×[0.6+(0.6-0.12)+0.25]×2=31.52(m^2)$$

(3) 计算板模板工程量,即

$$(6.6+0.6)×(6+0.6)-0.6×0.6×4-(6.6-0.6)×0.25×2-(6-0.6)×0.25×2=40.38(m^2)$$

(4) 确定钢筋混凝土模板及支架清单(见表 6-9-3)

表6-9-3　措施项目清单与计价表

序号	项目编码	项目名称	项目特征描述	计量单位	工程量	金额(元)	
						综合单价	合价
1	AB001	现浇钢筋混凝土矩形柱模板及支架	矩形柱,截面 600 mm × 600 mm,支模高 3.6 m	m²	32.97		
2	AB002	现浇钢筋混凝土梁模板及支架	框架梁,截面 250 mm × 650 mm,250 mm×600 mm	m²	31.52		
3	AB003	现浇钢筋混凝土板模板及支架	平板,板厚 120 mm	m²	40.38		

二、工程量清单计价

【**案例分析 6-9-2**】　某科研楼檐高框架结构、檐高 20 m,计算工程量计价。

【**解**】　(1) 投标人根据工程技术方案并参照《建筑定额》计算出技术措施项目工程量

1) 混凝土及钢筋混凝土钢模板及支架

① 钢筋混凝土独立基础:100 m²;

② 矩形柱:500 m²;

③ 有梁板:3 000 m²。

2) 钢管脚手架

① 24 m 高以内双排外脚手架:2 000 m²;

② 里脚手架:1 000 m²;

③ 内芯柱脚手架:6 00 m²;

3) 垂直运输(卷扬机):2 000 m²。

(其余略)

(2) 计价(参照《建筑定额》、三类工程取费)

1) 模板及支架

① 钢筋混凝土独立基础钢模板(A10-16):

19.40 元/m²×100 m²＝1 940 元

其中人工费:647.90 元;材料费:1 174.36 元;机械费:117.85 元。

② 矩形柱钢模板(A10-52):

22.11 元/m²×500 m²＝11 055 元

其中人工费:5 020 元;材料费:5 270 元;机械费:765 元。

③ 有梁板钢模板(A10-98):

22.97 元/m²×3 000 m²＝68 910 元

其中人工费:31 470 元;材料费:30 900 元;机械费:6 540 元。

④ 综合价:

直接费:1 940＋11 055＋68 910＝81 905(元)

管理费:81 905×5.45％＝4 463.82(元)

利润:86 368.82×4％＝3 454.75(元)

合计:89 823.57 元

2) 脚手架

① 双排钢管外脚手架(A11-6):

7.20 元/m²×2 000 m²=14 400 元

其中人工费:4 712 元;材料费:8 988 元;机械费:700 元。

② 内芯柱钢管脚手架(A11-5):

6.39 元/m²×600 m²=3 834 元

其中人工费:1 183 元;材料费:2 388 元;机械费:263 元。

③ 钢管里脚手架(A11-13):

1.14 元/m²×1 000 m²=1 140 元

其中人工费:855 元;材料费:222 元;机械费:63 元。

④ 综合价:

直接费:14 400+3 834+1 140=19 374(元)

管理费:19 374×5.45%=1 055.88(元)

利润:20 429.88×4%=817.20(元)

合计:21 247.08 元

3) 垂直运输费(卷扬机)

① 直接费(A12-14):16.30 元/m²×2 000 m²=32 600 元(其中机械费:32 600 元)

② 管理费:32 600×5.45%=1 776.70(元)

③ 利润:34 376.7×4%=1 375.07(元)

④ 合计:35 751.77 元

表 6-9-10 措施项目清单计价表

工程名称:科研楼

序号	项目名称	金额(元)
1	混凝土、钢筋混凝土模板和支架	89 823.57
2	脚手架	21 247.08
3	垂直运输机械	35 751.77
	合计	146 822.42

表 6-9-11 措施项目费分析表

工程名称:科研楼

序号	措施项目名称	单位	数量	金额(元)					
				人工费	材料费	机械费	管理费	利润	小计
1	混凝土、钢筋混凝土模板及支架								
(1)	独立基础钢模板	m²	100	647.90	1 174.36	117.85	105.61	81.83	2 175.55
(2)	矩形柱钢模板	m²	500	5 020.00	5 270.00	765.00	602.50	466.30	12 123.80

(续表)

序号	措施项目名称	单位	数量	金额(元)					
				人工费	材料费	机械费	管理费	利润	小计
(3)	有梁板钢模板	m²	3 000	31 470.00	30 900.00	6 540.00	3 755.60	2 906.62	75 572.22
	小计			37 137.90	37 344.36	7 422.85	4 463.71	3 454.75	89 823.57
2	脚手架								
(1)	钢管双排外脚手架	m²	2 000	4 712.00	8 988.00	700.00	784.80	607.39	15 792.19
(2)	钢管内芯柱脚手架	m²	600	1 183.00	2 388.00	263.00	208.95	161.72	4 204.67
(3)	钢管里脚手架	m²	1 000	855.00	222.00	63.00	62.13	48.09	1 250.22
	小计			6 750.00	11 598.00	1 062.00	1 055.88	774.96	21 247.08
3	垂直运输机械								
(1)	机吊、高 20 m 内、框架结构、科研楼	m²	2 000			32 600.00	1 776.70	1 375.07	35 751.77
	小计					32 600.00	1 776.70	1 375.07	35 751.77
	合计			43 887.90	48 942.36	41 048.85	7 296.29	5 604.78	146 822.42

实训课题

1. 如图所示,计算下图框架梁钢筋工程量清单计价。已知梁(C25/40/32.5)钢筋的保护层厚度为25 mm,抗震等级为四级抗震,钢筋的绑扎搭接长度为1.2 laE(laE＝40 d),柱子截面尺寸为 400 mm×400 mm,轴线尺寸为柱子中心线。

2. 计算下图现浇有梁板钢筋工程量清单计价。已知梁截面尺寸为 250 mm×600 mm，图中轴线尺寸为梁的中心线，板、钢筋的保护层厚度为 15 mm，板厚为 100 mm。

3. 根据公用工程楼施工图纸。

任务 1：计算墙体清单工程量。

任务 2：二层楼面有梁板清单工程量。

复习思考题

1. 土石方工程平整场地清单工程量如何计算，举例说明。

2. 挖基槽土方、挖基坑土方清单工程量如何计算，举例说明。

3. 土方工程回填土方包括哪些，清单综合单价如何计算？写出项目编码。

4. 工程量清单包括哪些内容？

5. 工程量清单计价包含哪些内容？

项目七　建筑装饰装修工程量清单计价

【学习目标】

(1) 作为招标人,掌握装饰装修工程工程量清单的编制和招标控制价的编制。

(2) 作为投标人,掌握装饰装修工程工程量清单投标报价的编制。

【能力要求】

(1) 具备装饰装修工程量清单与工程量清单计价的能力。

(2) 逐步具备装饰工程造价确定与控制的能力,提升计量计价顶岗能力。

学习情境　建筑装饰装修工程工程量清单编制及计价

行动领域 1　楼地面工程

楼地面工程共 9 节 42 个项目,包括整体面层、块料面层、其他材料面层、踢脚线、楼梯装饰、扶手、栏杆、栏板装饰、台阶装饰、零星装饰等项目,适用于楼地面、楼梯、台阶等装饰工程。

一、工程量清单项目设置及计算规则

(一) 整体面层

工程量清单项目设置及工程量计算规则,应按表 7-1-1 的规定执行。

表 7-1-1　整体面层(编码 020101)

项目编号	项目名称	项目特征	计量单位	工程量计量规则	工程内容
020101001	水泥砂浆楼地面	1. 垫层材料种类、厚度 2. 找平层厚度、砂浆配合比 3. 防水层厚度、材料种类 4. 面层厚度、砂浆配合比	m³	按设计图示尺寸以面积计算。扣除凸出地面构筑物、设备基础、室内管道、地沟等所占面积,不扣除间壁墙和 0.3 m² 以内的柱、垛、附墙烟囱及孔洞所占面积。门洞、空圈、暖气包槽、壁龛的开口部分不增加面积	1. 基层清理 2. 垫层铺设 3. 抹找平层 4. 防水层铺设 5. 抹面层 6. 材料运输

(续表)

项目编号	项目名称	项目特征	计量单位	工程量计量规则	工程内容
020101002	现浇水磨石楼地面	1. 垫层材料种类、厚度 2. 找平层厚度、砂浆配合比 3. 防水层厚度、材料种类 4. 面层厚度、水泥砂浆配合比 5. 嵌条材料种类、规格 6. 石子种类、规格、颜色 7. 颜料种类、颜色 8. 图案要求 9. 磨光、酸洗、打蜡要求		按设计图示尺寸以面积计算。扣除凸出地面构筑物、设备基础、室内管道、地沟等所占面积,不扣除间壁墙和 0.3 m² 以内的柱、垛、附墙烟囱及孔洞所占面积。门洞、空圈、暖气包槽、壁龛的开口部分不增加面积	1. 基层清理 2. 垫层铺设 3. 抹找平层 4. 防水层铺设 5. 面层铺设 6. 嵌缝条安装 7. 磨光、酸洗、打蜡 8. 材料运输
020101003	细石混凝土楼地面	1. 垫层材料种类、厚度 2. 找平层厚度、砂浆配合比 3. 防水层厚度、材料种类 4. 面层厚度、混凝土强度等级			1. 基层清理 2. 垫层铺设 3. 抹找平层 4. 防水层铺设 5. 面层铺设 6. 材料运输
020101004	菱苦土楼地面	1. 垫层材料种类、厚度 2. 找平层厚度、砂浆配合比 3. 防水层厚度、材料种类 4. 面层厚度 5. 打蜡要求			1. 清理基层 2. 垫层铺设 3. 抹找平层 4. 防水层铺设 5. 面层铺设 6. 打蜡 7. 材料运输

(二) 块料面层

工程量清单项目设置及工程量计算规则,应按表 7-1-2 的规定执行。

表 7-1-2　块料面层(编码 020102)

项目编号	项目名称	项目特征	计量单位	工程量计量规则	工程内容
020102001	石材楼地面	1. 垫层材料种类、厚度 2. 找平层厚度、砂浆配合比 3. 防水层、材料种类 4. 填充材料种类、厚度 5. 结合层厚度、砂浆配合比	m²	按设计图示尺寸以面积计算。扣除凸出地面构筑物、设备基础、室内管道、地沟等所占面积,不扣除间壁墙和 0.3 m² 以内的柱、垛、附墙烟囱及孔洞所占面积。门洞、空圈、暖气包槽、壁龛的开口部分不增加面积	1. 基层清理、铺设垫层、抹找平层 2. 防水层铺设、填充层铺设 3. 面层铺设 4. 嵌缝 5. 刷防护材料 6. 酸洗、打蜡 7. 材料运输
020102002	块料楼地面	6. 面层材料品种、规格、品牌、颜色 7. 嵌缝材料种类 8. 防护层材料种类 9. 酸洗、打蜡要求			

（三）橡塑面层

工程量清单项目设置及工程量计算规则，应按表 7-1-3 的规定执行。

表 7-1-3　橡塑面层（编码 020103）

项目编号	项目名称	项目特征	计量单位	工程量计量规则	工程内容
020103001	橡胶板楼地面	1. 找平层厚度、砂浆配合比 2. 填充材料种类、厚度 3. 粘结层厚度、材料种类 4. 面层材料品种、规格、颜色、品牌 5. 压线条种类	m²	按设计图示尺寸以面积计算。门洞、空圈、暖气包槽、壁龛的开口部分并入相应的工程量内	1. 基层清理、抹找平层 2. 铺设填充层 3. 面层铺贴 4. 压缝条装订 5. 材料运输
020103002	橡胶卷材楼地面				
020103003	塑料板楼地面				
020103004	塑料卷材楼地面				

（四）其他材料面层

工程量清单项目设置及工程量计算规则，应按表 7-1-4 的规定执行。

表 7-1-4　其他材料面层（编码 020104）

项目编号	项目名称	项目特征	计量单位	工程量计量规则	工程内容
020104001	楼地面地毯	1. 找平层厚度、砂浆配合比 2. 填充材料种类、厚度 3. 面层材料品种、规格、品牌、颜色 4. 防护材料种类 5. 粘结材料种类 6. 压线条种类	m²	按设计图示尺寸以面积计算。门洞、空圈、暖气包槽、壁龛的开口部分并入相应的工程量内	1. 基层清理、抹找平层 2. 铺设填充层 3. 铺贴面层 4. 刷防护材料 5. 装订压条 6. 材料运输
020104002	竹木地板	1. 找平层厚度、砂浆配合比 2. 填充材料种类、厚度，找平层厚度、砂浆配合比 3. 龙骨材料种类、规格、铺设间距 4. 基层材料种类、规格 5. 面层材料品种、规格、品牌、颜色 6. 粘结材料种类 7. 防护材料种类 8. 油漆品种、刷漆遍数			1. 基层清理、抹找平层 2. 龙骨铺设 3. 铺设基层 4. 面层铺贴 5. 刷防护材料 6. 材料运输 7. 铺设填充层
020104003	防静电活动地板	1. 找平层厚度、砂浆配合比 2. 填充材料种类、厚度，找平层厚度、砂浆配合比 3. 支架高度、材料种类 4. 面层材料品种、规格、品牌、颜色 5. 防护材料种类			1. 清理基层、抹找平层 2. 铺设填充层 3. 固定支架安装 4. 活动面层安装 5. 刷防护材料 6. 材料运输

（续表）

项目编号	项目名称	项目特征	计量单位	工程量计量规则	工程内容
020104004	金属复合地板	1. 找平层厚度、砂浆配合比 2. 填充材料种类、厚度、找平层厚度、砂浆配合比 3. 龙骨材料种类、规格、铺设间距 4. 基层材料种类、规格 5. 面层材料品种、规格、品牌 6. 防护材料种类			1. 清理基层、抹找平层 2. 铺设填充层 3. 龙骨铺设 4. 基层铺设 5. 面层铺贴 6. 刷防护材料 7. 材料运输

（五）踢脚线

工程量清单项目设置及工程量计算规则，应按表 7-1-5 的规定执行。

表 7-1-5　踢脚线（编码 020105）

项目编号	项目名称	项目特征	计量单位	工程量计量规则	工程内容
020105001	水泥砂浆踢脚线	1. 踢脚线高度 2. 底层厚度、砂浆配合比 3. 面层厚度、砂浆配合比			1. 基层清理 2. 底层抹灰 3. 面层铺贴 4. 勾缝 5. 磨光、酸洗、打蜡 6. 刷防护材料 7. 材料运输
020105002	石材踢脚线	1. 踢脚线高度 2. 底层厚度、砂浆配合比 3. 粘贴层厚度、材料种类	m²	按设计图示长度乘以高度以面积计算	
020105003	块料踢脚线	4. 面层材料品种、规格、颜色、品牌 5. 勾缝材料种类 6. 防护材料种类			
020105004	现浇水磨石踢脚线	1. 踢脚线高度 2. 底层厚度、砂浆配合比 3. 面层厚度、水泥石子浆配合比 4. 石子种类、规格、颜色 5. 颜料种类、颜色 6. 磨光、酸洗、打蜡要求			
020105005	塑料板踢脚线	1. 踢脚线高度 2. 底层厚度、砂浆配合比 3. 粘结层厚度、材料种类 4. 面层材料种类、规格、品牌、颜色			

(续表)

项目编号	项目名称	项目特征	计量单位	工程量计量规则	工程内容
020105006	木质踢脚线	1. 踢脚线高度 2. 底层厚度、砂浆配合比 3. 基层材料种类、规格 4. 面层材料品种、规格、品牌、颜色 5. 防护材料种类 6. 油漆品种、刷漆遍数	m²	按设计图示长度乘以高度以面积计算	1. 基层清理 2. 底层抹灰 3. 基层铺贴 4. 面层铺贴 5. 刷防护材料 6. 刷油漆 7. 材料运输
020105007	金属踢脚线				
020105008	防静电踢脚线				

（六）楼梯装饰工程清单项目设置及工程计算规则

应按表 7-1-6 规定执行。

表 7-1-6 楼梯装饰（编码 0201067）

项目编号	项目名称	项目特征	计量单位	工程量计量规则	工程内容
020106001	石材楼梯面层	1. 找平层厚度、砂浆配合比 2. 贴结层厚度、材料种类 3. 面层材料品种、规格、品牌、颜色 4. 防滑条材料种类、规格 5. 勾缝材料种类 6. 防护层材料种类 7. 酸洗、打蜡要求	m²	按设计图示尺寸以楼梯（包括踏步、休息平台及 500 mm 以内的楼梯井）水平投影面积计算。楼梯与楼地面相连时，算至梯口梁内侧边沿；无梯口梁者，算至最上一层踏步边沿加 300 mm	1. 基础清理 2. 抹找平层 3. 面层铺贴 4. 贴嵌防滑条 5. 勾缝 6. 刷防护材料 7. 酸洗、打蜡 8. 材料运输
020106002	块料楼梯面层				
020106003	水泥砂浆楼梯面	1. 找平层厚度、砂浆配合比 2. 面层厚度、砂浆配合比 3. 防滑条材料种类、规格			1. 基层清理 2. 抹找平层 3. 抹面层 4. 抹防滑条 5. 材料运输
020106004	现浇水磨石楼梯面	1. 找平层厚度、砂浆配合比 2. 面层厚度、水泥石子浆配合比 3. 防滑条材料种类、规格 4. 石子种类、规格、颜色 5. 颜料种类、颜色 6. 磨光、酸洗、打蜡要求			1. 基层清理 2. 抹找平层 3. 抹面层 4. 贴嵌防滑条 5. 磨光、酸洗、打蜡 6. 材料运输

（续表）

项目编号	项目名称	项目特征	计量单位	工程量计量规则	工程内容
020106005	地毯楼梯面	1. 基层种类 2. 找平层厚度、砂浆配合比 3. 面层材料品种、规格、品牌、颜色 4. 防护材料种类 5. 粘结材料种类 6. 固定配件材料种类、规格	m²	同上	1. 基层清理 2. 抹找平层 3. 铺贴面层 4. 固定配件安装 5. 刷防护材料 6. 材料运输
020106006	木板楼梯面	1. 找平层厚度、砂浆配合比 2. 基层材料种类、规格 3. 面层材料品种、规格、品牌、颜色 4. 粘贴材料种类 5. 防护材料种类 6. 油漆品种、刷漆遍数			1. 基础清理 2. 抹找平层 3. 基层铺贴 4. 面层铺贴 5. 刷防护材料、油漆 6. 材料运输

（七）扶手、栏杆、栏板装饰

工程清单项目设置及工程量计算规则应按表 7-1-7 执行。

表 7-1-7　扶手、栏杆、栏板装饰（编码 020107）

项目编号	项目名称	项目特征	计量单位	工程量计量规则	工程内容
020107001	金属扶手带栏杆、栏板	1. 扶手材料种类、规格、品牌、颜色 2. 栏杆材料种类、规格、品牌、颜色 3. 栏板材料种类、规格、品牌、颜色 4. 固定配件种类 5. 防护材料种类 6. 油漆品种、刷漆遍数	m	按设计图示尺寸以扶手中心线长度（包括弯头长度）计算	1. 制作 2. 运输 3. 安装 4. 刷防护材料 5. 刷油漆
020107002	硬木扶手带栏杆、栏板				
020107003	塑料扶手带栏杆、栏板				
020107004	金属靠墙扶手	1. 扶手材料种类、规格、品牌、颜色 2. 固定配件种类 3. 防护材料种类 4. 油漆品种、刷漆遍数			
020107005	硬木靠墙扶手				
020107006	塑料靠墙扶手				

(八) 台阶装饰

工程量清单项目设置及工程量计算规则,应按表 7-1-8 的规定执行。

表 7-1-8 台阶装饰(编码 020108)

项目编号	项目名称	项目特征	计量单位	工程量计量规则	工程内容
020108001	石材台阶面	1. 垫层材料种类、厚度 2. 找平层厚度、砂浆配合比 3. 粘结层材料种类 4. 面层材料品种、规格、品牌、颜色 5. 勾缝材料种类 6. 防滑材料种类、规格 7. 防护材料种类	m²	按设计图示尺寸以台阶(包括最上层踏步边沿加 300 mm)水平投影面积计算	1. 基层清理 2. 铺设垫层 3. 抹找平层 4. 面层铺贴 5. 贴嵌防滑条 6. 勾缝 7. 刷防护材料 8. 材料运输
020108002	块料台阶面				
020108003	水泥砂浆台阶面	1. 垫层材料种类、厚度 2. 找平层厚度、砂浆配合比 3. 面层厚度、砂浆配合比 4. 防滑条条材料种类			1. 清理基层 2. 铺设垫层 3. 抹找平层 4. 抹面层 5. 抹防滑条 6. 材料运输
020108004	现浇水磨石台阶面	1. 垫层材料种类、厚度 2. 找平层厚度、砂浆配合比 3. 面层厚度、水泥石子浆配合比 4. 防滑条材料种类、规格 5. 石子种类、规格、颜色 6. 颜料种类、颜色 7. 磨光、酸洗、打蜡要求			1. 清理基础 2. 铺设垫层 3. 抹找平层 4. 抹面层 5. 贴嵌防滑条 6. 打磨、酸洗、打蜡 7. 材料运输
020108005	剁假石台阶面	1. 垫层材料种类、厚度 2. 找平层厚度、砂浆配合比 3. 面层厚度、砂浆配合比 4. 剁假石要求			1. 清理基础 2. 铺设垫层 3. 抹找平层 4. 抹面层 5. 剁假石 6. 材料运输

二、工程量清单计价

【案例分析 7-1-1】 如图所示,某工厂车间为 240 mm 厚墙体,图中尺寸为 mm,现浇水磨石地面面层设计为 100 mm 砼垫层,20 mm 厚 1:3 水泥砂浆找平层,3 mm 玻璃嵌条,15 mm 厚水磨石面层,试编制工程量清单及工程量清单计价。

【解】 (1) 招标人根据图纸计算:

水磨石地面面层: $S_{磨} = (80-0.24) \times (50-0.24) \times 49.76 = 3\,968.86(m^2)$

(2) 投标人计算工程量:

① 100 mm 厚 C10 砼垫层: $V_{垫} = 3\,968.86 \times 0.1 = 396.89(m^3)$

图 7-1-1

② 20 mm 厚水泥砂浆找平层:$S_{找平}$＝3 968.86 m²

③ 水磨石面层:$S_{磨}$＝3 968 386 m²

(3) 投标人报价计算:

① C10 砼垫层(A4－13)

直接工程费:396.89 m³×175.406 元/m³＝69 616.89 元

(三类工程)管理费:69 616.89×5.45%＝3 794.12(元)

利润:(69 616.89＋3 794.12)×4%＝2 936.44(元)

小计:76 347.45 元

② 20 mm 厚 1:3 水泥砂浆找平层(B1－1)

直接工程费:3 968.86m²×6.651 8 元/m²＝26 400.06 元

其中人工费:3 968.86m²×2.807 3 元/m²＝11 141.78 元

小计:29 302.43 元

③ 15 mm 厚水磨石面层(套 1－12 子目)

直接工程费:3 968.86m²×33.384 0 元/m²＝132 496.42 元

(其中人工费:3 968.86m²×20.317 8 元/m²＝80 638.50 元

管理费:80 638.50×13.33%＝10 749.11(元)

利润:80 638.50×12.72%＝10 257.22(元)

小计:101 644.83 元

故直接工程费合计:76 347.45＋29 302.43＋101 644.83＝207 234.71(元)

④ 清单综合单价:$\dfrac{20\,723.71\ 元}{3\,968.86\ m²}$＝52.23 元/m²

表 7-1-9 分部分项工程量清单计价表

工程名称:某工厂车间

序号	项目编码	项目名称	项目特征	计量单位	工程量	金额(元)	
						综合单价	合价
1	020101002001	现浇水磨石地面	15 mm 厚水磨石面层;C10 砼垫层 100 厚;1:3水泥砂浆找平层 20 厚	m²	3 968.86	53.23	207 234.71

【案例分析 7-1-2】 计算图 7-1-2 的水泥砂浆地面面层工程量清单计价。

图 7-1-2

【解】 ①-②,A-C轴

$S_{水泥砂浆} = (6-0.24) \times (16-0.24) - (6-0.24) \times 0.24 \times 2 = 88.01(m^2)$

行动领域 2 墙、柱面工程

墙、柱面工程共 9 节 25 个项目,包括墙面抹灰、柱(梁)面抹灰、墙面镶贴块料、柱面镶贴块料、零星镶贴块料、墙饰面、柱(梁)饰面、隔断、幕墙等工程。适用于一般抹灰、装饰抹灰工程。

一、墙面抹灰

工程量清单项目设置及工程量计算规则,应按表 7-2-1 的规定执行。

表 7-2-1 墙面抹灰(编码 020201)

项目编号	项目名称	项目特征	计量单位	工程量计量规则	工程内容
020201001	墙面一般抹灰	1. 墙体类型 2. 底层厚度、砂浆配合比 3. 面层厚度、砂浆配合比 4. 装饰面材料种类 5. 分格缝宽度、材料种类	m²	按设计图示尺寸以面积计算。扣除墙裙、门窗洞口面积,不扣除踢脚线、挂镜线和墙与构件交接处的面积,门窗洞口和孔洞的侧壁及顶面不增加面积。附墙柱、梁、垛、烟囱侧壁并入相应的墙面面积计算 1. 外墙抹灰面积按外墙垂直投影面积计算 2. 外墙裙抹灰面积按其长度乘以高度计算 3. 内墙抹灰面积按主墙间的净长乘以高度计算 (1) 无墙裙的,高度按室内楼地面至天棚底面计算 (2) 有墙裙的,高度按墙裙顶至天棚底面计算 4. 内墙裙抹灰面按内墙净长乘以高度计算	1. 基层清理 2. 砂浆制作、运输 3. 底层抹灰 4. 抹面层 5. 抹装饰层 6. 勾分格线
020201002	墙面装饰抹灰				
020201003	墙面勾缝	1. 墙体类型 2. 勾缝类型 3. 勾缝材料种类			1. 基层清理 2. 砂浆制作、运输 3. 勾缝

二、柱面抹灰

工程量清单项目设置及工程量计算规则,应按表 7-2-2 的规定执行。

表 7-2-2　柱面抹灰(编码 020202)

项目编号	项目名称	项目特征	计量单位	工程量计量规则	工程内容
020202001	柱面一般抹灰	1. 柱体类型 2. 底层厚度、砂浆配合比 3. 面层厚度、砂浆配合比	m²	按设计图示柱断面周长乘以高度以面积计算	1. 基层清理 2. 砂浆制作、运输 3. 底层抹灰 4. 抹面层 5. 抹装饰面 6. 勾分格缝
020202002	柱面装饰抹灰	4. 装饰面材料种类 5. 分格缝宽度、材料种类			
020202003	柱面勾缝	1. 柱体类型 2. 勾缝类型 3. 勾缝材料种类			1. 基层清理 2. 砂浆制作、运输 3. 勾缝

三、零星抹灰

工程量清单项目设置及工程量计算规则,应按表 7-2-3 的规定执行。

表 7-2-3　零星抹灰(编码 020203)

项目编号	项目名称	项目特征	计量单位	工程量计量规则	工程内容
020203001	零星项目一般抹灰	1. 墙体类型 2. 底层厚度、砂浆配合比 3. 面层厚度、砂浆配合比	m²	按设计图示尺寸以面积计算	1. 基层清理 2. 砂浆制作、运输 3. 底层抹灰 4. 抹面层 5. 抹装饰面 6. 勾分格缝
020203002	零星项目装饰抹灰	4. 装饰面材料种类 5. 分格缝宽度、材料种类			

四、墙面镶贴块料

工程量清单项目设置及工程量计算规则,应按表 7-2-4 的规定执行。

表 7-2-4　墙面镶贴块料(编码 020204)

项目编号	项目名称	项目特征	计量单位	工程量计量规则	工程内容
020204001	石材墙面	1. 墙体类型 2. 底层厚度、砂浆配合比 3. 贴结层厚度、材料种类	m²	按设计图示尺寸以镶贴表面积计算	1. 基层清理 2. 砂浆制作、运输 3. 底层抹灰 4. 结合层铺贴 5. 面层铺贴 6. 面层挂贴 7. 面层干挂 8. 嵌缝 9. 刷防护材料 10. 磨光、酸洗、打蜡
020204002	碎拼石材墙面	4. 挂贴方式 5. 干挂方式(膨胀螺栓、钢龙骨) 6. 面层材料品种、规格、品牌、颜色			
020204003	块料墙面	7. 缝宽、嵌缝材料种类 8. 防护材料种类 9. 磨光、酸洗、打蜡要求			

(续表)

项目编号	项目名称	项目特征	计量单位	工程量计量规则	工程内容
020204004	干挂石材钢骨架	1. 骨架种类、规格 2. 油漆品种、刷油遍数	t	按设计图示尺寸以质量计算	1. 骨架制作、运输、安装 2. 骨架油漆

五、柱面镶贴块料

工程量清单项目设置及工程量计算规则,应按表 7-2-5 的规定执行。

表 7-2-5 柱面镶贴块料(编码 020205)

项目编号	项目名称	项目特征	计量单位	工程量计量规则	工程内容
020205001	石材柱面	1. 柱体类型 2. 柱截面类型、尺寸 3. 底层厚度、砂浆配合比 4. 贴结层厚度、材料种类	m²	按设计图示尺寸以镶贴表面积计算	1. 基层清理 2. 砂浆制作、运输 3. 底层抹灰 4. 结合层铺贴 5. 面层铺贴 6. 面层挂贴 7. 面层干挂
020205002	碎拼石材柱面	5. 挂贴方式 6. 干贴方式 7. 面层材料品种、规格、品牌、颜色			
020205003	块料柱面	8. 缝宽、嵌缝材料种类 9. 防护材料种类 10. 磨光、酸洗、打蜡要求			8. 嵌缝 9. 刷防护材料 10. 磨光、酸洗、打蜡
020205004	石材梁面	1. 底层厚度、砂浆配合比 2. 粘结层厚度、材料种类 3. 面层材料品种、规格、品牌、颜色			1. 基层清理 2. 砂浆制作、运输 3. 底层抹灰 4. 结合层铺贴 5. 面层铺贴 6. 面层挂贴 7. 嵌缝 8. 刷防护材料 9. 磨光、酸洗、打蜡
020205005	块料梁面	4. 缝宽、嵌缝材料种类 5. 防护材料种类 6. 磨光、酸洗、打蜡要求			

六、墙饰面

工程量清单项目设置及工程量计算规则,应按表 7-2-6 的规定执行。

表 7-2-6　墙饰面(编码 020207)

项目编号	项目名称	项目特征	计量单位	工程量计算规则	工程内容
020207001	装饰板墙面	1. 墙体类型 2. 底层厚度、砂浆配合比 3. 龙骨材料种类、规格、中距 4. 隔离层材料种类、规格 5. 基层材料种类、规格 6. 面层材料品种、规格、品牌、颜色 7. 压条材料种类、规格 8. 防护材料种类 9. 油漆品种、刷漆遍数	m^2	按设计图示墙净长乘以净高以面积计算。扣除门窗洞口及单个 0.3 m^2 以上的孔洞所占面积	1. 基层清理 2. 砂浆制作、运输 3. 底层抹灰 4. 龙骨制作、运输、安装 5. 钉隔离层 6. 基层铺钉 7. 面层铺贴 8. 刷防护材料、油漆

七、柱(梁)饰面

工程量清单项目设置及工程量计算规则,应按表 7-2-7 的规定执行。

表 7-2-7　柱(梁)饰面(编码 020208)

项目编号	项目名称	项目特征	计量单位	工程量计算规则	工程内容
020208001	柱(梁)面装饰	1. 柱(梁)体类型 2. 底层厚度、砂浆配合比 3. 龙骨材料种类、规格、中距 4. 隔离层材料种类 5. 基层材料种类、规格 6. 面层材料品种、规格、品牌、颜色 7. 压条材料种类、规格 8. 防护材料种类 9. 油漆品种、刷漆遍数	m^2	按设计图示饰面外围尺寸以面积计算。柱帽、柱墩并入相应柱饰面工程量内	1. 基层清理 2. 砂浆制作、运输 3. 底层抹灰 4. 龙骨制作、运输、安装 5. 钉隔离层 6. 基层铺钉 7. 面层铺贴 8. 刷防护材料、油漆

八、隔断

工程量清单项目设置及工程量计算规则,应按表 7-2-8 的规定执行。

表 7-2-8　隔断(编码 020209)

项目编号	项目名称	项目特征	计量单位	工程量计算规则	工程内容
020209001	隔断	1. 骨架、边框材料种类、规格 2. 隔板材料品种、规格、品牌、颜色 3. 嵌缝、塞口材料品种 4. 压条材料种类、规格 5. 防护材料种类 6. 油漆品种、刷漆遍数	m^2	按设计图示框外围尺寸以面积计算。扣除单个 0.3 m^2 以上的孔洞所占面积;浴厕门的材质与隔断相同时,门的面积并入隔断面积内	1. 骨架及边框制作、运输、安装 2. 隔板制作、运输、安装 3. 嵌缝、塞口 4. 装订压条 5. 刷防护材料、油漆

九、幕墙

工程量清单项目设置及工程量计算规则,应按表 7-2-9 的规定执行。

表 7-2-9　幕墙(编码 020210)

项目编号	项目名称	项目特征	计量单位	工程量计量规则	工程内容
020210001	带骨架幕墙	1. 骨架材料种类、规格、中距 2. 面层材料品种、规格、品牌、颜色 3. 面层固定方式 4. 嵌缝、塞口材料种类	m²	按设计图示框外围尺寸以面积计算。与幕墙同种材质的窗所占面积不扣除	1. 骨架制作、运输、安装 2. 面层安装 3. 嵌缝、塞口 4. 清洗
020210002	全玻幕墙	1. 玻璃品种、规格、品牌、颜色 2. 粘结塞口材料种类 3. 固定方式		按设计图示尺寸以面积计算。带肋全玻幕墙按展开面积计算	1. 幕墙安装 2. 嵌缝、塞口 3. 清洗

十、其他相关问题应按下列规定处理

(1) 石灰砂浆、水泥砂浆、水泥混合砂浆、聚合物水泥砂浆、麻刀石灰、纸筋石灰、石灰膏等的抹灰应按 B2-1 中一般抹灰项目编码列项;水刷石、斩假石(剁斧石、剁假石)、干粘石、假面砖等的抹灰应按 B2-1 中装饰抹灰项目编码列项。

(2) 0.5 m² 以内少量分散的抹灰和镶贴块料面层,应按 B2-1 和 B2-6 中相关项目编码列项。

行动领域 3　天棚工程

天棚工程共 3 节 9 个项目,包括天棚抹灰、天棚吊顶、格栅吊顶、吊筒吊顶、藤条造型悬挂吊顶、织物软雕吊顶、网架(装饰)吊顶、灯带、送风口、回风口等项目,适用于天棚装饰工程。

一、天棚抹灰

工程量清单项目设置及工程量计算规则,应按表 7-3-1 的规定执行。

表 7-3-1　天棚抹灰(编码 020301)

项目编号	项目名称	项目特征	计量单位	工程量计量规则	工程内容
020301001	天棚抹灰	1. 基层类型 2. 抹灰厚度、材料种类 3. 装饰线条道数 4. 砂浆配合比	m²	按设计图示尺寸以水平投影面积计算。不扣除间壁墙、垛、柱、附墙烟囱、检查口和管道所占的面积,带梁天棚、梁两侧抹灰面积并入天棚面积内,板式楼梯地面抹灰按斜面积计算,锯齿形楼梯底板抹灰按展开面积计算	1. 基层清理 2. 底层抹灰 3. 抹面层 4. 抹装饰线条

二、天棚吊顶

工程量清单项目设置及工程量计算规则,应按表 7-3-2 的规定执行。

表 7-3-2　天棚吊顶(编码 020302)

项目编号	项目名称	项目特征	计量单位	工程量计量规则	工程内容
020302001	天棚吊顶	1. 吊顶形式 2. 龙骨类型、材料种类、规格、中距 3. 基层材料种类、规格 4. 面层材料品种、规格、品牌、颜色 5. 压条材料种类、规格 6. 嵌缝材料种类 7. 防护材料种类 8. 油漆品种、刷漆遍数	m²	按设计图示尺寸以水平投影面积计算。天棚面中的灯槽及跌级、锯齿形、吊挂式、藻井式天棚面积不展开计算。不扣除间壁墙、检查口、附墙烟囱、柱垛和管道所占面积,扣除单个 0.3 m²以外的孔洞、独立柱及与天棚相连的窗帘盒所占的面积	1. 基层清理 2. 龙骨安装 3. 基层板铺贴 4. 面层铺贴 5. 嵌缝 6. 刷防护材料、油漆
020302002	格栅吊顶	1. 龙骨类型、材料种类、规格、中距 2. 基层材料种类、规格 3. 面层材料品种、规格、品牌、颜色 4. 防护材料种类 5. 油漆品种、刷漆遍数		按设计图示尺寸以水平投影面积计算	1. 基层清理 2. 底层抹灰 3. 安装龙骨 4. 基层板铺贴 5. 面层铺贴 6. 刷防护材料、油漆
020302003	吊筒吊顶	1. 底层厚度、砂浆配合比 2. 吊筒形状、规格、颜色、材料种类 3. 防护材料种类 4. 油漆品种、刷漆遍数			1. 基层清理 2. 底层抹灰 3. 吊筒安装 4. 刷防护材料、油漆
020302004	藤条造型悬挂吊顶	1. 底层厚度、砂浆配合比 2. 骨架材料种类、规格 3. 面层材料品种、规格、颜色 4. 防护层材料种类 5. 油漆品种、刷漆遍数			1. 基层清理 2. 底层抹灰 3. 龙骨安装 4. 铺贴面层 5. 刷防护材料、油漆
020302005	织物软雕吊顶				
020302006	网架(装饰)吊顶	1. 底层厚度、砂浆配合比 2. 面层材料品种、规格、颜色 3. 防护层材料种类油漆品种、刷漆遍数			1. 基层清理 2. 地面抹灰 3. 面层安装 4. 刷防护材料、油漆

行动领域 4 门窗工程

门窗工程共 9 节 57 个项目,包括木门、金属门、金属卷帘门、其他门、木窗、金属窗、门窗套、窗帘盒、窗帘轨、窗台板等项目,适用于门窗工程。

一、工程量清单项目编制及其计算规则

(一) 木门

工程量清单项目设置及工程量计算规则,应按表 7-4-1 的规定执行。

表 7-4-1 木门(编码 020401)

项目编号	项目名称	项目特征	计量单位	工程量计量规则	工程内容
020401001	镶板木门	1. 门类型 2. 框截面尺寸、单扇面积 3. 骨架材料种类 4. 面层材料品种、规格、品牌、颜色 5. 玻璃品种、厚度、五金材料、品种、规格 6. 防护层材料种类 7. 油漆品种、刷漆遍数	樘(m²)	按设计图示数量或设计图示洞口尺寸以面积计算	1. 门制作、运输、安装 2. 五金、玻璃安装 3. 刷防护材料、油漆
020401002	企口板木门				
020401003	实木装饰门				
020401004	胶合板门				
020401005	夹板装饰门	1. 门类型 2. 框截面尺寸、单扇面积 3. 骨架材料种类 4. 防火材料种类 5. 门纱材料品种、规格 6. 面层材料品种、规格、品牌、颜色 7. 玻璃品种、厚度、五金材料、品种、规格 8. 防护材料种类 9. 油漆品种、刷漆遍数			
020401006	木质防火门				
020401007	木纱门				
020401008	连窗门	1. 门窗类型 2. 框截面尺寸、单扇面积 3. 骨架材料种类 4. 面层材料品种、规格、品牌、颜色 5. 玻璃品种、厚度、五金材料、品种、规格 6. 防护材料种类 7. 油漆品种、刷漆遍数			

（二）金属门

工程量清单项目设置及工程量计算规则，应按表 7-4-2 的规定执行。

表 7-4-2 金属门（编码 020402）

项目编号	项目名称	项目特征	计量单位	工程量计量规则	工程内容
020402001	金属平开门	1. 门类型 2. 框材质、外围尺寸 3. 扇材质、外围尺寸 4. 玻璃品种、厚度、五金材料、品种、规格 5. 防护层材料种类 6. 油漆品种、刷漆遍数	樘（m²）	按设计图示数量或设计图示洞口尺寸以面积计算	1. 门制作、运输、安装 2. 五金、玻璃安装 3. 刷防护材料、油漆
020402002	金属推拉门				
020402003	金属地弹门				
020402004	彩板门				
020402005	塑钢门				
020402006	防盗门				
020402007	钢质防火门				

（三）金属卷帘门

工程量清单项目设置及工程量计算规则，应按表 7-4-3 的规定执行。

表 7-4-3 金属卷帘门（编码 020403）

项目编号	项目名称	项目特征	计量单位	工程量计量规则	工程内容
020403001	金属卷闸门	1. 门材质、框外围尺寸 2. 启动装置品种、规格、品牌 3. 五金材料、品种、规格 4. 刷防护材料种类 5. 油漆品种、刷漆遍数	樘（m²）	按设计图示数量或设计图示洞口尺寸以面积计算	1. 门制作、运输、安装 2. 启动装置、五金安装 3. 刷防护材料、油漆
020403002	金属格栅门				
020403003	防火卷帘门				

（四）其他门

工程量清单项目设置及工程量计算规则，应按表 7-4-4 的规定执行。

表 7-4-4 其他门（编码 020404）

项目编号	项目名称	项目特征	计量单位	工程量计量规则	工程内容
020404001	电子感应门	1. 门材质、品牌、外围尺寸 2. 玻璃品种、厚度、五金材料、品种、规格 3. 电子配件品种、规格、品牌 4. 防护材料种类 5. 油漆品种、刷漆遍数	樘（m²）	按设计图示数量或设计图示洞口尺寸以面积计算	1. 门制作、运输、安装 2. 五金、电子配件安装 3. 刷防护材料、油漆
020404002	转门				
020404003	电子对讲门				
020404004	电动伸缩门				

(续表)

项目编号	项目名称	项目特征	计量单位	工程量计量规则	工程内容
020404005	全玻门(带扇框)	1. 门类型 2. 框材质、外围尺寸 3. 扇材质、外围尺寸 4. 玻璃品种、厚度、五金材料、品种、规格 5. 防护层材料种类 6. 油漆品种、刷漆遍数	樘(m²)	按设计图示数量或设计图示洞口尺寸以面积计算	1. 门制作、运输、安装 2. 五金安装 3. 刷防护材料、油漆
020404006	全玻自由门(无扇框)				
020404007	半玻门(带扇框)				1. 门扇骨架及基层制作、运输、安装 2. 包面层 3. 五金安装 4. 刷防护材料
020404008	镜面不锈钢饰面门				

(五) 木窗

工程量清单项目设置及工程量计算规则,应按表 7-4-5 的规定执行。

表 7-4-5　木窗(编码 020405)

项目编号	项目名称	项目特征	计量单位	工程量计量规则	工程内容
020405001	木质平开窗	1. 窗类型 2. 框材质、外围尺寸 3. 扇材质、外围尺寸 4. 玻璃品种、厚度、五金材料、品种、规格 5. 防护材料种类 6. 油漆品种、刷漆遍数	樘(m²)	按设计图示数量或设计图示洞口尺寸以面积计算	1. 窗制作、运输、安装 2. 五金、玻璃安装 3. 刷防护材料、油漆
020405002	木质推拉窗				
020405003	矩形木百叶窗				
020405004	异形木百叶窗				
020405005	木组合窗				
020405006	木天窗				
020405007	矩形木固定窗				
020405008	异形木固定窗				
020405009	装饰空花木窗				

(六) 金属窗

工程量清单项目设置及工程量计算规则,应按表 7-4-6 的规定执行。

表 7-4-6　金属窗(编码 020406)

项目编号	项目名称	项目特征	计量单位	工程量计量规则	工程内容
020406001	金属推拉窗	1. 窗类型 2. 框材质、外围尺寸 3. 扇材质、外围尺寸 4. 玻璃品种、厚度、五金材料、品种、规格 5. 防护材料种类 6. 油漆品种、刷漆遍数	樘(m²)	按设计图示数量或设计图示洞口尺寸以面积计算	1. 窗制作、运输、安装 2. 五金、玻璃安装 3. 刷防护材料、油漆
020406002	金属平开窗				
020406003	金属固定窗				
020406004	金属百叶窗				
020406005	金属组合窗				
020406006	彩板窗				
020406007	塑钢窗				
020406008	金属防盗窗				
020406009	金属栅格窗				
020406010	特殊五金	1. 五金名称、用途 2. 五金材料、品种、规格	个(套)	按设计图示数量计算	1. 五金安装 2. 刷防护材料、油漆

(七) 门窗套

工程量清单项目设置及工程量计算规则,应按表 7-4-7 的规定执行。

表 7-4-7　门窗套(编码 020407)

项目编号	项目名称	项目特征	计量单位	工程量计量规则	工程内容
020407001	木门窗套	1. 底层厚度、砂浆配合比 2. 立筋材料种类、规格 3. 基层材料种类 4. 面层材料种类、规格、品种、品牌、颜色 5. 防护材料种类 6. 油漆品种、刷漆遍数	m²	按设计图示尺寸以展开面积计算	1. 清理基层 2. 底层抹灰 3. 立筋制作、安装 4. 基层板安装 5. 面层铺贴 6. 刷防护材料、油漆
020407002	金属门窗套				
020407003	石材门窗套				
020407004	门窗木贴脸				
020407005	硬木筒子板				
020407006	饰面夹板筒子板				

(八) 窗帘盒、窗帘轨

工程量清单项目设置及工程量计算规则,应按表 7-4-8 的规定执行。

表 7-4-8　窗帘盒、窗帘轨(编码 020408)

项目编号	项目名称	项目特征	计量单位	工程量计量规则	工程内容
020408001	木窗帘盒	1. 窗帘盒材质、规格、颜色 2. 窗帘轨材质、规格 3. 防护材料种类 4. 油漆种类、刷漆遍数	m	按设计图示尺寸以长度计算	1. 制作、运输、安装 2. 刷防护材料、油漆
020408002	饰面夹板、塑料窗帘盒				
020408003	金属窗帘盒				
020408004	窗帘轨				

二、工程量清单计价

表 7-4-9　分部分项工程清单计价表

工程名称:×××

序号	项目编号	项目名称及项目特征	计量单位	工程数量	金额(元) 综合单价	金额(元) 合价
1	020401004001	胶合板门 无纱无亮单扇门 洞口尺寸为 2 100 mm×900 mm 方木龙骨 胶合板面层 一般五金 刷调和漆两遍	樘	20	179.02	3 580.40
		本页小计				
		合计				

表 7-4-10　分部分项工程量清单综合单价分析表

工程名称:×××

项目编码:020401004001

项目名称:胶合板门

计量单位:樘

工程数量:20

综合单价:179.02 元

序号	项目编码	项目名称及项目特征	单位	数量	综合单价组成 人工费	材料费	机械费	管理费	利润	综合单价
1	B4-57	门框制作	m²	1.89	5.39	30.94	1.21	0.72	0.68	38.94
2	B4-58	门框安装	m²	1.89	11.51	9.39	0.04	1.53	1.46	23.93
3	B4-59	门窗制作	m²	1.89	17.71	50.31	6.29	2.36	2.25	78.92
4	B4-60	门窗安装	m²	1.89	6.48			0.86	0.82	8.16
5	B4-339	五金	樘	1		5.48				5.48
6	B5-1	油漆	m²	1.89	11.77	8.75		1.57	1.50	23.59
		合计			52.86	104.87	7.54	7.04	6.71	179.02

行动领域5　油漆、涂料、裱糊工程

油漆、涂料、裱糊工程共9节29个项目,包括门油漆、窗油漆、木扶手及其他板条(线条)油漆、木材面油漆、金属面油漆、抹灰面油漆、喷塑、涂料、花饰、线条刷涂料、裱糊等项目,适用于门窗油漆及金属、抹灰面油漆工程。

一、门油漆

工程量清单项目设置及工程量计算规则,应按表7-5-1的规定执行。

表7-5-1　门油漆(编码020501)

项目编号	项目名称	项目特征	计量单位	工程量计量规则	工程内容
020501001	门油漆	1. 门类型 2. 腻子种类 3. 刮腻子要求 4. 防护材料种类 5. 油漆品种、刷漆遍数	樘/m²	按设计图示数量或设计图示单面洞口面积计算	1. 基层清理 2. 刮腻子 3. 刷防护材料、油漆

二、窗油漆

工程量清单项目设置及工程量计算规则,应按表7-5-2的规定执行。

表7-5-2　窗油漆(编码020502)

项目编号	项目名称	项目特征	计量单位	工程量计量规则	工程内容
020502001	窗油漆	1. 窗类型 2. 腻子种类 3. 刮腻子要求 4. 防护材料种类 5. 油漆品种、刷漆遍数	樘/m²	按设计图示数量或设计图示单面洞口面积计算	1. 基层清理 2. 刮腻子 3. 刷防护材料、油漆

三、木扶手及其他板条线条油漆

工程量清单项目设置及工程量计算规则,应按表7-5-3的规定执行。

表7-5-3　木扶手及其他板条线条油漆(编码020503)

项目编号	项目名称	项目特征	计量单位	工程量计量规则	工程内容
020503001	木扶手油漆	1. 腻子种类 2. 刮腻子要求 3. 油漆体单位展开面积 4. 油漆部位长度 5. 防护材料种类 6. 油漆品种、刷漆遍数	m	按设计图示尺寸以长度计算	1. 基层清理 2. 刮腻子 3. 刷防护材料、油漆
020503002	窗帘盒油漆				
020503003	封檐板、顺水板油漆				
020503004	挂衣板、黑框板油漆				
020503005	挂镜线、窗帘棍、单独木线油漆				

四、木材面油漆

工程量清单项目设置及工程量计算规则，应按表 7-5-4 的规定执行。

表 7-5-4　木材面油漆（编码 020504）

项目编号	项目名称	项目特征	计量单位	工程量计量规则	工程内容
020504001	木板、纤维板、胶合板油漆			按设计图示尺寸以面积计算	1. 基层清理 2. 刮腻子 3. 刷防护材料、油漆
020504002	木护墙、木墙裙油漆				
020504003	窗台板、筒子板、盖板、门窗套、踢脚线油漆				
020504004	清水板条天棚、檐口油漆				
020504005	木方格吊顶天棚油漆	1. 腻子种类 2. 刮腻子要求 3. 防护材料种类 4. 油漆品种、刷漆遍数	m²		
020504006	吸音板墙面、天棚面油漆				
020504007	暖气罩油漆				
020504008	木间壁、木隔断油漆			按设计图示尺寸以单面外围面积计算	
020504009	玻璃间壁露明墙筋油漆				
020504010	木栅栏、木栏杆（带扶手）油漆				
020504011	衣柜、壁柜油漆			按设计图示尺寸以油漆部分展开面积计算	
020504012	梁柱饰面油漆				
020504013	零星木装修油漆				
020504014	木地板油漆			按设计图示尺寸以面积计算。空洞、空圈、暖气包槽、壁龛的开口部分并入相应的工程量内	
020504015	木地板烫硬蜡面	1. 硬蜡品种 2. 面层处理要求			1. 基层清理 2. 烫蜡

五、金属面油漆

工程量清单项目设置及工程量计算规则，应按表 7-5-5 的规定执行。

表 7-5-5　金属面油漆（编码 020505）

项目编号	项目名称	项目特征	计量单位	工程量计量规则	工程内容
020505001	金属面油漆	1. 腻子种类 2. 刮腻子要求 3. 防护材料种类 4. 油漆品种、刷漆遍数	t	按设计图示尺寸以质量计算	1. 基层清理 2. 刮腻子 3. 刷防护材料、油漆

六、抹灰面油漆

工程量清单项目设置及工程量计算规则，应按表 7-5-6 的规定执行。

表 7-5-6　抹灰面油漆（编码 020506）

项目编号	项目名称	项目特征	计量单位	工程量计量规则	工程内容
020506001	抹灰面油漆	1. 基层类型 2. 线条宽度、道数 3. 腻子种类 4. 刮腻子要求 5. 防护材料种类 6. 油漆品种、刷漆遍数	m²	按设计图示尺寸以面积计算	1. 基层清理 2. 刮腻子 3. 刷防护材料、油漆
020506002	抹灰线条油漆		m	按设计图示尺寸以长度计算	

七、喷塑、涂料

工程量清单项目设置及工程量计算规则，应按表 7-5-7 的规定执行。

表 7-5-7　喷塑、涂料（编码 020507）

项目编号	项目名称	项目特征	计量单位	工程量计量规则	工程内容
020507001	刷喷涂料	1. 基层类型 2. 腻子种类 3. 刮腻子要求 4. 油漆品种、刷漆遍数	m²	按设计图示尺寸以面积计算	1. 基层清理 2. 刮腻子 3. 刷防护材料、油漆

八、花饰、线条刷涂料

工程量清单项目设置及工程量计算规则，应按表 7-5-8 的规定执行。

表 7-5-8　花饰、线条刷涂料（编码 020508）

项目编号	项目名称	项目特征	计量单位	工程量计量规则	工程内容
020508001	空花格、栏杆刷涂料	1. 腻子种类 2. 线条宽度 3. 刮腻子要求 4. 涂料品种、刷喷遍数	m²	按设计图示尺寸以单面外围面积计算	1. 基层清理 2. 刮腻子 3. 刷、喷涂料
020508002	线条刷涂料		m	按设计图示尺寸以长度计算	

九、裱糊

工程量清单项目设置及工程量计算规则,应按表 7-5-9 的规定执行。

表 7-5-9 裱糊(编码 020509)

项目编号	项目名称	项目特征	计量单位	工程量计量规则	工程内容
020509001	墙纸裱糊	1. 基层类型 2. 裱糊构件部位 3. 腻子种类 4. 刮腻子要求 5. 粘结材料种类 6. 防护材料种类 7. 面层材料品种、规格、品牌、颜色	m²	按设计图示尺寸以面积计算	1. 基层清理 2. 刮腻子 3. 面层铺粘 4. 刷防护材料
020509002	织锦缎裱糊				

行动领域 6 措施项目

一、超高增加费

表 7-6-1

项目编码	项目名称及项目特征	计量单位	清单工程量计算规则	清单工程内容
020701001	建筑物超高增加费(材料机械垂运)	项	按单位工程以"项"计算,工程量为1	1. 工人上下班降低功效,上楼工作前休息及自然休息增加的时间 2. 由于人工降效引起的机械降效

二、措施项目

表 7-6-2 脚手架工程

项目编码	项目名称	计量单位	清单工程量计算规则	清单工程内容
1.9	装饰外脚手架	项	按单位工程以"项"计算,工程数量为1	场内外材料搬运、搭设、拆除脚手架、上料平台、安全网、上下翻板子和拆除后的材料堆放
	满堂脚手架			
	内墙面粉饰脚手架			

表7-6-3　成品保护工程

项目编码	项目名称及项目特征	计量单位	清单工程量计算规则	清单工程内容
1.10	成品保护	项	按单位工程以"项"计算,工程数量为1	搬运、铺设、粘贴、清扫等全部操作过程

表7-6-4　垂直运输工程

项目编码	项目名称及项目特征	计量单位	清单工程量计算规则	清单工程内容
2.1	人工垂直运输	项	按单位工程以"项"计算,工程数量为1	各种材料垂直运输
	机械垂直运输			1. 各种材料垂直运输 2. 施工人员上下班使用外用电梯

【案例分析7-6-1】

表7-6-5　分部分项工程量清单与计价表

工程名称:××中学教室住宅工程

序号	项目编码	项目名称	项目特征描述	计量计价单位	工程量	综合单价	合价	其中:暂估价
			B.2 墙、柱面工程					
12	020201001001	外墙面抹灰	页岩砖墙面,1:3 水泥砂浆底层,厚 15 mm,1:2.5 水泥砂浆面层,厚 6 mm	m²	4 050			
13	020202001001	柱面抹灰	混凝土柱面,1:3 水泥砂浆底层,厚 15 mm,1:2.5 水泥砂浆面层,厚 6 mm	m²	850			
			(其他略)					
			分部小计					
			B.3 天棚工程					
13	020301001001	天棚抹灰	混凝土天棚,基层刷水泥砂浆一道加 107 胶,1:0.5:2.5 水泥石灰砂浆底层,厚 12 mm,1:0.3:3 水泥石灰砂浆面层厚 4 mm	m²	7 000			
			(其他略)					
			分部小计					
			本页小计					
			合计					

【综合案例分析 7-6-2】 某教学楼基础工程分别为混凝土垫层砖带型基础,混凝土垫层钢筋混凝土独立柱基础,土壤类别为三类土。由于工程较小,采用人工挖土,移控夯填,余土(60 cm)场内堆放,不考虑场外运输。室外地坪标高－0.3 m,场内地坪为 8 cm 厚混凝土垫层,2 cm 厚水泥砂浆面层。砖基垫层、柱基垫层与柱混凝土均为 C20 混凝土,基础垫层均考虑支模板。基础平面剖面图见图 7-6-1 和图 7-6-2 所示。已知轴线尺寸为墙中心线,墙厚240 mm。

图 7-6-1

1-1剖面   2-2剖面   3-3剖面

图 7-6-2

[问题]:(1) 根据 2004 年《江西省建筑工程消耗量定额及统一基价表》的规定,计算该工程的相关工程量(定额计价工程量)。

(2) 套用定额基价计算该工程直接工程费。

(3) 根据国家标准《建设工程工程量清单计价规范》计算该工程的相关工程量(清单工

程量),并列出"分部分项工程量清单"。(作为招标人)

(4)根据《江西省建筑工程消耗量定额及统一基价表》及《取费定额》计算该工程分部分项工程量的综合单价,并列出"分部分项工程量清单计价表"。(作为投标人)

【解】 [问题](1)(2)

1.计算分部分项各相关定额计价工程量。

(1)根据图纸计算人工平整场地工程量(根据江西省预算定额计算规则):

$$S_{平}=(8.94+2\times2)\times(11.94+2\times2)=12.94\times15.94$$
$$=206.26(m^2)$$

(2)根据图纸计算人工挖基槽长度,根据定额得知:

1—1剖面:$L_{1-1}=(8.7+1.2)\times2$ 条$+(3.9-0.5-0.6)=22.6(m)$

2—2剖面:$L_{2-2}=(11.7-0.5\times2)\times2$ 条$+(8.7-0.6\times2)=28.9(m)$

(3)计算混凝土垫层长度:

1—1剖面:$L_{1-1}=(8.7+1.2)\times2$ 条$+(3.9-0.5-0.6)=22.6(m)$

2—2剖面:$L_{2-2}=(11.7-0.5\times2)\times2$ 条$+(8.7-0.6\times2)=28.9(m)$

(4)计算砖基础长度:

L_{1-1}:$8.7\times2+(3.9-0.24)=21.06(m)$

L_{2-2}:$11.7\times2+(8.7-0.24)=31.86(m)$

(5)根据图纸计算下列工程量:

查江西省定额知:土壤三类,挖槽深度 $h>1.5\,m$ 开始放坡。

放坡系数 $n=0.33,c=0.3\,m$

挖槽深度 $h=1.85-0.3=1.55(m)$

从垫层下表面放坡,挖基槽工程量:

$$V_{1-1}=(a+2c+kh)h\times L_{1-1}$$
$$=(1+2\times0.3+0.33\times1.55)\times1.55\times22.6$$
$$=73.97(m^3)$$

$$V_{2-2}=(1.2+2\times0.3+0.33\times1.55)\times1.55\times28.9$$
$$=103.54(m^3)$$

人工挖基槽小计:$V=V_{1-1}+V_{2-2}=73.97+108.56=177.51(m^3)$

(6)基础混凝土垫层 C20 工程量:($V=$垫层宽$\times$垫层厚$\times$垫层长)

砖基垫层:$V_1=1\times0.45\times22.6+1.2\times0.45\times28.9=25.78(m^3)$

柱基垫层:$V_2=2.3\times2.3\times0.1=0.529(m^3)$

基础混凝土垫层体积小计:$V=25.78+0.529=26.31(m^3)$

室内地面 $S_{净}=$底层建筑面积$-$墙体面积

$$=8.94\times11.94-(11.7+8.7)\times2\times0.24-(8.46+3.66)\times0.24$$
$$=94.04(m^2)$$

室内地面混凝土垫层 $V=S_{净}\times$垫层厚$=94.04\times0.08=7.523(m^3)$

水泥地面(20 厚)面层面积 94.04 m²。

(7)柱基础人工挖地坑工程量

已知 $a=2.1+0.1\times2=2.3(m)$(独立基础 2.1 m 宽,垫层每边宽 0.1 m)

$$V=(a+2c+kh)^2h+\frac{1}{3}k^2h^3$$

$$=(2.3+2\times0.3+0.33\times1.55)2\times1.55+\frac{1}{3}\times0.33^2\times1.55^3=18.18(\text{m}^3)$$

（8）独立柱基础 C20 混凝土工程量

$a=b=2.1\ \text{m},a_1=b_1=0.4+0.05\times2=0.5(\text{m}),h=0.4\ \text{m}$

上部：$V_{棱台}=\dfrac{h}{6}[a_1b_1+(a_1+a)(b_1+b)+ab]$

混凝土柱基小计：

$V=V_{下部}+V_{棱台}$

$$=2.1\times2.1\times0.3+\frac{0.4}{6}\times[0.5\times0.5+(0.5+2.1)\times(0.5+2.1)+2.1\times2.1]$$

$$=2.084(\text{m}^3)$$

（9）砖基础工程量：$V_{大放脚}=$ 基础断面积 $\times$ 基础长

$$1.85-0.45-0.125\times3=1.025(\text{m})$$

1-1 剖面：$V_{1-1}=[(0.615+0.49+0.365)\times0.125+(1.025-0.18)\times0.24]\times21.06$

$$=8.15(\text{m}^3)$$

2-2 剖面：$V_{2-2}=[(0.74+0.615+0.49+0.365)\times0.125+(1.025-0.125-0.18)\times$

$$0.24]\times31.86$$

$$=14.31(\text{m}^3)$$

砖基础体积小计：$8.15+14.31=22.46(\text{m}^3)$

（10）圈梁 C20 混凝土工程量：

$V=$ 梁断面面积 $\times$ 梁长 $=0.18\times0.24\times(21.06+31.86)=2.286(\text{m}^3)$

（11）计算回填土工程量：

$V=V_{挖}-V_{下埋}$

① 基础回填体积 $V_{基}=$ 挖方体积－室外设计地坪以下埋设砌筑物

即回填土体积＝挖方体积－基础垫层体积－砖基础体积－圈梁体积－独立柱基体积－

（－0.3 m 以下柱子）＋高出设计室外地坪砖基体积

② 室外回填土体积，按主墙间的面积乘以回填土厚度计算

即 $V_{室}=$ 室内净面积 $\times$（设计室内外高差－地面面层厚－地面垫层厚）

$\pm0.00\sim0.3$ m 的砖基础：$0.3\times0.24\times(21.06+31.86)=3.81(\text{m}^3)$

-0.3 m ~-1.05 m 的柱子：$0.4\times0.4\times(1.05-0.3)=0.12(\text{m}^3)$

$\qquad\qquad$ 槽　　　坑　　砖基　　圈梁　　垫层　　柱基　柱子

$V_{基础}=177.51+18.18-(22.46+2.286+26.31+2.084+0.12)+3.81$

$$=146.24(\text{m}^3)$$

$\qquad\qquad\qquad\qquad$ 地面面层　地面垫层

$V_{室内}=94.04\times(0.3-0.02-0.08)=18.81(\text{m}^3)$

回填土小计：$V=V_{基础}+V_{室内}=146.24+18.81=165.05(\text{m}^3)$

（12）人工外运土方工程量

运土体积＝总挖方量－总回填量

$=177.51+18.18-165.05=30.64(m^3)$

（13）独立基础模板工程量：

① $S=2.1×4×0.3=2.52(m^2)$

② 圈梁模板工程量 $S=(21.06+31.86)×0.18×2$ 侧 $-0.24×0.18×4$（交接处不支模）$=18.7(m^2)$

③ 混凝土垫层模板：

1-1长　2-2长

$(22.6+28.9)×0.45×2$ 侧 $=46.35(m^2)$

$2.3×4×0.1=0.92(m^2)$

小计：$46.35+0.92-(1.2×0.45×6$ 处 $+1×0.45×2$ 处 $)=43.13(m^2)$

（交接处不支模）

（14）墙基防潮层工程量：

1-1长　2-2长

$S=(21.06+31.86)×0.24=12.7(m^2)$

（15）（混凝土垫层）基底夯实工程量：

墙基 $S=22.6×1+28.9×1.2=52.78(m^2)$

（16）地圈梁钢筋经计算为：

$\varnothing 6$ 重量：$216.524 \text{ m}×0.222 \text{ kg/m}=48.07 \text{ kg}$

$\varnothing 10$ 重量：$64.65 \text{ m}×0.617 \text{ kg/m}=39.89 \text{ kg}$

$\varnothing 12$ 重量：$227.97 \text{ m}×0.888 \text{ kg/m}=202.44 \text{ kg}$

2. 计算直接工程费：

套用 2004 年《江西省建筑装饰工程定额》、《消耗量定额及统一基价表》。

表 7-6-6　分部分项工程预算表（某教学楼基础工程等项目定额计价）

序号	定额号	项目名称	单位	工程数量	单价（元）	总价（元）
1	A1-1	人工平整场地	m^2	206.26	2.385 3	491.99
2	A1-18	人工挖基槽（2 m 深内）	m^3	177.51	14.692 2	2 608.01
3	A1-27	人工挖基坑（2 m 深内）	m^3	18.18	16.471 2	299.45
4	A1-181	人工回填土（夯填）	m^3	165.05	8.329 6	1 374.80
5	A3-191 换	人工运土方（60 m）	m^3	30.64	7.501 2	229.84
6	A4-182	基底夯实	m^2	52.78	0.638 6	33.71
7	A3-1	砖基础	m^3	22.46	172.971	3 884.93
8	A4-13 换	基础混凝土垫层 C10	m^3	26.31	181.59	4 777.63
9	A4-13	地面混凝土垫层 C10	m^3	7.523	175.406	1 319.58
10	A1-18	现浇独立柱基础 C20	m^3	2.084	200.681	418.22
11	A4-35	地圈梁 C20 混凝土	m^3	2.286	230.978	528.02
12	A4-445	现浇构件钢筋Φ10 内	t	0.088	3 532.42	310.85

(续表)

序号	定额号	项目名称	单位	工程数量	单价(元)	总价(元)
13	A4-446	现浇构件钢筋 Φ 10 上	t	0.204	3 393	692.17
14	A 10-18	独立基础木模板	m²	2.52	15.827 6	39.89
15	A 10-32	基础混凝土垫层模板	m²	43.13	14.838 4	639.98
16	A 10-80	地圈梁模板	m²	18.7	16.025 9	299.69
17	A1-88	墙基防潮层	m²	12.7	7.298 5	92.69
18	B1-6	水泥地面面层	m²	94.042 8	8.392 1	789.22
		定额直接工程费 合计(即人工费、材料费、 及机械使用费)				18 830.67

3. 计算该工程分部分项工程项目各相关清单工程量。(根据清单计价规范)(由招标人编制)

工程量清单是指表达拟建工程的分部分项工程项目、措施项目、其他项目名称和相应数量的明细清单。

分部分项工程量清单表明了拟建工程的全部实体工程的名称和相应的工程数量,例如:

某工程人工平整场地 106.74 m²,人工挖基槽 88.784 m³,现浇 C20 钢筋混凝土独立基础 2.084 m³ 等等。

措施项目清单表明了为完成拟建工程全部分项实体工程而必须采取的措施性项目及相应费用,例如:

某工程大型施工机械设备(塔吊)进场及安拆,支模板、脚手架搭拆等。

其他项目清单主要表明了招标人提出的与拟建工程有关的特殊要求所发生的费用,例如:

某工程考虑可能发生的工程量变更而预先提出的预留金项目、零星工作项目费等。

工程量清单是招标投标活动中,对招标人和投标人都具有约束力的重要文件,是招标投标活动的重要依据。

[问题](3)

清单工程量计算:(招标人根据图纸及清单计价规范计算)

1. 人工平整场地: $S_{清} = 8.94 \times 11.94 = 106.74 (m^2)$

　　(净面积)

2. 计算人工挖基槽: $h = 1.85 - 0.3 = 1.55 (m)$

　　(实体体积,净体积)

1-1 剖面: $L_{1-1}(8.7 + 1.2) \times 2$ 条 $+ (3.9 - 0.5 - 0.6) = 22.6 (m)$

2-2 剖面: $L_{2-2}(11.7 - 0.5 \times 2) \times 2$ 条 $+ (8.7 - 0.6 \times 2) = 28.9 (m)$

$V_{槽} = 1 \times 1.55 \times 22.6 + 1.2 \times 1.55 \times 28.9 = 88.784 (m^3)$

3. 人工挖基坑:(净体积)

$V_{坑} = 2.3 \times 2.3 \times 1.55 = 8.20 (m^3)$

4. $V_{回填}$

$$\begin{cases} V_\text{基}=V_\text{挖}-V_\text{下埋}=88.784+8.2-53.26+3.81=47.534(\text{m}^3) \\ V_\text{室内}=18.81(\text{m}^3) \end{cases} \qquad 总计:66.344(\text{m}^3)$$

$$V_\text{运土}=V_\text{挖}-V_\text{回填}=88.784+8.2-47.534-18.81=30.64(\text{m}^3)$$

5. 其余分部分项清单工程量同定额计价工程量。

6. 独立基础 C20 混凝土:2.084 m³

7. 砖条形基础:22.46 m³

8. 圈梁 C20 混凝土:2.286 m³

9. 现浇构件钢筋:Φ6:48.07 kg;Φ10:39.89 kg;Φ12:202.44 kg

分部分项工程量清单编制见下表:

表 7-6-7　分部分项工程量清单(招标人编制)

工程名称:某教学楼(基础工程)

序号	项目编码	项目名称(及项目特征)	计量单位	工程数量
		A. 1. 土方工程		
1	010101001001	人工平整场地 土壤类别:三类土	m²	106.74
2	010101003001	人工挖基础土方(地槽) 土壤类别:三类土 基础类型:带型标准砖放脚墙基础 垫层底宽:1 000 mm,1 200 mm 挖土深度:1.85 m,弃土运距 60 m	m³	88.784
3	010101003002	人工挖基础土方(柱基、地坑) 土壤类别:三类土 基础类型:独立柱混凝土基础 垫层底宽:2 300 mm 底面积:5.29 m²(2.3 m×2.3 m) 挖土深度:1.85 m,运距 60 m	m³	8.20
4	010103001001	人工基础回填土 土质要求:含砾石粉质黏土 密实度要求:密实 粒径要求:10～40 mm 砾石 夯填:分层夯填	m³	47.53
5	010103001002	人工室内回填土 土质要求:含砾石粉质黏土 密实度要求:密实 粒径要求:10～40 mm,砾石 夯填:分层夯填	m³	18.81

（续表）

工程名称：某教学楼（基础工程）

序号	项目编码	项目名称（及项目特征）	计量单位	工程数量
		A. 3. 砌筑工程		
6	010301001001	M5 水泥砂浆砌砖基础 垫层及厚度：C10 混凝土，450 mm 厚 砖品种、规格、强度：MU10 标砖 基础类型：带型基础 基础深度：1.85 m 防潮层铺设 1：2 水泥防水砂浆 20 mm 厚	m³	22.46
		A. 4. 混凝土及钢筋混凝土工程		
7	010401002001	独立柱基础 C20 混凝土现浇 垫层及厚度：C10 混凝土，100 mm 厚 混凝土拌和料要求：中砂 5～20 mm，砾石	m³	2.084
8	010403004001	地圈梁 C20 混凝土现浇 梁底标高：－0.48 m 梁截面 180 mm×240 mm 混凝土拌和料要求：中砂 5～20 mm，砾石	m³	2.286
9	010416001001	现浇构件钢筋 钢筋种类、规格 Ⅰ级钢Φ6 Φ10 Φ12	t t t	0.048 0.04 0.203
		B. 楼地面工程（装饰工程）		
10	020101001001	水泥砂浆地面面层 垫层及厚度：C10 混凝土，厚 80 面层 20 厚，1：2.5 水泥砂浆	m²	94.042 8

【问题】（4）

投标人根据施工图纸、施工方案、工程量清单、预算定额进行工程量清单计价，并进行分部分项工程综合单价的计算。

【解】综合单价计算：

1. 平整场地：清单工程量＝106.74 m²

定额计价工程量＝206.26 m²

参考《江西省定额》计算：

A1－1：直接工程费＝206.26 m²×2.385 3 元/m²＝491.99 元

管理费＝491.99 元×3.54%＝17.42 元

利润＝（491.99＋17.42）元×3%＝15.28 元（按三类工程取费）

合计：524.69 元

即平整场地综合单价＝524.59÷106.74＝4.92(元/m²)

2. 人工挖基槽:清单工程量＝88.784 m³

定额计价工程量＝172.71 m³

套定额:A1-18 主项:172.71 m³×14.692 2 元/m³＝2 537.49 元

附项:$\begin{cases} \text{A1-191+192×2:运土方(60 m):27.91 m³×7.501 2 元/m³＝209.36 元} \\ \text{A1-182:基底夯实:52.78 m²×0.64 元/m²＝33.78 元} \end{cases}$

直接费小计:2 780.63 元

管理费＝2 780.63×3.54%＝98.43(元)

利润＝2 879.06×3%＝86.37(元)

合计:2 965.43 元

即人工挖基槽综合单价＝2 965.43/88.784＝33.40(元/m³)

3. 人工挖基坑,清单工程量＝8.2 m³

定额计价工程量＝18.18 m³

A1-27:18.18 m³×16.471 2 元/m³＝299.45 元

运土方:A1-191 换:2.733 m³×7.501 2 元/m³＝20.5 元

直接费小计:319.95 元

管理费＝319.95×3.54%＝11.33(元)

利润＝331.28×3%＝9.94(元)

合计:341.22 元

即挖基坑综合单价＝341.22/8.2＝41.61(元/m³)

其中,基槽回填土 $V_回＝V_槽－V_{下埋}＝172.71－50.526＋3.81＝125.99(m³)$

$V_{运土}＝172.71－125.99－18.81＝27.91(m³)$

柱基回填土 $V_回＝V_坑－V_{下埋}＝18.18－2.733＝15.45(m³)$

$V_{运土}＝V_坑－V_回＝18.18－15.45＝2.73(m³)$

合计运土:27.91＋2.73＝30.64(m³)

合计回填:125.99＋15.45＋18.81(室内)＝160.25(m³)

4. 基础回填土:清单工程量＝47.53m³

定额计价工程量＝142.5m³

A1-181:142.5 m³×8.329 6 元/m³＝1 186.97 元

管理费＝1 186.97×3.54%＝42.02(元)

利润＝1 228.99×3%＝36.87(元)

合计:1 265.86 元

即基础回填土综合单价＝1 265.86÷47.53＝26.63(元/m³)

5. 室内回填土:清单工程量＝18.81 m³

定额计价工程量＝18.81 m³

A1-181:18.81 m³×8.239 6 元/m³＝154.99 元

管理费＝154.99×3.54%＝5.49(元)

利润＝160.473×3%＝4.814(元)

合计:165.29 元

即室内回填土综合单价＝165.29÷18.81＝8.787(元/m³)

表 7-6-8 分部分项工程量清单计价表(投标人编制)

工程名称:某教学楼(基础工程):

序号	项目编码	项目名称	计量单位	工程数量	金额(元)	
					综合单价	合价
		A．1．土方工程				
1	010101001001	人工平整场地	m²	106.74	4.92	525.16
2	010101003001	人工挖基础土方(槽)	m³	88.784	33.40	2 965.43
3	010101003002	人工挖基础土方(坑)	m³	8.20	41.61	341.22
4	010103001001	人工回填土(基础)	m³	47.53	26.63	65.72
5	010103001002	人工室内回填土	m³	18.81	8.79	165.34
6	010301001001	M5 水泥砂浆砌砖基础	m³	22.46	411.15	9 234.43
		A．3．砌筑工程				
7	010401002001	独立基础 C20 混凝土	m³	2.084	263.18	548.47
8	010403004001	地圈梁 C20	m³	2.286	246.33	563.11
9	010416001001	现浇构件钢筋Φ10 内	t	0.095	4 592.2	470.46
10	010416001002	现浇构件钢筋Φ10 上	t	0.204	4 721.51	963.19
		B．1．楼地面工程				
11	020101001001	水泥砂浆面层	m²	94.028	24.31	2 286.63
		合计				19 347.1

各分部分项综合单价计算:

6.砖带型基础:清单工程量＝22.46 m³

定额计价工程量＝22.46 m³

套定额:A3-1:22.46×172.971＝3 884.93(元)

A4-13 换:混凝土垫层:25.78×181.59＝4 681.4(元)

A7-88:防潮层:12.7×7.3＝92.69(元)

直接费小计＝8 659.01 元

管理费＝8 659.01×3.54％＝306.53(元)

利润＝8 965.54×3％＝268.97(元)

合计:9 234.51 元

即砖基础综合单价＝9 234.51÷22.46＝411.15(元/m³)

7.独立基础 C20 混凝土:清单工程量＝2.084 m³

定额计价工程量＝2.084 m³

A4-18:2.084 m³×200.781 元/m³＝418.22 元

A4-13 换:垫层:0.529 m³×181.59 元/m³＝96.06 元

直接费小计:514.28 元

管理费小计:18.21元(计算方法同上)

利润:15.98元

合计:548.46元

即独立基础混凝土综合单价=548.46÷2.084=263.18(元/m³)

8. 地圈梁 C20 混凝土:清单工程量=2.286 m³

定额计价工程量=2.286 m³

A4-35:2.286 m³×230.978 元/m³=528.02 元

管理费:528.02×3.43%=18.69(元)

利润:546.71×3%=16.4(元)

合计:563.11 元

即地圈梁混凝土综合单价=563.11÷2.286=246.33(元/m³)

9. 现浇构件钢筋∅10 内:清单工程量=定额工程量=0.095 t

A4-445:0.095 t×3 532.42 元/t=335.58 元

管理费=335.58×3.54%=11.88(元)

利润=347.46×3%=10.43(元)

风险因素:材料差价:0.095 t×(4 200-3 015)元/t=112.58 元

合计:470.46 元

即现浇构件钢筋∅10 内综合单价=470.46÷0.095=4 952.2(元/t)

10. 构件钢筋∅10 以外:清单工程量=定额工程量=0.204 t

A4-446:0.204 t×3 393 元/t=692.17 元

管理费=692.17×3.54%=24.5(元)

利润=21.5 元

材差=0.204 t×(4 100-2 997)元/t=225.01 元

合计:963.19 元

构件钢筋Ф10 以外综合单价=963.19÷0.204=4 721.51(元/t)

11. 水泥地面面层:清单工程量=94.042 8 m²

定额工程量=94.042 8 m²

套《江西省装饰定额》:B1-6,水泥面层:

直接费=94.042 8 m²×8.392 1 元/m²=789.22 元(其中人工费=3.695 1 元/m²×94.042 8 m²=347.5 元)

套《江西省建筑工程定额》:

A4-13:混凝土垫层:7.523 m³×175.406 元/m³=1 319.58 元

直接费小计:789.22+1 319.58=2 108.8(元)

(注意:装饰工程定额是按人工费为基数取费的。)

管理费=347.5×13.33%+1 319.58×3.54%=92.64(元)

利润=347.5×12.72%+(1 319.58+46.71)×3%=85.19(元)

合计:2 108.8+92.64+85.19=2 286.63(元)

水泥地面面层综合单价=24.31 元/m²(含垫层项目)

实训课题

根据公用工程楼图示尺寸①轴-②轴、Ⓐ轴-Ⓒ轴(图 1-6)。

已知水泥找平层 1∶2.5 厚 20 mm,大理石面层,地面垫层 C10 厚 100 mm

任务 1:计算地面工程量清单综合单价。

任务 2:编制地面工程量清单与计价表。

图 1-6(a)

图 1-6(b)

复习思考题

1. 装饰工程块料面层清单工程量如何计算?

2. 楼地面整体面层综合单价如何计算?

3. 装饰满堂脚手架工程量清单综合单价如何计算,并举例说明。

4. 现浇楼梯装饰块料面层清单工程量如何计算?

项目八　建筑工程结算

【学习目标】

（1）了解建筑工程结算的概念。

（2）熟悉工程结算款的支付。

（3）掌握工程结算的编制方法。

【能力要求】

学会编制建筑及装饰工程结算，初步具备编制工程结算的能力。

学习情境　建筑工程结算的编制

行动领域 1　建筑工程结算概述

一、工程结算

工程结算亦称工程竣工结算，是指施工单位与建设单位之间根据双方签订的合同（含补充协议）和已完工程量进行工程合同价款结算的经济文件。

工程结算由承包人或受其委托的具有相应资质工程造价咨询人编制，由发包人或受其委托具有相应资质的工程造价咨询人核对。

二、工程结算的作用

（1）工程结算是反映工程进度的主要指标。在施工过程中，工程结算的依据之一就是按照已完的工程进行结算，根据累计已结算的工程价款占合同总价款的比例，能够近似反映出工程的进度情况。

（2）工程结算是加速资金周转的重要环节。施工单位尽快尽早地结算工程款，有利于偿还债务，有利于资金回笼，降低内部运营成本。通过加速资金周转，提高资金的使用效率。

（3）工程结算是考核经济效益的重要指标。对于施工单位来说，只有工程款如数地结清，才意味着避免了经营风险，施工单位也才能够获得相应的利润，进而达到良好的经济效益。

三、工程结算的依据

（1）定额及工程量计价清单规范。

（2）施工合同。

（3）工程竣工图纸及资料。

（4）双方确认的工程量。

（5）双方确认追加（减）的工程价款。

（6）双方确认的索赔、现场签证事项及价款。

（7）投标文件。

（8）招标文件。

（9）其他依据。

四、工程结算的分类

工程结算按时间和对象可分为：

（1）定期结算。实行旬末或月中预支，月终结算，竣工后清算的方法。跨年度竣工的工程，在年终进行工程盘点，办理年度结算。

（2）阶段结算。即当年开工，当年不能竣工的单项工程或单位工程按照工程形象进度，划分不同阶段进行结算。

（3）年终结算。

（4）竣工后一次结算。建设项目或单项工程全部建筑安装工程建设期在 12 个月以内，或者工程承包价值在 100 万元以下的，可以实行工程价款每月月中预支，竣工后一次结算。

（5）合同约定的其他结算类型。

五、工程结算的方式

（一）合同价加签证结算方式

（1）合同价：系指按照国家有关规定由甲乙双方在合同中约定的工程造价。采用清单招标时，中标人填报的清单分项工程单价是承包合同的组成部分，结算时按实际完成的工程量，以合同中的工程单价为依据计算结算价款。

（2）签证结算：对合同中未包括的条款，在施工过程中发生的历次工程变更所增减的费用，经建设单位（业主）或监理工程师签证后，与原中标合同一起结算。

（二）施工图预算加签证结算方式

（1）施工图预算：是在施工图设计阶段，施工招标投标阶段编制的，是确定单位工程预算造价的经济文件，一般由施工单位或设计单位编制。

（2）签证结算：对施工图预算中未包括的条款，在施工过程中发生的历次工程变更所增减的费用，各种材料（构配件）预算价格与指导价的差价等，经建设单位（业主）或监理工程师签证后，与审定的施工图预算一起在竣工结算中调整。

（三）平方米造价包干方式

承发包双方根据一定的工程资料，经协商签订每平方米造价指标的合同，结算时按实际完成的建筑面积汇总结算价款。

（四）承包总价结算方式

这种方式的工程承包合同为总价承包合同。工程竣工后，暂扣合同价的 2%～5% 作为维修金，其余工程价款一次结清，在施工过程中所发生的材料代用、主要材料价差、工程量的变化等，如果合同中没有可以调价的条款，一般不予调整。因此，凡按总价承包的工程，一般都列有一项不可预见费用。

六、工程结算书内容

（一）封面

内容包括：工程名称、中标价、结算价、发包人、承包人、咨询价、编制人、复核人、编制日期等，并设有相关单位及人员签字盖章的位置。

（二）编制说明

内容包括：工程概况、编制范围、编制依据、编制方法、有关材料、设备、参数和费用说明、其他有关问题说明。

（三）工程结算汇总表

内容包括：单项工程名称、金额、备注等。

（四）单项工程结算汇总表

内容包括：单位工程名称、金额、备注等。

（五）单位工程结算汇总表

内容包括：分部分项工程费合计、措施项目费合计、其他项目费合计、零星工作费合计。

（六）分部分项（措施、其他、零星）工程结算表

内容包括：项目编码、项目名称、计量单位、工程数量、金额、备注等。

行动领域 2　工程结算款的支付

一、工程预付款

预付款又称开工备料款，一般是指发包单位（甲方）在开工前拨付给承包单位（乙方）一定限额的备料周转金。施工单位向建设单位预收备料款的数额取决于主要材料（包括外购构件）占合同造价的比重、材料储备期和施工工期等因素。

我国《建设工程价款结算暂行办法》中规定：

（1）包工包料工程的预付款按合同约定拨付，原则上预付比例不低于合同金额的 10%，不高于合同金额的 30%，对重大工程项目，按年度工程计划逐年预付。计价执行《建设工程工程量清单计价规范》的工程，实体性消耗和非实体性消耗部分应在合同中分别约定预付款比例。

（2）在具备施工条件的前提下，发包人应在双方签订合同后的一个月内或不迟于约定的开工日期前的 7 天内预付工程款，发包人不按约定预付，承包人应在预付时间到期后 10 天内向发包人发出要求预付的通知，发包人收到通知后仍不按要求预付，承包人可在发出通知 14 天后停止施工，发包人应从约定应付之日起向承包人支付应付款的利息（利率按同期银行贷款利率计），并承担违约责任。

（3）预付的工程款必须在合同中约定抵扣方式，并在工程进度款中进行抵扣。

预付备料款限额＝年度承包工程总值×主要材料所占比重/年度施工日历天数×材料储备天数

一般建筑工程不应超过当年建筑工作量（包括水、电、暖）的 30%，安装工程按年安装工作量的 10%，材料占比重较多的安装工程按年计划产值的 15% 左右拨付。

二、预付备料款的扣回

施工企业对工程备料款只有使用权，没有所有权。它是建设单位（业主）为保证施工生产顺利进行而预交给施工单位的一部分垫款。当施工到一定程度后，材料和构配件的储备量将减少，需要的工程备料款也随之减少，此后办理工程价款结算时，应开始扣还工程备料款。扣还的工程备料款，以冲减工程结算价款的方法逐次抵扣，工程竣工时备料款全部扣完。

（一）工程备料款的起扣点

指工程备料款开始扣还时的工程进度状态。

确定工程备料款起扣点的原则：未完工程所需主要材料和构件的费用，等于工程备料款的数额。

（二）工程备料款的起扣点有两种表示方法

（1）累计工作量起扣点：用累计完成建筑安装工作量的数额表示。

（2）工作量百分比起扣点：用累计完成建筑安装工作量与承包工程价款总额的百分比表示。

按累计工作量确定起扣点时，应以未完工程所需主材及结构构件的价值刚好和备料款相等为原则。

工作备料款的起扣点可按下式计算：

$$T = P - M/N$$

式中：T——起扣点，即预付备料款开始扣回时的累计完成工作量（元）；

P——承包工程价款总额；

M——预付备料款限额；

N——主要材料所占比重。

应扣回预付备料款＝（累计完成产值－起扣点）×主要材料所占比重

在实际经济活动中，情况比较复杂，有些工程工期较短，就无需分期扣回。有些工程工期较长，如跨年度施工，在上一年预付备料款可以不扣或少扣，并于次年按应付备料款调整，多退少补。

三、工程进度款的支付（中间结算）

施工企业在施工过程中，按逐月（或形象进度，或控制界面等）完成的工程数量计算各项费用，与建设单位（业主）之间按照预先约定的程序和办法办理工程进度款的支付（即中间结算）。

我国《建设工程价款结算暂行办法》中规定：

根据确定的工程计量结果，承包人向发包人提出支付工程进度款申请，14 天内，发包人应按不低于工程价款的 60%，不高于工程价款的 90% 向承包人支付工程进度款。按约定时间发包人应扣回的预付款，与工程进度款同期结算抵扣。

工程进度款的支付步骤为：

工程量测量与统计→提交已完工程量报告→工程师审核并确认→建设单位认可并审批→

交付工程进度款

应扣回预付备料款＝当月(期)完成产值×主要材料所占比重

当月应支付结算款＝当月(期)完成产值－应扣回预付备料款

四、工程尾期支付款的结算

这时的结算除按中间结算方法计取外,还应扣留建设工程质量保证(保修)金。

工程质量保证(保修)金是指发包人与承包人在建设工程承包合同中约定,从应付的工程款中预留,用以保证承包人在缺陷责任期(即质量保修期)内对建设工程出现的缺陷进行维修的资金。

全部或者部分使用政府投资的建设项目,按工程价款结算总额 5% 左右的比例预留保证金,社会投资项目采用预留保证金方式的,预留保证金的比例可以参照执行发包人与承包人应该在合同中约定保证金的预留方式及预留比例。

【案例分析 8-1-1】 某建筑工程承包合同额为 900 万元,工期为 7 个月,承包合同规定:主要材料及构配件金额占合同总额 64%;甲方向乙方预付 25% 的价款作为工程预付备料款;工程预付款应从未施工工程尚需的主要材料及构配件的价值相当于预付备料款时起扣,每月以抵充工程款的方式陆续收回;工程保修金为承包合同价的 4%;按月进度进行结算。

由业主委托的监理工程师代表签认的承包商各月实际完成的建安工程量,见表 8-1-1(单位:万元)。

月份	1	2	3	4	5	6	7
实际完成的建安工程量价款	180	150	120	140	110	95	105

【解】 (1) 工程预付备料款＝900×25%＝225(万元)

(2) 起扣点＝900—225/64%＝548.4(万元)

(3) 表 8-1-2(单位:万元)

月份	1	2	3	4	5	6	7
实际完成的建安工程量价款	180	150	120	140	110	95	105
累计完成的建安工程量价款	180	330	450	590	700	795	900

从表中可以看出,从 4 月份开始扣回工程预付款。

(4) 4 月份应扣回工程预付款＝(590－548.4)×64%＝26.6(万元)

5 月份应扣回工程预付款＝110×64%＝70.4(万元)

6 月份应扣回工程预付款＝95×64%＝60.8(万元)

7 月份应扣回工程预付款＝105×64%＝67.2(万元)

7 月份应扣工程保修金＝900×4%＝36(万元)

(5) 表 8-1-3(单位:万元)

月份	1	2	3	4	5	6	7
实际完成的建安工程量价款	180	150	120	140	100	95	105
当月应支付结算款	180	150	120	113.4	36	34.2	1.8

行动领域 3 工程结算编制实例

公用工程楼工程已竣工,在工程施工过程中发生了一些变更情况,根据这些情况需要编制工程结算。

一、公用工程楼工程变更情况

公用工程楼基础平面图,基础详图见下页附图。
第Ⓐ轴的②～③段,地梁由 DL－2 改为 DL－1;
第Ⓐ轴的⑥～⑦段,地梁由 DL－2 改为 DL－1。

二、计算调整工程量(室外地坪以下,采用清单方式)

(一) 第Ⓐ轴的②～③段,第Ⓐ轴的⑥～⑦段原工程量

1. C25 混凝土基础梁

第Ⓐ轴的②～③段$(6.00-0.40)\times0.30\times0.50-[(0.20+0.95)/2\times0.25\times0.30+0.95\times0.30\times0.25]\times2=0.611(m^3)$

第Ⓐ轴的⑥～⑦段$(6.00-0.475)\times0.30\times0.50-[(0.20+0.95)/2\times0.25\times0.30+0.95\times0.25\times0.30-[(0.05+0.85)/2\times0.20\times0.30+0.85\times0.25\times0.30]=0.624(m^3)$

2. C25 混凝土基础梁模板

第Ⓐ轴的②～③段$5.60\times0.50\times2-[(0.20+0.95)/2\times0.25+0.95\times0.25]\times2\times2-0.30\times0.50=3.925(m^2)$

第Ⓐ轴的⑥～⑦段$5.525\times0.50\times2-[(0.20+0.95)/2\times0.25+0.95\times0.25]-[(0.05+0.85)/2\times0.20+0.85\times0.25]-0.30\times0.50=4.6913(m^2)$

3. C25 GZ

第Ⓐ轴的⑥～⑦段$(0.24\times0.24+0.24\times0.03\times3)\times1.45=0.115(m^3)$

4. C25 GZ 模板

第Ⓐ轴的⑥～⑦段$(0.36+0.06\times4)\times1.45=0.87(m^2)$

5. M10 水泥砂浆砖基础

第Ⓐ轴的②～③段$5.60\times0.24\times1.45-[(0.05+0.20)/2\times0.05\times0.24]\times2=1.946(m^3)$

第Ⓐ轴的⑥～⑦段$5.525\times0.24\times1.45-[(0.05+0.20)/2\times0.05\times0.24]-0.115(GZ)=1.806(m^3)$

基础平面布置图 1:100

标高基础顶~10.000(13.300)柱平法配筋图 1:100

（二）第Ⓐ轴的②～③段，第Ⓐ轴的⑥～⑦段工程变更后工程量

1. C25 混凝土基础梁

第Ⓐ轴的②～③段(6.00−0.40)×0.30×0.70−[(0.05+0.95)/2×0.30×0.30+0.95×0.25×0.30]×2=0.944(m³)

第Ⓐ轴的⑥～⑦段(6.00−0.475)×0.30×0.70−[(0.05+0.95)/2×0.30×0.30+0.95×0.25×0.30]−[(0.05+0.85)/2×0.20×0.30+0.85×0.25×0.30]=0.953(m³)

2. C25 混凝土基础梁模板

第Ⓐ轴的②～③段5.60×0.70×2−[(0.05+0.95)/2×0.30+0.95×0.25]×2×2−0.30×0.70=6.08(m²)

第Ⓐ轴的⑥～⑦段5.525×0.70×2−[(0.05+0.95)/2×0.30+0.95×0.25]×2×2−[(0.05+0.85)/2×0.20+0.85×0.25]×2−0.30×0.70=6.145(m²)

3. C25　GZ

第Ⓐ轴的⑥～⑦段(0.24×0.24+0.24×0.03×3)×1.25=0.099(m³)

4. C25　GZ 模板

第Ⓐ轴的⑥～⑦段(0.36+006×4)×1.25=0.75(m²)

5. M10 水泥砂浆砖基础

第Ⓐ轴的②～③段5.60×0.24×1.25=1.68(m³)

第Ⓐ轴的⑥～⑦段5.525×0.24×1.25−0.099(GZ)=1.559(m³)

（三）第Ⓐ轴的②～③段，第Ⓐ轴的⑥～⑦段工程变更后工程量调整

项目名称	原工程量	变更工程量	工程量调整	
			调增	调减
钢筋	略			
砖基础	3.753 m³	3.239 m³		0.515 m³
基础梁	1.235 m³	1.792 m³	0.557 m³	
基础梁模板	7.07 m²	12.225 m²	5.155 m²	
构造柱	0.115 m³	0.099 m³		0.016 m³
构造柱模板	0.87 m²	0.75 m²		0.12 m²
回填土				0.028 m³

（四）填写结算书内容

_____工程

竣工结算总价

中标价(小写):_____ (大写):_____

结算价(小写):_____ (大写):_____

发包人: 承包人: 工程造价
(章) _____ (章) _____ 咨询人:(资质专用章)_____

法定代表人或 法定代表人或 法定代表人或
其 授 权 人:_____ 其 授 权 人:_____ 其 授 权 人:_____
(章) (章) (章)
编 制 人:(签字盖章)_____ 核 对 人:(造价工程师签字盖章)_____

编制时间: 年 月 日 核对时间: 年 月 日

总　说　明

工程名称：　　　　　　　　　　　　　　　　　　　　第　页　共　页

结算表 1.4 - 01

工程项目竣工结算汇总表

工程名称：　　　　　　　　　　　　　　　　　　单位:元　　　第 页共 页

序号	单项工程名称	金额	其中	
			安全文明施工费	规费
	合计			

结算表 1.4－02

单项工程竣工结算汇总表

工程名称：　　　　　　　　　　　　　　　　　　单位:元　　　第 页共 页

序号	单位工程名称	金额	其中	
			安全文明施工费	规费
	合计			

注:暂估价包括分部分项工程中的暂估价和专业工程暂估价。

结算表 1.4－03

单位工程竣工结算汇总表

工程名称：　　　　　　　　标段　　　　　　　　第 页共 页

序号	费用名称	金　额(元)
1	分部分项工程费	
2	措施费	
2.1	专业措施费	
2.2	通用措施费	
3	其他费用	
3.1	专业工程暂估价	
3.2	计日工	
3.3	总承包服务费	
3.4	索赔与现场签证	
4	安全文明施工费	
4.1	环境保护等五项费用	
4.2	脚手架费	
5	规费	
6	税金	
	合计	

结算表 1.4－04

分部分项工程量清单与计价表

工程名称：　　　　　　　　　　　标段　　　　　　　　　第　页　共　页

序号	项目编码	项目名称	项目特征描述	计量单位	工程量	金额（元）	
						综合单价	合　价
		合计					

结算表 1.4－08

分部分项工程量清单综合单价分析表

工程名称：　　　　　　　　　　　单位：元　　　　第　页　共　页

项目编码		项目名称						计量单位					
定额编号	定额名称	定额单位	数量	单　价					合　价				
				人工费	材料费	机械费	管理费	利润	人工费	材料费	费率（%）	材料风险费	机械费	费率（%）	机械风险费	管理费	利润
人工单价		小　计											
元/工日		未计价材料费											
清单项目综合单价													
主要材料名称、规格、型号			单位	数量	单价		合价		暂估单价		暂估合价		
材料费明细													
其他材料费													
材料风险费													
材料费小计													

结算表 1.4－09

措施项目清单竣工结算表（一）
（专业措施）

工程名称：　　　　　　　　　　　标段　　　　　　　　　第　页　共　页

序号	项目编码	项目名称	项目特征描述	计量单位	工程量	金额（元）		（备注）
						综合单价	合价	列项条件
		合计						

结算表 1.4－10

专业措施项目工程量清单综合单价分析表

工程名称：　　　　　　　　　　标段　　　　　　　　单位:元　第　页　共　页

项目编码		项目名称											计量单位			
定额编号	定额名称	定额单位	数量	单价					合价							
				人工费	材料费	机械费	管理费	利润	人工费	材料费	费率(%)	材料风险费	机械费	费率(%)	机械风险费	管理费	利润

人工单价		小　计								
元/工日		未计价材料费								
清单项目综合单价										

主要材料名称、规格、型号	单位	数量	单价	合价	暂估单价	暂估合价
材料费明细						
其他材料费						
材料风险费						
材料费小计						

结算表 1.4-10-1

措施项目清单竣工结算表(二)
(通用措施)

工程名称：　　　　　　　　　标段　　　　　　　　　第　页　共　页

序号	项目名称	计费基础	费率(%)	金额(元)	备注
1	夜间施工费	(A)+(B)			
2	二次搬运费	(A)+(B)			
3	已完工程及设备保护费	(A)+(B)			
4	工程定位、复测、点交、清理费	(A)+(B)			
5	生产工具用具使用费	(A)+(B)			
6	雨季施工费	(A)+(B)			
7	冬季施工费	(A)+(B)			
8	检验试验费	(A)+(B)	2.67~1.14		
9	室内空气污染测试费	根据实际情况确定			
10	地上、地下设施，建(构)筑物的临时保护设施费	根据实际情况确定			
11	赶工施工费	根据实际情况确定			
	合　计				

注：(A)为分部分项工程费中的计费人工费，(B)为专业措施费中的计费人工费。

结算表 1.4-11

其他项目清单与结算价汇总表

工程名称：　　　　　　　　　　　　标段　　　　　　　　　　第 页 共 页

序号	项目名称	计量单位	金额(元)	备注
1	专业工程			
1.1	材料单价确认价		—	明细详见结算表 1.4-12-2
1.2	专业工程结算价			明细详见结算表 1.4-12-3
2	计日工			明细详见结算表 1.4-12-4
3	总承包服务费			明细详见结算表 1.4-12-5
4	索赔与现场签证			明细详见结算表 1.4-12-6
4.1	费用索赔申请(核准)			明细详见结算表 1.4-12-7
4.2	现场签证			明细详见结算表 1.4-12-8
	合　计			

结算表 1.4 - 12

材料单价确认表

工程名称：　　　　　　　　　　　　标段　　　　　　　　　　第 页 共 页

序号	材料名称	型号规格	单位	单价(元)	备注

结算表 1.4-12-2

专业工程结算价确认表

工程名称：　　　　　　　　　　　　标段　　　　　　　　　　第 页 共 页

序号	工程名称	工程内容	金额(元)	备注
	合　计			

结算表 1.4-12-3

专业工程结算价明细表

工程名称：　　　　　　　　　　　　标段　　　　　　　　　　第 页 共 页

序号	名称	单位	数量	单价	金额(元)
	合计				

结算表 1.4-12-3-1

计日工结算价明细表

工程名称： 标段 第 页 共 页

序号	项目名称	单位	数量	综合单价（元）	合价（元）
一	人工				
1					
2					
	人工小计				
二	材料				
1					
2					
	材料小计				
三	施工机械				
1					
2					
	施工机械小计				
	总 计				

注：此表由投标人按招标人提供的项目名称、数量、单价由投标人自主报价，计入投标报价。

结算表 1.4-12-4

总承包服务费结算价明细表

工程名称： 标段 第 页 共 页

序号	项目名称	项目价值	计费基础	服务内容	费率（%）	金额（元）
1	发包人供应材料		供应材料费用		1	
2	发包人采购设备		设备安装费用		1	
3	总承包对专业工程管理和协调		单独分包专业工程（分部分项工程费＋措施费）		1.5	
4	总承包对专业工程管理和协调并提供配合服务				3～5	
	合 计					

结算表 1.4-12-5

索赔与现场签证计价汇总表

工程名称： 标段 第 页 共 页

序号	索赔与现场签证	计量单位	数量	单价（元）	合价（元）	索赔与现场签证依据
	合 计					

注：签证及索赔依据是指经双方认可的签证单和索赔依据的编号。

结算表 1.4-12-6

费用索赔申请(核准)表

工程名称： 标段 编号

致：(发包人全称)

　　根据施工合同条款第_____条的约定，由于_____原因，我方要求索赔金额为：(大写)_____元，(小写)_____元，请予核准。

　　附：1. 费用索赔的详细理由和依据

　　　　2. 索赔金额的计算

　　　　3. 证明材料

承 包 人：(章)

承包人代表：

日　　期： 年　月　日

复核意见： 　　根据施工合同条款第_____条的约定，对你方提出的费用索赔申请，经复核： □不同意此项索赔，具体意见见附件。 □同意此项索赔，索赔金额的计算，由造价工程师复核。 　　　　监理工程师： 　　　　日　　期： 年　月　日	复核意见： 　　根据施工合同条款第_____条的约定，对你方提出的费用索赔申请，经复核，索赔金额为：(大写)_____元，(小写)_____元。 　　　　造价工程师： 　　　　日　　期： 年　月　日

审核意见：

□不同意此项索赔。

□同意此项索赔，与本期进度款同期支付。

发包人：(章)

发包人代表：

日　　期： 年　月　日

注：1. 在选择栏中的"□"内作标识"√"。

　　2. 本表一式四份，由承包人填报，发包人、监理人、造价咨询人、承包人各存一份。

结算表 1.4-12-7

现场签证表

工程名称： 标段 编号

施工部位		日期	

致：(发包人全称)

　　根据_____(指令人姓名)____年___月___日的口头指令或你方_____(或监理人)____年___月___日的书面通知，我方要求完成此项工作应支付价款金额为：(大写)_____元，(小写)_____元，请予核准。

　　附：1. 签证事由及原因

　　　　2. 附图及计算式

承 包 人：(章)

承包人代表：

日　　期： 年　月　日

（续表）

复核意见： 　　对你方提出的此项签证申请,经复核： 　□不同意此项签证,具体意见见附件。 　□同意此项签证,签证金额的计算,由造价工程师复核。 　　　监理工程师： 　　　日　　期：　　年　月　日	复核意见： 　　此项签证按承包人中标的计日工单价计算,金额为：(大写)_____元,(小写)_____元。 　　　造价工程师： 　　　日　　期：　　年　月　日

审核意见：

　□不同意此项签证。

　□同意此项签证,价款与本期进度款同期支付。

发包人：(章)
发包人代表：
日　　期：　　年　月　日

　注：1. 在选择栏中的"□"内作标识"√"。

　　　2. 本表一式四份,由承包人在收到发包人(监理人)的口头或书面通知后填写,发包人、监理人、造价咨询人、承包人各存一份。

结算表 1.4-12-8

规费、税金项目清单结算表

工程名称：　　　　　　　　　　标段　　　　　　　　　第　页　共　页

序号	项目名称	计算基础	核定费率(%)	金额(元)
1	规费			
1.1	养老保险费			
1.2	医疗保险费			
1.3	失业保险费			
1.4	工伤保险费	分部分项工程费＋措施费＋其他费		
1.5	生育保险费			
1.6	住房公积金			
1.7	危险作业意外伤害保险费			
1.8	工程排污费			
2	税金	分部分项工程费＋措施费＋其他费＋安全文明施工费＋规费	3.41	
	合计			

结算表 1.4-13

工程款支付申请(核准)表

工程名称: 标段 编号

致:(发包人全称)

我方于＿＿＿至＿＿＿期间已完成了＿＿＿＿＿＿＿工作,根据施工合同的约定,现申请支付本期的工程款额为:(大写)＿＿＿＿＿＿＿元,(小写)＿＿＿＿＿＿＿元,请予核准。

序号	名称	金额(元)	备注
1	累计已完成的工程价款		
2	累计已实际支付的工程价款		
3	本周期已完成的工程价款		
4	本周期完成的计日工金额		
5	本周期应增加和扣减的变更金额		
6	本周期应增加和扣减的索赔金额		
7	本周期应抵扣的预付款		
8	本周期应扣减的质保金		
9	本周期应增加或扣减的其他金额		
10	本周期实际应支付的工程价款		

承 包 人:(章)
承包人代表:
日　　期: 年 月 日

复核意见:
　　□与实际施工情况不相符,修改意见见附件。
　　□与实际施工情况相符,具体金额由造价工程师复核。

监理工程师:
日　　期: 年 月 日

复核意见:
　　你方提出的支付申请经复核,本期间已完成工程款额为:
　　(大写)＿＿＿＿＿元,(小写)＿＿＿＿＿元,本期间应支付金额为:
　　(大写)＿＿＿＿＿元,(小写)＿＿＿＿＿元。

造价工程师:
日　　期: 年 月 日

审核意见:
　　□不同意。
　　□同意,支付时间为本表签发后的15天内。

发包人:(章)
发包人代表:
日　　期: 年 月 日

注:1. 在选择栏中的"□"内作标识"√"。
　　2. 本表一式四份,由承包人填报,发包人、监理人、造价咨询人、承包人各存一份。

结算表 1.4-14

安全文明施工费竣工结算表

工程名称： 　　　　　　　标段 　　　　　　第 页 共 页

序号	费用名称	计算基础	金额(元)	备注
1	环境保护等五项费用	分部分项工程费＋措施费＋其他费		明细详见表 1.4-15-1
2	脚手架费	根据实际工程量，按计价定额项目计算		明细详见表 1.4-15-2
	合　计			

结算表 1.4-15

安全文明施工费竣工结算明细表

工程名称： 　　　　　　　标段 　　　　　　第 页 共 页

序号	项目名称	计算基础	核定费率(%)	金额(元)
1	环境保护费、文明施工费	分部分项工程费＋措施费＋其他费		
2	安全施工费			
3	临时设施费			
4	防护用品等费用			
	合计			

结算表 1.4-15-1

脚手架使用项目明细表

工程名称： 　　　　　　　标段 　　　　　　第 页 共 页

项目编码	项目名称	计量单位	工程量	单价	金额(元)
	合　计				

结算表 1.4-15-2

补充工程量清单项目及计算规则表

工程名称： 　　　　　　　　　　　　第 页 共 页

序号	项目编码	项目名称	项目特征	计量单位	工程量计算规则	工程内容

结算表 1.4-16

建筑工程竣工结算书备案登记表

竣结备（　　）第（　　）号

发包人	
承包人	
工程名称	
工程建设地点	
中标价（万元）	
结算价（万元）	

资金来源		计价方式	
承包范围		单位工程造价（元）	
建设规模		工程结构	
层　数		高　度(m)	
开工日期		竣工日期	

发包人：（章） 　　　　　年　　月　　日	承包人：（章） 　　　　　年　　月　　日
工程造价咨询企业：（章） 　　　　　年　　月　　日	工程造价管理机构：（章） 经手人： 　　　　　年　　月　　日

注：本表一式四份。发包人、承包人、工程质量监督机构、工程造价管理机构各一份。

结算表 1.4-17

复习思考题

1. 工程结算的概念及方法。
2. 工程结算如何支付。

项目九　建筑工程计量与计价软件

【学习目标】
  (1) 熟悉建筑工程计量计价软件的概念、方法和操作流程。
  (2) 掌握软件的操作及作用。
【能力要求】
  (1) 会使用软件计算建筑及装饰工程造价。
  (2) 逐步具备建筑工程计量计价顶岗工作能力。

学习情境　软件应用

行动领域　软件操作及应用

一、工程造价软件的概念

  工程造价软件是指计算机软件在工程造价方面的应用,其中包括套价软件、工程量计算软件、钢筋量算量软件和工程造价管理软件等。

二、计算机软件用于工程造价方面的意义

  (1) 确保计算准确性。由于计算机的计算功能,只要保证输入数据正确,就能在很短的时间内进行准确无误的计算。

  (2) 大大提高编制工程造价文件的速度和效率,保证工程造价的及时性。由于工程造价的编制工作是一项繁琐的工作,需要投入大量的人力和物力,特别是在工程项目投标期间,时间非常紧,在工程造价软件的支持下,运用计算机进行快速报价,可以保证投标工作快速而顺利地进行。

  (3) 能对设计变更、材料市场价格变动做出及时的反应。由于计算机的处理功能和统计功能,对于数据库的数据变化,则能做出及时、全面的改变。

  (4) 在工程量清单计价规范要求下,工程报价由于是多次组价,更需要工程造价软件的支持,否则,组价工作将变成一项艰巨的工作。

  (5) 能够方便地生成各类所需表格。由于工程造价软件的特点,只要一次输入,可根据需要,能生成多种所需的表格。

  (6) 能进行工程文档资料累计和企业定额生成。由于计算机能进行资料的累积,并且电子文件具有体积小、修改方便等特点,根据在工程量清单计价规范的要求,可以及时对所有工程进行文件的管理和归档整理。

（7）能进行工程项目的科学管理。要提高工程的利润,不仅要准确报价,更要对工程进行科学的管理,向管理要效益,向管理要业绩。同样的工程,同样的价格,不同的管理,其结果相差很大。现在已有总承包项目管理软件系统,它将质量、进度、费用融合在一个管理系统中,在国外已有很多的成功案例。

三、造价算量软件应用流程

四、工程造价软件的学习

（1）学生通过工程造价软件的学习和实践操作,利用建筑工程造价软件进行钢筋算量、图形算量,进行工程招投标施工、施工和结算阶段工程量的计算。熟悉并掌握工程概预算编制过程中的定额子目录入、子目换算、补充子目的编制、市场价调整、工程取费的操作程序;熟悉建筑模型输入与修改、结构模型楼面布置、基础模型输入和修改中的各项命令菜单及操作流程;了解工程量自动计算的计算规则,能使用"自动统计"和"人机交互统计"两种工作方式;掌握框架梁、连续梁、柱及现浇楼板钢筋工程量统计计算操作流程,并了解剪力墙、圈梁、过梁等其他构件的钢筋工程量统计。

（2）通过教师实例教学演示,学生大量的实践操作,能够熟练掌握完整的建筑工程施工图预算和工程量清单计价报表的制作,掌握建筑模型输入与修改、结构模型楼面布置、基础模型输入和修改,并能通过整个建筑的模型数据完成工程量的自动计算及建筑工程钢筋统计和定额套价的计算。熟练掌握工程预算编制过程中的定额子目录入、子目换算、补充子目的编制、市场价调整、工程取费的操作程序,能独立完成一份完整的工程预算书和工程量清单及工程量清单投标报价的编制。

实训课题

任务 1:利用造价软件编制公用工程楼工程量清单。
任务 2:利用造价软件编制公用工程楼工程量清单计价。

复习思考题

1. 造价软件的概念及特点。
2. 造价软件的种类及操作方法。

项目十　建筑及装饰工程施工图预算编制实训

【学习目标】

(1) 掌握建筑与装饰装修工程施工图预算的编制流程、编制方法。

(2) 具有编制建筑与装修工程施工图预算的能力。

【能力要求】

(1) 通过学习,增强顶岗工作的岗位职责意识和协同工作理念。

(2) 逐步具备处理计量计价问题的能力。

学习情境　建筑及装饰工程施工图预算

行动领域　根据定额规则及施工图纸,计算工程量并套价计算工程造价

任务描述

一、工作任务

完成公用工程楼框架结构工程施工图预算的编制。

(1) 本工程为两层框架结构,基础为钢筋混凝土独立基础。

(2) 本工程为四级抗震,抗震设防烈度为 $6°$。

(3) 混凝土强度等级,基础垫层 C15;过梁 C20,其余均为 C25。

(4) 结构构造:

① 混凝土保护层厚度,板 15 mm,梁 25 mm,柱 30 mm,基础 50 mm,其他详见 11G101 - 1。

② 纵向受拉钢筋最小锚固长度及搭接长度详见 11G101 - 1,其接头位置及数量详见 11G101 - 1。

③ 单向板底筋的分布筋及单向板、双向板支座的分布筋除图上注明外均为 Φ8@200。

④ 防潮:所有内外墙墙身均在 −0.060 m 处设置防潮层,用 1:2 水泥砂浆加相当于水泥重量 5% 的防水剂铺满 20 厚,±0.000 以下基础均用 1:2 水泥砂浆抹面。

⑤ 砌体施工质量控制等级为 B 级。±0.000 以上采用实心砖,M7.5 混合砂浆砌筑;±0.000 以下采用实心砖,M10 水泥砂浆砌筑。

⑥ 其余工程做法详见建筑结构设计说明。

⑦ 建筑结构施工图详见附录图纸。

二、可选工作手段

计算器,预审手册,建筑工程施工规范,安全施工条例,建筑施工质量验收规范,建筑及装饰装修工程消耗量定额及统一基价表,建筑安装工程取费定额标准,《国家建筑标准设计图集》(11G101—1)施工组建中、地勘资料等计价依据。

三、公用工程楼工程量计算

(一)建筑面积

一、二层:$S=36.24×16.24×2=588.54×2=1\,177.08(\mathrm{m}^2)$

屋顶楼梯间:$S=(3.4+0.24)×(7.5+0.24)=28.17(\mathrm{m}^2)$

总建筑面积:$\sum S=1\,177.08+28.17=1\,202.25(\mathrm{m}^2)$

(二)平整场地

(1) $S_{定额计价}=(A+4)(B+4)=(36.24+4)×(16.24+4)=814.46(\mathrm{m}^2)$

(2) $S_{清单计价}=A×B=36.24×6.24=588.54(\mathrm{m}^2)$

(三)人工挖基坑(独立基础下)

(1) 定额计价计算如下:

土壤类别为三类土,$H=2.1-0.2=1.9>1.5(\mathrm{m})$,需放坡

人工挖基坑 $V_{基坑}=(A+2C+KH)(B+2C+KH)H+1/3(K^2H^3)$

式中:工作面 $C=0.3\,\mathrm{m}$,放坡系数 $K=0.33$,A,B 为垫层底面长宽尺寸。

J-1(4个):$A=B=2+0.2=2.2(\mathrm{m})$

J-2(12个):$A=B=2.3+0.2=2.5(\mathrm{m})$

J-3(5个):$A=B=2.8+0.2=3(\mathrm{m})$

J-4(2个):$A=B=1.9+0.2=2.1(\mathrm{m})$

$V_1=[(2.2+2×0.3+0.33×1.9)^2×1.9+1/3×0.33^2×1.9^3]×4=90.26(\mathrm{m}^3)$

$V_2=[(2.5+2×0.3+0.33×1.9)^2×1.9+1/3×0.33^2×1.9^3]×12=319.7(\mathrm{m}^3)$

$V_3=[(3+2×0.3+0.33×1.9)^2×1.9+1/3×0.33^2×1.9^3]×5=170.99(\mathrm{m}^3)$

$V_4=[(2.1+2×0.3+0.33×1.9)^2×1.9+1/3×0.33^2×1.9^3]×2=42.56(\mathrm{m}^3)$

定额计价人工挖基坑工程量

$$\sum V=V_1+V_2+V_3+V_4=623.49(\mathrm{m}^3)$$

(2) 清单计价计算如下:

$$V_{基坑}=A×B×H$$
$$V_1=2.2^2×1.9×4=36.78(\mathrm{m}^3)$$
$$V_2=2.5^2×1.9×12=142.5(\mathrm{m}^3)$$
$$V_3=3^2×1.9×5=85.5(\mathrm{m}^3)$$
$$V_4=2.1^2×1.9×2=16.76(\mathrm{m}^3)$$

清单计价人工挖基坑工程量 $\sum V_{基坑}=281.54\,\mathrm{m}^3$

（四）人工挖基槽（基础梁下）

（1）定额计价计算如下（按三类土）：

深度 $H=1.95+0.1-0.2=1.85$（m）>1.5 m 应放坡

基础梁宽：0.3 m，$C=0.3$ m，$K=0.33$，DL 垫层宽：$A=0.3+0.1\times2=0.5$（m）

$$V_槽=(A+2C+KH)H\times L_{净长}$$

基槽净长计算如下：（L 净长）

A轴①-⑦：$L_净=36-(1.225\times2+2.5\times5)=21.05$（m）

B轴：$L_净=36-1.325\times2-3\times5-2.1=16.25$（m）

①-⑦：$L_净=(16-1.225\times2-2.5)\times2=11.05\times2=22.1$（m）

②-③：$L_净=(16-1.375\times2-3)\times2=20.5$（m）

1/6轴：$L_净=16-0.25-2.1-1.125=12.525$（m）

①-②：$L_净=6-0.5=5.5$（m）

$L_净=3.2-0.5=2.7$（m）

DL-3：$L_净=(3.4-0.5)\times2=5.8$（m）

②-③：$L_净=8.5-0.5=8$（m）

$L_{总净}=133.375$（m）

$V_{基槽}=(0.5+2\times0.3+0.33\times1.85)\times133.375=422$（m³）

$TL-1_{基槽}$：$H=0.43-0.2=0.23$（m），梁宽 0.25m，无垫层

$L_净=(3.4-0.5)+(3.2-0.5)=5.6$（m）

$V_槽=(0.25-2\times0.3)\times0.23\times5.6=1.1$（m³）

即人工挖基槽定额计价 $\sum V_槽=422+1.1=423.1$（m³）

（2）清单计价工程量

$H=1.85$ m，$A=0.3+0.1\times2=0.5$（m），$L_净=133.375$ m

$TL-1$：$h=0.43-0.2=0.23$（m），$a=0.25$ m，$L=5.6$ m

人工挖基槽清单计价工程量合计：

$V_槽=A\times H\times L_净+a\times h\times L=0.5\times1.85\times133.375+0.25\times0.23\times5.6=123.69$（m³）

（五）人工回填土

（1）$V_{下埋}=5.72$（-0.2 m 以下柱）$+56.94$（独立基础）$+26.64$（基础梁）$+14.82$（垫层）$+6.67$（DL 垫层）$+47.85$（-0.2 m 以下砖基础）$=158.64$（m³）

（2）基础回填土 $V_{回填定额计价}=V_坑+V_槽-V_{下埋}$

$$=623.49+423.1-158.64=887.95（m³）$$

（无房心回填土）

人工回填土清单计价工程量 $V_{基础回填}=V_{挖坑}+V_槽-V_{下埋}$

$$=281.54+123.61-158.64=246.51（m³）$$

（六）人工运土方

余土外运计算（20 m 距）：$V_{运土}=V_挖-V_{回填}$（无房心回填）

清单计价时：$V_运=(281.54+123.61)-246.51=158.64$（m³）

定额计价时：$V_运=(623.49+423.1)-887.95=158.64$（m³）

所以 $V_{运土}＝V_{下埋}$

故挖槽时:余土外运土方 $V_{运土}＝V_{下埋}＝26.64＋6.67＋47.85＝81.16(m^3)$

挖坑时:余土外运土方 $V_{运土}＝V_{下埋}＝5.72＋56.94＋14.82＝77.48(m^3)$

(七) 砖基础的计算

砖基础长度的计算:(±0.000 以下)

(1) DL－1 上的砖基础长(柱间净长)

$(16－0.375\times2－0.5)\times3＋8.5－0.125－0.275＋8.5－2.1－0.12＋16－0.275－0.12$ $－0.4＋6－0.25\times2＋6－0.2－0.275＋6－0.2\times2＝90.37(m)$

(2) DL－2 上的砖基础

$36－0.275\times2－0.4\times6＋30－0.275－0.25\times2－0.275－0.5\times3－0.4＋36－6\times2－$ $0.275－0.2\times3－0.4\times2＋6－0.24＝88.19(m)$

DL－3 不做砖基础

DL－1 砖基础长度为 1.25 m

DL－2 上砖基础长度 1.45 m

(3) 砖基础的工程量(±0.000 以下)

$V＝90.37\times0.24\times1.25＋88.19\times0.24\times1.45＝57.8(m^3)$

应扣除砖基础内的砼基础部分和砖基础内的构造柱及 TZ 的体积

砼基础部分体积:J－2 与 DL_2 相交处 $V_1＝18\times0.001＝0.018(m^3)$

J－3 与 DL_2 相交处 $V_2＝8\times0.01＝0.08(m^3)$

小计 $V_{砼}＝0.098\ m^3$

构造柱:$V＝(0.24\times0.24＋0.03\times0.24\times3)\times1.25\times9＝0.891(m^3)$

TZ:$V＝0.25\times0.25\times1.25\times8＝0.625(m^3)$

砖基础的体积 $\sum V＝57.8－0.098－0.891－0.625＝56.19(m^3)$

砖基础清单量＝56.19 m^3(综合单价组价含 44.35 m^2 防潮层)

砖基础的工程量(－0.2 m 以下)

$V＝90.37\times0.24\times1.05＋88.19\times0.24\times1.25＝49.23(m^3)$

构造柱:$V＝(0.24\times0.24＋0.03\times0.24\times3)\times1.05\times9＝0.75(m^3)$

TZ:$V＝0.25\times0.25\times1.05\times8＝0.53(m^3)$

砖基础的体积 $V＝57.8－0.098－0.75－0.53＝47.85(m^3)$

(八) 砖墙体、构造柱及 C20 砼过梁(砼强度等级除注明外均为 C25)

(1) 墙体的体积

一层墙体积:

①-②轴

$S_1＝(6－0.275－0.2)\times(5.97－2\times0.6)\times2＝52.71(m^2)$

$S_2＝(7.5－0.375\times2)\times(5.97－0.75\times2)\times2＝60.35(m^2)$

$S_3＝(6－0.275－0.25)\times(5.97－0.6\times2)＝26.12(m^2)$

$S_4＝(6－0.24)\times(3.97－0.4)＝20.65(m^2)$

$S_5＝(8.5－0.5)\times(5.97－0.75\times2)\times2＝71.52(m^2)$

$$S_6 = (3.2 - 0.24) \times (5.97 - 0.4) = 16.487(\text{m}^2)$$

$$S_7 = (8.5 - 2.1 - 0.12) \times (5.97 - 0.45) = 34.67(\text{m}^2)$$

$$S_8 = (8.5 - 0.5) \times (5.97 - 0.75) = 41.76(\text{m}^2)$$

①/⑥轴

$$S = (8.5 + 7.5 - 0.12 - 0.4 - 0.275) \times (5.97 - 0.5) = 83.17(\text{m}^2)$$

⑦轴

$$S = (8.5 + 7.5 - 0.12 - 0.4 - 0.275) \times (5.97 - 0.5) = 83.17(\text{m}^2)$$

对于Ⓐ轴，从②轴线后开始

$$S_A = (30 - 0.4 \times 4 - 0.2 - 0.275) \times (5.97 - 0.6) = 149.96(\text{m}^2)$$

Ⓑ轴

$$S_B = (30 - 0.5 \times 4 - 0.25 - 0.125 - 0.125 - 0.275 \times 2) \times (5.97 - 0.6) = 145.39(\text{m}^2)$$

Ⓒ轴

$$S_C = (30 - 0.4 \times 4 - 0.2 - 0.125 - 0.275 \times 2) \times (5.97 - 0.6) = 147.81(\text{m}^2)$$

$$\sum S = 927.51 \text{ m}^2$$

卫生间 $S_卫 = (3.4 - 0.24) \times (5.94 - 0.4) \times 2 = 35.013(\text{m}^2)$

$$V_{一层} = 927.51 \times 0.24 + 35.013 \times 0.12 = 226.80(\text{m}^3)$$

二层墙体的体积：

①-②轴

$$S_1 = (6 - 0.275 - 0.2) \times (3.98 - 0.6) \times 2 = 37.35(\text{m}^2)$$

$$S_2 = (16 - 0.375 - 0.5 - 0.375) \times (3.98 - 0.75) \times 2 = 95.285(\text{m}^2)$$

②-⑦轴

$$S_A = (30 - 0.2 \times 9 - 0.275) \times (3.98 - 0.6) = 94.3865(\text{m}^2)$$

$$S_3 = (30 - 0.24 - 0.24 - 0.06 - 0.12 - 0.06 - 0.12) \times (3.98 - 0.5) = 100.642(\text{m}^2)$$

$$S_B = (30 - 0.5 \times 4 - 0.25 - 0.125 - 0.275 \times 2) \times (3.98 - 0.6) = 91.5153(\text{m}^2)$$

$$S_C = (30 - 0.4 \times 4 - 0.2 - 0.125 - 0.275 \times 2) \times (3.98 - 0.6) = 93.0345(\text{m}^2)$$

$$S_1 = (7.5 - 0.375 \times 2) \times (3.98 - 0.75) \times 3 = 65.41(\text{m}^2)$$

$$S_2 = (7.5 - 0.275 \times 2) \times (3.98 - 0.75) = 22.45(\text{m}^2)$$

$$S_3 = (6.4 - 0.24) \times (3.98 - 0.12) = 23.78(\text{m}^2)$$

$$S_4 = (6.4 - 0.12 - 0.375) \times (3.98 - 0.75) \times 2 = 38.1463(\text{m}^2)$$

$$S_5 = (8.5 - 0.125 - 0.375) \times (3.98 - 0.75) = 25.84(\text{m}^2)$$

$$S_{卫1} = (3.4 - 0.12 - 0.06) \times (3.98 - 0.12) \times 2 = 24.86(\text{m}^2)$$

$$S_{卫2} = (6.4 - 0.24) \times (3.98 - 0.12) = 23.78(\text{m}^2)$$

$$S = 687.84\text{m}^2, S_卫 = 48.64 \text{ m}^2$$

$$V_{砖墙} = 687.84 \times 0.24 = 165.1(\text{m}^3)$$

$$V_卫 = 48.64 \times 0.12 = 5.84(\text{m}^3)$$

$$V_{二层砖墙} = 171.00 \text{ m}^3$$

$$\sum V_{砖墙} = 397.8 \text{ m}^3$$

一层门窗的体积：

$S_{门窗}=(3\times0.9+3\times3.6)\times3+(3\times0.9+3\times2.4)\times2+1.5\times0.9+1.5\times2.4+3\times0.9+1.5\times2.7+1.5\times2.7+0.9\times2.7+3\times3.3\times2+3\times0.9+3\times2.4+3\times0.9+1.5\times2.7+3\times0.9+1.5\times2.7+0.9\times2.7+3\times0.9+3\times2.4+3\times0.9+3\times3.6+3\times0.9+3\times2.4+1.5\times0.9+1.5\times2.4+1.5\times0.9+1.5\times2.4=167.31(m^2)$

$$S_{卫}=0.9\times2.1\times2=3.78(m^2)$$

$$V_{门窗}=167.31\times0.24=40.1544(m^3)$$

$$V_{卫}=3.78\times0.12=0.4536(m^3)$$

$$V_{一层门窗}=40.608\ m^3$$

一层过梁面积：

$S_{过梁}=12\times3.5\times0.25+4\times3.5\times0.25+3.5\times0.25\times5+2\times0.25\times3+2\times0.25\times3+3.5\times0.25\times2+1.4\times0.25+2\times0.25\times3+2\times0.25=25.475(m^2)$

一层过梁的体积：

$$V_{过梁}=25.475\times0.24=6.114(m^3)$$

$$V_{卫}=1.4\times0.25\times2\times0.12=0.084(m^3)$$

$$V_{过梁}=6.198\ m^3$$

二层门窗的体积：

$S_{门窗}=2.4\times2.1+1.5\times2.1\times10+2.4\times2.1+1.5\times2.1\times2+1.5\times2.1\times10+2.4\times2.1+1.5\times2.7+1.5\times2.7\times5+0.9\times2.7\times2+1.5\times2.7\times3=125.73(m^2)$

$$S_{卫}=0.9\times2.1\times3=5.67(m^2)$$

$$V_{门窗}=125.7\times0.24=30.1752(m^3)$$

$$V_{卫门窗}=5.67\times0.12=0.68(m^3)$$

二层过梁的体积：

$S_{过}=2.9\times0.25+2\times0.25\times10+2.9\times0.25+2\times0.25+2\times0.25\times10+2.9\times0.25+2\times0.25+2\times0.25\times5+1.4\times0.25\times2+2\times0.25\times3=18.375(m^2)$

$$S_{卫过梁}=1.4\times3\times0.25=1.05(m^2)$$

$$V_{过梁}=18.375\times0.24=4.41(m^3)$$

$$V_{卫过梁}=1.05\times0.12=0.126(m^2)$$

$$V_{二层过梁}=4.536\ m^3$$

即一、二层的门窗过梁的总体积为

$$V=40.608+6.198+30.856+4.536=82.2(m^3)$$

故 $V_{一、二层砖墙}=397.8-82.2=315.6(m^3)$

（2）构造柱马牙槎的体积

一层构造柱马牙槎体积：

①-②轴

$$V_1=(5.97-0.75\times2+1.25)\times0.3\times0.27\times4=1.853(m^3)$$

$$V_2=(5.97-0.75\times2+1.25)\times0.3\times0.24=0.41184(m^3)$$

1/2 轴

$$V_1 = (5.97 - 0.45 + 1.25) \times 0.3 \times 0.27 \times 2 = 1.096\ 74(m^3)$$

$$V_2 = (5.97 - 0.45 + 1.25) \times 0.3 \times 0.4 = 0.487\ 44(m^3)$$

①/⑥轴

$$V_1 = (5.97 - 0.5 + 1.25) \times 0.3 \times 0.27 \times 4 = 2.177\ 28(m^3)$$

$$V_2 = (5.97 - 0.5 + 1.25) \times 0.3 \times 0.24 = 0.483\ 84(m^3)$$

⑦轴

$$V_1 = (5.97 - 0.75 + 1.25) \times 0.3 \times 0.27 \times 3 = 1.566\ 135(m^3)$$

$$V_2 = (5.97 - 0.75 + 1.25) \times 0.3 \times 0.24 = 0.465\ 84(m^3)$$

$$\sum V = 8.54\ m^3$$

二层构造柱马牙槎体积:

①-②轴、A-B

$$V_1 = (3.98 - 0.75 \times 2) \times 0.3 \times 4 \times 0.27 = 0.8(m^3)$$

$$V_2 = (3.98 - 0.75 \times 2) \times 0.3 \times 0.24 = 0.18(m^3)$$

②-③间

$$V_1 = (3.98 - 0.12) \times 2 \times 0.3 \times 0.27 = 0.63(m^3)$$

$$V_2 = (3.98 - 0.12) \times 0.3 \times 0.24 = 0.28(m^3)$$

1/6 轴

$$V_1 = (3.98 - 0.5) \times 4 \times 0.3 \times 0.27 = 1.13(m^3)$$

$$V_2 = (3.98 - 0.5) \times 0.3 \times 0.24 = 0.25(m^3)$$

⑦轴

$$V_1 = (3.98 - 0.75) \times 0.3 \times 0.27 \times 3 = 0.78(m^3)$$

$$V_2 = (3.98 - 0.75) \times 0.3 \times 0.24 = 0.23(m^3)$$

$$V_{二层} = 4.28\ m^3$$

故 $V_{一二层构造柱} = 8.55 + 4.28 = 12.83(m^3)$

汇总合计:

(1) 一砖墙 $\sum V = 306.82\ m^3$

定额编号:A3-10:182.352 元/m³ × 306.82 m³ = 55 950.116 元

(2) 半砖墙 $\sum V = 8.694\ m^3$

A3-8:194.651 元/m³ × 8.694 m³ = 1 692.3 元

(3) C25 构造柱马牙槎 $\sum V = 12.83\ m^3$

A4-31 换:2 356.19 + (170.4 - 158.12) × 9.86 = 2 473.327(元/10m³)

12.83 × 247.332 7 = 3 173.279 元

(4) C20 过梁 $\sum V = 10.73\ m^3$

(九) 基础梁砼

ⓐ轴①-②:$V_{DL-2} = (6 - 1.125 - 1.15) \times 0.5 \times 0.3 = 0.559(m^3)$

$$V_左 = [(0.05 + 0.75) \times 0.05 + 1/2 \times 0.75 \times 0.2] \times 0.3 = 0.034\ 5(m^3)$$

$$V_右 = 0.75 \times 0.125 \times 1/2 \times 0.3 = 0.028(m^3)$$

$$V_1 = 0.559 + 0.034\,5 + 0.028 = 0.622 (\mathrm{m^3})$$

②-③：

$$V_{\mathrm{DL-2}} = (6 - 1.15 \times 2) \times 0.5 \times 0.3 = 0.555 (\mathrm{m^3})$$
$$V_{左} = V_{右} = 0.75 \times 0.25 \times 1/2 \times 0.3 = 0.028 (\mathrm{m^3})$$
$$V = 0.555 + 0.028 \times 2 = 0.611 (\mathrm{m^3})$$

②-⑥轴：

$$V = 0.611 \times 4 = 2.444 (\mathrm{m^3})$$

⑥-⑦轴(同①-②轴)：

$$V = 0.622\ \mathrm{m^3}$$

Ⓐ轴

$$\sum V = 0.622 \times 2 + 2.444 = 3.688 (\mathrm{m^3})$$

Ⓑ轴

①-②轴：

$$V_{\mathrm{DL-2}} = (6 - 1.125 - 1.4) \times 0.5 \times 0.3 = 0.506 (\mathrm{m^3})$$
$$V_{左} = 1/2 \times 0.75 \times 0.25 \times 0.3 = 0.028 (\mathrm{m^3})$$
$$V_{右} = 1/2 \times 0.55 \times (0.3 - 0.15) \times 0.3 = 0.012\,4 (\mathrm{m^3})$$
$$V = 0.506 + 0.028 + 0.012\,4 = 0.546\,4 (\mathrm{m^3})$$

①-③轴：

$$V_{\mathrm{DL-1}} = (6 - 2 \times 1.4) \times 0.7 \times 0.3 = 0.672 (\mathrm{m^3})$$
$$V_{左} = V_{右} = [0.05 \times (1.1 + 0.05) + 1/2 \times 0.3 \times 1.1] \times 0.3 = 0.067 (\mathrm{m^3})$$
$$V = 0.672 + 0.067 \times 2 = 0.805\,5 (\mathrm{m^3})$$

③-④轴：

$$V_{\mathrm{DL-2}} = (6 - 2 \times 1.4) \times 0.5 \times 0.3 = 0.48 (\mathrm{m^3})$$
$$V_{左} = V_{右} = 0.55 \times (0.3 - 0.15) \times 0.3 \times 1/2 = 0.012\,4 (\mathrm{m^3})$$
$$V = 0.48 + 0.012\,4 \times 2 = 0.505 (\mathrm{m^3})$$

③-⑥轴：

$$V = 0.505 \times 3 = 1.514 (\mathrm{m^3})$$

①/⑥-⑦轴：

$$V_{\mathrm{DL-2}} = (2.6 - 1.4 - 0.875) \times 0.5 \times 0.3 = 0.049 (\mathrm{m^3})$$
$$V_{左} = 0.55 \times (0.3 - 0.15) \times 1/2 \times 0.3 = 0.012\,4 (\mathrm{m^3})$$
$$V_{右} = [0.05 \times (0.7 + 0.05) + 1/2 \times 0.2 \times 0.7] \times 0.3 = 0.032\,2 (\mathrm{m^3})$$
$$V = 0.049 + 0.012\,4 + 0.032\,2 = 0.093\,6 (\mathrm{m^3})$$

①/⑥-⑦轴

$$V_{\mathrm{DL-2}} = (3.4 - 1.025 - 1.125) \times 0.5 \times 0.3 = 0.172\,5 (\mathrm{m^3})$$
$$V_{左} = [0.05 \times (0.7 + 0.05) + 1/2 \times 0.7 \times 0.2] \times 0.3 = 0.032\,2 (\mathrm{m^3})$$
$$V_{右} = 0.75 \times (0.3 - 0.05) \times 0.3 = 0.056\,25 (\mathrm{m^3})$$
$$V = 0.172\,5 + 0.032\,2 + 0.056\,25 = 0.261 (\mathrm{m^3})$$

Ⓑ轴

$$\sum V = 0.546\,4 + 0.805\,5 + 1.514 + 0.093\,6 + 0.261 = 3.220\,5(\text{m}^3)$$

ⓒ轴

①-③轴：

$$V = 0.622 \text{ m}^3$$

②-⑥轴：

$$V = 2.444 \text{ m}^3$$

①-⑴/⑥轴

$$V_{\text{DL-2}} = (2.6 - 1.15 - 0.875) \times 0.5 \times 0.3 = 0.086\,3(\text{m}^3)$$
$$V_{\text{左}} = 0.75 \times 0.25 \times 1/2 \times 0.3 = 0.028(\text{m}^3)$$
$$V_{\text{右}} = [0.05 \times (0.7 + 0.05) + 1/2 \times 0.2 \times 0.7] \times 0.3 = 0.032\,2(\text{m}^3)$$
$$V = 0.086\,3 + 0.028 + 0.032\,2 = 0.146\,5(\text{m}^3)$$

⑴/⑥-⑦轴

$$V_{\text{DL-2}} = (3.4 - 1.025 - 1.125) \times 0.5 \times 0.3 = 0.187\,5(\text{m}^3)$$
$$V_{\text{左}} = [0.05 + (0.7 + 0.25) + 1/2 \times 0.2 \times 0.7] \times 0.3 = 0.032\,2(\text{m}^3)$$
$$V_{\text{右}} = [(0.75 + 0.05) \times 0.05 + 1/2 \times 0.75 \times 0.2] \times 0.3 = 0.034\,5(\text{m}^3)$$
$$V = 0.185 + 0.032\,2 + 0.034\,5 = 0.251\,7(\text{m}^3)$$

ⓒ轴

$$V_{\text{总}} = 0.622 + 2.444 + 0.146\,5 + 0.251\,7 = 3.464\,2(\text{m}^3)$$

①-②轴

Ⓐ-Ⓑ轴

$$V_{\text{DL-1}} = (8.5 - 1.125 - 1.025) \times 0.7 \times 0.3 = 1.333\,5(\text{m}^3)$$
$$V_{\text{左}} = [0.25 \times 0.75 + 1/2 \times 0.75 \times 0.2] \times 0.3 = 0.079(\text{m}^3)$$
$$V_{\text{右}} = [0.15 \times (0.9 + 0.05) + 1/2 \times 0.9 \times 0.3] \times 0.3 = 0.083(\text{m}^3)$$
$$V = 1.333\,5 + 0.079 + 0.083 = 1.495\,5(\text{m}^3)$$

Ⓑ-ⓒ轴

$$V_{\text{DL-1}} = (7.5 - 1.275 - 1.125) \times 0.7 \times 0.3 = 1.07(\text{m}^3)$$
$$V_{\text{左}} = 0.083 \text{ m}^3$$
$$V_{\text{右}} = 0.079 \text{ m}^3$$
$$V = 1.07 + 0.083 + 0.079 = 1.232(\text{m}^3)$$

①-①轴

$$V_{\text{总}} = 1.495\,5 + 1.232 = 2.727\,5(\text{m}^3)$$

②-②轴

Ⓐ-Ⓑ轴

$$V_{\text{DL-1}} = (8.5 - 1.275 \times 2) \times 0.7 \times 0.3 = 0.066\,75(\text{m}^3)$$
$$V_{\text{左}} = 0.083 \text{ m}^3$$
$$V_{\text{右}} = [1/2 \times 0.3 \times 1.1 + (1.1 + 0.05) \times 0.057 \times 0.3] = 0.066\,75(\text{m}^3)$$
$$V = 1.249\,5 + 0.083 + 0.066\,75 = 1.399(\text{m}^3)$$
$$V_{\text{DL-1}} = (7.5 - 1.525 - 1.275) \times 0.7 \times 0.3 = 0.987(\text{m}^3)$$

$$V_{左}=0.066\ 75\ m^3$$

$$V_{右}=0.083\ m^3$$

$$V=0.987+0.066\ 75+0.083=1.136\ 8(m^3)$$

②-②轴

$$V_{总}=1.399+1.136\ 8=2.535\ 8(m^3)$$

①/6-①/6轴

Ⓑ-Ⓒ轴

$$V_{DL-1}=(7.5-1.025-1.025\times 0.7\times 0.3=1.144\ 5(m^3)$$

$$V_{左}=V_{右}=[0.25\times (0.7+0.05)+1/2\times 0.7\times 0.2]\times 0.3=0.077(m^3)$$

$$V=1.145\ 5+0.077=1.221\ 5(m^3)$$

A-B轴

$$V=[(3.75-0.3)+(1.95-0.3)+(2.8-0.875-0.15)]\times 0.3\times 0.7=1.444(m^3)$$

①/6-①/6轴

$$V_{总}=1.221\ 5+1.444=2.665\ 5(m^3)$$

⑦-⑦轴(同 1 轴)

$$\sum V=2.727\ 5\ m^3$$

$$V_{DL-2}=(6-0.3)\times 0.5\times 0.3=0.855(m^3)$$

$$V_{DL-3}=[(3.2-0.3)+(3.4-0.3)\times 2]\times 0.4\times 0.3=1.092(m^3)$$

$$V_{DL-1}=[(1.65-0.15)+(3.17-0.3)+(1.58-0.3)+(2.1-0.15)]\times 0.5\times 0.3$$
$$=1.14(m^3)$$

基础梁 C25 砼合计：

$$V=3.688+3.220\ 5+3.464\ 2+2.727\ 5+2.535\ 8\times 2+2.655+2.727\ 5+0.855+$$
$$1.092+1.14=26.64(m^3)$$

直接工程费计算 A4-32：(C25/40/32.5)原基价=2 035.97(元/10 m³)

A4-32 换：C25 砼基础梁换算后基价

＝原基价+定额用量×(换入 C25 砼基价-换出 C20 砼基价)

＝2 035.97+10.15×(170.04-158.12)=2 156.96(元/10 m³)

故基础梁 C25 砼直接工程费=26.64 m³×215.696 元/m³=5 746.14 元

建筑工程预算表

工程楼
元

序号	定额编号	项目名称	单位	工程量	定额基价	直接费合价	
1	A4-32 换	基础梁 C25/40/32.5	m³	26.64	215.696	5 746.14	

(基础梁清单工程量 26.64 m³,综合单价组价含 6.67 m³ 垫层)

(十) 基础梁 C15 砼垫层工程量(100mm 厚)

$$V_{垫}=133.375\times 0.5\times 0.1=6.67(m^3)$$

(十一) 基础梁垫层模板

$$S=26.68\ m^2$$

（十二）独立基础 C25 砼计算

$J-1$：$A=B=2$ m　$h_1=0.3$ m　$h_2=0.2$ m

$b_1=0.4+0.050\times2=0.5$ m

$a_1=0.5+0.050\times2=0.6$ m

故　$V_{J-1}=\left\{2\times2\times0.3+\dfrac{1}{6}\times0.2\times[2\times2+0.5\times0.6+(2+0.5)(2+0.6)]\right\}\times4=$

$6.24（m^3）$

$J-2$：$A=B=2.3$ m　$h_1=h_2=0.3$ m　$a_1=0.6$ m　$b_1=0.5$ m

$V_{J-2}=\{2.3\times2.3\times0.3+\dfrac{1}{6}\times0.3\times[2.3\times2.3+0.5\times0.6+(2.3+0.5)(2.3+0.6)]\}$

$\times12=27.24（m^3）$

$J-3$：$A=B=2.8$ m　$h_1=0.4$ m　$h_2=0.3$ m　$a_1=b_1=0.6$ m

$V_{J-3}=\left\{2.8\times2.8\times0.4+\dfrac{1}{6}\times0.3[2.8\times2.8+0.6\times0.6+(2.8+0.6)^2]\right\}\times5=$

$20.62（m^3）$

$J-4$：$A=B=1.9$ m　$h_1=0.3$ m　$h_2=0.2$ m　$a_1=b_1=0.5$ m

$V_{J-4}=\left\{1.9\times1.9\times0.3+\dfrac{1}{6}\times0.2[1.9\times1.9+0.5\times0.5+(1.9+0.5)^2]\right\}\times2=$

$2.8（m^3）$

$\sum$ 独立基础砼 $=V_1+V_2+V_3+V_4=56.94（m^3）$

（独立基础清单工程量 56.94 m^3，综合单价组价含 14.82 m^3 垫层）

（十三）独立基础 C15 砼垫层

$J-1$：$2.2\times2.2\times0.1\times4=1.94（m^3）$

$J-2$：$2.5\times2.5\times0.1\times12=7.5（m^3）$

$J-3$：$3\times3\times0.1\times5=4.5（m^3）$

$J-4$：$2.1\times2.1\times0.1\times2=0.88（m^3）$

$\sum_{\text{独立基础垫层}}=V_1+V_2+V_3+V_4=14.82（m^3）$

（十四）地面砼垫层 C10（160 厚）

548.16 $m^2\times0.16$ m $=87.71（m^3）$

（十五）现浇矩形框架柱计算

室外自然地坪标高（-0.2 m）以下独立柱砼：（计算基础回填时扣除）

$KZ_1（400\times500）$：$V_1=0.4\times0.5\times(2-0.5-0.2)\times4=1.04（m^3）$

KZ_2：$V_2=0.4\times0.5\times(2-0.6-0.2)\times12=2.88（m^3）$

$KZ_3（500\times500）$：$V_3=0.5\times0.5\times(2-0.7-0.2)\times5=1.38（m^3）$

$KZ_4（400\times400）$：$V_4=0.4\times0.4\times(2-0.5-0.2)\times2=0.42（m^3）$

故 $\sum V_{柱}=V_1+V_2+V_3+V_4=5.72（m^3）（V_{下埋}）$

现浇砼框架柱：C25/40/32.5

除①/⑥轴-⑦轴交Ⓑ、Ⓒ轴（楼梯间）标高为基础顶至 13.3 m，其余柱标高均为基础顶至

10.00 m。

$KZ-1(400×500)(J-1)Ⓐ,①轴(柱高):h=10+1.5=11.5(m)$

$$V_1=0.4×0.5×11.5×3=6.9(m^3)$$

楼梯间 $V_1=0.4×0.5×(13.3+1.5)×1=2.96(m^3)$

$KZ-2(400×500)(J-2)$:柱高 $h=10+1.4=11.4(m)$

$$V_2=0.4×0.5×11.4×11 个=25.08(m^3)$$

Ⓑ,⑦楼梯间:$V_2=0.4×0.5×(13.3+1.4)×1=2.94(m^3)$

$KZ-3(500×500)$:高 $h=10+1.3=11.3(m)$

$$V_3=0.5×0.5×11.3×5=14.13(m^3)$$

$KZ-4(400×400)$:高 $h=13.3+1.5=14.8(m)$

$$V_4=0.4×0.4×14.8×2=4.74(m^3)$$

现浇砼框架柱:$\sum V_柱(C25 砼)=56.75(m^3)$

(已含-0.2 m 以下的柱子)

(十六) 现浇钢筋 C25 砼独立基础钢筋工程量计算(50 mm 厚保护层)

$J-1$:±12@150:$(2-0.05×2)×(\dfrac{2-0.05×2}{0.15}+1)×2×4=212.8(m)$

$J-2$:±12@150:$(2.3-0.05×2)×(\dfrac{2.3-0.05×2}{0.15}+1)×2×12=844.8(m)$

$J-3$:±14@150:$(2.8-0.05×2)×(\dfrac{2.8-0.05×2}{0.15}+1)×2×5=513(m)$

$J-4$:±12@150:$(1.9-0.05×2)×(\dfrac{1.9-0.05×2}{0.15}+1)×2×2=93.6(m)$

重量合计:±12:1 151.2 m×0.006 17×12²=1 022.818(kg)

±14:513 m×0.006 17×14²=620.381 (kg)

(十七) 独立基础模板(九夹板、木支撑)

$J-1$:$S_1=(2+2)×2×0.3×4=9.6(m^2)$

$J-2$:$S_2=2.3×4×0.3×12=33.12(m^2)$

$J-3$:$S_3=2.8×4×0.4×5=22.4(m^2)$

$J-4$:$S_4=1.9×4×0.3×2=4.56(m^2)$

故 $\sum S_模=S_1+S_2+S_3+S_4=69.68(m^2)$

(十八) 独立基础垫层模板(木模板、木支撑)

$J-1$:$S_1=2.2×4×0.1×4=3.52(m^2)$

$J-2$:$S_2=2.5×4×0.1×12=2(m^2)$

$J-3$:$S_3=3×4×0.1×5=6(m^2)$

$J-4$:$S_4=2.1×4×0.1×2=1.68(m^2)$

故 $\sum S_垫=S_1+S_2+S_3+S_4=13.2(m^2)$

(十九) 墙基防潮层

(1) 外墙基防潮层长:$105-0.4×15-0.5×6=96(m)$

(2) 内墙基防潮层长:240 墙:85.675 m;120 墙:6.32 m

防潮层量:$S_防=(96+85.675)×0.24+6.32×0.12=44.35(m^2)$

(二十) 有梁板混凝土(C25/40/32.5)计算

$V_{有梁板} = V_{板} + V_{梁}(夹层)$

①-② Ⓐ-Ⓒ板

$S_{板} = (16+0.25) \times (6 \times 0.25) - (1-0.125) \times (8.5-) - (1-0.125) \times 2.5 - (0.4 - 0.5 \times 5 + 0.5 \times 0.5) = 90.9(m^2)$

$V_{板} = S_{板} \times 0.1 = 90.9(m^3)$

$V_{梁}$: ①轴 KL-4

①和②轴 $V = (16-0.375 \times 2-0.5) \times (0.25 \times 0.65) \times 2 = 4.79(m^3)$

次梁 L-2(2) $V = (16-0.25 \times 2) \times 0.25 \times 0.4 = 1.55(m^3)$

Ⓐ-ⒸKL-1 $V = (6-0.275-0.2) \times 0.25 \times 0.5 \times 2 = 1.369(m^3)$

Ⓑ轴 $V = (6-0.275-0.25) \times 0.25 \times 0.5 = 0.684(m^3)$

L-1(1) $V = (4.88-0.25) \times 0.25 \times 0.3 = 0.347(m^3)$

$V = (6-0.25 \times 2) \times 0.25 \times 0.3 = 0.413(m^3)$

$\sum V_{梁} = 9.153\ m^3$

夹层 $V_{有梁板} = 9.09 + 9.153 = 18.243(m^3)$

一层

$V_{板} = [(16+0.125 \times 2) + (36+0.125 \times 2) - (3.2-0.25) \times (6.4-0.25) - (3.4 - 0.25) \times (7.5-0.25) - 0.4 \times 0.5 \times 4 - 0.4 \times 0.5 \times 12 - 0.5 \times 0.5 \times 5 - 0.4 \times 0.7 \times 9 - 0.3 \times 0.3 \times 5] \times 0.1 = 54.331(m^3)$

$V_{梁}$

① 轴: $(16-0.375 \times 2-0.5) \times 0.65 \times 0.25 = 2.397(m^3)$

② 轴: $(16-0.375 \times 2-0.5) \times 0.65 \times 0.25 = 2.397(m^3)$

③轴④轴⑤轴⑥轴⑦轴都为 2.397 m³

①/②轴: $(6.4-0.25) \times 0.35 \times 0.25 = 0.538(m^3)$

①/⑥轴: $(16-0.275-0.125-0.4) \times 0.4 \times 0.25 = 1.52(m^3)$

A 轴: $(36-0.275 \times 2-0.4 \times 5) \times 0.5 \times 0.25 = 4.181(m^3)$

L-6(1): $(16-0.25) \times 0.4 \times 0.25 = 0.575(m^3)$

L-7(5): $(2.8+6 \times 3+2.6-0.25 \times 5) \times 0.4 \times 0.25 = 2.215(m^3)$

L-3(2): $(3.4-0.25) \times 0.3 \times 0.25 \times 2 = 0.473(m^3)$

L-4(6): $(36-0.25 \times 7) \times 0.4 \times 0.25 = 3.425(m^3)$

Ⓑ轴: $(36-0.275 \times 2-0.5 \times 5-0.4) \times 0.5 \times 0.25 = 4.069(m^3)$

L-2(6): $(36-3.4-0.25 \times 6) \times 0.4 \times 0.25 = 3.11(m^3)$

$\sum V_{梁} = 41.014(m^3)$

$V_{有梁板} = 54.331 + 41.014 = 95.345(m^3)$

二层

$V_{板} = [(36+0.25) \times (16+0.25) - (7.5-0.25) \times (3.4-0.25-0.8-2.4-1.25-0.32) \times 0.12 = 67.381(m^3)$

$V_{梁}$

① 轴：$(16-0.375\times2-0.5)\times0.65\times0.25=2.397(m^3)$

②③④⑤⑥⑦轴都为 $2.397(m^3)$

①/⑥轴：$(7.5-0.275\times2)\times0.65\times0.25=1.129(m^3)$

$L_1(4)$：$(2.98-0.25)\times0.3\times0.25\times4=0.819(m^3)$

Ⓐ轴：$(36-0.275\times2-0.4\times5)\times0.5\times0.25=4.181(m^3)$

$L-5(6)$：$(36-0.25\times6)\times0.4\times0.25=3.45(m^3)$

Ⓑ轴：$(36-0.275\times2-0.5\times5-0.4)\times0.5\times0.25=4.069(m^3)$

$L-2(6)$：$(36-3.4-0.25\times6)\times0.4\times0.25=3.11(m^3)$

③ 轴：$(36-0.275\times2-0.4\times6)\times0.5\times0.25=4.131(m^3)$

$L-4(2)$：$(12-0.25\times2)\times0.4\times0.25=1.15(m^3)$

$\sum V_{梁}=38.818\ m^3$

$V_{有梁板}=106.199\ m^3$

标高 13.25m 的屋面

$V_{板}=[(17.5+0.25)\times(3.4\times0.25)-(0.4\times0.5+0.4\times0.4)\times2]\times0.12=3.308(m^3)$

$V_{梁}$

Ⓑ轴：$(3.4-0.275\times2)\times0.5\times0.25=0.356(m^3)$

Ⓒ轴：$0.356\ m^3$

$L-3(1)$：$(3.4-0.25)\times0.4\times0.25=0.315(m^3)$

①/⑥轴：$(7.5-0.275\times2)\times0.65\times0.25=1.129(m^3)$

⑦ 轴：$(7.5-0.375\times2)\times0.65\times0.25=1.097(m^3)$

$V_{有梁板}=6.561\ m^3$

$\sum V_{有梁板}=18.243+95.345+106.199+6.561=223.095(m^3)$

(二十一)有梁板模板(九夹板、木支撑)

$S=S_{板}+S_{梁}$

夹层：$S_{板}=90.9\ m^2$

$S_{梁}$

① 轴：$(16-0.375\times2-0.5)\times(0.75+0.65)-0.25\times0.3\times2=20.65-0.15=20.5(m^2)$

② 轴：$(8.5-0.5)\times0.75\times2+(7.5-0.375\times2)\times10.75+0.65-(1.38-0.375)\times0.1-(3.495-0.125-0.375)\times0.1-1.25\times3=20.974(m^2)$

$L-2(2)$：$(8.5-0.25)\times(0.75+0.65)+(7.5-0.25)\times0.65+2.5\times0.1-0.25\times0.3\times3-0.25\times0.5\times2=20.5(m^2)$

$KL-1(1)$：$(4.88-0.125-0.275)\times(6+0.5)+(1-0.2-0.125\times0.6\times2+0.1\times0.25=5.763(m^2)$

$L-1(1)$：$(4.88-0.125\times2)\times0.3\times2\times2+(1-0.25)\times(0.3+0.4)=6.081(m^2)$

$KL-2(1)$：$(4.88-0.25)\times0.25\times2+0.25\times0.1=4.655(m^2)$

$\sum S_{梁}=78.473\ m^2$

$S_{模}=90.9+78.473=169.373(m^2)$

一层

$S_{板}=543.312\ m^2$

$S_{梁}$：

① 轴：$(16-0.375\times2-0.5)\times(0.75+0.65)-0.25\times0.4\times3=20.35(m^2)$

② 轴：$(16-0.375\times2-0.5)\times0.65\times2-0.25\times0.4\times5-0.25\times0.3=18.6(m^2)$

①/②轴：$(6.4-0.25)\times0.35\times2-0.25\times3-0.25\times0.35=4.142(m^2)$

③ 轴：$(16-0.375\times2-0.5)\times0.65\times2-0.25\times0.4\times6=18.575(m^2)$

④⑤⑥轴都为 $18.575\ m^2$

①/⑥轴：$(16-0.125-0.375-0.4)\times0.4\times2-0.25\times0.4\times4-0.25\times0.3\times3$
$=11.455(m^2)$

⑦ 轴：$(16-0.375\times2-0.5)\times(0.75+0.65)-0.25\times0.3\times3-0.25\times0.4=20.325$
(m^2)

L-6(1)：$(6-0.25)\times0.4\times2=4.6(m^2)$

L-7(5)：$(2.8+6\times3+2.6-0.25\times5)\times0.4\times2=17.72(m^2)$

L-3(3)：$(3.4-0.25)\times0.3\times2\times2=3.78(m^2)$

Ⓐ轴：$(36-0.275\times2-0.4\times5)\times(0.6+0.5)-0.25\times0.35-0.25\times0.4=36.607$
(m^2)

Ⓑ轴：$(36-0.275\times2-0.5\times5-0.4)\times0.5\times2=32.825(m^2)$

L-4(6)：$(36-0.25\times7)\times0.4\times2-0.3\times0.25=27.325(m^2)$

L-2(6)：$(36-3.4-0.25\times6)\times0.4\times2=24.88(m^2)$

Ⓒ轴：$(36-0.275\times2-0.4\times6)\times(0.6+0.5)=36.355(m^2)$

$\sum 梁=333.264\ m^2$

$S_{模}=543.312+333.264=876.576(m^2)$

二层

$S_{板}=561.455\ m^2$

$S_{梁}$

① 轴：$(16-0.375\times2-0.5)\times(0.75+0.65)-0.25\times0.5\times2=20.4(m^2)$

② 轴：$(16-0.375\times2-0.5)\times0.65\times2-0.25\times0.5\times4=18.675(m^2)$

③ 轴：$=18.675\ m^2$

④ 轴：$(16-0.375\times2-0.5)\times0.65\times2-0.25\times0.5\times4-0.25\times0.4=18.575(m^2)$

⑤ 轴：$(16-0.375\times2-0.5)\times0.65\times2-0.25\times0.5\times4-0.25\times0.4\times2=18.475(m^2)$

⑥ 轴：$18.575\ m^2$

①/⑥轴：$(7.5-0.275\times2)\times0.65\times2-0.25\times0.4\times2=8.835(m^2)$

⑦ 轴：$(16-0.375\times2-0.5)\times(0.75+0.65)-0.25\times0.4\times2=20.45(m^2)$

Ⓐ轴：$(36-0.275\times2-0.45\times5)\times(0.6+0.5)=36.795(m^2)$

L-5(6)：$(36-0.25\times6)\times0.4\times2-0.25\times0.3\times4=27.3(m^2)$

L-4(2)：$(12-0.25\times2)\times0.4\times2-0.25\times0.3\times4=8.9(m^2)$

Ⓑ轴:$(36-0.275×2-0.4-0.5×5)×0.5×2=32.55(m^2)$

L-2(6):$(36-0.275×2-0.4-0.5×5)×0.5×2=32.55(m^2)$

Ⓒ轴:$(36-0.275×2-0.4×6)×(0.6+0.5)=36.355(m^2)$

楼梯部分模板:

$[(7.5-0.25)×2+3.4-0.25]×0.1=1.765(m^2)$

$\sum 梁=311.205\ m^2$

$S_{模}=561.455+311.205=872.66(m^2)$

标高 13.25m 屋面

$S_{板}=27.568\ m^2$

Ⓑ轴:$(3.4-0.275×2)×0.5×2=2.85(m^2)$

Ⓒ轴:$(3.4-0.275×2)×0.5×2=2.85(m^2)$

L-3(1):$(3.4-0.25)×0.4×2=2.52(m^2)$

Ⓒ轴:$(7.5-0.275×2)×(0.65+0.75)-0.25×0.4=9.63(m^2)$

⑧轴:$(7.5-0.275×2)×(0.65+0.75)-0.25×0.4=9.35(m^2)$

$S_{梁}=27.2\ m^2$

$S_{模}=27.568+27.2=54.768(m^2)$

$\sum S_{有梁板模板}=169.373+876.576+872.66+54.768=1\ 973.377(m^2)$

(二十二) 现浇矩形柱模板

KZ-1

$S_1=(0.4+0.5)×2×(9.95+1.5)-(0.25×0.75+0.25×0.6)×3×2=39.195(m^2)$

$S_2=(0.4+0.5)×2+(13.3+1.5)-(0.25×0.75+0.25×0.6)×2=25.965(m^2)$

$S_3=(0.4+0.5)×2+(9.95+1.5)-(0.25×0.75+0.25×0.6)×2=19.935(m^2)$

KZ-2

$S_1=(0.4+0.5)×2+(9.95+1.4)-(0.25×0.75+0.25×0.6+0.25×0.75)×3=18.855(m^2)$

$S_2=[(0.4+0.5)×2×(9.95+1.4)-(0.25×0.6+0.25×0.75+0.25×0.6)×3]×2=37.935(m^2)$

$S_3=[(0.4+0.5)×2×(9.95+1.4)-(0.25×0.6+0.25×0.75+0.25×0.6)×2]×8=155.64(m^2)$

$S_4=[(0.4+0.5)×2×(13.3+1.4)-(0.25×0.6+0.25×0.75×2)×2=25.41(m^2)$

KZ-3

$S_1=(0.5+0.5)×2×(9.95+1.3)-(0.25×0.6×2+0.25×0.75×2)×3=20.475(m^2)$

$S_2=[(0.5+0.5)×2×(9.95+1.3)-(0.25×0.6×2+0.25×0.75×2)×2]×4=84.6(m^2)$

KZ-4

$S_1=(0.4+0.4)×2×(13.3+1.5)-(0.25×0.6×2+0.25×0.5)×2=22.83(m^2)$

$S_2=(0.4+0.4)×2×(13.3+1.5)-(0.25×0.6×2+0.25×0.5+0.25×0.75)=$

22.455(m²)

$$\sum S_{柱模}=473.295 \text{ m}^2$$

(二十三) 构造柱模板

$S=101.61 \text{ m}^2$

(二十四) 楼梯

楼梯 2(LT-2)工程量计算

(1) 层高±0.000~2 mⒸ~Ⓑ

$S_1=1.58×(3.08+2.18)=8.31(\text{m}^2)$

(2) 层高 2 m~4 m Ⓑ~Ⓒ

$S_2=1.58×(2+3.08+2.18)=11.47(\text{m}^2)$

(3) 层高 4 m~6 m Ⓒ~Ⓑ

$S_3=1.58×(2+3.08+0.25)=8.42(\text{m}^2)$

(4) 层高 6 m~8 m Ⓑ~Ⓒ

$S_4=S3=8.42 \text{ m}^2$

(5) 层高 8 m~10 m Ⓒ~Ⓑ

$S_5=1.58×(2+3.08+0.25)=8.42(\text{m}^2)$

$S_{楼梯2}=45.04 \text{ m}^2$

$$\sum S_{楼梯}=S_{楼梯1}+S_{楼梯2}=68.21(\text{m}^2)$$

(楼梯清单工程量 68.21 m²,综合单价组价含 68.21 m² 找平。)

(二十五) 雨篷

YP-1:$S=4×1.5×4=24(\text{m}^2)$

二层平面 YP-1:$S=8×1.5=12(\text{m}^2)$

YP-2:$S=2.5×1.2×2=6(\text{m}^2)$

YP-2:$S=4.9×1.2=5.88(\text{m}^2)$

屋顶平面 YP-2:$S=2.5×1.2×2=6(\text{m}^2)$

(1) 雨篷砼 $S=53.88 \text{ m}^2$

A4-50 换:$255.51+1.07×(181.21-167.97)=269.677(元/10 \text{ m}^2)$

直接费:$53.88×26.9677=1\ 453.02(元)$

(2) S雨篷模板$=53.88 \text{ m}^2$

A10-119:46.686 元/10 m²

直接费:$53.88×46.686=2\ 515.44(元)$

(3) 粉刷水泥砂浆:(1:3 水泥砂浆)

顶面:$S=53.88×1.2=64.656(\text{m}^2)$

底面:$S=53.88$

$$\sum S=118.536 \text{ m}^2(并入天棚)$$

B3-3 天棚粉刷:$937.29+0.72×(157.3-184.03)=918.0444(元/100 \text{ m}^2)$

直接费:$118.536×9.180444=1\ 088.21(元)$

（二十六）散水

散水（600mm 宽）：

A - C 轴：

$S_{散}=[36.24-(4.9+0.6+4)+36.24-(4\times3+1.9+0.6)]\times0.6=29.268(m^2)$

①-②轴：

$S_{散}=[16.24+0.6\times2)\times2-(10.175+1.9+0.6)]\times0.6=13.323(m^2)$

$\sum S_{散}=42.41\ m^2$

（二十七）台阶

$S_{台}=(1.9+0.3\times2)\times(1.4+0.3)\times2-1.3\times1.1\times2=5.64(m^2)$

②-③：$S_{台}=(4.9+0.3\times2)\times(1.4+0.3)-4.3\times1.1=4.62(m^2)$

$\sum S_{台}=10.26\ m^2$

（二十八）斜坡

斜坡（1.8 m 宽）

$\sum S_{坡}=4\times1.8\times4+10.175\times1.8=47.12(m^2)$

（二十九）现浇构件钢筋

(1) A10 内：26.32 t

(2) B20 内：19.86 t

(3) B20 外：7.8 t

（三十）屋面防水

(1) 屋面防水层

a. 平面

$(36-0.24)\times(16-0.24)-3.4\times7.5+(3.4+0.24)\times(7.5+0.24)=566.26(m^2)$

b. 上翻

$(16-0.24)\times0.42+(8.5-0.24)\times0.42=10.09(m^2)$

$(36-0.240\times0.31+(32.6-0.24)\times0.31=21.12(m^2)$

楼梯：$(7.5-0.24)\times0.37=2.7(m^2)$

$(3.4+0.24)\times0.37=1.35(m^2)$

c. 雨篷 $S=53.88\ m^2$

屋面 $\sum S_{防水}=566.26+10.09+21.12+1.35+2.7+53.88=655.4(m^2)$

屋面找平层：620.14 m^2

(2) PVC 水落管：$10.2\times7=71.4(m)$

(3) PVC 水斗 7 只

屋面防水清单工程量 655.4 m^2，综合单价组价含 620.14 m^2 找平层

（三十一）屋面炉渣保温层：$V=566.26\ m^2\times0.11\ m=62.29\ m^3$

屋面保温层清单工程量 566.26 m^2

（三十二）脚手架工程量

(1) 独立柱脚手架（500×500）（双排外架钢管）（-0.2～10 m）

$S=(0.5\times4+3.6)\times(10+0.2)\times5=285.6(\text{m}^2)$

①/⑥轴

$S=(0.4\times4+3.6)\times(13.3+0.2)=70.2(\text{m}^2)$

独立柱脚手架工程量小计 355.8 m²

（2）外脚手架计算（单排外架钢管）

$S_{外架}=(36.24+16.24)\times2\times(11+0.2)+(7.5+0.24+3.4+0.24)\times2.9+(7.5+3.4)\times3.9=1\,252.064(\text{m}^2)$

（3）内脚手架计算

（一层）$S_{内}=L_{净}\times h_{净}$

①-② ⑧轴

$S=(6-0.275-0.5)\times(4-0.6)=18.615(\text{m}^2)$

①-②轴Ⓐ-Ⓒ

$S=(16-0.375\times2-0.5-0.24)\times(6-0.75\times2)=65.295(\text{m}^2)$

①/②轴Ⓐ-Ⓑ

$S=6.4\times(6-0.45)+3.2\times(6-0.4)=53.44(\text{m}^2)$

⑦轴Ⓐ-Ⓑ

$S=(8.5-0.375-0.125)\times(6-0.75)=42(\text{m}^2)$

①/⑥轴 A-C

$S=(16-0.275-0.12-0.4)\times(6-0.5)=83.627\,5(\text{m}^2)$

⑧轴②-⑦轴

$S=(30-0.275-0.25-0.5\times4-0.4)\times(6-0.6)=146.205(\text{m}^2)$

里脚手架 $\sum S=39.351$ m²

单排内脚手架 $\sum S=427.855$ m²

二层脚手架计算

②轴

$S=(16-0.375\times2-0.5)\times(4-0.75)=47.937\,5(\text{m}^2)$

①/②轴

$S=(6.4-0.24)\times(4-0.12)=23.900\,8(\text{m}^2)$

⑦轴Ⓑ-Ⓒ

$S=(7.5-0.375\times2)\times(4-0.75)=21.937\,5\times2=43.875(\text{m}^2)$

④轴Ⓐ-Ⓑ

$S=(6.4-0.12-0.375)\times(4-0.75)=19.191\,25(\text{m}^2)$

Ⓒ轴Ⓐ-Ⓑ

$S=(6.4-0.12-0.375)\times(4-0.75)=19.191\,25(\text{m}^2)$

①/⑥轴Ⓐ-Ⓑ

$S=(6.4-0.24)\times(4-0.12)=23.901(\text{m}^2)$

①/⑥轴Ⓑ-Ⓒ

$S=(7.5-0.275\times2)\times(4-0.75)=22.587\,5(\text{m}^2)$

①/⑥-⑦

$S=(3.4-0.12-0.06)\times(4-0.12)\times2=24.987\ 2(m^2)$

$S=(30-0.24)-(4-0.12)=115.468\ 8(m^2)$

Ⓑ轴

$S=(30-0.25-0.275-0.5\times4-0.4)\times(4-0.6)=92.055(m^2)$

里脚手架 $S=244.84\ m^2$

单排内脚手架 $S=188.258\ m^2$

(4) 脚手架工程量统计

里脚手架 $S=284.35\ m^2$

单排外脚手架：$S=1\ 868.18\ m^2$

其中：$S_{外}=1\ 252.064\ m^2$

$S_{内}=616.113\ m^2$

独立柱双排外脚手架 $S=355.8\ m^2$

(三十三) 装饰满堂脚手架

一层平面图

(1) 标高±0.000-6 m

②-①/⑥、Ⓐ-Ⓒ、①/⑥-⑦、Ⓐ-Ⓑ

a. 工程量：$S=(26.6-0.24)\times(16-0.24)+(3.4-0.24)\times(8.5-0.24)-26.36\times0.24-8.26\times0.24-9.36\times0.24-3.16\times0.12\times2-(3.2-0.24)\times(6.4-0.24)=411.99(m^2)$

b. 套价：

基本层：B9-12,增加1层：B9-13

直接工程费$=411.99\times(5.1354+1.6776)$元$/m^2=2\ 806.863\ 3$(元)

(2) 夹层、0.000-4 m

① 工程量：基本层：$S=(6-0.24)\times(16-0.24)-(6-0.24)\times0.24\times2=88.013(m^2)$

② 套价：基本层 B9-12

直接工程费$=88.013\times5.135\ 4=451.982$(元)

③ ±0.000-13.3 m

①/⑥-⑦、Ⓑ-Ⓒ，

增加层$=(13.3-5.2)/1.2=7$层

a. 工程量：$S=(3.4-0.24)\times(7.5-0.24)=22.94(m^2)$

b. 套价：B9-12,B9-13×7

直接工程费$=22.94\times(5.135\ 4+1.677\ 6\times7)=387.195\ 1$(元)

④ LT-1,②-1/2,标高(±0.000-10)m

增加层$=(10-5.2)/1.2=4$层

$S=(3.2-0.24)\times(6-0.24)=18.233\ 6(m^2)$

二层平面图：

标高 6 m-10 m

Ⓐ-Ⓒ的①-②

$S_1=(6-0.24)\times(16-0.24)=90.777\ 6(m^2)$

(A)-(B)的②-⑦

$S_2=(30-0.24)\times(8.5-0.24)-(30-0.24)\times0.24-(6.4-0.24)\times0.24\times2-9.36$
$\times0.24-(3.4-0.24)\times0.12\times2=232.713\,6(\text{m}^2)$

(A)-(C)的②-⑴/6

$S_3=(26.6-0.24)\times(7.5-0.24)-(7.5-0.24)\times0.24\times2=187.888\,8(\text{m}^2)$

故二层平面上：$\sum S_{\text{满堂}}=S_1+S_2+S_3=493.16(\text{m}^2)$

直接工程费$=18.233\,6\times(1.677\,6\times4+5.135\,4)=215.99(\text{元})$

二层工程量 $S=90.777\,6+232.713\,6+187.888\,8-18.233\,6=493.156\,4(\text{m}^2)$

直接工程费$=493.156\,4\times5.135\,4\text{元/m}^2=2\,532.555(\text{元})$

汇总：一层、二层基本层合计工程量

$\sum S=411.99+88.013+22.94+18.233\,6+493.16=1\,034.33(\text{m}^2)$

满堂脚手架工程计算表

序号	定额编号	项目名称	单位	工程量	基价(元)	合价(元)
1	B9-12(基本层)	满堂脚手架	m²	1 034.33	5.135 4	5 311.7
2	B9-13	满堂脚手架增加1层	m²	411.99	1.677 6	691.15
3	B9-13×4	满堂脚手架增加4层	m²	18.23	6.710 4	122.33
4	B9-13×7	满堂脚手架增加7层	m²	22.94	11.739 4	269.30
合计						6 394.48

（三十四）垂直运输费

工程量$=1\,202.25\text{ m}^2$

（三十五）装饰工程

地面

一层：①-②(A)-(C)

$S_{\text{找平}}=(6-0.24)\times(16-0.24)-(6-0.24)\times0.24\times2=88.013(\text{m}^2)$

$S_{\text{柱}}=(0.275-0.12)\times(0.375-0.12)\times3+(0.125-0.12)(0.25-0.12)+(0.2-0.12)(0.375-0.12)\times2+(0.25-0.12)(0.375-0.12)=0.193\,175(\text{m}^2)$

$S_{\text{铺地砖}}=88.013-0.193\,175+3\times0.24\times3+0.9\times0.24=92.14(\text{m}^2)$

(B)-(C)的②-⑴/6轴

$S_{\text{找平}}=(7.5-0.24)\times(26.6-0.24)=191.374(\text{m}^2)$

$S_{\text{柱}}=0.2\times(0.375-0.12)\times8+(0.2-0.12)\times(0.375-0.12)+(0.125-0.12)\times(0.275-0.12)+(0.25-0.12)\times0.375\times8+(0.25-0.12)\times(0.375-0.12)\times(0.275-0.12)=1.0(\text{m}^2)$

$S_{\text{地砖}}=191.374-1+3\times0.24\times2+1.5\times0.24=192.174(\text{m}^2)$

③-⑴/6轴

$S_{\text{找平}}=(20.6-0.24)\times(8.5-0.24)=168.173\,6(\text{m}^2)$

$S_{\text{柱}}=0.25\times(0.125-0.12)\times8+(0.125-0.12)\times(0.125-0.12)+(0.375-0.12)\times0.2\times8+(0.25-0.12)\times(0.125-0.12)=0.418(\text{m}^2)$

$S_{地砖}=168.173\,6-0.418+3\times0.24+0.9\times0.24=168.691\,5(m^2)$

Ⓐ-Ⓑ轴的②-③

$S_{找平}=(6-0.24)\times(8.5-0.24)-(3.2-0.24)\times0.24-(6.4-0.24)\times0.24=45.388\,8(m^2)$

$S_{柱}=(0.25-0.12)\times(0.125-0.12)\times2+(0.2-0.12)\times(0.375-0.12)\times2=0.042\,1(m^2)$

$S_{地砖}=45.389-0.042+1.5\times0.24\times0.2-0.28\times1.42=45.67(m^2)$

Ⓐ-Ⓒ的①/⑥-⑦轴

$S_{找平}=(3.4-0.24)\times(8.5-0.24)=26.1(m^2)$

$S_{柱}=(0.275-0.12)\times(0.125-0.12)\times2+(0.375-0.12)\times(0.275-0.12)=0.041\,1(m^2)$

$S_{地砖}=26.1-0.411-0.12\times(3.4-0.24)\times2+0.9\times0.24\times2=25.732\,5(m^2)$

Ⓑ-Ⓒ的①/⑥-⑦轴

$S_{找平}=(3.4-0.24)\times(7.5-0.24)=22.942(m^2)$

$S_{柱}=(0.275-0.12)\times(0.275-0.12)+(0.375-0.12)\times(0.275-0.12)+(0.275-0.12)\times2+(0.275-0.12)\times(0.375-0.12)=0.127\,1(m^2)$

$S_{地砖}=22.942-0.127\,1-0.397\,6+1.5\times0.24=22.777\,3(m^2)$

一层 $S_{找平}=541.99(m^2)$

与台阶连接处：$S=1.3\times1.1+4.3\times1.1=6.16(m^2)$

一层水泥砂浆找平层合计：548.15 m²

一层 S 铺地面砖＝552.15 m²（地面砖清单量548.15 m²，综合单价组价含找平548.15 m²，垫层87.71 m³）

二层：

Ⓐ-Ⓒ的①-②轴

$S_{找平}=(6-0.24)\times(16-0.24)-0.4\times0.7\times9-0.3\times0.3\times5=87.81(m^2)$

$S_{柱}=(0.275-0.12)\times(0.375-0.12)+(0.2-0.12)\times(0.375-0.12)+(0.275-0.12)+(0.2-0.12)\times(0.375-0.12)=0.241\,95(m^2)$

$S_{地砖}=90.777\,6-0.241\,95+1.5\times0.24\times2-0.4\times0.7\times9-0.3\times0.3\times5=88.286(m^2)$

Ⓑ-Ⓒ的Ⓑ-①/⑥轴

$S_{找平}=(22.6-0.24)\times(7.5-0.24)-0.24\times(7.5-0.24)\times2=187.89(m^2)$

$S_{柱}=(0.2-0.12)\times(0.375-0.12)\times5+(0.375-0.12)\times0.2\times4+(0.125-0.12)\times(0.275-0.12)+(0.25-0.12)\times(0.375-0.12)\times5+(0.375-0.12)\times2\times0.5+(0.125-0.12)\times(0.275-0.12)=0.728\,3(m^2)$

$S_{地砖}=187.89-0.728\,3+0.9\times0.24\times2+1.5\times0.24\times2=188.315(m^2)$

Ⓐ-Ⓑ轴的②-⑦

$S_{找平}=(8.5-0.24)\times(30-0.24)-0.24\times(30-0.24)-0.24\times(6.4-0.24)\times3-(6.4-1.58+0.25-0.12)\times(0.3-0.24)=219.59(m^2)$

$S_{柱}=0.25\times0.125\times0.12+(0.125-0.12)\times0.5\times4+(0.125-0.12)0.4+(0.275-0.12)\times(0.125-0.12)+(0.2-0.12)\times(0.375-0.12)+(0.375-0.12)\times0.4\times3+(0.2-0.12)\times(0.125-0.12)\times2+(0.275-0.12)\times(0.125-0.12)=0.353\,3(m^2)$

$S_{地砖}=219.59-0.353\,3-(6.4-0.24)\times0.12-(3.4-0.12-0.06)\times2+1.5\times0.24\times4+0.9\times0.12\times3=219.489(m^2)$

B-C 的 1/6-⑦轴

$S_{找平} = (3.4-0.24) \times (7.5-0.24) - (7.5-2.18+0.25-0.24) \times (3.4-0.24)$
$= 6.0988(m^2)$

$S_{柱} = (0.275-0.12) \times (0.275-0.12) + (0.375-0.12) \times (0.275-0.12)$
$= 0.06355(m^2)$

$S_{地砖} = 6.0988 - 0.06355 + 1.5 \times 0.24 = 6.4233(m^2)$

二层 $S_{找平} = 501.389(m^2)$

二层 $S_{地砖} = 502.54(m^2)$(地砖楼面清单量 524.33 m^2,综合单价组价含 524.33 m^2)

4.000 m 夹层的楼地面

$S_{找平} = (16-0.24) \times (6-0.24) - 2.5 \times 1 - 8.26 \times 1 = 80.02(m^2)$

标高为 13.3 m(楼梯间)

$S_{找平} = (7.5-0.24) \times (3.4-0.24) = 22.942(m^2)$

$S_{地砖} = 22.942\ m^2$

楼梯找平 $S = 68.21\ m^2$

楼梯地砖 $S = 68.21\ m^2$

汇总:楼地面水泥砂浆找平合计:1 220.71 m^2

楼地面地砖合计:1 077.63 m^2

楼梯地砖合计:68.21 m^2

屋面水泥砂浆找平:620.14 m^2

(三十六)外墙抹灰工程量

$S_{外粉} = L_{周长} \times H_{总高} - S_{门窗}$

$= (16.24+36.24) \times 2 \times (11+0.2) + [(7.5+0.24)+(3.4+0.24)] \times (13.9-11) + (7.5+3.4) \times 3.9 = 1251.064(m^2)$

$S_{门窗} = 3 \times 0.9 + 3 \times 3.6 + 3 \times 0.9 + 3 \times 3.6 + 1.5 \times 0.9 + 1.5 \times 2.7 + 3 \times 3.3 \times 2 + 0.9 \times 2.7 + 3 \times 0.9 \times 2 + 3 \times 2.4 \times 2 + 1.5 \times 0.9 + 1.5 \times 2.4 + 1.5 \times 0.9 + 1.5 \times 2.4 + 1.5 \times 0.9 + 1.5 \times 2.4 + (3 \times 0.9 + 3 \times 2.4) \times 3 + 1.5 \times 2.1 \times 2 + 2.4 \times 2.1 + 1.5 \times 2.7 + 2.4 \times 2.1 \times 2 + 1.5 \times 2.1 \times 10 + 1.5 \times 2.1 \times 2 + 1.5 \times 2.1 \times 10 + 1.5 \times 3 = 261.09(m^2)$

女儿墙内面 $S = (36-0.24) + (16-0.24) \times 2 - (7.5+3.4) = 92.1(m^2)$

外墙抹灰合计 $S = 1251.064 - 261.09 + 92.14 = 1082.114(m^2)$

(三十七)一层内墙粉刷

Ⓐ-Ⓒ的①轴

$S = (16-0.375 \times 2-0.5) \times (6-0.75 \times 2) - 0.24 \times (4-0.75) - 3 \times 3.3 \times 2 - 0.9 \times 2.7 = 43.365(m^2)$

Ⓐ-Ⓒ的②轴

$S_1 = (16-0.375 \times 2-0.5) \times (6-0.75 \times 2) - 0.24 \times (4-0.4) = 65.511(m^2)$

$S_2 = (16-0.375 \times 2-0.5) \times (6-0.75 \times 2) - 0.24 \times (6-0.4) = 65.031(m^2)$

①/②轴

$S = 6.4 \times (6-0.45) + (6.4-0.24) \times (6-0.45) = 69.708(m^2)$

②-①/②轴

$S=3.2\times(6-0.4)+(3.2-0.24)\times(6-0.4)=34.496(\mathrm{m^2})$

Ⓐ-Ⓑ的③轴

$S=(8.5-0.5)\times(6-0.75)=42(\mathrm{m^2})$

$S_{门}=0.9\times2.7\times2=4.86(\mathrm{m^2})$

$S_1=(S-S_{门})\times2=79.14(\mathrm{m^2})$

①/⑥轴

$S=(16-0.275-0.12-0.4)\times(6-0.5)+(16-0.275-0.12-0.4-0.24)\times(6-0.5)=165.935(\mathrm{m^2})$

$S_{门}=1.5\times2.7\times2=8.1(\mathrm{m^2})$

$S_1=S-S_{门}=157.835(\mathrm{m^2})$

Ⓐ-Ⓒ的⑦轴

$S=(16-0.375\times2-0.5-0.24)\times(6-0.75)=76.1775(\mathrm{m^2})$

$S_{洞}=3\times1.5=4.5(\mathrm{m^2})$

$S_1=S-S_{洞}=71.6775(\mathrm{m^2})$

卫生间:$S=(3.4-0.24)\times(6-0.1)\times4=745.576(\mathrm{m^2})$

$S_{门}=0.9\times2.1\times4=67.016(\mathrm{m^2})$

Ⓐ轴的①-②

$S=(6-0.275-0.2)\times(6-0.6\times2)=26.52(\mathrm{m^2})$

$S_{窗}=3\times0.9+3\times2.4=9.9(\mathrm{m^2})$

$S_1=S-S_{窗}=16.62(\mathrm{m^2})$

$S=(6-0.24)\times(4-0.4)=41.472(\mathrm{m^2})$

Ⓑ轴的①-②

$S=(6-0.275-0.25)\times(4-0.6)\times2=37.23(\mathrm{m^2})$

Ⓒ轴的①-②

$S=(6-0.275-0.2)\times(6-0.6\times2)=26.52(\mathrm{m^2})$

$S_{门}=3\times0.9+3\times3.6=13.5(\mathrm{m^2})$

Ⓐ轴的②-⑦

$S=(30-0.2-0.275-0.24\times2-0.4\times4)\times(6-0.6)=148.203(\mathrm{m^2})$

$S_{门窗}=1.5\times0.9+1.5\times2.7+1.5\times0.9+1.5\times2.7+3\times0.9\times3+3\times2.4\times2+3\times3.6+1.5\times0.9\times2+1.5\times2.4\times2=54(\mathrm{m^2})$

$S=S-S_{门窗}=94.203(\mathrm{m^2})$

Ⓑ轴②-⑦

$S=(30-0.25-0.5\times4-0.4-0.275)\times(6-0.6)\times2=292.41(\mathrm{m^2})$

Ⓒ轴的②-⑦

$S=(30-0.2-0.4\times5-0.275)\times(6-0.6)=148.635(\mathrm{m^2})$

$S_{门窗}=3\times0.9\times4+3\times3.6\times2+3\times2.4\times2+1.5\times0.9\times2+1.5\times2.4+1.5\times2.7=57.15(\mathrm{m^2})$

$S_1=S-S_{门窗}=91.485(\mathrm{m^2})$

一层粉刷 $S=1\,240.22\ \mathrm{m^2}$

二层：

Ⓐ-Ⓒ的①轴

$S=(16-0.375\times2-0.5)\times(4-0.12)=57.23(m^2)$

$S_{门窗}=1.5\times2.7=4.05(m^2)$

$S_1=S-S_{门窗}=53.18(m^2)$

Ⓐ-Ⓒ的②轴

$S_1=(16-0.375\times2-0.5)\times(4-0.12)=57.23(m^2)$

$S_2=(16-0.375\times2-0.5-0.24)\times(4-0.12)=56.2988(m^2)$

$S_门=1.5\times2.7\times2=8.1(m^2)$

$S=(S_1+S_2)-S_门=105.4288(m^2)$

Ⓐ-Ⓑ的⑴/⑵轴

$S=(6.4-0.24)\times(4-0.12)\times2=47.8016(m^2)$

Ⓑ-Ⓒ的③轴

$S=(7.5-0.375\times2)\times(4-0.12)\times2=52.38(m^2)$

Ⓐ-Ⓑ的④轴

$S=(6.4-0.12-0.375)\times(4-0.12)\times2=45.8228(m^2)$

Ⓑ-Ⓒ的④轴

$S=(7.5-0.375\times2)\times(4-0.12)\times2=52.38(m^2)$

Ⓐ-Ⓑ的⑥轴

$S=(6.4-0.12-0.375)\times(4-0.12)\times2=45.8228(m^2)$

Ⓐ-Ⓑ的⑴/⑹轴

$S_1=(6.4-0.24)\times(4-0.12)=23.9008(m^2)$

$S_1=(6.4-0.24\times2)\times(4-0.12)=22.9696(m^2)$

$S_门=0.9\times2.1\times3\times2=11.34(m^2)$

$S=(S_1+S_2)-S_门=35.5304(m^2)$

Ⓑ-Ⓒ的⑴/⑹轴

$S=(7.5-0.275\times2)\times(4-0.12)\times2=53.932(m^2)$

Ⓐ-Ⓒ的⑦轴

$S=(16-0.375\times2-0.5-0.24\times2)\times(4-0.12)=55.3676(m^2)$

$S_窗=1.5\times2.1\times2+2.4\times2.1=11.34(m^2)$

$S_1=S-S_窗=44.0276(m^2)$

Ⓐ轴①-⑦轴

$S=(36-0.275\times2-0.4\times5-0.24)\times(4-0.12)=128.8548(m^2)$

$S_窗=2.4\times2.1+1.5\times2.1\times10=36.54(m^2)$

$S_1=S-S_窗=92.3148(m^2)$

Ⓐ-Ⓑ的②-⑦

$S_1=(30-0.24-0.24\times3-0.12)\times(4-0.12)=112.2096(m^2)$

$S_2=(30-0.24)\times(4-0.12)=115.4688(m^2)$

$S_门=1.5\times2.7\times4\times2+2.7\times1.5\times2=40.5(m^2)$

$S=(S_1+S_2)-S_{门洞}=187.178\,4(m^2)$

Ⓑ轴②-⑦

$S_1=(30-0.25-0.275-0.5\times4-0.4)\times(4-0.12)=105.051(m^2)$

$S_2=(30-0.25-0.275-0.5\times4-0.4)\times(4-0.12)=105.051(m^2)$

$S_门=0.9\times2.7\times2\times2+1.5\times2.7\times3\times2=34.02(m^2)$

$S=(S_1+S_2)-S_门=176.082(m^2)$

Ⓒ轴①-⑦

$S=(36-0.275\times2-0.4\times6)\times(4-0.12)=128.234(m^2)$

$S_窗=2.4\times2.1+1.5\times2.1\times10=36.54(m^2)$

$S_1=S-S_窗=91.694(m^2)$

卫生间隔墙

$S=(3.4-0.12-0.06)\times(4-0.12)\times4=49.974\,4(m^2)$

$\sum S=1\,133.557\ m^2$

扣梁的粉刷

$S_1=(16-0.375\times2-0.5)\times(0.75-0.12)=9.292\,5(m^2)$

$S_2=(16-0.375\times2-0.5)\times(0.75-0.12)\times2=18.585(m^2)$

$S_3=(7.5-0.375\times2)\times(0.75-0.12)\times4=17.01(m^2)$

$S_4=(7.5-0.275\times2)\times(0.75-0.12)\times2=8.757(m^2)$

$S_5=(6.4-0.375-0.12)\times(0.75-0.12)\times2=7.440\,3(m^2)$

$S_6=S_5=7.440\,3(m^2)$

$S_7=(16-0.375\times2-0.5-0.48)\times(0.75-0.12)=8.990\,1(m^2)$

$S_8=(36-0.275\times2-0.4\times5)\times(0.6-0.12)=16.056(m^2)$

$S_9=(30-0.25-0.275-0.5\times4-0.4)\times(0.6-0.12)\times2=25.993(m^2)$

$S_{10}=(36-0.275\times2-0.4\times6)\times(0.6-0.12)=15.864(m^2)$

$S_梁=135.427\,2(m^2)$

二层粉刷为 $\sum S=998.129\,8\ m^2$

楼梯的内墙粉刷

①/6轴 $S_1=(3.3-0.75)\times(7.5-0.275\times2)=17.723(m^2)$

⑦轴 $S_2=(3.3-0.75)\times(7.5-0.375\times2)-2.4\times2.1=12.173(m^2)$

Ⓑ、Ⓒ轴①/6-⑦

$S=(3.3-0.6)\times(3.4-0.275\times2)\times2-1.5\times2.1\times2=9.09(m^2)$

$\sum S=38.986\ m^2$

内墙粉刷合计：$\sum S=2\,277.34(m^2)$

(三十八) 一层天棚粉刷

Ⓐ-Ⓒ的①-②轴

$S=(6-0.24)\times(16-0.24)-(6-0.24)\times0.24-(6-0.275-0.25)\times0.24+(16-$

$0.375 \times 2 - 0.5 - 0.25) \times 0.65 + (6 - 0.275 - 0.2) \times 0.5 \times 2 + (16 - 0.375 \times 2 - 0.5 - 0.25) \times 0.65 + (6 - 0.275 - 0.25) \times 0.5 \times 2 + (6 - 0.25) \times 0.3 \times 2 + (6 - 0.25) \times 0.3 \times 2 + (6 - 0.25) \times 0.4 \times 2 - [(0.375 - 0.125) \times (0.275 - 0.125) + (0.2 - 0.125) \times (0.375 - 0.125) + (0.5 - 0.25) \times (0.275 - 0.125) + (0.25 - 0.125) \times (0.375 - 0.125)] - 0.3 \times 0.25 \times 2 - 0.4 \times 0.25 \times 2 - 0.3 \times 0.25 \times 2 - 0.3 \times 0.25 - 0.4 \times 0.25 \times 2 = 128.475 (m^2)$

Ⓑ-Ⓒ的②-①/6轴

$S = (26.6 - 0.24) \times (7.5 - 0.24) + (7.5 - 0.375 \times 2) \times 0.65 + (7.5 - 0.275 \times 2) \times 0.4 + (26.6 - 0.25 - 0.125 - 0.5 \times 4) \times 0.5 + (26.6 - 0.2 - 0.125 - 0.4 \times 4) \times 0.5 + (26.6 - 0.25) \times 0.4 \times 2 + (7.5 - 0.375 \times 2) \times 0.65 \times 4 \times 2 - 0.4 \times 0.25 - 0.4 \times 0.25 \times 2 \times 4 - (0.2 - 0.125) \times (0.375 - 0.125) \times 9 - (0.25 - 0.125) \times (0.375 - 0.125) \times 9 = 277.82 (m^2)$

Ⓐ-Ⓑ的③-①/6轴

$S = (20.6 - 0.24) \times (8.5 - 0.24) + (20.6 - 0.2 - 0.4 \times 3 - 0.125) \times 0.5 + (20.6 - 0.25 - 0.5 \times 3 - 0.125) \times 0.5 + (8.5 - 0.375 - 0.125) \times 0.65 + (8.5 - 0.25) \times 0.65 + (20.6 - 0.25) \times 0.4 \times 2 + (20.6 - 0.25) \times 0.4 \times 2 + (8.5 - 0.5) \times 0.65 \times 2 \times 3 - 0.4 \times 0.25 \times 2 - 0.4 \times 0.25 \times 2 - (0.2 - 0.125) \times (0.375 - 0.125) \times 7 = 259.865 (m^2)$

Ⓐ-Ⓑ的①/6-⑦轴

$S = (3.4 - 0.24) \times (8.5 - 0.24) + (8.5 - 0.25) \times 0.4 + (8.5 - 0.5) \times 0.65 + (3.4 - 0.275 \times 2) \times 0.5 + (3.4 - 0.125 - 0.275) \times 0.5 + (3.4 - 0.25) \times 0.4 \times 2 + (3.4 - 0.25) \times 0.3 \times 4 - 0.3 \times 0.25 \times 4 - 0.4 \times 0.25 - (0.275 - 0.125) \times (0.375 - 0.125) = 43.3891 (m^2)$

Ⓑ-Ⓒ的①/6-⑦轴

$S = (2.3 - 0.24) \times (3.4 - 0.24) + (3.4 - 0.275 \times 2) \times 0.5 + (3.4 - 0.25) \times 0.3 \times 2 + (3.4 - 0.275 \times 2) \times 0.5 + (7.5 - 0.275 \times 2) \times 0.65 + (7.5 - 0.375 \times 2) \times 0.65 - 0.3 \times 0.25 \times 2 - (0.275 - 0.125) \times (0.275 - 0.125) \times 2 - (0.375 - 0.125) \times (0.275 - 0.125) \times 2 = 19.8846 (m^2)$

故一层天棚粉刷为 $S = 781.8 \, m^2$

洞口 $0.4 \times 0.7 \times 9 + 0.3 \times 0.3 \times 5 = 2.97 (m^2)$

一层 $S = 783.43 \, m^2$

二层天棚粉刷

Ⓐ-Ⓒ的①-②轴

$S = (16 - 0.24) \times (6 - 0.24) + (6 - 0.275 - 0.2) \times 0.48 \times 2 + (16 - 0.375 \times 2 - 0.5) \times 0.63 \times 2 + (6 - 0.25) \times 0.38 \times 2 + (6 - 0.275 - 0.25) \times 0.48 \times 2 + (6 - 0.25) \times 0.38 \times 2 - 0.38 \times 0.25 \times 2 \times 2 - (0.375 - 0.125) \times (0.275 - 0.125) \times 2 - (0.2 - 0.125) \times (0.375 - 0.125) - (0.25 - 0.125) \times (0.375 - 0.125) - (0.275 - 0.125) \times (0.375 - 0.125) - (0.2 - 0.125) \times (0.375 - 0.125) = 128.081 (m^2)$

Ⓑ-Ⓒ的②-①/6轴

$S = (26.6 - 0.24) \times (7.5 - 0.24) - (7.5 - 0.375 \times 2) \times 0.24 \times 2 + (7.5 - 0.375 \times 2) \times 0.63 + (7.5 - 0.375 \times 2) \times 0.63 + (7.5 - 0.375 \times 2) \times 0.63 \times 4 + (26.6 - 0.2 - 0.4 \times 4 - 0.2) \times 0.48 + (26.6 - 0.25) \times 0.38 \times 2 - 0.4 \times 0.25 \times 12 - (0.375 - 0.125) \times (0.2 - 0.125) \times 9 - (0.25 - 0.125) \times (0.375 - 0.125) \times 9 = 272.5966 (m^2)$

Ⓐ-Ⓑ的②-⑦轴

$S=(30-0.24)\times(8.5-0.24)-(30-0.25)\times0.24-(6.4-0.25)\times0.24\times3-(0.64-0.25)\times0.12-(3.4-0.06-0.125)\times0.12\times2+(8.5-0.5)\times0.63\times10+(30-0.25-0.275-0.5\times4-0.4)\times0.48+(30-0.2-0.275-0.4\times4)\times0.48+(30-0.25)\times0.38\times2+(12-0.25)\times0.38\times2+(3.4-0.25)\times0.28\times8-0.38\times0.25\times10-0.28\times0.25\times8-0.38\times0.25\times4-(0.2-0.125)\times(0.375-0.125)\times9-(0.375-0.125)\times(0.375-0.125)=346.3975(\text{m}^2)$

①/⑥-⑦轴

$S=(3.4-0.24)\times2.18+(3.4-0.275\times2)\times0.48\times2+(7.5-0.375\times2)\times0.63+(7.5-0.275\times2)\times0.63+(3.4-0.25)\times0.38\times2-0.38\times0.25\times2-(0.275-0.125)\times(0.275-0.125)\times2-(0.275-0.125)\times(0.375-0.125)\times2=23.1158(\text{m}^2)$

二层天棚粉刷 $S=769.83\ \text{m}^2$

夹层天棚粉刷：

$S=(16-0.24)\times(6-0.24)-(8.5-0.25)\times1-2.5\times1+(6-0.275-0.2)\times0.48\times2+(16-0.375\times2-0.5)\times0.63\times2+(4.88-0.25)\times0.28\times2+(6-0.25-0.275)\times0.48\times2+(6-0.25)\times0.28\times2+(16-0.25-0.275)\times0.48\times2+(6-0.25-0.275)\times0.24-0.28\times0.25\times2-0.38\times0.25\times2-0.38\times0.25-0.28\times0.25\times2-0.28\times0.25-0.28\times0.25-0.38\times0.25-(0.275-0.125)\times(0.375-0.125)\times2-(0.2-0.125)\times(0.375-0.125)\times2-(0.275-0.125)\times0.5-(0.25-0.125)\times0.5=123.21(\text{m}^2)$

标高为 13.25 m 天棚粉刷：

$S=(7.5-0.24)\times(3.4-0.24)+(7.5-0.375\times2)\times0.63+(7.5-0.275\times2)\times0.63+(3.4-0.275\times2)\times0.48+(3.4-0.275\times2)\times0.48+(3.4-0.25)\times0.38\times2-0.38\times0.25\times2-(0.275-0.125)\times(0.275-0.125)\times2-(0.275-0.125)\times(0.375-0.125)\times2=36.39(\text{m}^2)$

楼梯间粉刷：

$S=68.21\times1.3=88.673(\text{m}^2)$

故天棚粉刷 $\sum S=1712.86+88.673+118.536=1929.07(\text{m}^2)$

（三十九）现浇矩形柱抹灰

一层矩形柱粉刷：

Ⓐ-Ⓒ的①轴

$S=(0.275-0.12+0.375-0.12)\times(6-0.1-0.12)\times3+(0.275+0.125-0.24)\times(6-0.1-0.12)=8.0342(\text{m}^2)$

轴Ⓐ～Ⓒ

$S=(0.2+0.375-0.24)\times(6-0.1-0.12)+(0.2+0.375-0.24)\times(6-0.1)+(0.25+0.125-0.24)\times(6-0.1)+(0.25+0.375-0.24)\times(6-0.1)+(0.25+0.125-0.24)\times(6-0.1-0.12)+(0.25+0.375-0.24)\times(6-0.1-0.12)+(0.2+0.375-0.24)\times(16-0.1)+(0.2+0.375-0.24)\times(6-0.1-0.12)=13.8992(\text{m}^2)$

③轴Ⓐ～Ⓒ

$S=(0.4-0.24+0.375\times2-0.24)\times(6-0.1)+(0.5-0.24+0.125\times2-0.24+0.125\times2-0.24+0.5+0.375\times2-0.24)\times(6-0.1)+(0.4+0.375\times2-0.24)\times(6-0.1)=16.874(m^2)$

④轴Ⓐ~Ⓒ

$S=[(0.375\times2-0.24+0.4+0.5\times2+0.375\times2-0.24+0.125\times2-0.24+0.4+0.375\times2-0.24)]\times(6-0.1)=19.706(m^2)$

⑤、⑥和④轴一样

$S=19.706\ m^2$

轴Ⓑ~Ⓒ

$S=(0.4\times2-0.24\times2+0.4\times2-0.24\times2)\times(6-0.1)+(0.4-0.24+0.275\times2-0.24)\times(6-0.1)=6.549(m^2)$

⑦轴Ⓐ~Ⓒ

$S=(0.275+0.375-0.24+0.275+0.125-0.24)\times(6-0.1)=8.201(m^2)$

故 $\sum S=112.675\ m^2$

二层柱粉刷:

①轴Ⓐ~Ⓒ

$S=(0.275+0.375-0.24+0.275+0.375-0.12+0.125+0.275+0.375-0.24+0.275-0.12)\times(4-0.12)=6.324\ 4(m^2)$

②轴Ⓐ~Ⓒ

$S=(0.4-0.24+0.375\times2-0.24+0.5-0.24+0.5-0.24+0.5-0.24\times2+0.5+0.4-0.24+0.375\times2-0.24)\times(4-0.12)=9.234\ 4(m^2)$

③轴Ⓐ~Ⓒ

$S=(0.4+0.375\times2-0.24+0.5+0.5-0.24+0.125\times2-0.24+0.375\times2-0.24+0.4-0.24+0.375\times2-0.24)\times(4-0.12)=11.096\ 8(m^2)$

④轴Ⓐ~Ⓒ

$S=(0.4-0.24+0.375\times2-0.24+0.5+0.5-0.24+0.5\times2-0.24\times2+0.4-0.24+0.375\times2-0.24)\times(4-0.12)=10.165\ 6(m^2)$

⑤轴Ⓐ~Ⓒ

$S=(0.4+0.375\times2-0.24+0.5\times2+0.35\times2-0.24\times2+0.4+0.375\times2-0.24)\times(4-0.12)=12.959\ 2(m^2)$

⑥轴Ⓐ~Ⓒ

$S=(0.4-0.24+0.375\times2-0.24+0.5\times2+0.5\times2-0.24\times2+0.4+0.375\times2-0.24)\times(4-0.12)=12.028(m^2)$

1/6轴Ⓑ~Ⓒ

$S=(0.4+0.4-0.24+0.4\times2-0.24\times2+0.4-0.24+0.275\times2-0.24)\times(4-0.12)=5.238(m^2)$

⑦轴Ⓐ~Ⓒ

$S=(0.275+0.375-0.24+0.275\times2-0.24+0.5-0.24+0.275-0.12+0.375-$

$0.12)\times(4-0.12)=5.393\ 2(\mathrm{m}^2)$

二层 $\sum S=72.439\ 6\ \mathrm{m}^2$

标高 13.3 m 的柱

$S=(0.275\times6+0.375\times2-0.24\times4)\times3.3=4.752(\mathrm{m}^2)$

故所有柱的粉刷为 $\sum S=189.87\ \mathrm{m}^2$

(四十) 门窗量计算

变压器室钢门 $S=3\times3.3\times2=19.8(\mathrm{m}^2)$

平开钢大门 $S=3\times3.6\times4=43.2(\mathrm{m}^2)$

铝合金平开门 $S=1.5\times2.7\times9+1.5\times2.10.9\times2.7\times4=49.32(\mathrm{m}^2)$

乙级木质防火门 $S=1.5\times2.7\times3=12.15(\mathrm{m}^2)$

木门 $S=0.9\times2.1\times5=9.45(\mathrm{m}^2)$

铝合金窗 $S=1.5\times2.4\times3+1.5\times2.1\times23=83.25(\mathrm{m}^2)$

铝合金窗 $S=3\times2.4\times5+2.4\times2.1\times3=51.12(\mathrm{m}^2)$

百叶窗 $S=3\times0.9\times19+1.5\times0.9\times25=85.05(\mathrm{m}^2)$

门窗 $\sum S=353.34\ \mathrm{m}^2$

(四十一) 地砖踢脚线工程量

一层踢脚线贴面砖(0.15 m 高)

Ⓐ轴 $S=(36-0.24\times5)\times0.15=5.22(\mathrm{m}^2)$

Ⓑ轴 $S=(36-0.24\times3)\times0.15=5.292(\mathrm{m}^2)$

Ⓒ轴 $S=(36-0.24\times3)\times0.15=5.292(\mathrm{m}^2)$

①轴 $S=(16-0.24\times3)\times0.15=2.292(\mathrm{m}^2)$

②轴 $S=(16-0.24\times3)\times0.15\times2=4.584(\mathrm{m}^2)$

①/②轴 $S=(6.4+3.2)\times0.15\times2=2.88(\mathrm{m}^2)$

②轴 $S=(8.5-0.24)\times0.15\times2=2.478(\mathrm{m}^2)$

①/⑥轴 $S=(16-0.24\times2)\times0.15=2.328(\mathrm{m}^2)$

⑦轴 $S=(16-0.24\times3)\times0.15=2.292(\mathrm{m}^2)$

卫生间 $S=(3.4-0.24)\times4\times0.15=1.896(\mathrm{m}^2)$

门洞 $S=(3\times2-0.24\times4+0.9-0.24\times2+3\times3-0.24\times6+1.5-0.24\times2+1.5-0.24\times2+0.9\times2-0.24\times4+1.5+3-0.24\times2+1.5\times2-0.24\times4+0.9-0.24\times2)\times0.15=3.357(\mathrm{m}^2)$

一层合计:$42.062-3.357=38.71(\mathrm{m}^2)$

二层踢脚线

Ⓐ轴 $L=36-0.24\times5-0.12=34.68(\mathrm{m})$

Ⓐ～Ⓑ轴 $L=30-0.24\times4-0.12-1.5\times5=21.42(\mathrm{m})$

$L=30-0.24-1.5\times5=22.26(\mathrm{m})$

$L=(3.4-0.18)\times4=12.88(\mathrm{m})$

Ⓑ轴 $L=30-0.24\times4-1.5\times3-0.9\times2=22.74(\mathrm{m})$

$L=30-0.24-1.5\times3-0.9\times2=23.46(\mathrm{m})$

ⓒ轴 36－0.24×5＝34.8(m)

①轴 16－0.24－1,5＝14.26(m)

②轴 16－0.24－1.5＝14.26(m)

16－0.24×3－1.5＝13.78(m)

⑴⁄₂轴(6.4－0.24)×2＝12.32(m)

③-⑥轴(7.5－0.24)×6＝43.56(m)

(6.4－0.24)×4＝24.64(m)

⑴⁄₆轴 6.4－0.24－0.9×3＝3.46(m)

6.4－0.9×3－0.24×2＝3.22(m)

⑦轴 16－0.24×4＝15.04(m)

门：0.24×2×15＝7.2(m)

二层合计：346.44×0.15＝51.97(m²)

楼梯：(3.2－0.24)×2＋1.58×2＋1.5×2－1.5＋1.58×2＋3.2－0.24＝16.7(m)

2.18×2×3＋(3.4－0.24)×3－1.5×2＋0.24×2＋2.0×4＋(3.4－0.24)×2
＝34.36(m)

3.08×8×1.15＝28.34(m)

楼梯合计：(16.7＋34.36＋28.34)×0.15＝11.91(m²)

总踢脚线合计：$\sum S$＝102.59 m²

B1－91 基价：56.616 6 元/ m²

直接费：56.616 6×102.59 m²＝5 808.30(元)

(四十二) A10－62×3 矩形柱模板超高工程量

348.17 m²×3.188 4 元/m²＝1 110.11(元)

(四十三) A10－115×3 有梁板模板超高工程量

876.576 m²×6.457 5 元/m²＝5 660.49(元)

表 10-1-1　工程预(结)算表

工程名称：公用工程楼　　　　　　　　　　　　　　　　建筑面积：1 205.25 m²

序号	定额编号	项目名称	单位	数量	单价(元) 单价	单价(元) 工资	总价(元) 总价	工资
		第一章、土(石)方工程					26 648.51	24 961.31
1	A1－1	人工平整场地	100 m²	8.145	238.53	238.53	1 942.83	1 942.83
2	A1－18	人工挖沟槽三类土深度2 m内	100 m³	4.231	1 469.22	1 469.22	6 216.27	6 216.27
3	A1－27	人工挖基坑三类土深度2 m内	100 m³	6.235	1 647.12	1 647.12	10 269.79	10 269.79
4	A1－181	回填土方夯填	100 m³	8.88	832.96	642.96	7 396.68	5 709.48
5	A1－191	人工运土方运距20 m内	100 m³	1.586	518.88	518.88	822.94	822.94
		第三章、砌筑工程					70 784.17	14 895.32

(续表)

序号	编号	项目名称	单位	数量	单价(元)		总价(元)	工资
					单价	工资	总价	
6	A3-1	砖基础	10 m³	5.619	1 729.71	301.74	9 719.24	1 695.48
7	A3-8	混水砖墙1/2砖	10 m³	0.869	1 946.51	499.14	1 691.52	433.75
8	A3-10	混水砖墙1砖	10 m³	30.682	1 823.52	398.56	55 949.24	12 228.62
9	A3-41	砌体钢筋加固	t	0.92	3 721.92	584.21	3 424.17	537.47
		第四章、混凝土及钢筋混凝土工程					301 444.5	34 325.53
10	A4-13	C10混凝土地面垫层	10 m³	8.771	1 754.06	309.26	15 384.86	2 712.52
11	A4-13换	混凝土垫层·C15140/32.5	10 m³	2.149	1 942.26	371.11	4 173.92	797.52
12	A4-18换	现浇独立基础混凝土·C25140/32.5	10 m³	5.694	2 127.8	267.2	12 115.69	1 521.44
13	A4-32换	现浇基础梁·C25140/32.5	10 m³	2.664	2 156.96	336.76	5 746.14	897.13
14	A4-29换	现浇矩形柱·C25140/32.5	10 m³	5.675	2 373.52	546.38	13 469.73	3 100.71
15	A4-31换	现浇构造柱·C25140/32.5	10 m³	1.283	2 473.72	646.96	3 173.78	830.05
16	A4-36	现浇过梁	10 m³	1.073	2 378.38	658.94	2 552	707.04
17	A4-43换	现浇有梁板·C25120/32.5	10 m³	22.31	2 272.31	329.94	50 695.24	7 360.96
18	A4-48换	现浇楼梯直形·C25140/32.5	10 m²	6.821	623.37	145.23	4 252.01	990.61
19	A4-60	现浇压顶	10 m³	0.472	2 542.3	668.58	1 199.97	315.57
20	A4-50换	现浇雨篷·C25120/32.5	10 m²	5.388	269.67	62.51	1 452.98	336.8
21	A4-59	现浇台阶(100 m²投影面积)	100 m²	0.103	3 633.13	737.43	374.21	75.96
22	A4-64	现浇水泥砂浆防滑坡道	100 m²	0.471	991.56	363.31	467.02	171.12
23	A4-445	现浇构件圆钢筋 Φ10以内	t	26.32	3 532.42	374.12	92 973.29	9 846.84
24	A4-447	现浇构件螺纹钢筋 Φ20以内	t	19.86	3 411.89	185.42	67 760.14	3 682.44
25	A4-448	现浇构件螺纹钢筋 Φ20以外	t	7.8	3 288.91	125.49	25 653.5	978.82
		第五章、厂库房大门、特种门、木结构工程					11 478.55	2 300.66
26	A5-33	变电室门扇门扇制安	100 m²	0.198	12 041.51	3 832.38	2 384.22	758.81

(续表)

序号	编号	项目名称	单位	数量	单价（元） 单价	单价（元） 工资	总价（元） 总价	工资
27	A5-9	平开钢木大门一面板门扇制作	100 m²	0.432	13 339.6	930.37	5 762.71	401.92
28	A5-10	平开钢木大门一面板门扇安装	100 m²	0.432	1 078.11	637.79	465.74	275.53
29	A5-27	实拼式防火门双面石棉板门扇制安	100 m²	0.122	23 490.86	7 085.25	2 865.88	864.4
		第七章、屋面及防水工程					41 495.29	1 808.31
30	A7-51	SBS卷材二层	100 m²	6.554	5 980.43	178.6	39 195.74	1 170.54
31	A7-82	屋面排水 PVC 水落管 Φ110	10 m	7.14	254.46	67.92	1 816.84	484.95
32	A7-84	屋面排水PVC水斗 Φ110	10 只	0.7	226.66	70.74	158.66	49.52
33	A7-88	墙(地)面防水、防潮防水砂浆平面	100 m²	0.444	729.85	232.65	324.05	103.3
		第八章、防腐、隔热、保温工程					8 453.81	1 793.2
34	A8-206	屋面保温1：8水泥炉渣	10 m³	6.229	1 357.17	287.88	8 453.81	1 793.2
		第十章、钢筋混凝土模板及支撑工程					77 263.65	31 521.16
35	A10-17	现浇独立基础钢筋混凝土九夹板模板(木撑)	100 m²	0.697	1 856.8	573.64	1 294.19	399.83
36	A10-32	现浇混凝土基础垫层木模板(木撑)	100 m²	0.399	1 483.84	314.43	592.05	125.46
37	A10-53	现浇矩形柱九夹板模板(钢撑)	100 m²	4.733	1 940.13	754.35	9 182.64	3 570.34
38	A10-62换	现浇柱支撑高度超过3.6 m每增加1 m钢撑	100 m²	3.482	318.82	230.54	1 110.13	802.74
39	A10-61	现浇构造柱木模板(木撑)	100 m²	1.016	2 653.44	1 096.51	2 695.9	1 114.05
40	A10-66	现浇基础梁九夹板模板(木撑)	100 m²	1.776	2 130.37	691.37	3 783.54	1 227.87
41	A10-73	现浇过梁九夹板模板(木撑)	100 m²	1.273	2 922.93	1 164.9	3 720.89	1 482.92
42	A10-99	现浇有梁板九夹板模板(钢撑)	100 m²	19.734	2 137.11	785.84	42 173.73	15 507.77

（续表）

序号	编号	项目名称	单位	数量	单价（元）		总价（元）	工资
					单价	工资	总价	
43	A10-115 换	现浇板支撑高超过 3.6 m 每增加 1 m 钢撑	100 m²	8.766	645.75	482.22	5 660.64	4 227.14
44	A10-117	现浇楼梯直形木模板（木撑）	10 m²	6.821	561.05	260.38	3 826.92	1 776.05
45	A10-79	现浇圈梁压顶直形九夹板模板（木撑）	100 m²	0.333	1 740.17	722.39	579.48	240.56
46	A10-119	现浇阳台、雨篷直形木模板（木撑）	10 m²	5.388	466.86	182.13	2 515.44	981.32
47	A10-121	现浇台阶木模板（木撑）	100 m²	0.103	1 243.7	632.15	128.1	65.11
		第十一章、脚手架工程					11 998.92	4 107.47
48	A11-4	钢管脚手架 15 m 内单排	100 m²	18.682	503.15	169.2	9 399.85	3 160.99
49	A11-13	里脚手架钢管	100 m²	2.844	113.94	85.54	324.05	243.28
50	A11-5	钢管脚手架 15 m 内双排	100 m²	3.558	639.41	197.64	2 275.02	703.2
		第十二章、垂直运输工程					13 598.195	
1	A12-12 换	垂直运输，20 m 内卷扬机，多层厂房现浇框架	100 m²	12.053	1 128.21		3 598.19	
		第一章、楼地面工程					103 241	23 578.8
52	B1-1	屋面水泥砂浆找平层厚度 20 mm	100 m²	6.201	665.18	280.73	4 124.78	1 740.81
53	B1-1	地面水泥砂浆找平层厚度 20 mm	100 m²	12.207	665.18	280.73	8 119.85	3 426.87
54	B1-88	陶瓷地砖（彩釉砖）楼地面（周长在 2400 mm 以内）水泥砂浆	100 m²	10.776	7 379.41	1 281.38	79 520.52	13 808.15
55	B1-93	陶瓷地砖（彩釉砖）楼梯水泥砂浆	100 m²	0.682	8 309.3	3 319.18	5 666.94	2 263.68
56	B1-91	陶瓷地砖（彩釉砖）踢脚线水泥砂浆	100 m²	1.026	5 661.66	2 280.01	5 808.86	2 339.29
		第二章、墙柱面工程					51 514.72	29 973.3
57	B2-22	内墙面、墙裙抹水泥砂浆（14+6）mm 砖墙	100 m²	22.773	926.17	521.6	21 091.67	11 878.4
58	B2-22	外墙面、墙裙抹水泥砂浆（14+6）mm 砖墙	100 m²	10.821	926.17	521.6	10 022.09	5 644.23

（续表）

序号	编号	项目名称	单位	数量	单价（元）单价	单价（元）工资	总价（元）总价	工资
59	B2 - 32	独立柱面抹水泥砂浆矩形混凝土柱	100 m²	1.899	1 221.54	774.52	2 319.7	1 470.81
60	B3 - 3	混凝土面天棚水泥砂浆现浇（含雨棚上下）	100 m²	19.291	937.29	569.17	18 081.26	10 979.86
		第四章、门窗工程					32 161.4	5 641.43
61	B4 - 25	无纱镶板门单扇无亮门框制作	100 m²	0.095	1 987.12	284.75	188.78	27.05
62	B4 - 26	无纱镶板门单扇无亮门框安装	100 m²	0.095	1 107.37	608.7	105.2	57.83
63	B4 - 27	无纱镶板门单扇无亮门扇制作	100 m²	0.095	4 144.74	977.2	393.75	92.83
64	B4 - 28	无纱镶板门单扇无亮门扇安装	100 m²	0.095	342.71	342.71	32.56	32.56
65	B4 - 234	双扇平开窗制作、安装无上亮	100 m²	1.344	18 887.29	2 067.29	25 384.52	2 778.44
66	B4 - 185	木百页窗矩形带铁纱带木百页片 0.9 m² 内制作	100 m²	0.851	5 172.29	1 980.19	4 401.62	1 685.14
67	B4 - 186	木百页窗矩形带铁纱带木百页片 0.9 m² 内安装	100 m²	0.851	1 944.74	1 136.99	1 654.97	967.58
		第五章、油漆、涂料、裱糊工程					39 508.14	12 353.65
68	B5 - 310	仿瓷涂料二遍	100 m²	22.773	357.03	234.5	8 130.64	5 340.27
69	B5 - 315	外墙多彩花纹涂料抹灰面	100 m²	10.821	2 221.39	188.27	24 037.66	2 037.27
70	B5 - 310 换	仿瓷涂料二遍	100 m²	19.291	380.48	257.95	7 339.84	4 976.11
		第九章、装饰装修脚手架					11 735.72	4 012.49
71	B9 - 12	满堂脚手架钢管架基本层	100 m²	10.343	513.54	313.56	5 311.54	3 243.15
72	B9 - 13	满堂脚手架钢管架增加层	100 m²	4.12	167.76	119.26	691.17	491.35
73	B9 - 13 换	满堂脚手架钢管架增加层	100 m²	0.182	671.08	477.04	122.14	86.82
74	B9 - 13 换	满堂脚手架钢管架增加层	100 m²	0.229	1 174.39	834.82	268.94	191.17
75	B10 - 37	多层建筑物机械垂直运输高度 20 m 内	100 m²	22.555	236.84		5 341.93	
		合计					801 326.50	191 272.63

表 10 - 1 - 2 工程造价取费表

工程名称:公用工程楼　　　　　　　　　　　　　　　　建筑面积:1 205.25

代号	费用名称	计算式	费率(%)	金额
	〖土建工程部分〗			
一	直接工程费	工程量×消耗量定额基价		460 304.8
二	技术措施费	按消耗量定额计算		102 860.8
三	组织措施费	(1)+(2)〔不含环保安全文明费〕		19 316.58
1	其中:临时设施费	〔(一)+(二)〕×费率	1.68	9 461.18
2	检验试验费等六项	〔(一)+(二)〕×费率	1.75	9 855.4
四	价差	按有关规定计算		289 600.9
五	企业管理费	〔(一)+(二)+(三)〕×费率	5.45	31 745.28
六	利润	〔(一)+(二)+(三)+(五)〕×费率	4	24 569.1
七	估价及未计价材	估价项目		
3	社保等四项	〔(一)+(二)+(三)+(五)+(六)〕×费率	5.35	34 175.61
4	上级(行业)管理费	〔(一)+(二)+(三)〕×费率	0.6	3 494.89
AW	环保安全文明措施费	〔(一)+(二)+(三)+(五)+(六)+(3)+(4)〕×费率	1.2	8 117.6
FW	安全防护文明措施费	(AW)+(1)		17 578.78
QT	其他费			
八	规费	(3)+(4)		37 670.5
九	税金	〔(一)~(八)+(QT)+(AW)〕×费率	3.477	33 872.43
十	工程费用	(一)~(九)+(QT)+(AW)		1 008 058
	土建工程造价合计			1 008 058

工程造价取费表

工程名称:公用工程楼　　　　　　　　　　　　　　　　建筑面积:1 205.25

代号	费用名称	计算式	费率(%)	金额
	〖装饰工程部分〗			
一	直接工程费	∑工程量×消耗量定额基价		226 425.2

（续表）

代号	费用名称	计算式	费率(%)	金额
1	其中：人工费	$\sum$（工日数×人工单价）		71 547.18
二	技术措施费	$\sum$（工程量×消耗量定额基价）		11 735.72
2	其中：人工费	$\sum$（工日数×人工单价）或按人工费比例计算		4 012.49
三	组织措施费	(4)+(5)［不含环保安全文明费］		9 898.32
3	其中：人工费	（三）×费率	15	1 484.75
4	其中：临时设施费	［(1)+(2)］×费率		4 609.14
5	检验试验费等六项	［(1)+(2)］×费率		5 289.18
四	价差	按有关规定计算		68 772.66
五	企业管理费	［(1)+(2)+(3)］×费率	18.93	14 584.51
六	利润	［(1)+(2)+(3)］×费率	16.79	12 935.76
七	主材及估价部分	估价项目		
6	社保等四项	［(1)+(2)+(3)］×费率	26.75	20 609.38
7	上级(行业)管理费	［（一）+（二）+（三）+主材费］×费率	0.6	1 488.36
AW	环保安全文明措施费	［（一）+（二）+（三）+（五）+（六）+(6)+(7)+主材费］×费率	0.8	2 381.42
FW	安全防护文明措施费	AW+(4)		6 990.56
八	规费	(6)+(7)		22 097.74
九	税金	［（一）~（八）+(AW)］×费率	3.477	12 824.27
十	工程费用	（一）+（二）+（三）+（四）+（五）+（六）+（七）+（八）+（九）+(AW)		381 655.6
	装饰工程造价合计			381 655.6
	土建装饰安装总计	壹佰叁拾捌万玖仟柒佰壹拾肆元		1 389 714

表 10-1-3　土建价差汇总表

工程名称：公用工程楼　　　　　　　　　　　　　　　　　　　建筑面积：1 205.25

序号	编号	名称	单位	数量	定额价	市场价	价格差	合价
		人工价差(小计)						115 712.6
1	0000010	综合工日	工日	4 923.939	23.5	47	23.5	115 712.6
		材料价差(小计)						173 888.3

(续表)

序号	编号	名称	单位	数量	定额价	市场价	价格差	合价
2	0000200	螺纹钢筋 Φ20 以内	t	20.257	3 025.69	4 383	1 357.31	27 495.3
3	0000210	螺纹钢筋 Φ20 以外	t	7.956	2 984.61	4 375	1 390.39	11 061.94
4	0000230	钢筋 Φ10 以内	t	27.794	3 014.85	4 470	1 455.15	40 444.44
5	0001460	水泥 32.5	kg	198 634.1	0.33	0.45	0.12	23 836.09
6	0500010	粗砂	m³	4.869	19.48	47	27.52	133.99
7	0500020	中(粗)砂	m³	263.688	19.48	47	27.52	7 256.7
8	0500030	中砂	m³	100.788	19.48	47	27.52	2 773.68
9	0500220	卵石 20	m³	191.876	60	93	33	6 331.91
10	0500230	卵石 40	m³	247.058	60	93	33	8 152.9
11	0501410	普通黏土砖	千块	200.006	228	460	232	46 401.37
		合计						289 600.9

表 10 - 1 - 4　装饰价差汇总表

工程名称:公用工程楼　　　　　　　　　　　　　　　　　　建筑面积:1 205.25

序号	编号	名称	单位	数量	定额价	市场价	价格差	合价
		人工价差(小计)						53 004.32
1	0000020	装饰人工	工日	2 255.503	33.5	57	23.5	53 004.32
		材料价差(小计)						15 768.34
2	0001460	水泥 32.5	kg	82 619	0.33	0.45	0.12	9 914.28
3	0500010	粗砂	m³	212.72	19.48	47	27.52	5 854.06
		合计						68 772.66

附录:公用工程楼

1. 建筑施工图

						公用工程楼	
				目录			
						图号	1
1	图纸目录					A4	1	
2	建筑设计说明					A2	1	
3	一层平面图					A2	1	
4	4.000 夹层平面图 二层平面图					A2	1	
5	屋顶平面图					A2	1	
6	①～⑦轴立面图 Ⓐ～Ⓒ轴立面图 Ⓒ～Ⓐ轴立面图					A2	1	
7	⑦～①轴立面图 1—1 剖面图 雨篷详图					A2	1	
8	楼梯 LT1 详图					A2	1	
9	楼梯 LT2 详图					A2	1	
10	卫生间详图					A2	1	

建 筑 设 计 说 明

一、施工图设计依据：

1）上级主管部门批文；
2）规划部门提供的红线图与建筑控制线等；
3）建设单位应提供的资料及其他设计规定；
4）国家现行有关设计规范和规范：
　GB/T50104—2001　建筑制图标准
　GB 50352—2005　民用建筑设计通则
　GB50016—2006　建筑设计防火规范
　GB50187—93　工业企业设计卫生规范

二、建筑概况：

1）工程等级：二级；工程类别：三类工业建筑；
2）建筑面积：1205.25m²；建筑占地面积 588.5m²；
3）建筑耐火等级：二级；
4）结构形式：框架结构，钢筋混凝土柱，梁、楼板为钢筋混凝土现浇屋面。
5）层数：二层；
6）建筑高度：7.00m。
7）钢筋混凝土结构合理使用年限50年；
8）本工程建设地点为南康市西区(北工业园区，地处气候分区小于度夏热冬暖地区）III区，抗震设防烈度小于6度，其干地震基本。

三、定位说明：

本工程室内0.000相当于黄海高程由某南某高差2.00。
其他室内0.000…总平面图。

四、工程做法：

1）本工程采用二级，框架柱结构。
2）防潮，所有外墙墙身均在-0.060M处设置防潮层，当无混凝土地面时，同室内20厚1：2水泥砂浆防水层（掺水泥重量5%的防水剂加0.000以下基础使用）；
　水泥砂浆面层。
3）外墙装修　14厚1：3水泥砂浆底找平
　6厚1：2水泥砂浆面层压实赶光
　南墙外涂料二度，14厚1：3水泥砂浆找平，6厚1：2水泥砂浆压实赶光
　南面外墙装修，见详面墙
4）内墙装修　二道，内墙面刮白2遍：3水泥砂浆复合找平，6厚1：2水泥砂浆抹面。
　护角线：墙2000高以见，1：2.5水泥砂浆护角线，厚度同墙面高度，室阳角，至阴角角，每边宽小于50，
　踢脚（高800），1：2.5水泥砂浆踢脚1水泥砂浆M2.5混合砂浆抹面，M2.5混合砂浆找平，M5水泥砂浆装饰砖（1：2水泥砂浆加5%防水剂防潮两侧
5）普通混凝土见面说：
　±0.000以上采用普通粘土砖，M2.5混合砂浆不M5水泥砂浆
　±0.000以下采用普通粘土砖，M5水泥砂浆抹面。

6）地面：1：3水泥砂浆20厚找平，刷水泥浆一道（内掺建筑胶）；
　20厚地砖600X600，160厚地面配筋至垫层C10混凝土。
7）楼面：
　35厚粗滑找坡100厚C15混凝土垫层，80厚碎石垫层，
　掺面回填，分层夯实。
　a.楼面：1：3水泥砂浆20厚找平，刷水泥浆一道（内掺建筑胶），低水泥砂浆一道（内掺建筑胶）Ｊ143 ^{17A}
　现浇钢筋混凝土楼板。
　b.楼面：20厚1：3水泥砂浆找水面压实赶平，低水泥砂浆一道（内掺建筑胶）；
　现浇钢筋混凝土楼板。
　楼面混凝土防潮做法详见图集某2001集J43 ^{17A}
　c.卫生间楼面：
　素水泥地砂桨0.厚，水泥钢混凝土，20厚1：3水泥砂浆找坡层，（内掺建筑胶）
　素乙防防水层5.5厚，低水泥混凝土垫。
　现浇钢筋混凝土楼板。
8）窗台板，外窗表涂料二度面面，刷底浆一皮厚面，8厚1：2水泥砂浆面压实赶粉
　出外沿水，12厚1：3水泥砂浆找
9）屋面4厚SBS改性沥青防水卷材
　20厚1：3水泥砂浆找坡
　C20水泥砂浆找坡找1%（最薄处30厚）
　现浇钢筋混凝土板。
10）屋面做法：屋防水合理使用年限10年，屋面防水等级为Ⅲ级。
　屋面做法详J14《平屋面》，节点处理详细和大图要求某某某处某99
　集J14《平屋面》。分水线做法参见J99集J14 ^{22J} 年开阀设。
　发现按设置排气孔。
11）门窗：
　外墙门采用铝合金窗。非标窗根据窗洞给出的洞口尺寸及门窗洞口尺寸开启扇为
　尺寸由专业门窗厂家所设计所有门窗的气密性为3A级，其材料满足风力半径，水密性为
　3级，抗风压性能3C级。外墙门窗均为普通白玻，外窗气密性能参照一度。门与门窗外
　窗二度厂满足隔热隔声要求及保温要求及采光按照标准《GB/T7106—2008》。
12）油漆工程：
　所有铁件均二遍防锈漆，面涂调合漆二度。

五、其它：

1）外墙面上、南重面，进口窗帘出滴水线。
2）工程施工时应如有不足之处，及水，电各专业密切配合。
3）图纸未注明处他按行建筑及实施及规范施工，还需建筑主管门门批现，
4）凡与吐纸图纸尺寸如有同不明之处，请及时通知设计单位与商业主管部门，切勿先施
　及擅自修改工。
5）凡水角等的水卷材加防水层。
6）指定用长度小于等于120的板构某未用与柱同标号的现浇土浇抹。

7）以下部位需要见安全玻璃（未注之处按《建安全全玻璃管理规定》执行
　1、面积大于1.5平方米的窗玻璃及窗玻璃距离地面小于500的浴室窗
　2、玻璃幕墙
　3、大厅落地玻璃
　4、易受撞击、冲击而造成人体等伤害的其他部位
8）在工程的施工过程中如须注意各种窗型及安全，应确首采用各种安全措施，
　如发现有任何不安全的因素，应马上治理渠。

门窗表

类别	设计编号	洞口尺寸(mm)		樘数	图集代号	未来标准图集图号	门窗名称	备注
		宽	高					
	YCA1-3033	3000	3300	2	04J610-1	YCA1-3033	无框全景推拉门	
	M11-3036	3000	3600	4	02J611-1	M11-3036	手动卷帘门	
	LPM1527A	1500	2700	9	99SJ7	LPM1527A	铝合金平开门	
门	LPM1521A	1500	2100	1	99SJ7	LPM1521A	铝合金平开门	
	LPMo0927A	900	2700	4	99SJ7	LPMo0927A	铝合金平开门	
	MFM1527B	1500	2700	3	某23-95	MFM1527B	乙级木质防火门	
	7MO921	900	2100	5	99SJ7	7MO921	木门	
	LTC1524A	1500	2400	3	99SJ7	LTC1524A	铝合金窗	
	LTC3024A	3000	2400	5	99SJ7	LTC3024A	铝合金窗	
窗	LTC2421D	2400	2400	3	99SJ7	LTC2421D	铝合金窗	
	LTC1521A	1500	2100	22	99SJ7	LTC1521A	铝合金窗	
	GYC3-3009S	3000	900	19	05GJ624-1	GYC3-3009S	百叶窗	
	GYC3-1509S	3000	900	25	05GJ624-1	GYC3-1509S	百叶窗	

注：1、除注明外所有门窗均按洞口尺寸计门窗制造，所有门窗的气密性能为6级，水密性为5级，抗风压性能3级，出风压性能3级，水密性能已略去为4级。
　2、门窗立面图中表示分内表。口开启扇的设置仅大示以便施工大程尺度，现场安装以便为准。
　3、铝合金采用90系列，其型材减强力学性能，重量小于1.5万米所门窗型采现采用玻璃墙面（某JGJ113—2009）
　以0.5米玻璃洞内玻璃且计装玻璃，且玻璃墙应采用压延且采大第某。
　第6.2.1、6.3.1、6.3.2规定。

一层平面图 1:100

注:1. 外墙轴线进深外皮为240毫米。
2. 图中未标注门窗均表出墙厚为120毫米柱处。
3. 所有门窗安装时墙体料厚不足240时，详图未用表混凝土与墙壁柱一尾找线。
4. 卫生间地面标高本−0.050.

机修工具间 ±0.000
冷冻机房 ±0.000
冷冻机控制柜间
备用发电机间 ±0.000
1#变压器
2#变压器
女卫
男卫

图例:
钢筋混凝土柱子
砖墙

公用工程楼
一层平面图
比例 1:100
图号 3

二层平面图 1:100

注：1. 外墙轴线至剪力墙外均为240墙。
2. 图中未标注门窗均按出墙面为120或本柱边；
3. 所有门窗柱时门窗长不足240时，两端未用本墙聚上与本边一起现浇。
4. 锅炉油库百灌表厂本材待安装。
5. 卫生间地面标高5.970。

4.000夹层平面图 1:100

楼梯屋顶平面图 1:100

屋顶平面图 1:100

注: 1. 屋面雨水管为Ø110的UPVC管;
2. 本图中雨水斗、落水管位置及数量仅作示意, 具体详见及相关水电图。

公用工程	
屋顶平面图	
比例 1:100	图号 5

YP-2 1:20
（雨篷长度 = 门洞宽+2x500）

YP-1 1:20
（雨篷长度 = 门洞宽+2x500）

1—1剖面图 1:100

⑦—① 轴立面图 1:100

浅灰色高级外墙涂料
300宽深蓝色涂料带
20宽10深黑色装饰缝

公用工程楼
⑦—①立面图
1—1剖面图
雨篷详图
比例 1:100
图号 7

1-1剖面图 1:50

LT1一层平面图 1:50

LT1二层平面图 1:50

公用工程楼
楼梯LT1详图
比例 1:50
图号 8

2-2剖面图 1:50

LT2一层平面图 1:50

LT2二层平面图 1:50

LT2三层平面图 1:50

公用工程
楼梯LT2详图
比例 1:50
图号 9

卫2平面详图 1:50

洁具间

男卫

女卫

盥洗

5.700

洞口高2700

C-2

公厕工程表

卫生间详图

比例 1:50

图号 10

卫1平面详图 1:50

女卫

盥洗

男卫

M-3

M-3

洞口高3000

C-2

注:1、卫生间防潮地面标高比其他地面标高低50mm。
2、卫生间四周墙上翻200高砼素混凝土。
3、电源见大样图。
4、卫生间内排水坡度为5%。

二、结构施工图

					公用工程楼	
			目录			
					图号	1
1	图纸目录		11069-T08-G-目	A4	1	
2	结构设计说明		11069-T08-G-01	A2	1	
3	基础平面布置图		11069-T08-G02	A2	1	
4	标高基础顶~10.000(13.300)桩平法配筋图		11069-T08-G03	A2	1	
5	标高3.970梁手法结构图、标高5.970架平法结构图		11069-T08-G04	A2	1	
6	标高9.950屋面梁平法结构图、标高13.250屋面梁平法结构图		11069-T08-G05	A2	1	
7	标高3.970板平法结构图、标高5.970板平法结构图		11069-T08-G06	A2	1	
8	标高9.950屋面板平法结构图、标高13.250屋面板平法结构图		11069-T08-G07	A2	1	
9	楼梯LT-1结构详图		11069-T08-G08	A2	1	
10	楼梯LT-2结构详图		11069-T08-G09	A2	1	

结构设计说明

公用工程楼　结构设计说明　比例 1:100　图号 2

标高基础顶~10.000(13.300)柱平法配筋图 1:100

注: 1. 尺寸未注明的在子平面轴线居中，柱编号优选用本图。
2. 柱配筋未用平面整体表示方法，具体钢筋数和锚固详见混凝土结构施工图平面
整体表示方法 制图规则和构造详图 (11G101-1) (修正本)。
3. 制柱注写表配筋平面图。
4. 条件钢筋为柱均需全长范围加密，柱子钢筋加密详见参见坑基设计规范的规定。
5. 未注明处详见身柱结构设计总说明。
6. 附 1/6轴~7轴和B轴~C轴的柱标高为基础顶~13.300，其余柱标高为基础顶~10.000。

沉降观测点详图

沉降观测测点，共6个，具体做法见详图

注 ▲ 表示沉降观测点

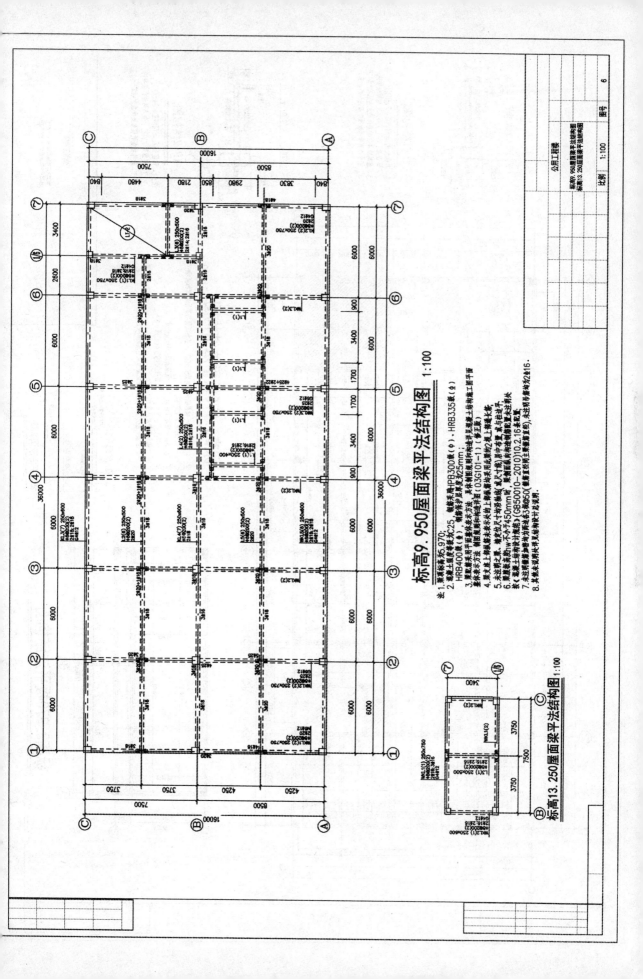

标高9.950屋面梁平法结构构图 1:100

注：
1. 尺寸单位为mm。
2. 梁板上现浇钢筋采用PB300级(φ)、HRB335级(φ)、HRB400级(φ)，钢筋保护层厚度为25mm；
3. 其它梁采用现浇面混凝土方案，具体钢筋规格种和地详见及混凝土结构施工图平面整体表示方案，钢筋规和地板详见《03G101-1》（参图集）
4. 其支座上部纵筋长未至允许的上部钢筋处的2排上钢筋上端。
5. 未注明之梁，其此尺寸均非梁端从入寸梁，其中有重叠与结构平。
6. 梁腰系数h≤不小于450mm时，并配置构造钢筋配置是过剩孔处（混凝土结构设计规范）(GB50010-2010)10.2.16条规定。
7. 未注明布加梁加筋沟西处名3增φ50(集配置钢筋主筋管置翼)，未注明等间距为2根16。
8. 其余本说明水平集和均计总说明。

标高13.250屋面梁平法结构构图 1:100

公用工程楼

标高9.950屋面梁平法结构构图
标高13.250屋面梁平法结构构图

比例   1:100

图号   6

标高9.950屋面板平法结构图 1:100

注 1.已注明附加未标注楼层表层表标高为9.500;
2.未注明板厚均为120mm;
3.混凝土受力钢筋次用C25,钢筋未用-PB300表(φ),
HRB335表(φ),钢筋未用HRB400表(φ),
钢筋保护层厚度为15mm.
4.未注明构件结构标号均为GZ-1.
5.剪影未区区的楼板楼板应双层双向及布向8@150.

标高13.250屋面板平法结构图 1:100

注 已注明附水,楼层未面标高为3.250.

	公用工程楼		
	标高9.950屋面板平法结构图 标高13.250屋面板平法结构图		
比例	1:100	图号	8

注：TZ—1的标高为—1.950～—0.430，
TZ—2的标高为±0.000～1.670，
TZ—3的标高为±0.000～3.670。

1—1剖面图 1:50

LT—1一层平面图 1:50

LT—1二层平面图 1:50

TL—1 1:20

TZ 1:20

公用工程楼
楼梯LT—1结构详图
比例   1:50
图号
9

2-2剖面图 1:50

注：TZ-4的标高为-1.950～-0.430，
TZ-5的标高为±0.000～1.670，
TZ-6的标高为±0.000～3.670，
TZ-7的标高为±6.000～7.670。

TL-2 1:20

TZ 1:20

LT-2二层平面图 1:50

LT-2一层平面图 1:50

LT-2三层平面图 1:50

公用工程楼

楼梯LT-2结构详图

比例 1:50 图号 10

实训课题

实训课题 1. 计算公用工程楼建筑及装饰工程量。

实训课题 2. 套用定额基价及取费标准计算工程造价。

复习思考题

简述施工图预算的编制程序格式及方法。

项目十一　公用工程楼建筑及装饰工程量清单编制及工程量清单计价实训

【学习目标】
(1) 掌握建筑及装饰装修工程量清单的编制流程、编制方法
(2) 掌握建筑及装饰装修工程量清单计价的编制流程、编制方法
(3) 具有编制建筑及装饰装修工程工程量清单及工程量清单计价的能力

【能力要求】
(1) 通过学习，增强顶岗工作的岗位职责意识和协同工作理念。
(2) 能在教师的指导下掌握建筑工程计量计价的专业知识和专业技能，以及实践操作技巧，逐步具备处理工程造价问题的能力。

学习情境　工程量清单编制及清单计价

行动领域　工程量清单编制及工程量清单计价(投标报价)编制

一、案例描述

根据《建设工程工程量清单计价规范》(GB 50500—2008)编制公用工程楼建筑及装饰工程量清单投标报价。

具体工程做法详见建筑结构施工图。

二、编制依据

(1)《建设工程工程量清单计价规范》(GB 50500—2008)及附录 A、附录 B
(2) 本地区预算定额、费用定额、价格信息、设计标准图集、施工组织设计等。

三、公用工程楼工程量清单计价表

表 11-1-1 单位工程投标报价汇总表

工程名称:公用工程楼(清单计价)

序号	汇总内容	金 额(元)	其中: 暂估价(元)
	〖建筑工程部分〗		
一	分部分项工程	742 279.9	
1	其中:人工费	79 211.75	
二	技术措施费	148 449.8	
2	其中:人工费	35 628.63	
三	组织措施费	28 821.67	
3	其中:人工费	2 860.2	
LS	其中:临时设施费	10 231.71	
AW	其中:环保安全文明费	7 920.08	
FW	安全文明施工费(LS+AW)	18 151.79	
四	其他项目费		
4	其中:人工费		
5	价差部分	283 612.9	
6	风险部分		
7	社会保障费等四项	33 807.03	
五	规费	38 573.84	
六	税金	33 314.01	
七	工程费用	991 439.3	
	单位清单工程总价	991 439.3	
造价员盖执业章:			编制日期:2012 年 6 月 3 日
预算员签字:			神机软件:0791—6493660

单位工程投标报价汇总表

工程名称:公用工程楼(清单计价) 第2页 共2页

序号	汇总内容	金　额(元)	其中: 暂估价(元)
	〖装饰工程部分〗		
一	分部分项工程	335 342.7	
1	其中:人工费	72 262.37	
二	技术措施费	15 970.65	
2	其中:人工费	4 012.49	
三	组织措施费	13 269.79	
3	其中:人工费	1 524.66	
LS	其中:临时设施费	5 011.19	
AW	其中:环保安全文明费	2 538.06	
FW	安全文明施工费(LS+AW)	7 549.25	
四	其他项目费		
4	其中:人工费		
5	价差部分	74 973.76	
6	风险部分		
7	社会保障等四项	20 998.22	
五	规费	22 926.1	
六	税金	13 473.7	
七	工程费用	400 982.9	
	单位清单工程总价	400 982.9	
	单项清单工程造价合计	1 392 422	
造价员盖执业章:			编制日期:2012年6月3日
预算员签字:			神机软件:0791—6493660

表 11-1-2　分部分项工程量清单与计价表

工程名称:公用工程楼(清单计价)　　　　　　　　　　　　　　　　　标段:第2页　共2页

序号	项目编码	项目名称	项目特征	计量单位	工程量	金额(元)		
						综合单价	合价	其中:暂估价
1	01010100 1001	平整场地	三类土壤	m²	588.14	6.93	4 075.81	
2	01010100 3001	挖基础土方	三类土壤,条形基础,深度1.9 m,运土距离20 m	m³	123.69	105.37	13 033.22	
3	01010100 3002	挖基础土方	三类土壤,独立基础,深度1.85 m,运土距离20 m	m³	281.54	76.48	21532.18	
4	01010300 1001	土(石)方回填	分层夯填	m³	246.51	63.07	15 547.39	
5	01030100 1001	砖基础	普通黏土砖,条形基础,水泥砂浆 M5 砌筑	m³	56.19	364.57	20 485.19	
6	01030200 1002	实心砖墙	1/2 砖墙,墙体厚度 120	m³	8.69	403.18	3 503.63	
7	01030200 1001	实心砖墙	1 砖墙,墙体厚度 240	m³	306.82	375.46	115 198.6	
8	01030200 6001	砌体内钢筋加固	Φ10 以内	t	0.92	6 164.77	5 671.59	
9	01040100 6001	垫层	C15/40/32.5	m³	21.49	342.11	7 351.94	
10	01040100 2001	独立基础	C25/40/32.5	m³	56.94	342.11	19 479.74	
11	01040300 1001	现浇基础梁	C25/40/32.5	m³	26.64	352.26	9 384.21	
12	01040200 1001	现浇矩形柱	C25/40/32.5	m³	56.75	397.61	22 564.37	
13	01040200 1002	现浇矩形柱	C25/40/32.5	m³	12.83	418.66	5 371.41	
14	01040300 5001	现浇过梁	C20/40/32.5	m³	10.73	405.38	4 349.73	
15	01040500 1001	现浇有梁板	C25/40/32.5	m³	223.095	367.89	82 074.42	
16	01040600 1001	现浇直形楼梯	C25/40/32.5	m²	68.21	103.9	7 087.02	

（续表）

序号	项目编码	项目名称	项目特征	计量单位	工程量	金额（元）		其中：暂估价
						综合单价	合价	
17	01040700 1001	现浇其他构件	C25/40/32.5	m³	4.72	427.49	2 017.75	
18	01040500 8001	现浇雨篷、阳台板	C25/40/32.5	m³	53.88	44.86	2 417.06	
19	01040700 1002	现浇其他构件	C25/40/32.5	m²	10.26	60.41	619.81	
20	01040700 2001	现浇散水、坡道	C15/40/32.5 砼垫层	m²	42.41	41.71	1 768.92	
21	01040700 2002	现浇散水、坡道	1:2 水泥砂浆	m²	47.12	17.16	808.58	
22	01041600 1001	现浇混凝土钢筋	Φ10 以内	t	26.32	5 732.31	150 874.4	
23	01041600 1002	现浇混凝土钢筋	Φ20 以内	t	19.86	5 311.62	105 488.8	
24	01041600 1003	现浇混凝土钢筋	Φ20 以上	t	7.8	5 150.57	40 174.45	
25	01050100 4001	特种门	2 樘变压器门	m²	19.8	170.38	3 373.52	
26	01050100 2001	钢木大门	4 樘	m²	43.2	173.8	7 508.16	
27	01050100 4002	特种门	木质防火门	m²	12.15	329.82	4 007.31	
28	01070200 1001	屋面卷材防水	SBS 防水卷材	m²	620.14	82.67	51 266.97	
29	01070200 4001	屋面排水管	PVC 水管	m	71.4	37.83	2 701.06	
30	01080300 1001	保温隔热屋面	水泥炉渣保温	m²	566.26	22.15	12 542.66	
31	02010200 2001	块料楼地面	地砖 600×600	m²	548.15	147.61	80 912.42	
32	02010200 2002	块料楼地面	地砖 600×600	m²	524.33	102.38	53 680.91	
33	02010600 2001	块料楼梯面层	地砖 600×600	m²	68.21	120.72	8 234.31	
34	02010500 3001	块料踢脚线	地砖	m²	102.59	81.93	8 405.2	
		合计	893 512.75					

表 11-1-3　措施项目清单与计价表(一)

工程名称:公用工程楼(清单计价)　　　　　　　　　　　　　　　　标段:

序号	项目编码	项目名称	项目特征	计量单位	工程量	金额(元)	
						综合单价	合价
1		A10 混凝土模板及支撑工程[建筑](AB10)		项			
2	AB10006	现浇独立基础钢筋混凝土模板	九夹板木支撑	m²	69.68	26.12	1 820.04
3	AB10012	现浇混凝土基础垫层模板	木模板木支撑	m²	39.88	19.44	775.27
4	AB10018	现浇矩形柱模板	九夹板钢支撑	m²	473.3	33.09	15 661.5
5	AB10021	现浇构造柱模板	九夹板木支撑	m²	101.61	40.06	4 070.5
6	AB10022	现浇基础梁模板	九夹板木支撑	m²	177.6	30.29	5 379.5
7	AB10024	现浇过梁模板	九夹板木支撑	m²	127.26	43.73	5 565.08
8	AB10033	现浇有梁板模板	九夹板钢支撑	m²	1 973.38	36.59	72 205.97
9	AB10038	现浇楼梯模板	九夹板钢支撑	m²	68.21	87.57	5 973.15
10	AB10028	现浇圈梁压顶模板	九夹板木支撑	m²	33.28	26.33	876.26
11	AB10039	现浇阳台、雨篷模板	九夹板钢支撑	m²	53.88	69.41	3 739.81
12	AB10040	现浇台阶模板	木模板木支撑	m²	10.26	20.04	5.61
13		A11　脚手架工程[建筑](AB11)					
14	AB11002	钢管脚手架	钢管	m²	1 868.18	7.21	13 469.58
15	AB11002	钢管脚手架	钢管	m²	355.8	8.99	3 198.64
16	AB11003	里脚手架	钢管	m²	284.35	2.11	599.98
17		A12 垂直运输费[建筑](AB12)	钢管				
18	AB12006	垂直运输,20 m 内卷扬机,多层厂房	钢管	m²	1 205.25	12.37	14 908.94
19		装饰装修脚手架工程[装饰](补充清单项目 BB09)	钢管	项			
20	BB09004	满堂脚手架　钢管架	钢管	m²	1 034.33	10.29	10 643.26
21	BB10002	机械垂直运输　多层建筑物	卷扬机	工日	2 247.845	2.37	5 327.39
		合计					164 420.48

表 11 - 1 - 4　措施项目清单与计价表(二)

工程名称:公用工程楼(清单计价)　　　　　　　　　　　　　　　　标段:

序号	项目名称	计算基础	费率(%)	金额(元)
	组织措施项目(以"项"计价的措施项目)			42 472.67
1	安全文明施工费:环保安全文明费(建筑工程)			8 234.47
	安全文明施工费:环保安全文明费(建筑工程)			8 234.47
2	安全文明施工费:临时设施费(建筑工程)			10 231.71
	临设费(建筑清单——建筑子目)	分部分项+技术措施－价差－风险	1.68	10 119.83
	临设费(建筑清单——装饰子目)	定额人工费(含管理费、利润)	6.1	111.88
	临设费(建筑清单——安装子目)	定额人工费(含管理费、利润)	7.53	
3	夜间施工等六项费(建筑工程)			10 669.88
	夜间施工等六项费(建筑清单——建筑子目)	分部分项+技术措施－价差－风险	1.75	10 541.49
	夜间施工等六项费(建筑清单——装饰子目)	定额人工费(含管理费、利润)	7	128.39
	夜间施工等六项费(建筑清单——安装子目)	定额人工费(含管理费、利润)	8.75	
4	安全文明施工费:环保安全文明费(装饰工程)			2 604.88
	环保安全文明费(装饰工程)			2 604.88
5	安全文明施工费:临时设施费(装饰工程)			5 011.19
	临时设施费(装饰清单——建筑子目)	分部分项+技术措施－价差－风险	1.68	283.46
	临时设施费(装饰清单——装饰子目)	定额人工费(含管理费、利润)	6.1	4 727.73
	临时设施费(装饰清单——安装子目)	定额人工费(含管理费、利润)	7.53	
6	夜间施工等六项费(装饰工程)			5 720.54
	夜间施工等六项费(装饰清单——建筑子目)	分部分项+技术措施－价差－风险	1.75	295.27

（续表）

序号	项目名称	计算基础	费率(%)	金额(元)
	夜间施工等六项费(装饰清单——装饰子目)	定额人工费(含管理费、利润)	7	5 425.27
	夜间施工等六项费(装饰清单——安装子目)	定额人工费(含管理费、利润)	8.75	
	合计			42 472.67

表 11-1-5 规费、税金项目清单与计价表

工程名称:公用工程楼(清单计价)   标段:

序号	项目名称	计算基础	费率(%)	金额(元)
	〖建筑工程部分〗			
1	规费	直接费		
1.1	工程排污费	直接费	0.05	
1.2	社会保障费	直接费	4.39	
(1)	养老保险费	直接费	3.25	
(2)	失业保险费	直接费	0.16	
(3)	医疗保险费	直接费	0.98	
1.3	住房公积金	直接费	0.81	
1.4	危险作业意外伤害保险	直接费	0.10	
2	税金	分部分项＋措施项目＋其他项目＋规费	3.413	
	土建规费、税金			
	合计			

规费、税金项目清单与计价表

表-13

工程名称:公用工程楼(清单计价)   标段:

序号	项目名称	计算基础	费率(%)	金额(元)
	〖装饰工程部分〗			
1	规费	人工费		
1.1	工程排污费	人工费	0.25	
1.2	社会保障费	人工费	21.95	
(1)	养老保险费	人工费	16.25	
(2)	失业保险费	人工费	0.80	

(续表)

序号	项目名称	计算基础	费率(%)	金额(元)
(3)	医疗保险费	人工费	4.90	
1.3	住房公积金	人工费	4.05	
1.4	危险作业意外伤害保险	人工费	0.50	
2	税金	分部分项+措施项目+ 其他项目+规费	3.413	
	装饰规费、税金合计			

规费、税金项目清单与计价表

表-13

工程名称:公用工程楼(清单计价) 　　　　　　　　　　　　标段:

序号	项目名称	计算基础	费率(%)	金额(元)
	〖安装工程部分〗			
1	规费	人工费		
1.1	工程排污费	人工费	0.33	
1.2	社会保障费	人工费	29.27	
(1)	养老保险费	人工费	21.67	
(2)	失业保险费	人工费	1.07	
(3)	医疗保险费	人工费	6.53	
1.3	住房公积金	人工费	5.40	
1.4	危险作业意外伤害保险	人工费	0.66	
2	税金	分部分项+措施项目+ 其他项目+规费	3.413	
	安装规费、税金合计			

表 11-1-6　分部分项工程量清单综合单价分析表

工程名称:公用工程楼(清单计价)

序号	项目编码	项目名称	工作内容	综合单价组成							综合单价
				人工费	材料费	机械费	管理费	利润	价差	风险	
1	0101 0100 1001	平整场地	人工平整场地	3.3			0.18	0.14	3.3		6.93
			小计	3.3			0.18	0.14	3.3		
2	0101 0100 3001	挖基础土方	人工挖沟槽三类土深度2m内	50.26			2.74	2.12	50.26		105.37
			小计	50.26			2.74	2.12	50.26		
3	0101 0100 3002	挖基础土方	人工挖基坑三类土深度2m内	36.48			1.99	1.54	36.48		76.48
			小计	36.48			1.99	1.54	36.48		
4	0101 0300 1001	土(石)方回填	回填土方夯填	23.16		6.84	1.64	1.27	23.16		63.07
			人工运土方运距20m内	3.34			0.18	0.14	3.34		
			小计	26.5		6.84	1.82	1.41	26.5		
5	0103 0100 1001	砖基础	砖基础	30.17	140.98	1.81	9.43	7.3	165.16		364.57
			墙(地)面防水、防潮防水砂浆平面	1.84	3.8	0.13	0.31	0.24	3.39		
			小计	32.01	144.79	1.94	9.74	7.54	168.55		
6	0103 0200 1002	实心砖墙	混水砖墙1/2砖	49.91	143.2	1.54	10.61	8.21 189.71		403.18	
			小计	49.91	143.2	1.54	10.61	8.21	189.71		
7	0103 0200 1001	实心砖墙	混水砖墙1砖	39.86	140.73	1.77	9.94	7.69	175.47		375.46
			小计	39.86	140.73	1.77	9.94	7.69	175.47		
8	0103 0200 6001	砌体内钢筋加固	砌体钢筋加固	584.21	3109.55	28.16	202.85	156.99	2083.01		6164.77
			小计	584.21	3 109.55	28.16	202.85	156.99	2 083.01		

（续表）

序号	项目编码	项目名称	工作内容	综合单价组成							综合单价
				人工费	材料费	机械费	管理费	利润	价差	风险	
9	0104 0100 6001	垫层	现浇独立基础混凝土 C25l40/32.5	26.72	174.82	11.24	11.6	8.97	108.76		342.11
			小计	26.72	174.82	11.24	11.6	8.97	108.76		
10	0104 0100 2001	独立基础	现浇独立基础混凝土 C25l40/32.5	26.72	174.82	11.24	11.6	8.98	108.76		342.11
			小计	26.72	174.82	11.24	11.6	8.98	108.76		
11	0104 0300 1001	现浇基础梁	现浇基础梁 C25l40/32.5	33.68	175.3	6.72	11.76	9.1	115.71		352.26
			小计	33.68	175.3	6.72	11.76	9.1	115.71		
12	0104 0200 1001	现浇矩形柱	现浇矩形柱 C25l40/32.5	54.64	175.9	6.81	12.94	10.01	137.31		397.61
			小计	54.64	175.9	6.81	12.94	10.01	137.31		
13	0104 0200 1002	现浇矩形柱	现浇构造柱 C25l40/32.5	64.7	175.87	6.81	13.48	10.43	147.37		418.66
			小计	64.7	175.87	6.81	13.48	10.43	147.37		
14	0104 0300 5001	现浇过梁	现浇过梁	65.89	165.22	6.72	12.96	10.03	144.55		405.38
			小计	65.89	165.22	6.72	12.96	10.03	144.55		
15	0104 0500 1001	现浇有梁板	现浇有梁板 C25l20/32.5	32.99	187.37	6.87	12.38	9.58	118.69		367.89
			小计	32.99	187.37	6.87	12.38	9.58	118.69		
16	0104 0600 1001	现浇直形楼梯	现浇楼梯直形 C25l40/32.5	14.52	45.04	2.78	3.4	2.63	35.54		103.9
			小计	14.52	45.04	2.78	3.4	2.63	35.54		
17	0104 0700 1001	现浇其他构件	现浇压顶	66.86	178.93	8.45	13.86	10.72	148.68		427.49
			小计	66.86	178.93	8.45	13.86	10.72	148.68		

（续表）

序号	项目编码	项目名称	工作内容	综合单价组成							综合单价
				人工费	材料费	机械费	管理费	利润	价差	风险	
18	0104 0500 8001	现浇雨篷、阳台板	现浇雨篷 C25l20/32.5	6.25	19.98	0.74	1.47	1.14	15.28		44.86
			小计	6.25	19.98	0.74	1.47	1.14	15.28		
19	0104 0700 1002	现浇其他构件	现浇台阶(100 m² 投影面积)	7.4	27.3	1.77	1.99	1.54	20.41		60.41
			小计	7.4	27.3	1.77	1.99	1.54	20.41		
20	0104 0700 2001	现浇散水、坡道	现浇混凝土散水面一次抹光垫层 60 mm 厚	7.6	17.39	0.67	1.4	1.08	13.56		41.71
			小计	7.6	17.39	0.67	1.4	1.08	13.56		
21	0104 0700 2002	现浇散水、坡道	现浇水泥砂浆防滑坡道	3.63	6.08	0.2	0.54	0.42	6.29		17.16
			小计	3.63	6.08	0.2	0.54	0.42	6.29		
22	0104 1600 1001	现浇混凝土钢筋	现浇构件圆钢筋 Φ10 以内	374.12	3 117.21	41.09	192.52	149	1 858.37		5 732.31
			小计	374.12	3 117.21	41.09	192.52	149	1 858.37		
23	0104 1600 1002	现浇混凝土钢筋	现浇构件螺纹钢筋 Φ20 以内	185.42	3 131.75	94.72	185.95	143.91	1 569.87		5 311.62
			小计	185.42	3 131.75	94.72	185.95	143.91	1 569.87		
24	0104 1600 1003	现浇混凝土钢筋	现浇构件螺纹钢筋 Φ20 以外	125.49	3 093.85	69.57	179.25	138.73	1 543.69		5 150.57
			小计	125.49	3 093.85	69.57	179.25	138.73	1 543.69		
25	0105 0100 4001	特种门	变电室门扇门扇制安	38.32	82.09		6.56	5.08	38.32		170.38
			小计	38.32	82.09		6.56	5.08	38.32		
26	0105 0100 2001	钢木大门	平开钢木大门一面板门扇制作	9.3	122.24	1.86	7.27	5.63	9.3		173.8
			平开钢木大门一面板门扇安装	6.38	4.4		0.59	0.45	6.38		
			小计	15.68	126.64	1.86	7.86	6.08	15.68		

（续表）

序号	项目编码	项目名称	工作内容	综合单价组成							综合单价
				人工费	材料费	机械费	管理费	利润	价差	风险	
27	0105 0100 4002	特种门	实拼式防火门双面石棉板门扇制安	71.14	164.73		12.86	9.95	71.14		329.82
			小计	71.14	164.73		12.86	9.95	71.14		
28	0107 0200 1001	屋面卷材防水	砼或硬基层上水泥砂浆找平层厚度20 mm	2.81	3.69	0.16	0.53	0.47	3.8		82.67
			SBS卷材二层	1.89	61.32		3.44	2.67	1.91		
			小计	4.69	65	0.16	3.98	3.14	5.7		
29	0107 0200 4001	屋面排水管	屋面排水PVC水落管Φ110	6.79	18.65		1.39	1.07	6.79		37.83
			屋面排水PVC水斗Φ110	0.69	1.53		0.12	0.09	0.69		
			小计	7.49	20.18		1.51	1.17	7.48		
30	0108 0300 1001	保温隔热屋面	屋面保温1:8水泥炉渣	3.17	11.76		0.81	0.63	5.78		22.15
			小计	3.17	11.76		0.81	0.63	5.78		
31	0201 0200 2001	块料楼地面	混凝土垫层	4.95	21.57	1.55	1.53	1.18	16.18		147.61
			砼或硬基层上水泥砂浆找平层厚度20 mm	2.81	3.69	0.16	0.53	0.47	3.8		
			陶瓷地砖（彩釉砖）楼地面（周长在2400 mm以内）水泥砂浆	12.81	60.33	0.65	2.43	2.15	10.82		
			小计	20.57	85.59	2.36	4.49	3.81	30.79		
32	0201 0200 2002	块料楼地面	砼或硬基层上水泥砂浆找平层厚度20 mm	3.24	4.25	0.18	0.61	0.54	4.38		102.38
			陶瓷地砖（彩釉砖）楼地面（周长在2400 mm以内）水泥砂浆	12.81	60.32	0.65	2.43	2.15	10.81		
			小计	16.05	64.57	0.83	3.04	2.69	15.19		

(续表)

序号	项目编码	项目名称	工作内容	综合单价组成							综合单价
				人工费	材料费	机械费	管理费	利润	价差	风险	
33	0201 0600 2001	块料楼梯面层	陶瓷地砖（彩釉砖）楼梯水泥砂浆	33.19	49.12	0.77	6.28	5.57	25.78		120.72
			小计	33.19	49.12	0.77	6.28	5.57	25.78		
34	0201 0500 3001	块料踢脚线	陶瓷地砖（彩釉砖）踢脚线水泥砂浆	22.8	33.31	0.51	4.32	3.83	17.16		81.93
			小计	22.8	33.31	0.51	4.32	3.83	17.16		

表 11－1－7 措施项目清单综合单价分析表

工程名称：公用工程楼(清单计价)

序号	项目编号	项目名称	单位	数量	综合单价组成（元）						小计
					人工费	材料费	机械费	管理费	利润	风险费	
1		A10 混凝土模板及支撑工程［建筑］（AB10）	项								
2	AB10006	现浇独立基础钢筋混凝土模板	m²	1	11.48	12.34	0.51	1.01	0.78		26.12
	A10－17	现浇独立基础钢筋混凝土九夹板模板（木撑）	100 m²	0.01	11.48	12.34	0.51	1.01	0.78		
3	AB10012	现浇混凝土基础垫层模板	m²	1	6.29	11.32	0.39	0.81	0.63		19.44
	A10－32	现浇混凝土基础垫层木模板（木撑）	100 m²	0.01	6.29	11.32	0.39	0.81	0.63		
4	AB10018	现浇矩形柱模板	m²	1	18.48	11.47	1.04	1.19	0.92		33.09
	A10－53	现浇矩形柱九夹板模板（钢撑）	100 m²	0.01	15.09	10.92	0.94	1.06	0.82		
	A10－62 换	现浇柱支撑高度超过 3.6 m 每增加1 m 钢撑	100 m²	0.007	3.39	0.55	0.1	0.13	0.1		
5	AB10021	现浇构造柱模板	m²	1	21.93	14.55	1.02	1.45	1.12		40.06
	A10－61	现浇构造柱木模板（木撑）	100 m²	0.01	21.93	14.55	1.02	1.45	1.12		
6	AB10022	现浇基础梁模板	m²	1	13.83	13.87	0.54	1.16	0.9		30.29

（续表）

序号	项目编号	项目名称	单位	数量	综合单价组成（元）						小计
					人工费	材料费	机械费	管理费	利润	风险费	
	A10－66	现浇基础梁九夹板模板（木撑）	100 m²	0.01	13.83	13.87	0.54	1.16	0.9		
7	AB10024	现浇过梁模板	m²	1	23.31	16.83	0.77	1.59	1.23		43.73
	A10－73	现浇过梁九夹板模板（木撑）	100 m²	0.01	23.31	16.83	0.77	1.59	1.23		
8	AB10033	现浇有梁板模板	m²	1	20	12.37	1.88	1.32	1.02		36.59
	A10－99	现浇有梁板九夹板模板（钢撑）	100 m²	0.01	15.72	11.9	1.62	1.16	0.9		
	A10－115换	现浇板支撑高超过3.6 m每增加1 m钢撑	100 m²	0.004	4.28	0.46	0.26	0.16	0.12		
9	AB10038	现浇楼梯模板	m²	1	52.08	27.15	2.91	3.06	2.37		87.57
	A10－117	现浇楼梯直形木模板（木撑）	10 m²	0.1	52.08	27.15	2.91	3.06	2.37		
10	AB10028	现浇圈梁压顶模板	m²	1	14.46	9.82	0.37	0.95	0.73		26.33
	A10－79	现浇圈梁压顶直形九夹板模板（木撑）	100 m²	0.01	14.46	9.82	0.37	0.95	0.73		
11	AB10039	现浇阳台、雨篷模板	m²	1	36.43	25.66	2.81	2.54	1.97		69.41
	A10－119	现浇阳台、雨篷直形木模板（木撑）	10 m²	0.1	36.43	25.66	2.81	2.54	1.97		
12	AB10040	现浇台阶模板	m²	1	12.69	5.77	0.37	0.68	0.53		20.04
	A10－121	现浇台阶木模板（木撑）	100 m²	0.01	12.69	5.77	0.37	0.68	0.53		
13		A11脚手架工程［建筑］（AB11）									
14	AB11002	钢管脚手架	m²	1	3.38	3.03	0.31	0.27	0.21		7.21
	A11－4	钢管脚手架15 m内单排	100m²	0.01	3.38	3.03	0.31	0.27	0.21		

（续表）

序号	项目编号	项目名称	单位	数量	综合单价组成（元）						小计
					人工费	材料费	机械费	管理费	利润	风险费	
15	AB11002	钢管脚手架	m²	1	3.95	3.98	0.44	0.35	0.27		8.99
	A11-5	钢管脚手架15m内双排	100 m²	0.01	3.95	3.98	0.44	0.35	0.27		
16	AB11003	里脚手架	m²	1	1.71	0.22	0.06	0.06	0.05		2.11
	A11-13	里脚手架钢管	100 m²	0.01	1.71	0.22	0.06	0.06	0.05		
17		A12垂直运输费［建筑］（AB12）									
18	AB12006	垂直运输，20 m内卷扬机，多层厂房	m²	1			11.28	0.61	0.48		12.37
	A12-12换	垂直运输，20 m内卷扬机，多层厂房现浇框架	100 m²	0.01			11.28	0.61	0.48		
19		装饰装修脚手架工程［装饰］（补充清单项目BB09）	项								
20	BB09004	满堂脚手架钢管架	m²	1	6.6	1.48	0.82	0.73	0.65		10.29
	B9-12	满堂脚手架钢管架基本层	100 m²	0.01	5.34	1.37	0.63	0.59	0.53		
	B9-13	满堂脚手架钢管架增加层	100 m²	0.004	0.81	0.07	0.12	0.09	0.08		
	B9-13换	满堂脚手架钢管架增加层	100 m²		0.14	0.01	0.02	0.02	0.01		
	B9-13换	满堂脚手架钢管架增加层	100 m²		0.31	0.03	0.05	0.03	0.03		
21	BB10002	机械垂直运输多层建筑物	工日	1			2.37				2.37
	B10-37	多层建筑物机械垂直运输高度20 m内	100 工日	0.01			2.37				

实训课题

任务 1. 作为招标人编制公用工程楼工程量清单。

任务 2. 作为投标人编制公用工程楼工程量清单投标报价。

复习思考题

1. 简述工程量清单的编制程序格式及方法。

2. 简述工程量清单计价的编制程序格式及方法。

参考文献

1. 国家住房和城乡建设部主编. 中华人民共和国国家标准《建设工程工程量清单计价规范》(GB50500—2008). 北京：中国计划出版社，2008.

2. 江西省建设工程造价管理站编制. 江西省建筑及装饰装修工程消耗量定额及统一基价表、江西省建筑安装工程费用定额. 长沙：湖南科学技术出版社，2004.

3. 《建筑工程建筑面积计算规范》(GB/T50353—2005). 中国计划出版社.

4. 中国建设工程造价管理协会编. '图释建筑工程建筑面积计算规范. 中国计划出版社.

5. 袁建新，迟晓明编著. 建筑工程预算. 中国建筑工业出版社，2005.

6. 尹贻林，严玲主编. 工程造价概论. 人民交通出版社.